Lehrbuch der Mathematik

für Realanstalten.

Bearbeitet von

Prof. Wilhelm Bauer und **Prof. Erich v. Hanxleden**
Oberlehrer am Realgymnasium zu Cassel.   Direktor der Realschule zu Cassel.

Oberstufe der Geometrie.

Mit 187 zum Teil farbigen Figuren.

Springer Fachmedien Wiesbaden GmbH

1913.

ISBN 978-3-663-06370-4   ISBN 978-3-663-07283-6 (eBook)
DOI 10.1007/978-3-663-07283-6

Alle Rechte,
namentlich das Recht der Übersetzung in fremde Sprachen, vorbehalten.

Vorwort.

Der vorliegende Band enthält den gesamten geometrischen Stoff für die Oberklassen der Realanstalten. Hinsichtlich der allgemeinen Grundsätze, nach denen er bearbeitet wurde, verweisen wir auf das Vorwort zu Band I und II der Unterstufe.

Die Vorübungen in der **Trigonometrie**, die vielleicht manchem Fachgenossen zu umfangreich erscheinen, sollen den Schüler so weit fördern, daß er die Ableitung der Formeln, die ja inhaltlich mit der betreffenden Vorübung übereinstimmt, selbständig finden kann. Vielleicht fällt es auf, daß trotz der Reformvorschläge so zahlreiche Dreiecksaufgaben, § 28, 29, 30 und 31, gebracht werden. Diese sind aber unseres Erachtens ein ausgezeichneter Übungsstoff, zumal wenn man ihre Ergebnisse planimetrisch deutet.

Die Ableitung der **stereometrischen** Formeln weicht völlig von der sonst üblichen ab. Faßt man nur die ersten Formeln ins Auge, so führt der Grundsatz des Cavalieri zweifellos leichter und rascher zum Ziel. Zu einem anderen Ergebnis aber kommt man, wenn man die Gesamtheit der stereometrischen Inhaltsformeln betrachtet und die Buntscheckigkeit der gebräuchlichen mit der Einheitlichkeit der hier durchgeführten Ableitungen vergleicht. Ferner tritt die Methode, einen Wert dadurch zu bestimmen, daß man ihn von beiden Seiten eingrenzt, hier noch deutlicher zutage als bei der Berechnung der Zahl π. Diese vertiefte Erkenntnis des Wesens der von Archimedes so meisterlich gehandhabten Exhaustionsmethode sowie die Einführung in die grundlegenden Gedanken der später zu behandelnden Infinitesimalrechnung bedeuten unseres Erachtens einen wesentlichen Gewinn für das mathematische Denken des Schülers.

Die **sphärische Trigonometrie** wurde ausführlicher behandelt, als es nach den Lehrplänen notwendig war. Wenngleich die Entwickelung der Formeln der sphärischen Trigonometrie den entsprechenden Betrachtungen in der ebenen Trigonometrie so verwandt ist, daß sie fast als Wiederholung gelten kann, so bereitet doch andererseits ihre Anwendung bekanntermaßen große Schwierigkeit. Wir hoffen daher, den Herren Kollegen mit der ausführlichen Behandlung dieses Gebietes und mit den zahlreichen Figuren aus der astronomischen Geographie einen willkommenen Dienst erwiesen zu haben.

Die **analytische Geometrie** ist meist in Form von Aufgaben behandelt, um den Schüler zur selbständigen Lösung auch der Ableitungen anzuregen. Die planimetrischen Betrachtungen bei den Kegelschnitten können, wenn die Zeit mangelt, leicht übergangen werden, da sie in systematischer Behandlung in dem für die Prima bestimmten Ergänzungsbande wiederkehren, der neben der Differential= und Integralrechnung und der darstellenden Geometrie auch die synthetische Geometrie der Kegelschnitte enthält.

Auf die in § 59 (geometrische Örter) behandelte Aufgabe der Dreiteilung des Winkels dürfen wir vielleicht die Aufmerksamkeit der Kollegen lenken.

Für die vortreffliche Ausstattung des Buches, die auch diesmal sicher dieselbe rühmende Anerkennung finden wird wie bisher, sprechen wir dem Verlage unseren besonderen Dank aus.

Cassel, im März 1913.

W. Bauer. E. von Hanxleden.

Inhaltsverzeichnis.

Dritter Teil: Stereometrie.

Vierter Teil: Sphärische Trigonometrie.

Erstes Kapitel: Die Ecke.

Zweites Kapitel: Sphärische Trigonometrie.

Drittes Kapitel: Aufgaben aus der mathematischen Geographie.

Viertes Kapitel: Aufgaben aus der Astronomie.

Fünfter Teil: Analytische Geometrie der Ebene.

Erstes Kapitel: Punkt und Gerade.

Zweites Kapitel: Der Kreis.

Drittes Kapitel: Die Parabel.

Viertes Kapitel: Die Ellipse.

Neuntes Kapitel: Geometrische Örter.

Zehntes Kapitel:

Diskussion der allgemeinen Gleichung II. Grades.

Erster Teil: Planimetrie.

Erstes Kapitel.
Die Transversalen eines Dreiecks.

§ 1. Die Lehrsätze des Menelaus und des Ceva.

Bezeichnungen:

Eine Gerade, die die Seiten eines Dreiecks oder ihre
Verlängerungen schneidet, heißt . . . . Transversale.
Geht sie durch eine Ecke des Dreiecks, so heißt sie . . Ecktransversale.
Die sechs Strecken von den drei Ecken des Dreiecks bis zu
den Schnittpunkten der Transversalen heißen . . . Seitenabschnitte.

Lehrsatz 1. Satz des Menelaus.

Jede Transversale schneidet die Seiten eines Dreiecks so, daß
die Produkte aus je drei nicht aneinander stoßenden Seitenabschnitten gleich sind.

Die Transversale kann zwei Lagen haben.

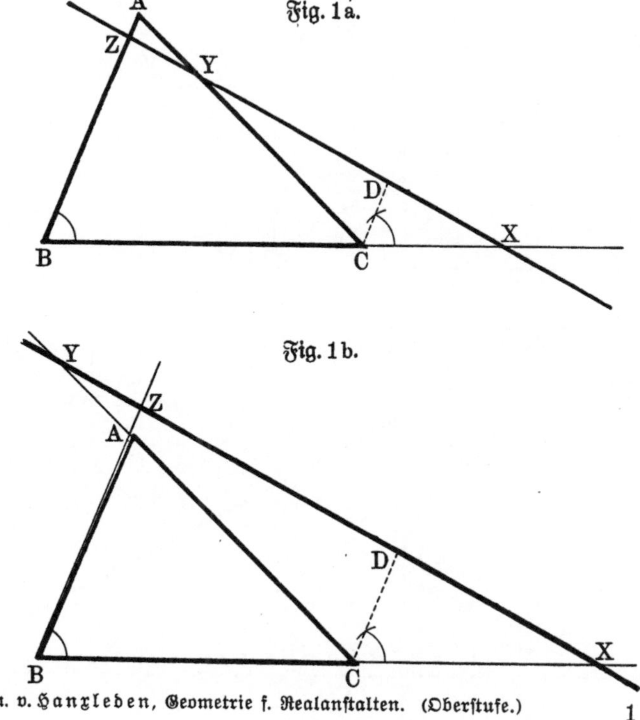

Behauptung (Fig. 1a u. 1b):

$$BX \cdot CY \cdot AZ = XC \cdot YA \cdot ZB$$

oder

$$\frac{BX}{XC} \cdot \frac{CY}{YA} \cdot \frac{AZ}{ZB} = 1.$$

Anleitung zum Beweise: Da die Behauptung Verhältnisse enthält, so wird sich der Beweis vermutlich durch Anwendung der Proportionalsätze oder durch Ähnlichkeit von Dreiecken, wobei die in der Behauptung vorkommenden Strecken Abschnitte, bzw. Dreiecksseiten sind, führen lassen Demgemäß ist durch eine der drei Ecken die Parallele zur Gegenseite zu ziehen, bzw. sind von jeder der drei Ecken die Senkrechten auf die Transversale zu fällen.

Beweis 1:

$$\frac{BX}{XC} = \frac{ZB}{CD}, \qquad\qquad \frac{CY}{YA} = \frac{CD}{AZ}.$$

Durch Multiplikation erhält man:

$$\frac{BX}{XC} \cdot \frac{CY}{YA} = \frac{ZB}{AZ}$$

oder

$$\frac{BX}{XC} \cdot \frac{CY}{YA} \cdot \frac{AZ}{ZB} = 1$$

oder

$$BX \cdot CY \cdot AZ = XC \cdot YA \cdot ZB.$$

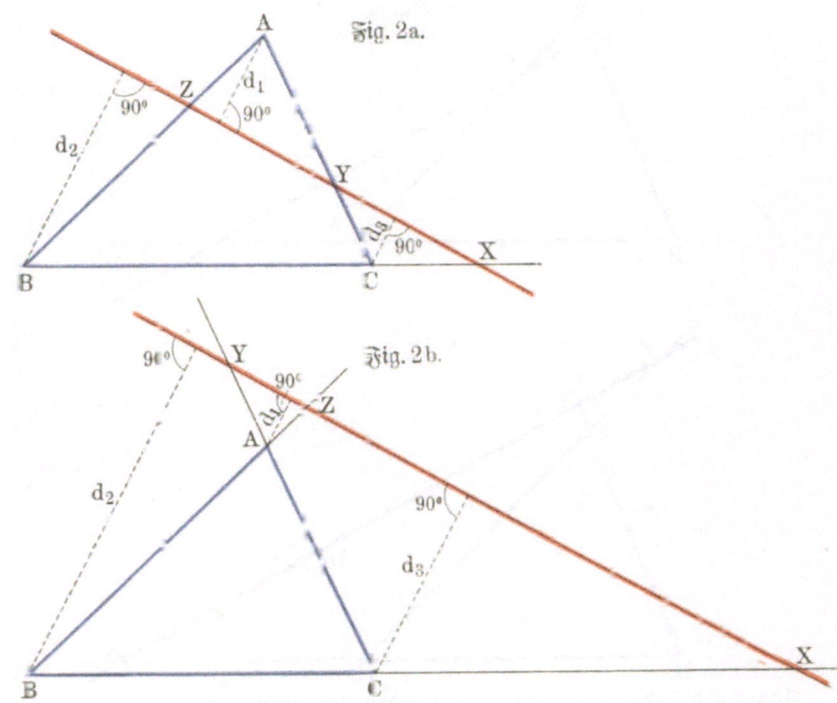

Beweis 2 (Fig. 2a u. 2b):

$$\frac{BX}{XC} = \frac{d_2}{d_3}, \qquad \frac{CY}{YA} = \frac{d_3}{d_1}, \qquad \frac{AZ}{ZB} = \frac{d_1}{d_2}.$$

Durch Multiplikation erhält man:

$$\frac{BX}{XC} \cdot \frac{CY}{YA} \cdot \frac{AZ}{ZB} = \frac{d_2}{d_3} \cdot \frac{d_3}{d_1} \cdot \frac{d_1}{d_2}$$

oder
$$\frac{BX}{XC} \cdot \frac{CY}{YA} \cdot \frac{AZ}{ZB} = 1$$

oder
$$BX . CY . AZ = XC . YA . ZB.$$

Lehrsatz 2. Satz des Ceva.

Drei durch einen Punkt gehende Ecktransversalen eines Dreiecks schneiden die Dreiecksseiten so, daß die Produkte aus je drei nicht aneinander stoßenden Seitenabschnitten gleich sind.

Behauptung (Fig. 3a u. 3b):

$$BX.CY.AZ = XC.YA.ZB$$

oder
$$\frac{BX}{XC} \cdot \frac{CY}{YA} \cdot \frac{AZ}{ZB} = 1.$$

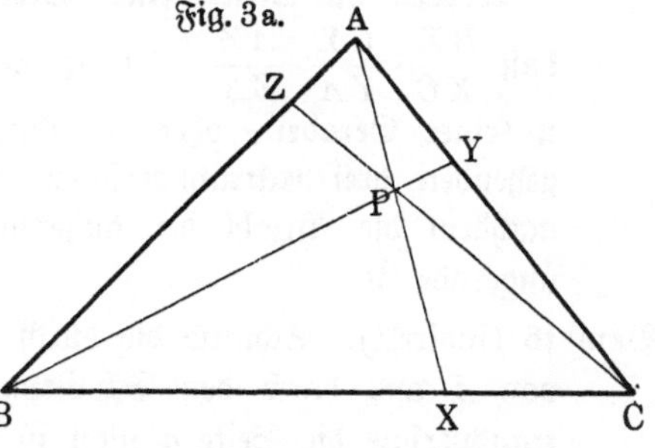

Anleitung zum Beweise: Will man den Satz des Menelaus benutzen, so müssen BX und XC Seitenabschnitte werden, daher muß BC eine Dreiecksseite und XP die Transversale sein. Also ist entweder Dreieck BYC oder Dreieck BZC als das Dreieck zu betrachten, das durch die Transversale XP geschnitten wird. Wendet man nun den Satz des Menelaus z. B. auf das Dreieck BYC an, so fehlt das in der Behauptung vorkommende Verhältnis $\frac{AZ}{ZB}$. Um dieses Verhältnis zu erhalten, muß man den Satz des Menelaus auch auf das Dreieck BYA, geschnitten durch die Transversale ZP, anwenden.

Beweis:

$$\frac{BX}{XC} \cdot \frac{CA}{AY} \cdot \frac{YP}{PB} = 1,$$

$$\frac{AZ}{ZB} \cdot \frac{BP}{PY} \cdot \frac{YC}{CA} = 1.$$

Durch Multiplikation erhält man:

$$\frac{BX}{XC} \cdot \frac{\cancel{CA}}{AY} \cdot \frac{\cancel{YP}}{\cancel{PB}} \cdot \frac{AZ}{ZB} \cdot \frac{\cancel{BP}}{\cancel{PY}} \cdot \frac{YC}{\cancel{CA}} = 1,$$

$$\frac{BX}{XC} \cdot \frac{CY}{YA} \cdot \frac{AZ}{ZB} = 1.$$

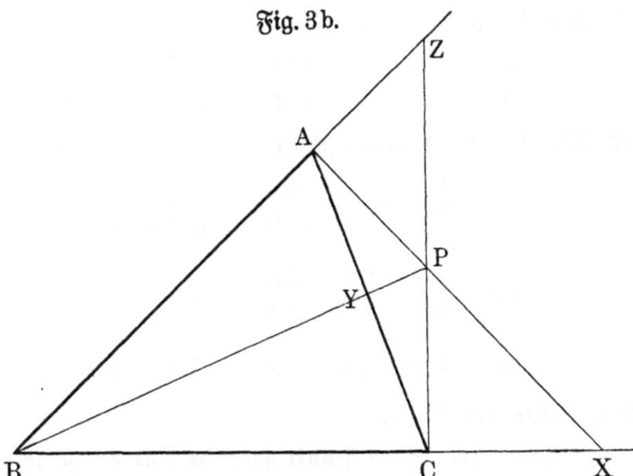

Umkehrungen der Sätze des Menelaus und des Ceva.

Werden die Seiten eines Dreiecks ABC in X, Y, Z so geschnitten, daß $\dfrac{BX}{XC} \cdot \dfrac{CY}{YA} \cdot \dfrac{AZ}{ZB} = 1$ ist, so liegen die drei Schnittpunkte X, Y, Z in einer Geraden, oder es schneiden sich die zu den Schnittpunkten gehenden drei Ecktransversalen AX, BY, CZ in einem Punkte, je nachdem die Anzahl der äußeren oder die der inneren Schnittpunkte ungerade ist.

Beweis (indirekt): Schnitte die durch Y und Z bestimmte Gerade, bzw. die von A aus durch den Schnittpunkt von BY und CZ gezogene Ecktransversale die Seite a nicht in X, sondern in X', so wäre

$$\frac{BX'}{X'C} \cdot \frac{CY}{YA} \cdot \frac{AZ}{ZB} = (1 =) \frac{BX}{XC} \cdot \frac{CY}{YA} \cdot \frac{AZ}{ZB}$$

$$\frac{BX'}{X'C} = \frac{BX}{XC}.$$

Das ist unmöglich, weil eine Strecke BC nur durch einen Punkt X innen oder außen nach einem bestimmten Verhältnis geteilt werden kann.

Aufgaben: **I. Menelaus.**

1. Betrachte den Sonderfall, in dem die Transversale der Seite a parallel ist.

2. a) Zeichne ein Dreieck aus $a = 4{,}5$ cm, $b = 2{,}7$ cm und $c = 5$ cm, teile AB im Verhältnis $3 : 10$, AC im Verhältnis $2 : 3$ und verbinde die Teilpunkte Z und Y. Wie teilt die Transversale ZY die Seite BC?

   b) In der Ebene des Dreiecks ABC soll die Entfernung des Punktes C von dem in der Verlängerung von BC liegenden unzugänglichen Punkte X festgestellt werden. Dazu hat man die Punkte Z und Y auf AB, bzw. AC bestimmt, die mit X in einer Geraden liegen, und die Strecken $AZ = 7$, $ZB = 18$, $BC = 19$, $CY = 6$ und $YA = 21$ gemessen

3. Verlängere die Seite BC eines Dreiecks um $\dfrac{BC}{2}$ und verbinde den Endpunkt X mit der Mitte Y der Seite AC. Wie teilt die Transversale XY die Seite AB?

4. a) Die Halbierungslinien zweier Winkel eines Dreiecks und des Außenwinkels des dritten schneiden die Gegenseiten in drei Punkten, die in einer Geraden liegen.

   b) Die Halbierungslinien der drei Außenwinkel eines Dreiecks schneiden die Gegenseiten in drei Punkten, die auf einer Geraden liegen.

II. Ceva.

5. Betrachte den Sonderfall, in dem die drei Ecktransversalen eines Dreiecks einander parallel sind.

6. Verbinde in dem Dreieck der Aufgabe 2 a die Teilpunkte Y und Z mit B, bzw. C und ziehe durch den Schnittpunkt dieser beiden Ecktransversalen die dritte Ecktransversale. Wie teilt sie die Seite BC?

7. Die drei Mittellinien eines Dreiecks schneiden sich in einem Punkte.

8. a) Die drei Winkelhalbierenden eines Dreiecks schneiden sich in einem Punkte.

   b) Die Halbierungslinien eines Dreieckswinkels und der beiden nicht zugehörigen Außenwinkel schneiden sich in einem Punkte.

9. a) Die drei Höhen eines Dreiecks schneiden sich in einem Punkte.

Anleitung (Fig. 4):

$$\frac{BX}{ZB} = \frac{c}{a}\,,$$

$$\frac{CY}{XC} = \frac{a}{b}\,,$$

$$\frac{AZ}{YA} = \frac{b}{c}\,.$$

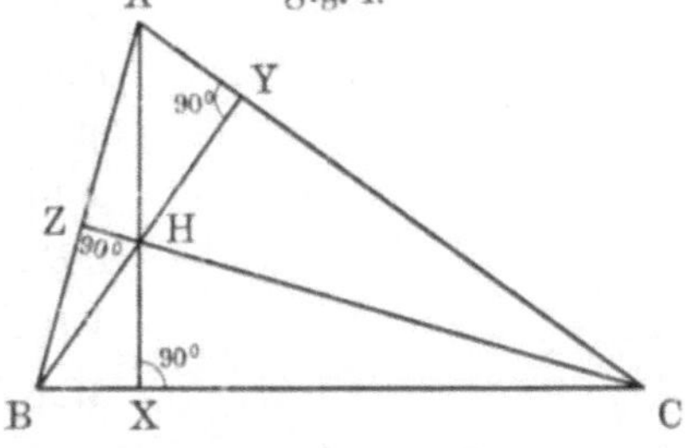

   b) Die Mittelsenkrechten auf den drei Seiten eines Dreiecks schneiden sich in einem Punkte.

Anleitung: Verbindet man die Mitten der drei Seiten, so entsteht ein Dreieck, in dem die drei Mittelsenkrechten Höhen sind.

§ 2. Der Satz des Pascal.

Lehrsatz 3. Satz des Pascal.

> Die drei Schnittpunkte der Gegenseiten eines Sehnensechsecks liegen in einer Geraden. (Der Satz gilt auch dann, wenn sich die Seiten des Sechsecks innerhalb des Kreises schneiden.)

Behauptung (Fig. 5): Die Punkte X, Y, Z liegen in einer Geraden.

Anleitung zum Beweise: Man verlängere drei nicht aneinander stoßende Seiten des Sechsecks, z.B. 2, 4, 6, bis sie sich schneiden, und wende auf das entstandene Dreieck UVW den Satz des Menelaus dreimal an,

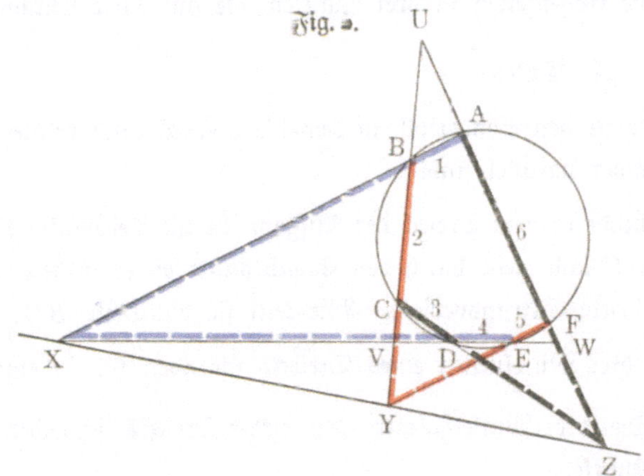

indem man die Seiten 1, 3, 5 als Transversalen betrachtet. Da es sich um ein Sehnensechseck handelt, so benutze dreimal den Sehnensatz für die Sehnen 6 und 2, 2 und 4, 4 und 6.

Beweis:

$$\frac{UB}{BV} \cdot \frac{VX}{XW} \cdot \frac{WA}{AU} = 1,$$

$$\frac{VD}{DW} \cdot \frac{WZ}{ZU} \cdot \frac{UC}{CV} = 1,$$

$$\frac{WF}{FU} \cdot \frac{UY}{YV} \cdot \frac{VE}{EW} = 1.$$

$$UB \cdot UC = UA \cdot UF,$$

$$VD \cdot VE = VB \cdot VC,$$

$$WA \cdot WF = WD \cdot WE.$$

Multipliziert man die ersten drei Gleichungen miteinander, und hebt man die gleichen Produkte, so erhält man:

$$\frac{VX}{XW} \cdot \frac{WZ}{ZU} \cdot \frac{UY}{YV} = 1.$$

Also liegen die Punkte X, Y, Z in einer Geraden (Pascalsche Gerade).

Aufgaben zum Zeichnen: Läßt man in einem Sehnensechseck eine oder mehrere Seiten unendlich klein werden, so geben die in den zusammenfallenden Ecken gezogenen Tangenten die Richtungen der unendlich kleinen Seiten an, und es ergeben sich die Sätze:

1. In einem Sehnenfünfeck liegt der Schnittpunkt einer Seite und der im gegenüberliegenden Eckpunkt gezogenen Tangente mit den beiden Schnittpunkten der übrigen Gegenseiten in einer Geraden.

2. In einem Sehnenviereck liegen die vier Punkte, in denen sich je zwei Gegenseiten und die Tangenten in je zwei Gegenecken schneiden, in einer Geraden.

3. Die Schnittpunkte der Seiten eines Sehnendreiecks mit den in den Gegenecken gezogenen Tangenten liegen in einer Geraden.

4. Sind in einem Sehnensechseck zwei Paare Gegenseiten parallel, so ist es auch das dritte Paar.

5. Ziehe nur mit Hilfe des Lineals die Tangenten durch die Ecken eines gegebenen Sehnenfünfecks.

Zweites Kapitel.

Harmonische Punkte und harmonische Strahlen.

§ 3.   Harmonische Punkte.

Bezeichnungen (Fig. 6a):

1. Eine Strecke AB, die innen und außen in C und D nach demselben Verhältnis geteilt ist, heißt . . . . harmonisch geteilt.

Die Punkte A, B, C und D heißen . . . . . . harmonische Punkte.

Die beiden Endpunkte A und B, sowie die beiden Teilpunkte C und D heißen . . . . zugeordnete Punkte.

Vier Gerade, die durch einen Punkt S nach vier harmonischen Punkten gehen, heißen . . . . . . { harmon. Strahlen oder ein harmon. Strahlenbündel.

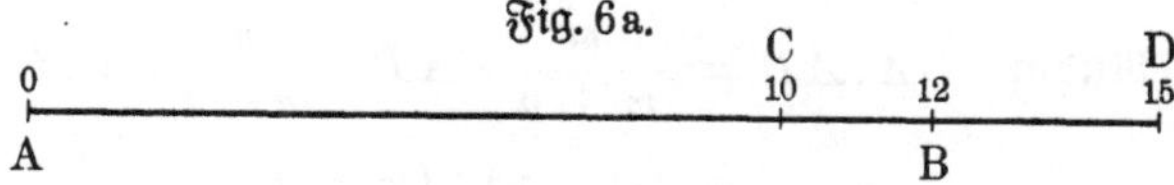

Fig. 6a.

2. Ist $AC = 10$, $CB = 2$ und $BD = 3$, so ist AB in C und D harmonisch geteilt. Denn $AC : CB = 5 : 1$ und $AD : DB = 5 : 1$. Liefert nun eine schwingende Saite von der Länge AD den Grundton, so liefern Saiten von der Länge $AB = \frac{4}{6}AD$ und $AC = \frac{2}{3}AD$ die große Terz und die Quinte, alle drei zusammen ergeben nun einen harmonischen Grundakkord. Daher stammt die Bezeichnung harmonische Teilung.

Lehrsatz 4a. Wird die Strecke AB durch die Punkte C und D harmonisch geteilt, so wird auch die Strecke CD durch die Punkte A und B harmonisch geteilt.

Beweis (Fig. 6b): Vertauscht man in der Proportion $AC:CB = AD:DB$ die Außenglieder, so erhält man $DB:BC = DA:AC$.

Es ist also gleichgültig, ob man A und B als Endpunkte und C und D als Teilpunkte betrachtet oder umgekehrt.

Lehrsatz 4b. Wird die Strecke AB durch die Punkte C und D harmonisch nach dem Verhältnis $m:n$ geteilt, so wird die Strecke CD durch die Punkte A und B harmonisch nach dem Verhältnis $(m-n):(m+n)$ geteilt.

Voraussetzung: $AC:CB = m:n,$
$AD:DB = m:n.$

Behauptung: $CA:AD = (m-n):(m+n),$
$CB:BD = (m-n):(m+n).$

Anleitung zum Beweise: Man drückt die in der Behauptung vorkommenden Strecken durch die Strecke AB und durch die Größen m und n aus und berechnet die gesuchten Verhältnisse $CA:AD$ und $CB:BD$ (Fig. 6b).

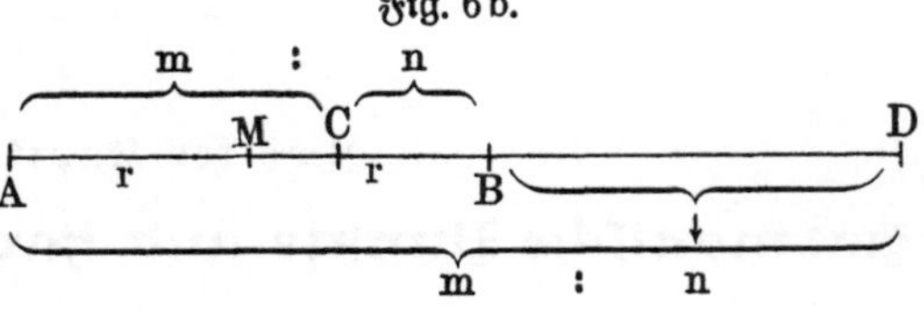

Beweis:

$$\frac{CA}{AB} = \frac{m}{m+n}, \text{ also } CA = \frac{m}{m+n} \cdot AB;$$

$$\frac{AD}{AB} = \frac{m}{m-n}, \quad \text{''} \quad AD = \frac{m}{m-n} \cdot AB;$$

$$\frac{CB}{AB} = \frac{n}{m+n}, \quad \text{''} \quad CB = \frac{n}{m+n} \cdot AB;$$

$$\frac{BD}{AB} = \frac{n}{m-n}, \quad \text{''} \quad BD = \frac{n}{m-n} \cdot AB.$$

Mithin $CA:AD = \dfrac{m}{m+n} \cdot AB : \dfrac{m}{m-n} \cdot AB,$

       '' $= (m-n):(m+n)$

und $CB:BD = \dfrac{n}{m+n} \cdot AB : \dfrac{n}{m-n} \cdot AB,$

       '' $= (m-n):(m+n).$

Lehrsatz 4c. Die Hälfte einer harmonisch geteilten Strecke ist die mittlere Proportionale zwischen den Abständen ihres Halbierungspunktes von den Teilungspunkten.

Behauptung: $\quad MC : r = r : MD \quad$ oder $\quad MC.MD = r^2 \;$ (Fig. 6 b).

Beweis: $\qquad$ Aus $\qquad AD.CB = AC.DB \;$ folgt

$$(r + MD)(r - MC) = (r + MC)(MD - r),$$

$$r^2 + r.MD - r.MC - MC.MD = r.MD + MC.MD - r^2 - r.MC,$$

$$r^2 = MC.MD.$$

Aufgabe 1: Übersetze die **Lagenbeziehung** der vier harmonischen **Punkte** A, B, C, D in eine **Maßbeziehung** der drei von A ausgehenden **Strecken** AC, AB, AD und berechne AB aus AC und AD.

$\qquad$ **Lösung:**

a) Nach Voraussetzung ist $\qquad\qquad \dfrac{AC}{CB} = \dfrac{AD}{DB}$

$\qquad$ oder gemäß Fig. 6 b $\qquad \dfrac{AC}{AB - AC} = \dfrac{AD}{AD - AB},$

$\qquad\qquad$ also $\qquad\qquad \dfrac{AC}{AD} = \dfrac{AB - AC}{AD - AB},$

in Worten: Drei Strecken AC, AB und AD stehen in harmonischer Proportion, wenn sich die erste zur dritten verhält wie der Überschuß der mittleren über die erste zum Überschuß der dritten über die mittlere.

$\qquad$ Entsprechend: Drei Zahlen a, m, b stehen in harmonischer Proportion, wenn

$$a : b = (m - a) : (b - m)$$

ist. m heißt in diesem Falle das **harmonische Mittel** zwischen a und b.

b) Es war $\qquad\qquad \dfrac{AC}{AD} = \dfrac{AB - AC}{AD - AB},$

$$AB.AD - AC.AD = AC.AD - AB.AC,$$

$$AB.AD + AB.AC = 2\,AC.AD,$$

$$AB = \frac{2\,AC.AD}{AC + AD}.$$

Entsprechend erhält man bei drei harmonischen Zahlen a, m, b

$$m = \frac{2\,ab}{a + b},$$

in Worten: Das harmonische Mittel zwischen zwei Größen ist gleich ihrem doppelten Produkt dividiert durch ihre einfache Summe.

Folgerung: Aus $m = \dfrac{2\,ab}{a + b}$ folgt $\dfrac{1}{m} = \dfrac{a + b}{2\,ab} = \dfrac{1}{2}\left(\dfrac{1}{a} + \dfrac{1}{b}\right),$

$\qquad\qquad$ mithin $\quad \dfrac{1}{a} + \dfrac{1}{b} = \dfrac{2}{m},$

in Worten: m ist das harmonische Mittel zwischen a und b, wenn sein reziproker Wert $\dfrac{1}{m}$ das arithmetische Mittel zwischen den reziproken Werten $\dfrac{1}{a}$ und $\dfrac{1}{b}$ ist.

Aufgabe 2:

a) Beweise, daß in der Fig. 6c

$$VA \text{ das arithmetische Mittel} = \frac{a+b}{2} \text{ ist,}$$

$$VG \quad \text{„ geometrische „} = \sqrt{ab} \quad \text{„}$$

$$VH \quad \text{„ harmonische „} = \frac{2\,ab}{a+b} \quad \text{„}$$

b) Beweise geometrisch, daß in dem Grenzfall $a = b$ die drei Mittel einander gleich sind.

c) Beweise an der Fig. 6 c, daß das arithmetische Mittel größer als das geometrische ist, und zeige durch Rechnung, daß das geometrische Mittel größer als das harmonische ist.

Anleitung: $\frac{1}{2}(a+b) > \sqrt{ab}$,

folglich $\dfrac{ab}{\frac{1}{2}(a+b)} < \dfrac{ab}{\sqrt{ab}}$ usw.

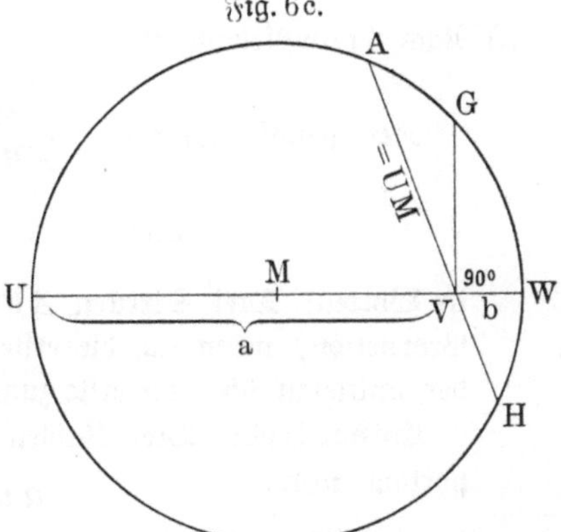

Aufgabe 3: Beweise, daß

$$\frac{1}{1},\ \frac{1}{2},\ \frac{1}{3},\ \frac{1}{4},\ \frac{1}{5},\ \dots \quad \frac{1}{n-1},\ \frac{1}{n},\ \frac{1}{n+1},\ \dots$$

eine harmonische Reihe ist, d. h. eine Reihe, in der jedes Glied das harmonische Mittel der beiden benachbarten Glieder ist.

§ 4. Konstruktion harmonischer Punkte und harmonischer Strahlen.

Grundaufgabe 1: Teile eine gegebene Strecke AB harmonisch nach einem gegebenen Verhältnis $m : n$.

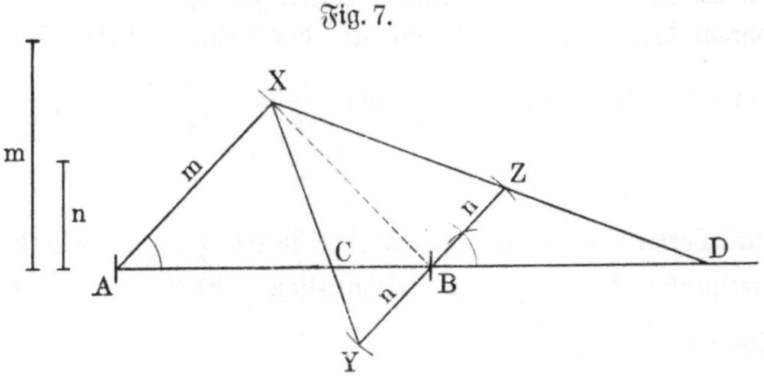

Konstruktion: siehe Fig. 7.

Beweis:
$$AC : CB = m : n,$$
$$AD : DB = m : n,$$
$$\overline{}$$
$$AC : CB = AD : DB.$$

Grenzbetrachtung:

Läßt man n wachsen, so dreht sich XZD um X nach oben und XCY um X nach links. Die zugeordneten Punkte D und C wandern in entgegengesetzter Richtung von B fort.

Wird $n = m$, so wird $ABZX$ ein Parallelogramm, und der Punkt D rückt in unendliche Ferne. Es wird aber auch $AYBX$ ein Parallelogramm, also $AC = CB$. **Der Mittelpunkt einer Strecke AB und der unendlich ferne Punkt der Geraden AB sind also zugeordnete harmonische Punkte** *).

Wird $n > m$, so schneidet die Gerade ZX die Verlängerung von AB über A hinaus, Punkt D liegt also links von A, und die zugeordneten Punkte D und C wandern nach dem Punkte A hin.

Wird $n = \infty$, so fallen D und C mit dem Punkte A zusammen.

Ist $n = 0$, so fallen C und D mit dem Punkte B zusammen.

Eindeutigkeit:

Wächst n von Null bis Unendlich, so nimmt das Verhältnis $m : n$ jeden möglichen Wert von Unendlich bis Null an, aber jeden nur einmal. Daher ist die Teilung einer gegebenen Strecke AB harmonisch nach einem gegebenen Verhältnis **eindeutig** *).

Welche Strecke ist in Fig. 8 **im Verhältnis $m : n$ harmonisch geteilt?**

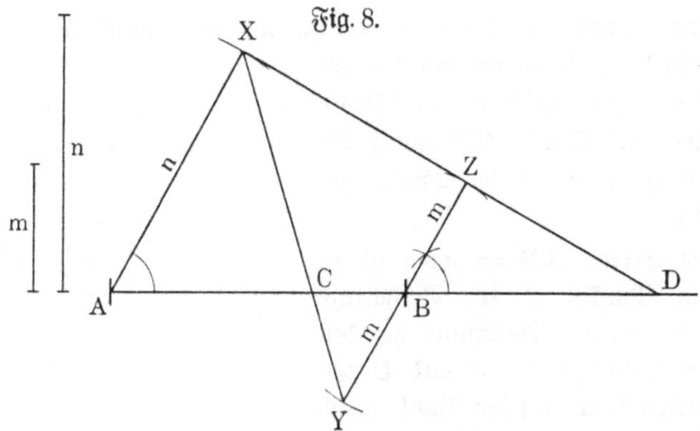

*) Soll der Mittelpunkt einer Strecke gegenüber den anderen Punkten keine Ausnahmestellung einnehmen — hierzu liegt kein Grund vor —, so muß auch er einen und nur einen zugeordneten harmonischen Punkt besitzen, also muß jeder Geraden ein unendlich ferner Punkt zugeschrieben werden.

Grundaufgabe 2: Zeichne zu drei Punkten einer Geraden den dem mittleren Punkt zugeordneten vierten harmonischen Punkt.

Konstruktion: siehe Fig. 9.

Eindeutigkeit: Durch drei Punkte einer Geraden ist der dem mittleren Punkt zugeordnete vierte harmonische Punkt eindeutig bestimmt.

Grundaufgabe 3: Zeichne zu drei Strahlen eines Büschels den dem mittleren Strahl zugeordneten vierten harmonischen Strahl.

Konstruktion: siehe Fig. 10.

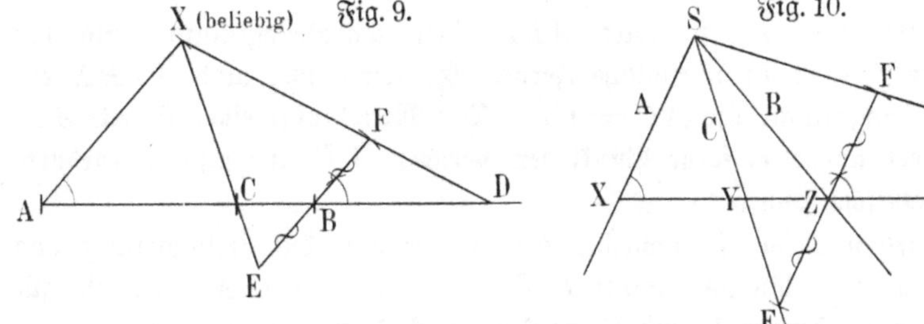

Fig. 9.   Fig. 10.

Eindeutigkeit: Durch drei Strahlen eines Büschels ist der dem mittleren Strahl zugeordnete vierte harmonische Strahl eindeutig bestimmt.

Wie ändern sich die Konstruktionen 2 und 3, wenn zu einem **äußeren** Punkt oder Strahl der zugeordnete vierte harmonische Punkt, bzw. Strahl gezeichnet werden soll?

Aufgaben:

4. Gegeben ist eine Strecke AB und in ihr ein Punkt C. Suche den dem Punkte C zugeordneten vierten harmonischen Punkt D durch Konstruktion und Rechnung, wenn a) $AB = 6$ cm, $AC = 5$ cm, b) $AB = 6$ cm, $AC = 2$ cm, c) $AB = 6$ cm, $AC = 3$ cm ist.

5. Eine Strecke $AB = 12$ cm ist in den Punkten C und D im Verhältnis $7 : 5$ harmonisch geteilt. In welchem Verhältnis wird die Strecke CD durch die Punkte A und B harmonisch geteilt?

6. Die Strecke $AB = 9$ cm ist in dem Punkte C im Verhältnis $2 : 1$ geteilt. Bestimme zu den drei Punkten A, B und C den vierten harmonischen Punkt durch Rechnung, wenn dieser a) dem Punkte C, b) dem Punkte A, c) dem Punkte B zugeordnet ist.

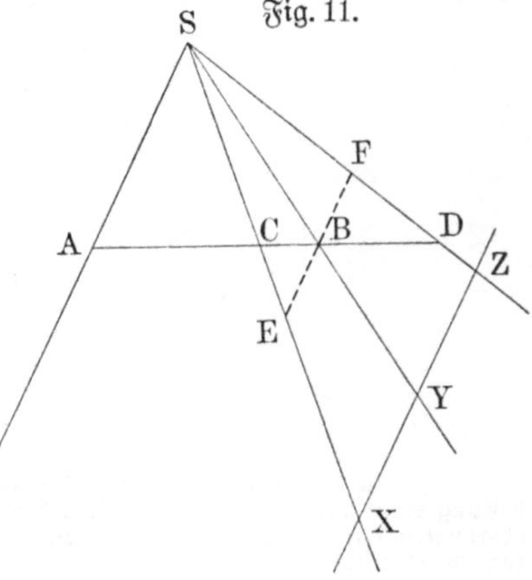

Fig. 11.

§ 5. Allgemeine Lehrsätze über harmonische Strahlen.

Lehrsatz 5. Zieht man zu einem von vier harmonischen Strahlen eine Parallele, so halbiert sein zugeordneter Strahl das zwischen den beiden anderen Strahlen liegende Stück der Parallelen (Fig. 11).

Voraussetzung:
$$AC:CB = AD:DB,$$
$$XZ \ // \ AS.$$

Behauptung:
$$XY = YZ.$$

Beweis: Man zieht als Hilfslinie durch den Punkt B die Parallele zu SA.

$$AS:BE = AC:CB \ \text{(Proportionalsatz)},$$
$$AC:CB = AD:DB \ \text{(Voraussetzung)},$$
$$AD:DB = AS:BF \ \text{(Proportionalsatz)}.$$
$$AS:BE \quad = \quad AS:BF,$$
$$BE = BF,$$
$$YX = YZ.$$

Wie lautet die Umkehrung?

Lehrsatz 6. Schneidet ein vierstrahliges Büschel eine Gerade in vier harmonischen Punkten, so schneidet es jede Gerade in vier harmonischen Punkten (Fig. 12).

Voraussetzung: SA, SB, SC, SD sind Strahlen durch die harmonischen Punkte A, B, C, D und TW ist eine beliebige Gerade.

Behauptung: T, U, V und W sind harmonische Punkte.

Beweis: Zieht man durch V die Parallele zu AS, so ist nach dem vorigen Lehrsatz $VE = VF$, folglich sind T, U, V und W nach der Grundaufgabe 1 harmonische Punkte.

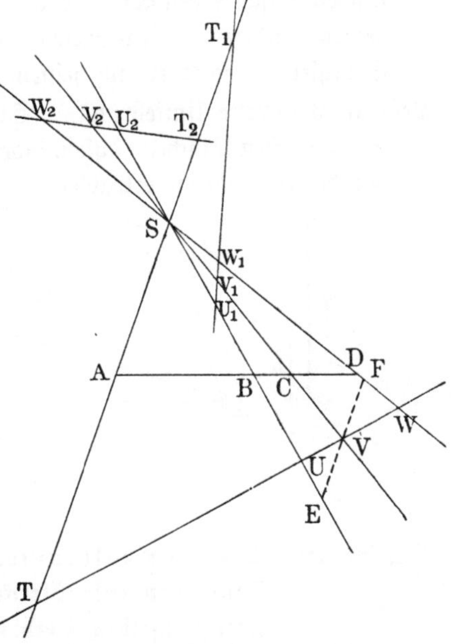

Aufgaben:

1. Zieht man durch die Mitte einer Seite eines Dreiecks eine beliebige Gerade, so wird sie durch die drei Seiten und die zur ersten Seite durch die gegenüberliegende Ecke gezogene Parallele in vier harmonischen Punkten geschnitten.

2. b, c, m_a und die durch A zu BC gezogene Parallele bilden ein harmonisches Strahlenbüschel.

3. a, m_a und die von der Mitte der Seite a nach den Mitten von b und c gezogenen Verbindungsstrecken bilden ein harmonisches Strahlenbüschel.

4. Zieht man in einem Parallelogramm die Diagonalen und durch ihren Schnittpunkt die Parallelen zu den Seiten des Parallelogramms, so bilden diese Parallelen und die Diagonalen ein harmonisches Strahlenbüschel.

5. Verbindet man eine Ecke eines Parallelogramms mit der Mitte einer gegenüberliegenden Seite, so bildet diese Verbindungsstrecke mit den Seiten und der Diagonale, die von derselben Ecke ausgeht, ein har= monisches Strahlenbüschel.

§ 6. Lehrsätze über besondere harmonische Strahlen.

Lehrsatz 7. Stehen zwei Strahlen eines vierstrahligen Büschels aufeinander senkrecht und halbiert einer den Winkel der beiden anderen Strahlen, so ist das Büschel ein harmonisches (Fig. 13).

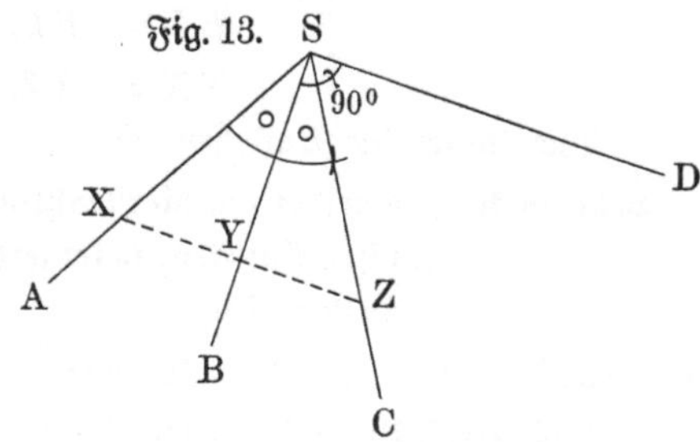

Anleitung zum Beweise: Ziehe zu SD eine beliebige Parallele XYZ und beweise, daß $XY = YZ$ ist.

Lehrsatz 8 (erste Umkehrung). Hal= biert ein Strahl eines harmo= nischen Büschels den Winkel der beiden anderen zugeordneten Strahlen, so steht er auf seinem zugeordneten Strahl senkrecht.

Lehrsatz 9 (zweite Umkehrung). Stehen zwei zugeordnete Strahlen eines harmonischen Büschels aufeinander senkrecht, so halbieren sie die Winkel der beiden anderen Strahlen.

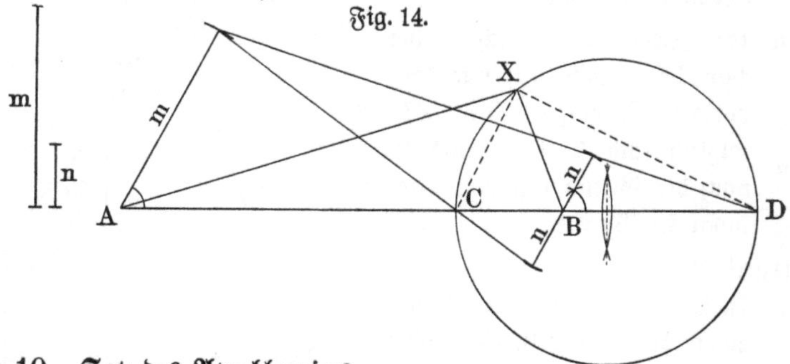

Lehrsatz 10. Satz des Apollonius.

Teilt man eine Strecke AB innen und außen in C und D nach demselben Verhältnis $m:n$ und beschreibt über CD als Durchmesser den Kreis, so ist dieser der geometrische Ort aller Punkte, deren Entfernungen von A und B das Verhältnis $m:n$ haben (Fig. 14).

Beweis:

A, B, C, D sind harmonische Punkte . . . . nach Konstruktion,

XA, XB, XC, XD sind harmonische Strahlen   „   Definition,
$\angle CXD = 90^0$ . . . .   „   Konstruktion,

$\angle AXC = CXB$ . . . .   „   Lehrsatz 9,

$XA : XB = AC : CB$ . . . .   „   dem Lehrsatz der Winkelhalbierenden,

$XA : XB = m : n$ . . . .   „   Konstruktion.

Aufgaben:

1. Zwei sich schneidende Gerade und die Halbierungslinien ihrer Winkel bilden ein harmonisches Strahlenbüschel.

2. Jede Winkelhalbierende eines Dreiecks wird durch die Mittelpunkte des Inkreises und des zugehörigen Ankreises harmonisch geteilt.

3. Eine Seite eines Dreiecks, die zugehörige Höhe und die Verbindungsstrecken ihres Fußpunktes mit den Fußpunkten der beiden anderen Dreieckshöhen bilden ein harmonisches Büschel.

4. a) Jede auf einem Durchmesser senkrecht stehende Sehne wird von den beiden Geraden, die einen beliebigen Punkt der Peripherie mit den Endpunkten des Durchmessers verbinden, harmonisch geteilt.

   b) Verbindet man einen beliebigen Punkt der Peripherie eines Kreises mit den Endpunkten einer Sehne, so wird der auf der Sehne senkrecht stehende Durchmesser von den Verbindungslinien harmonisch geteilt.

5. Bestimme innerhalb oder außerhalb eines Dreiecks einen Punkt, dessen Entfernungen von den Ecken sich wie a) $1:1:2$, b) $1:2:3$, c) $m:n:p$ verhalten.

6. Auf einer Geraden sind die Strecken $AB = 7$, $BC = 9$, $CD = 15$ gegeben. Bestimme einen Punkt, von dem aus die drei Strecken unter gleichen Winkeln erscheinen.

7. Zeichne ein Dreieck aus a, $b : c = m : n$ und

   a) m_a;   b) h_a;   c) α;   d) w_a;   e) $p - q$;   f) r.

   Beachte die verschiedene Lage des Apollonischen Kreises, je nachdem m größer oder kleiner als n ist.

8. Zeichne ein Dreieck aus

   a) h_a, m_a, $b : c$;   b) m_a, m_b, $b : c$.

9. Zeichne ein Viereck aus

   a) a, b, e, $c : f$, $d : f$;   b) a, b, e, $c : d$, ε.

§ 7. Das vollständige Vierseit.

Bezeichnungen: Verlängert man in einem Viereck $ABCD$ die Gegenseiten, bis sie sich in E und F schneiden, so heißt die

entstandene Figur . . . . ein vollständiges Vierseit,

A, B, C, D, E, F heißen . . . . Ecken,

AC, BD, EF heißen . . . . Diagonalen.

Lehrsatz 11. Jede Diagonale eines vollständigen Vierseits wird durch die beiden anderen harmonisch geteilt (Fig. 15).

Behauptung: a) $EZ:ZF = EY:YF$ oder

        die Diagonale EF ist in Z und Y harmonisch geteilt.

     b) „   „ BD „ „ X „ Y „   „

     c) „   „ AC „ „ X „ Z „   „

Anleitung zum Beweise: Im Beweis müssen die Abschnitte EZ und ZF vorkommen. Dies erreicht man durch Anwendung des Satzes des Ceva auf das Dreieck AEF mit der Ecktransversalen AZ. Ferner müssen EY und YF Abschnitte werden. Wende daher den Satz des Menelaus auf dasselbe Dreieck AEF mit der Transversalen BY an.

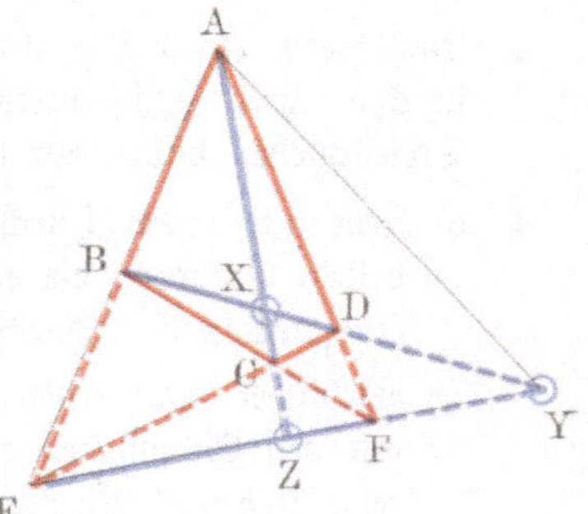

Fig. 15.

Beweis: a) $\dfrac{EZ}{ZF} \cdot \dfrac{FD}{DA} \cdot \dfrac{AB}{BE} = 1,$

$$\dfrac{EY}{YF} \cdot \dfrac{FD}{DA} \cdot \dfrac{AB}{BE} = 1,$$

$$\overline{\dfrac{EZ}{ZF} = \dfrac{EY}{YF}} \text{ oder } EF \text{ ist in } Z \text{ und } Y \text{ harmonisch geteilt.}$$

  b) $E, \; Z, \; F, \; Y$ . . . . harmonische Punkte,

    AE, AZ, AF, AY . . . . . „   Strahlen,

    $B, \; X, \; D, \; Y$ . . . . . „   Punkte.

  c) $B, \; X, \; D, \; Y$ . . . . . „   Punkte,

    EB, EX, ED, EY . . . . . „   Strahlen,

    $A, \; X, \; C, \; Z$ . . . . . „   Punkte.

Aufgaben:

1. Die Mitten der Grundlinien eines Trapezes, sowie die Schnittpunkte seiner Diagonalen und seiner Schenkel sind harmonische Punkte.

    Anleitung: Betrachte das Trapez als Sonderfall des vollständigen Vierseits.

2. Eine Seite eines Dreiecks, die zugehörige Höhe und die Verbindungs=strecken ihres Fußpunktes mit den Fußpunkten der beiden anderen Dreieckshöhen bilden ein harmonisches Büschel (gleich Aufgabe Nr. 3 des § 6).

3. Gehen von einem Punkte zwei Gruppen harmonischer Punkte auf ver=schiedene Strahlen aus, so schneiden sich die Verbindungsstrecken der entsprechenden Punkte in einem Punkte.

4. Fallen von zwei Gruppen harmonischer Strahlen mit verschiedenen Aus=gangspunkten zwei entsprechende Strahlen zusammen, so schneiden sich die übrigen entsprechenden Strahlen in einer Geraden.

Zeichne nur mit Hilfe des Lineals:

5. zu drei Punkten einer Geraden den dem mittleren Punkte zugeordneten vierten harmonischen Punkt (gleich Grundaufgabe 2 des § 4);

6. zu drei Strahlen eines Büschels den dem mittleren Strahle zugeord=neten vierten harmonischen Strahl (gleich Grundaufgabe 3 des § 4);

7. durch einen gegebenen Punkt die Gerade nach dem unzugänglichen Schnittpunkt zweier gegebenen Geraden;

8. einen Punkt, der mit zwei gegebenen Punkten M und N in einer Geraden liegt, ohne die Gerade MN zu ziehen.

Historische Bemerkung: Das 3. Jahrhundert v. Chr. bildet den Gipfelpunkt griechischer Mathematik. Um 300 schrieb Euklid in Alexandria sein epoche=machendes Werk. Um 250 erschienen die glänzenden Abhandlungen des Archimedes in Syrakus über die Quadratur des Kreises, der Ellipse und der Parabel, sowie über die Kubatur der Kugel und anderer Rotationskörper. Und am Ende dieses Jahrhunderts gab Appolonius von Pergä, der zeit=weilig auch in Alexandria wirkte, das Fundamentalwerk über die Kegel=schnitte heraus. Dann sinkt die Mathematik immer mehr zur Hilfswissen=schaft der Technik herab. Nur vier Forscher haben sich einen Namen in der Geschichte erworben; diese lebten sämtlich in Alexandria, nämlich Heron im 1. Jahrhundert v. Chr., Menelaus im 1. Jahrhundert n. Chr., Ptolemäus im 2. Jahrhundert und Pappus am Ende des 2. Jahrhunderts n. Chr. Weit über ein Jahrtausend lag dann die Geometrie wie Dornröschen im Schlafe, bis sie Descartes im Jahre 1637 durch Veröffentlichung seiner (analytischen) Geometrie zu neuem Leben erweckte. 1678 erschien in Mailand eine Arbeit des Giovanni Ceva, in der er sowohl den ihm unbekannten Satz des Menelaus als auch den nach ihm benannten Satz ableitete. Pascal lebte 1623 bis 1662 in Paris, schon als 16-jähriger Jüngling ver=faßte er eine größere Abhandlung über die Kegelschnitte.

Drittes Kapitel. Die Potenzlinien.

§ 8. Die Potenz in bezug auf einen Kreis.

Wiederholung und Erweiterung:

Gehen Sehnen durch einen und denselben Punkt S (Fig. 16a u. b) außerhalb (oder innerhalb) eines Kreises, so hat das Rechteck aus den Abschnitten jeder Sehne eine unveränderliche Größe, und zwar ist es gleich dem Quadrate über der von S an den Kreis gezogenen Tangente (oder gleich dem Quadrate über der halben kleinsten Sehne durch S).

Die unveränderliche Größe q^2 heißt die Potenz Π des Punktes S in bezug auf den Kreis M.

Fig. 16a.   Fig. 16b.

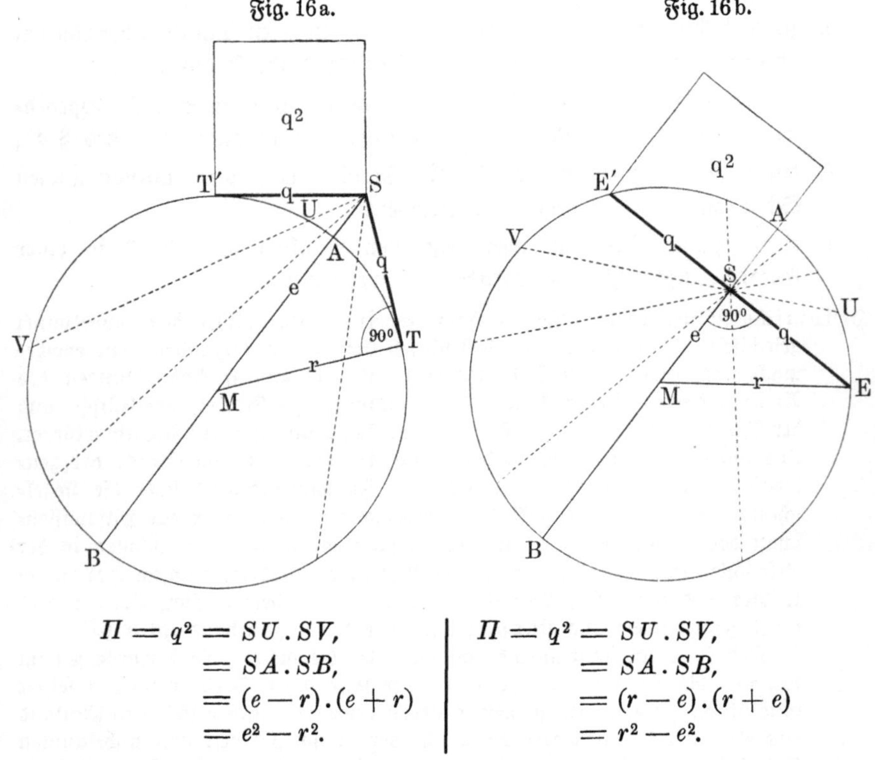

$$\Pi = q^2 = SU \cdot SV,$$
$$= SA \cdot SB,$$
$$= (e - r) \cdot (e + r)$$
$$= e^2 - r^2.$$

$$\Pi = q^2 = SU \cdot SV,$$
$$= SA \cdot SB,$$
$$= (r - e) \cdot (r + e)$$
$$= r^2 - e^2.$$

In Fig. 16a u. b ist die Potenz q^2 des Punktes S gleich $4 \, \text{cm}^2$ und $r = 2\frac{1}{2} \, \text{cm}$. Wie lang ist in jeder Figur die Entfernung e des Punktes S vom Kreismittelpunkt M?

In beiden Figuren hat der Punkt S in bezug auf den Kreis dieselbe Potenz, nämlich $4 \, \text{cm}^2$. Zur Unterscheidung führen wir den Begriff der Richtung ein. In Fig. 16b haben die Sehnenabschnitte SU

und SV, SA und SB, SE und SE' entgegengesetzte Richtung; ihr Produkt rechnen wir daher negativ. In Fig. 16a dagegen besitzen die Abschnitte jeder Sehne dieselbe Richtung; ihr Produkt ist daher positiv. Handelt es sich demnach nicht um die absoluten, sondern relativen Werte der Potenz, so sind obige Formeln umzuändern, nämlich für Punkte

<table>
<tr><td>außerhalb des Kreises</td><td>innerhalb des Kreises</td></tr>
<tr><td>$\Pi = q^2,$</td><td>$\Pi = -q^2,$</td></tr>
<tr><td>$= e^2 - r^2.$</td><td>$= -(r^2 - e^2).$</td></tr>
</table>

Aufgabe 1: Wie ändert sich die Potenz eines Punktes S, wenn dieser vom Mittelpunkte M aus auf einem Radius r bis zur Kreislinie und über sie hinaus auf der Verlängerung des Radius bis ins Unendliche wandert?

Aufgabe 2: Bestimme den geometrischen Ort aller Punkte S, die in bezug auf einen gegebenen Kreis M eine gegebene Potenz $\Pi = \pm q^2$ besitzen.

Lösung: siehe Fig. 17.

Fig. 17.

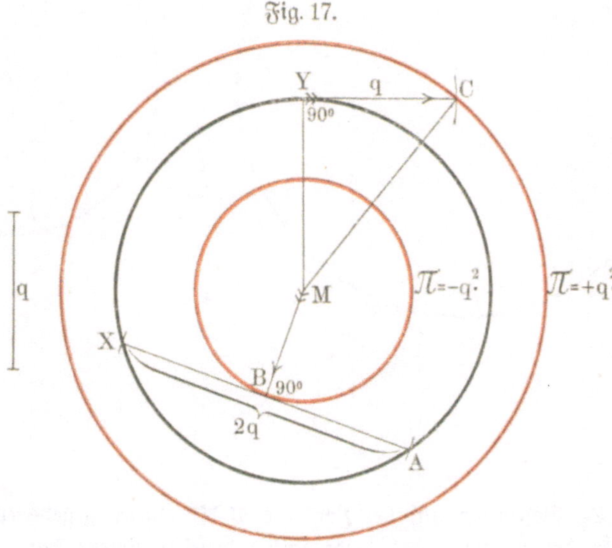

Grenzbetrachtung: Die Potenz Π kann sämtliche Werte von $-r^2$ durch Null bis $+\infty$ annehmen. Wir können uns die Ebene ausgefüllt denken durch konzentrische Kreise um M; alle Punkte eines dieser Kreise haben denselben Potenzwert, die verschiedenen Kreise aber verschiedene Werte.

Aufgabe 3: Bestimme auf einer gegebenen Geraden die Punkte, die in bezug auf einen gegebenen Kreis eine gegebene Potenz haben.

§ 9. Die Potenzlinie zweier Kreise.

Aufgabe 1: Gegeben sind zwei Kreise M und M' mit den Radien $r = 3\,\text{cm}$ und $r' = 2\,\text{cm}$, sowie ihre Zentrale $MM' = 6\,\text{cm}$. Bestimme die Punkte, deren Potenz in bezug auf beide Kreise a) 1; b) 4; c) 9; d) 16 qcm ist.

Lösung: siehe Fig. 18.

Fig. 18.

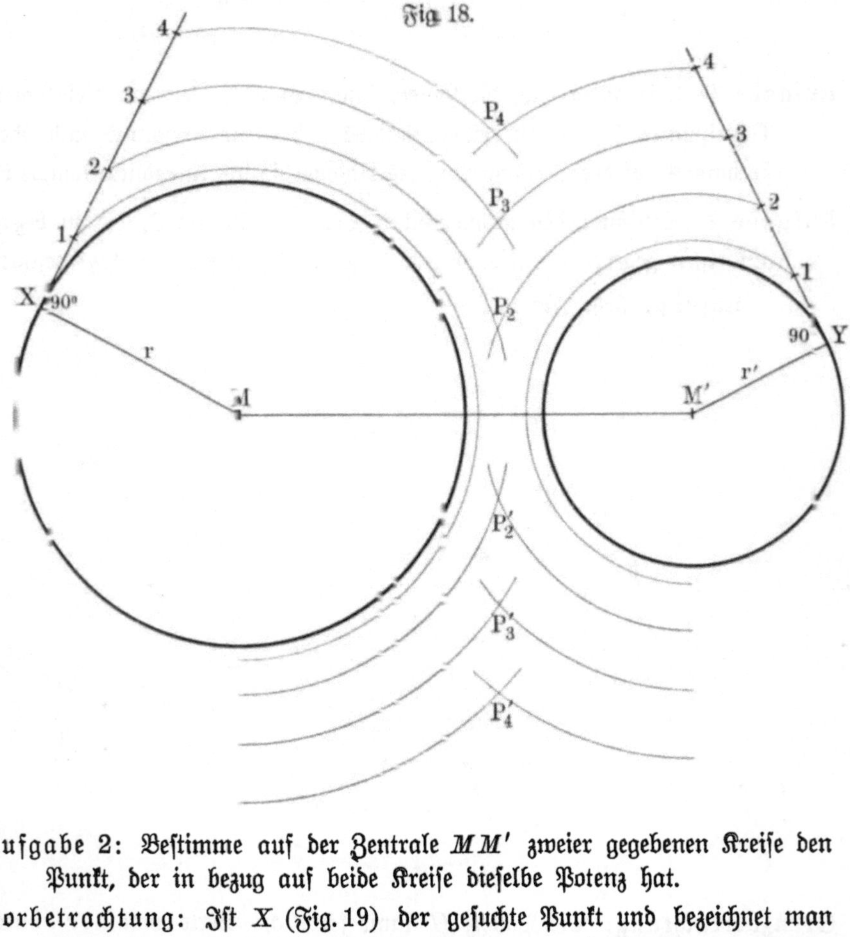

Aufgabe 2: Bestimme auf der Zentrale MM' zweier gegebenen Kreise den Punkt, der in bezug auf beide Kreise dieselbe Potenz hat.

Vorbetrachtung: Ist X (Fig. 19) der gesuchte Punkt und bezeichnet man MX mit x und XM' mit x', so kann man zwei Gleichungen mit den Unbekannten x und x' aufstellen, aus diesen x und x' berechnen und dann den Punkt X konstruieren.

Die Potenz des Punktes X

in bezug auf den Kreis M ist gleich $x^2 - r^2$,

„   „   „   „   „ M' „   „ $x'^2 - r'^2$.

Da aber diese Werte gleich sein sollen, so erhält man die Gleichung

$$\text{I.} \quad x^2 - r^2 = x'^2 - r'^2,$$
$$\text{I.} \quad x^2 - x'^2 = r^2 - r'^2.$$

Weil der Punkt X auf der Zentrale liegt, besteht die Gleichung

$$\text{II.} \quad x + x' = MM'.$$

Dividiert man Gleichung I durch Gleichung II, so ergibt sich

$$x - x' = \frac{r^2 - r'^2}{MM'},$$

mithin $\quad MX = x = \tfrac{1}{2}\left(MM' + \frac{r^2 - r'^2}{MM'}\right)$

und $\quad XM' = x' = \tfrac{1}{2}\left(MM' - \frac{r^2 - r'^2}{MM'}\right).$

Fig. 19.

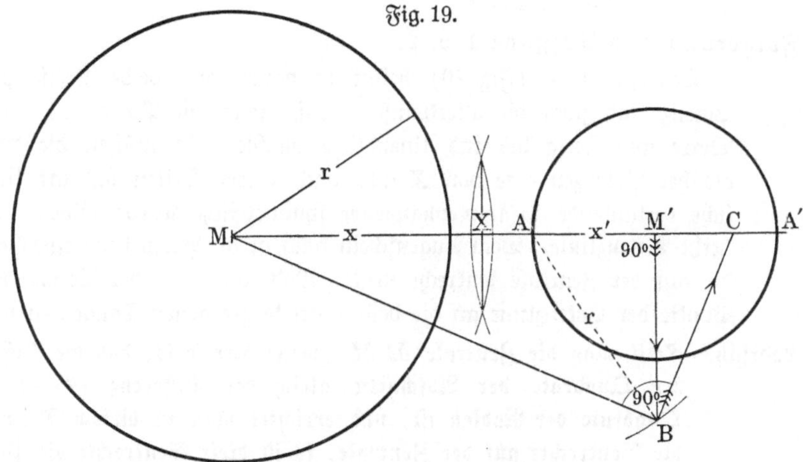

Konstruktion 1: Man zeichnet (Fig. 19) $\sqrt{r^2 - r'^2} = M'B$, dann $\frac{r^2 - r'^2}{MM'}$ oder $\frac{M'B^2}{MM'}$ als dritte Proportionale nach dem Satze, daß im recht= winkligen Dreieck jeder Hypotenusenabschnitt die dritte Proportionale zu dem anderen Hypotenusenabschnitt und der Höhe ist. Schließlich halbiert man MC, so ist der Mittelpunkt X der gesuchte Punkt.

Konstruktion 2: Den Punkt B der Fig. 19 kann man auch als Spitze eines gleichschenkligen Dreiecks über dem Durchmesser AA' finden. Nun ist X der Mittelpunkt des durch M, B und C gehenden Halb=

kreises; daher muß X senkrecht über der Mitte der Sehne MB liegen. Infolgedessen gibt es eine wesentlich kürzere Konstruktion, siehe Fig. 20.

Fig. 20.

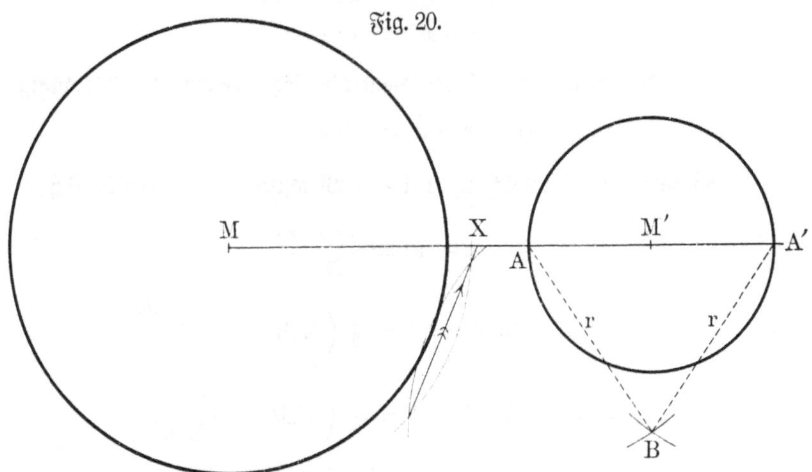

Folgerung aus Aufgabe 1 u. 2:

Der Punkt X (Fig. 20) besitzt in bezug auf beide Kreise gleiche Potenz und zwar die allerkleinste. Läßt man die Potenz von diesem Werte aus stetig bis ins Unendliche wachsen, so müssen die Punkte gleicher Potenzen eine von X aus nach beiden Seiten bis ins Unendliche verlaufende zusammenhängende symmetrische Kurve bilden. Diese heißt **Potenzlinie.** Dem Augenschein nach ist die Potenzlinie eine Gerade, die auf der Zentrale senkrecht steht. Was läßt sich über die von einem Punkte der Potenzlinie an die beiden Kreise gezogenen Tangenten sagen?

Lehrsatz. Teilt man die Zentrale MM' zweier Kreise so, daß die Differenz der Quadrate der Abschnitte gleich der Differenz $r^2 - r'^2$ der Quadrate der Radien ist, und errichtet man in diesem Teilpunkte die Senkrechte auf der Zentrale, so ist diese Senkrechte die Potenzlinie der beiden Kreise.

Voraussetzung (Fig. 21): $MQ^2 - M'Q^2 = r^2 - r'^2,$

$$\angle MQP = 90^0.$$

Behauptung: QP ist die Potenzlinie der beiden Kreise

oder $XM^2 - r^2 = XM'^2 - r'^2.$

Beweis: $MQ^2 - M'Q^2 = r^2 - r'^2$ nach Voraussetzung,

$$\left.\begin{array}{l} MQ^2 - r^2 = M'Q^2 - r'^2, \\ XQ^2 = XQ^2, \end{array}\right\} +$$

$$MQ^2 + XQ^2 - r^2 = M'Q^2 + XQ^2 - r'^2,$$

$$XM^2 - r^2 = XM'^2 - r'^2 \quad \text{nach dem pythagoreischen Lehrsatz.}$$

Grenzbetrachtung: Berücksichtigt man, daß eine Gerade durch einen Punkt und ihre Richtung oder durch zwei Punkte bestimmt ist, ferner, daß jeder Punkt der Peripherie die Potenz Null hat, so erkennt man, daß beim Verschieben des Kreises M' (Fig. 21) auf der Zentrale nach links die Potenzlinie

I. a) nach links wandert, bis sie für $MM' = r + r'$ zur gemeinsamen Tangente wird;

b) dann als Chordale, d. i. Sekante durch die Kreisschnittpunkte, nach links weiter wandert, bis die gemeinsame Sehne ihren größten Wert $2r'$ erreicht;

II. c) hier Kehrt macht, nach rechts wandert und für $MM' = r - r'$ wieder gemeinsame Tangente wird;

d) dann nach rechts weiter wandert, bis sie für $MM' = 0$ die unendlich ferne Gerade wird; schließlich aus dem Unendlichen von links her sich dem Kreise M wieder nähert.

Kann die Potenzlinie nur einen Kreis schneiden oder berühren?

Fig. 21.

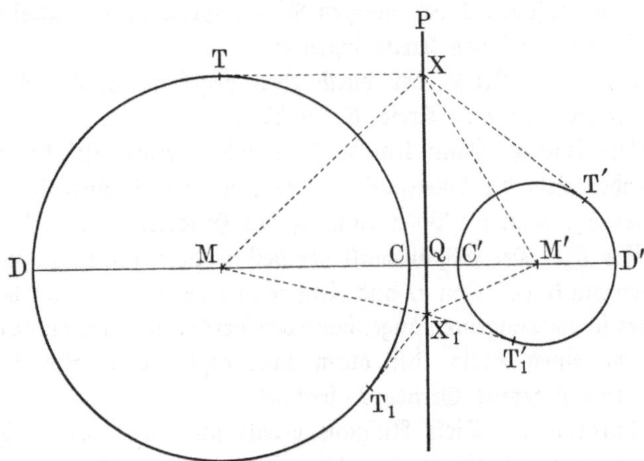

Aufgabe 3: Zeichne die Potenzlinie zweier auseinander liegenden Kreise.

Lösung 1: Bestimme nach Aufgabe 1 zwei Punkte, die in bezug auf beide Kreise dieselbe Potenz haben, und verbinde sie.

Lösung 2: Suche gemäß Aufgabe 2 den Schnittpunkt X der Potenzlinie mit der Zentrale und errichte in diesem auf der Zentrale die Senkrechte.

Lösung 3: Zeichne an die beiden Kreise zwei gemeinsame Tangenten, z. B. die beiden äußeren, und verbinde ihre Mittelpunkte miteinander.

§ 10. Der Potenzpunkt dreier Kreise.

Lehrsatz. Die drei Potenzlinien dreier Kreise schneiden sich in einem Punkte, dem Potenzpunkt der drei Kreise.

Beweis: Drei Kreise K_1, K_2, K_3 haben drei Potenzlinien,

$$\text{nämlich } K_1 \text{ und } K_2 \text{ eine Potenzlinie } L_3,$$
$$\text{„ } K_2 \text{ „ } K_3 \text{ „ } \qquad \text{„ } L_1,$$
$$\text{„ } K_3 \text{ „ } K_1 \text{ „ } \qquad \text{„ } L_2.$$

Zieht man von dem Schnittpunkt O der Potenzlinien L_3 und L_1 die Tangenten an die drei Kreise, so sind diese einander gleich, folglich geht auch die dritte Potenzlinie L_2 durch den Punkt O.

Grenzbetrachtungen: Untersuche folgende Fälle (Zeichnung):

1. die drei Mittelpunkte liegen auf einer Geraden,
2. jeder Kreis schneidet die beiden anderen Kreise,
3. zwei Kreise schneiden einander und werden vom dritten Kreise berührt,
4. jeder Kreis berührt die beiden anderen Kreise,
5. der Potenzpunkt liegt entweder innerhalb eines jeden oder außerhalb eines jeden der drei Kreise.

Aufgaben:

1. Löse die Aufgabe 3 des vorigen Paragraphen mittels zweier Hilfskreise, welche die gegebenen Kreise schneiden.
2. Zeichne einen Kreis, der durch zwei gegebene Punkte A und B geht und einen gegebenen Kreis K_1 berührt.

   Anleitung: Man legt durch A und B einen Hilfskreis K_2, der K schneidet, zieht die Potenzlinie L_3 des gegebenen Kreises K_1 und des Hilfskreises K_2, dann die Potenzlinie L_1 des Hilfskreises K_2 und des gesuchten Kreises K_3. Der Schnittpunkt der beiden Potenzlinien L_3 und L_1 ist der Potenzpunkt O. Von O aus zieht man eine Tangente an den Hilfskreis, findet so die Tangentenlänge, dann den Berührungspunkt usw. (zwei Lagen).
3. Zeichne einen Kreis, der durch zwei gegebene Punkte A und B geht und eine gegebene Gerade L berührt.

   Anleitung: Diese Aufgabe erhält man aus der vorigen dadurch, daß man den Kreis K_1 unendlich groß werden läßt. Die Konstruktion bleibt dieselbe; L ist zugleich die Potenzlinie L_3.
4. Zeichne einen Kreis, der zwei gegebene Geraden L_1 und L_2 berührt und durch einen gegebenen Punkt P_3 geht.

   Anleitung: Da der gesuchte Kreis beide Geraden berühren soll, so muß die Halbierungslinie des von L_1 und L_2 gebildeten Winkels den Kreis in einem Durchmesser schneiden, also eine Symmetrieachse des gesuchten Kreises sein. Zeichnet man also zu dem Kreispunkt P_3 in bezug auf die Halbierungslinie den symmetrischen Punkt, so muß auch dieser ein Kreispunkt sein. Mithin ist diese Aufgabe auf die vorige zurückgeführt.

Viertes Kapitel.

Ähnlichkeitspunkte und Ähnlichkeitsachsen.

§ 11. Die Ähnlichkeitslage und die Ähnlichkeitspunkte.

1. Gehen durch einen Punkt S im Raume (Fig. 22) drei oder mehrere Gerade und werden diese durch drei oder mehrere Ebenen $E, E_1, E_2, \ldots$ geschnitten, so heißen die entstandenen Schnittfiguren $A B C \ldots$, $A_1 B_1 C_1 \ldots A_2 B_2 C_2 \ldots$ usw. **perspektivische Figuren.**

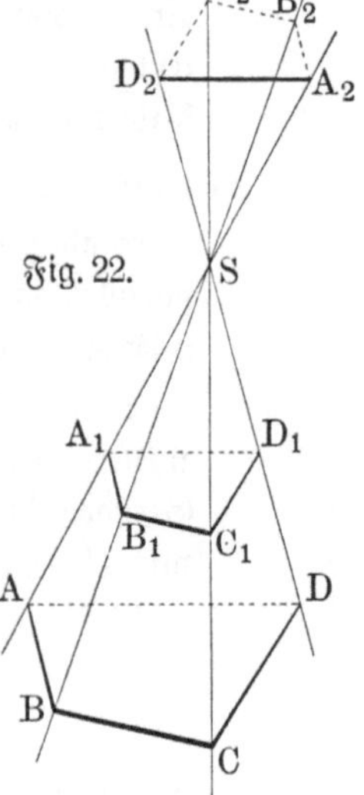

Das Wort perspektivisch ist deshalb gewählt, weil das n-Eck $A_1 B_1 C_1 \ldots$ einem in S befindlichen Auge das n-Eck $A B C \ldots$ gerade verdeckt.

Wie in der Stereometrie bewiesen wird, sind die Schnittfiguren einander ähnlich, wenn die Schnittebenen parallel laufen.

2. a) Das n-Eck $A B C \ldots$ und die parallele Ebene E_1 sei unbeweglich

S bewege sich in einer Ebene, die parallel E_1 ist,

S entferne sich von der Ebene E_1 und rücke unendlich weit fort,

S nähere sich der Ebene E_1 und falle in sie.

Wie ändert sich bei jeder Bewegung das n-Eck $A_1 B_1 C_1 \ldots$?

b) Im Punkte S befinde sich eine feste Lichtquelle und das n-Eck $A_1 B_1 C_1 \ldots$ sei unbeweglich, dagegen werde die Ebene E parallel verschoben. Wie ändert sich die Schattenfigur $A B C \ldots$? (Projektionsapparat, Laterna magica.)

c) Verfertige aus Pappe oder aus Draht zwei ähnliche Fünfecke. Wie muß man das kleinere $A_1 B_1 C_1 D_1 E_1$ halten, damit es das größere $A B C D E$ verdeckt, d. h. daß die Verbindungsgeraden entsprechender Punkte durch einen Punkt gehen? Wie viele Lagen sind möglich, und welche veränderlichen Strecken haben in allen Lagen dasselbe Verhältnis?

Verschiebe das kleinere Fünfeck $A_1 B_1 C_1 D_1 E_1$ perspektivisch, bis es in die Ebene E fällt. Welche Figuren ergeben sich, und wohin fällt S, wenn sich die Ecke A auf einer Geraden bewegt, die ausgeht von

     α) der Ecke A, β) einem Punkte der Seite $A B$,

     γ) einem Punkte innerhalb oder δ) außerhalb des Fünfecks $A B C D E$.

Stelle entsprechende Versuche mit zwei Kreisen an.

3. **a)** Zieht man in einer **Ebene** durch einen beliebigen Punkt S und die Ecken eines n-Ecks $ABC\ldots$ die Geraden (Fig. 22), teilt die Verbindungsstrecke SA, SB, $SC\ldots$ innerlich und äußerlich nach demselben Verhältnis und verbindet die Teilpunkte der Reihe nach miteinander, so sind die entstandenen n-Ecke dem ursprünglichen n-Ecke ähnlich. Beweis!

Oder verbindet man in einer Ebene einen beliebigen Punkt S mit den Ecken A, B, $C\ldots$ eines n-Ecks, zieht zu $(n-1)$ Seiten AB, $BC,\ldots$ $(n-1)$ Parallele $A_1 B_1$, $B_1 C_1,\ldots$ und verbindet den Anfangspunkt A_1 der ersten Parallelen mit dem Endpunkt der letzten Parallelen, so laufen auch die n^{ten} Seiten parallel, und die beiden n-Ecke sind einander ähnlich. Beweis!

b) **Umkehrung:**

Sind zwei n-Ecke **ähnlich**, und laufen **zwei** entsprechende Seiten parallel, so sind auch die $(n-1)$ anderen Seitenpaare parallel, und die n Geraden durch je zwei entsprechende Ecken schneiden sich in einem Punkt.

Beweis: Schneiden sich die durch die entsprechenden Endpunkte zweier paralleler Seiten, z. B. der Seiten AB und $A_1 B_1$ gezogenen Geraden in dem Punkte S, so verbindet man diesen Schnittpunkt S mit C, D, $\ldots$ und zieht $B_1 C' \,/\!/\, BC$, $C'D' \,/\!/\, CD$, usw. Dann ist

$$A_1 B_1 C' D' \ldots \sim ABCD \ldots \text{ (nach 3a),}$$
$$\underline{A_1 B_1 C_1 D_1 \ldots \sim ABCD \ldots \text{ (nach Voraussetzung),}}$$
$$A_1 B_1 C' D' \ldots \sim A_1 B_1 C_1 D_1.$$

Da diese ähnlichen n-Ecke in einer entsprechenden Seite $A_1 B_1$ übereinstimmen, so sind sie kongruent und fallen daher zusammen.

Bezeichnungen: Die Fig. 22 kann sowohl räumlich, als auch als ebene Figur aufgefaßt werden. Daher gelten die folgenden Bezeichnungen und Ergebnisse ebenso für den Raum wie für die Ebene.

S heißt . . . . **Ähnlichkeitspunkt.**

Für $A_1 B_1 C_1 D_1$ und $ABCD$ ist S der . . **äußere Ähnlichkeitspunkt.**

Für $A_2 B_2 C_2 D_2$ und $ABCD$ ist S der . . **innere Ähnlichkeitspunkt.**

Jede Gerade durch S heißt . . . . **Ähnlichkeitsgerade.**

Die drei Vierecke sind . . . . perspektivisch ähnlich,

oder die ähnlichen Vierecke

$A_1 B_1 C_1 D_1$ und $ABCD$ liegen . . . . **(direkt) ähnlich,**

$A_2 B_2 C_2 D_2$ und $ABCD$ liegen . . . . **umgekehrt ähnlich.**

Das **konstante** Verhältnis $\dfrac{SA_1}{SA} = \dfrac{A_1 B_1}{AB}$ usw.

$= k$ heißt . . . . **Ähnlichkeitsverhältnis.**

Ergebnis: In perspektivisch ähnlichen Figuren sind nicht nur, wie in allen ähnlichen Figuren, die entsprechenden Winkel gleich und die entsprechenden Strecken proportioniert, sondern letztere sind auch parallel und alle entsprechenden Punkte liegen auf einer Ähnlichkeitsgeraden und schneiden auf dieser, vom Ähnlichkeitspunkt aus gemessen, Strecken ab, die in dem Ähnlichkeitsverhältnis k stehen.

Aufgaben:

1. a) Durch welche Bewegung bringt man das Viereck $A_1 B_1 C_1 D_1$ der Fig. 22 zur Deckung mit dem kongruenten Viereck $A_2 B_2 C_2 D_2$?

   b) Bei welchen Vierecken der Fig. 22 haben die entsprechenden Seiten dieselbe Richtung und bei welchen die entgegengesetzte Richtung?

   c) Wie müssen die ähnlichen Figuren beschaffen sein, wenn sie **in derselben** Lage einen äußeren **und** einen inneren Ähnlichkeitspunkt besitzen sollen?

   d) Welche ähnlichen Figuren liegen in jeder Lage direkt und umgekehrt ähnlich?

2. a) Zeichne zu einem gegebenen Dreieck ein perspektivisch ähnliches, wenn $k = 2$ und der äußere Ähnlichkeitspunkt gegeben ist.

   b) Zeichne zu einem gegebenen Dreieck ein perspektivisch ähnliches, wenn $k = \tfrac{2}{3}$ und der innere Ähnlichkeitspunkt gegeben ist.

3. a) Zeichne in ein gegebenes Dreieck ein Quadrat, dessen Ecken auf den Seiten des Dreiecks liegen (Fig. 23). — An Stelle des Quadrates trete

   b) ein Rhombus mit ge= gebenem Winkel δ;

   c) ein Rechteck mit gegebe= nem Seitenverhältnis $m : n$;

   d) ein Viereck, das einem gegebenen Viereck ähn= lich ist.

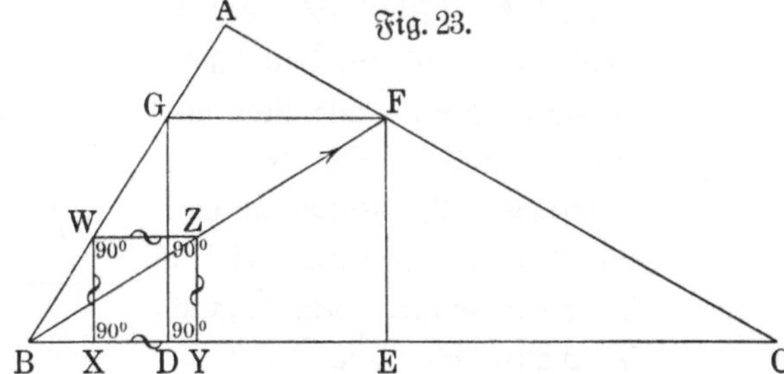

4. Zeichne in einen gegebenen Kreisausschnitt ein Quadrat,

   a) von dem zwei Ecken auf dem Bogen, die beiden anderen auf den Radien liegen;

   b) von dem zwei Ecken auf einem Radius, die dritte auf dem anderen Radius, die vierte auf dem Bogen liegt.

5. Zeichne in einen gegebenen Kreisausschnitt einen Kreis, der den Bogen und die beiden Radien berührt.

6. Zeichne in einen Kreisabschnitt ein Quadrat, von dem zwei Ecken auf dem Bogen und die beiden anderen auf der Sehne liegen.

*§ 12. Anwendung der Ähnlichkeitslehre auf merkwürdige Punkte des Dreiecks.

Den Mittelpunkt M des Umkreises und den Mittelpunkt O des Inkreises eines Dreiecks kannte schon Pythagoras, ein jüngerer Zeitgenosse des Thales von Milet (600 v. Chr.). Der dritte merkwürdige Punkt im Dreieck, der Schwer=punkt S, war dem Archimedes von Syrakus (287 bis 212 v. Chr.) nicht fremd. Auch muß dieser gewußt haben, daß sich die Mittellinien im Verhältnis 2:1 schneiden. Denn er benutzt den Satz, daß die durch den Schwerpunkt S zu einer Dreiecksseite gezogene Parallele auf den anderen Dreiecksseiten genau ein Drittel abschneidet, und daß S der Halbierungspunkt dieser Parallelen ist. Auch kennt er den vierten merkwürdigen Punkt im Dreieck, den Höhenschnitt=punkt H. Aber weder Archimedes, noch sein älterer Zeitgenosse Euklid wenden den merkwürdigen Punkten des Dreiecks ihre Aufmerksamkeit zu, und da Euklids Elemente die Elementarmathematik des Mittelalters vollständig beherrschen, so finden die merkwürdigen Punkte auch das ganze Mittelalter hindurch bis in die Neuzeit herein wenig Beachtung. Euler (1707 bis 1783; Petersburg, Berlin, Petersburg) fand durch Berechnung den nach ihm be=nannten Lehrsatz 2; Feuerbach (1800 bis 1834, Erlangen) entdeckte den Neunpunktkreis und Steiner (1796 bis 1863, Berlin) bewies 1833 diese Lehr=sätze im Zusammenhang mit Hilfe der Ähnlichkeit.

1. Lehrsatz. Die drei Mittellinien eines Dreiecks schneiden sich in einem Punkte und zwar im Verhältnis 2 : 1.

Anleitung zum Beweise:
Dreieck $A'B'C'$ (Fig. 24) ist ähnlich ABC mit dem Ähnlichkeits=verhältnis $k = \frac{1}{2}$ und liegt um=gekehrt ähnlich. Die drei ent=sprechenden Ecken bestimmen daher drei Ähnlichkeitsgeraden, die sich in einem Punkte, dem Ähnlich=keitspunkte, schneiden.

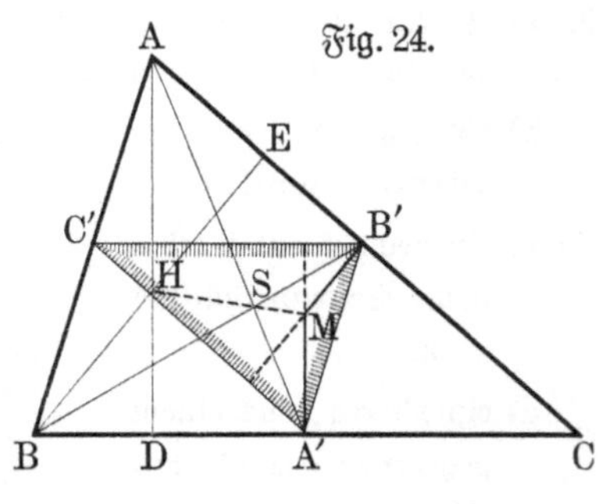

2. Satz des Euler. In jedem Dreieck liegen der Höhenschnittpunkt H, der Schwerpunkt S und der Mittelpunkt M des Umkreises in einer Geraden, der Eulerschen Geraden, und es ist $HS = 2\,SM$.

Anleitung zum Beweise (Fig. 24):
H und M sind entsprechende Punkte als Schnittpunkte entsprechender Strecken. Daher liegen sie auf einer Ähnlichkeitsgeraden, und HS und SM stehen in dem konstanten Ähnlichkeitsverhältnis 2:1.

Folgerung: $AH = 2\,A'M$, in Worten?

3. Satz des Feuerbach. Die Mitten der Seiten eines Dreiecks, die Fußpunkte seiner Höhen und die Mitten der oberen Höhenabschnitte liegen in einer Kreislinie (Neunpunktkreis).

Anleitung zum Beweise (Fig. 25):

Wendet man den Satz des Euler auf das Dreieck $A'B'C'$ an, so muß der Höhenschnittpunkt M dieses Dreiecks und sein Schwerpunkt S mit dem Mittelpunkte M' seines Um=

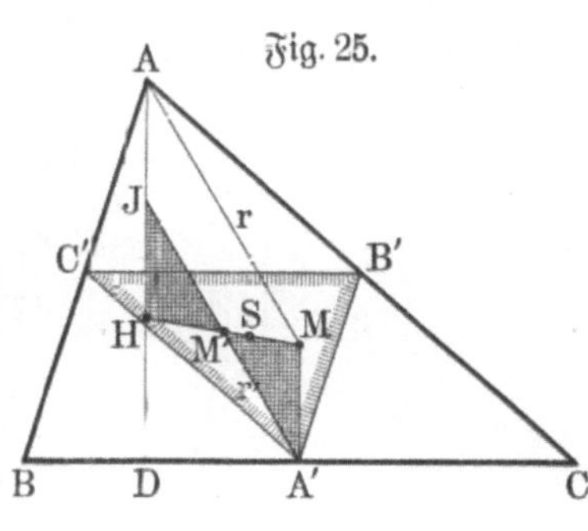

kreises in einer Geraden liegen, und es muß $MS = 2SM'$ sein.

Durch Berechnung findet man $M'S = \frac{1}{6}HM, HM'$ und $MM' = \frac{1}{2}HM$.

Zieht man nun von A' aus durch M' die Gerade, die AH in J trifft, so ist Dreieck $JHM' \backsimeq A'MM'$, folglich $JH = A'M$ und $JM' = A'M' = r'$, also ist J ein Punkt des Umkreises des Dreiecks $A'B'C'$.

Da ferner $AH = 2A'M$ ist, so muß J die Mitte von AH sein.

JA' ist ein Durchmesser, $\angle JDA' = 90^0$, mithin liegt auch der Höhenfußpunkt D auf dem Umkreise des Dreiecks $A'B'C'$.

Entsprechendes gilt für die anderen Höhen.

Fragen: 1. Warum sind M, S, M', H harmonische Punkte?

          2. Was für ein Viereck ist $AJA'M$?

          3. Wie groß ist r'?

§ 13. Die Ähnlichkeitsachse ähnlicher Vielecke.

Lehrsatz.   a) Liegen drei ähnliche Vielecke V_1, V_2, V_3 zueinander direkt ähnlich, so liegen ihre drei Ähnlichkeitspunkte in einer Geraden, der Ähnlichkeitsachse (Fig. 26a).

          b) Liegen von drei ähnlichen Vielecken V_1, V_2, V_3 zwei, z. B. V_1 und V_3 (Fig. 26b), zueinander direkt ähnlich, dagegen beide zu dem dritten Vieleck V_2 umgekehrt ähnlich, so liegen ihre drei Ähnlichkeitspunkte in einer Geraden, der Ähnlichkeitsachse.

Beweis zu a): Ist S_3 der Ähnlichkeitspunkt für V_1 und V_2, S_1 für V_2 und V_3, S_2 für V_3 und V_1, so verhält sich

$$\frac{A_1 S_3}{S_3 A_2} = \frac{a_1}{a_2}, \; \frac{A_2 S_1}{S_1 A_3} = \frac{a_2}{a_3}, \; \frac{A_3 S_2}{S_2 A_1} = \frac{a_3}{a_1};$$

$$\frac{A_1 S_3}{S_3 A_2} \cdot \frac{A_2 S_1}{S_1 A_3} \cdot \frac{A_3 S_2}{S_2 A_1} = \frac{a_1}{a_2} \cdot \frac{a_2}{a_3} \cdot \frac{a_3}{a_1} = 1,$$

liegen S_3, S_2, S_1 in einer Geraden.

Der Beweis von b entspricht dem von a.

Aufgaben:

1. Verbindet man die Endpunkte dreier parallelen Strecken gemäß Fig. 27 miteinander, so liegen die drei Schnittpunkte der Verbindungslinien in einer Geraden.

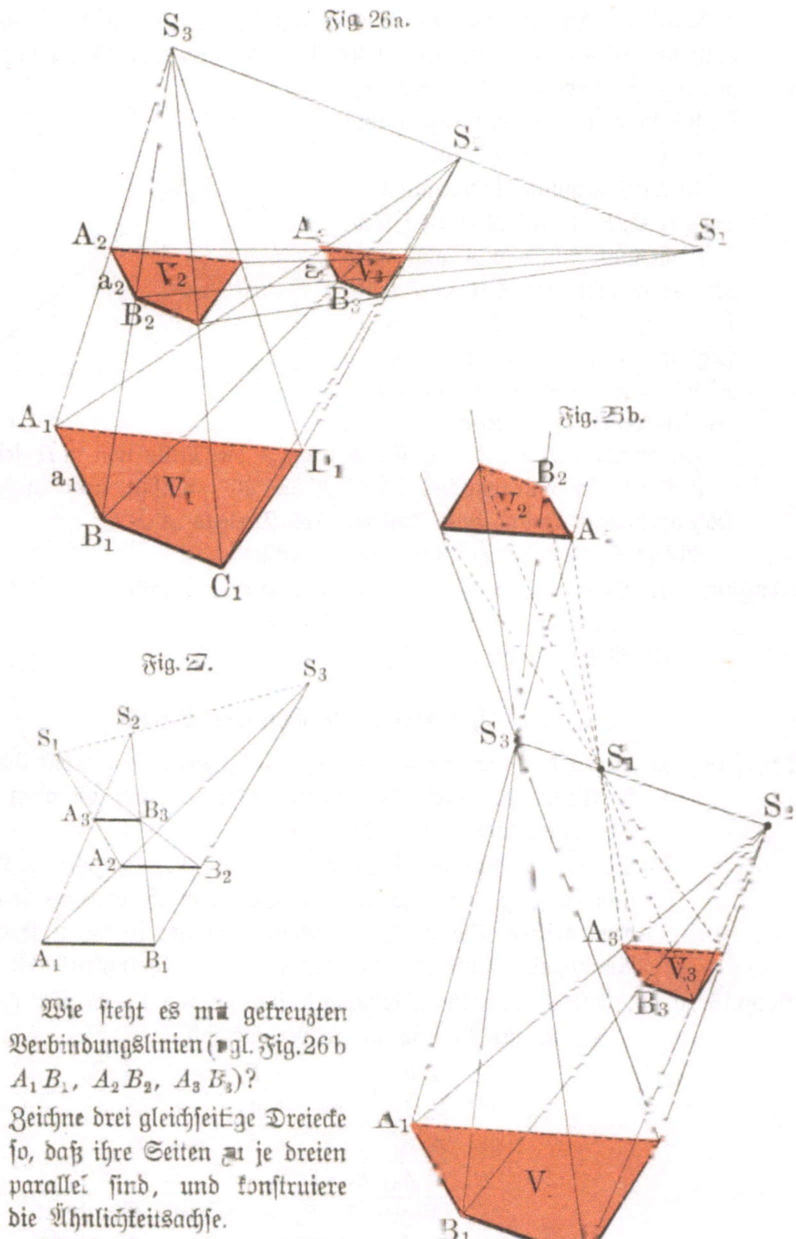

Wie steht es mit gekreuzten Verbindungslinien (vgl. Fig. 26b $A_1 B_1$, $A_2 B_2$, $A_3 B_3$)?

2. Zeichne drei gleichseitige Dreiecke so, daß ihre Seiten zu je dreien parallel sind, und konstruiere die Ähnlichkeitsachse.

Welche Lagen sind möglich?

§ 14.   Die Ähnlichkeitspunkte und die Ähnlichkeitsachsen von Kreisen.

Satz des Monge. Von den sechs Ähnlichkeitspunkten dreier Kreise liegen die drei äußeren und jeder äußere mit den beiden nicht zugehörigen inneren in einer Geraden (Fig. 28).

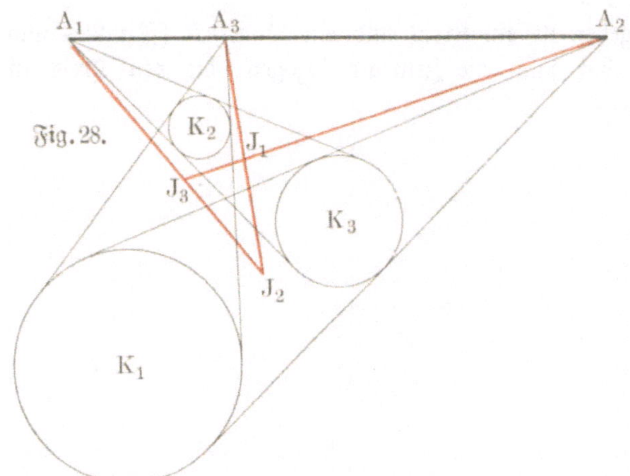

Drei Kreise besitzen also stets vier Ähnlichkeitsachsen.

Da Kreise stets direkt und zugleich umgekehrt ähnlich liegen, so ist der Satz des Monge nur ein besonderer Fall des vorigen Lehrsatzes.

Aufgaben: **I. Zwei Kreise.**

1. a) Der äußere und der innere Ähnlichkeitspunkt zweier Kreise teilen die Zentralstrecke harmonisch nach dem Verhältnis der Radien.

   b) Die gemeinsamen Tangenten zweier Kreise gehen durch einen Ähnlichkeitspunkt.

   c) Wie bewegen sich die Ähnlichkeitspunkte zweier Kreise, wenn ihre Zentralstrecke bis Null abnimmt, und wie, wenn der kleinere Radius bis Null abnimmt oder bis Unendlich wächst?

   d) Wie darf sich die Größe zweier Kreise ändern, wenn die Mittelpunkte und die Ähnlichkeitspunkte ihre Lage beibehalten sollen?

2. Zeichne an zwei gegebene Kreise die gemeinsamen Tangenten mit Benutzung der Ähnlichkeitspunkte.

II. Drei Kreise.

Sonderfälle des Satzes von Monge (1746 bis 1818; Paris).

1. Berührt ein Kreis zwei andere **gleichartig**, d. h. entweder beide von außen oder beide von innen, so liegen die Berührungspunkte mit dem **äußeren** Ähnlichkeitspunkte der beiden letzten Kreise in einer Geraden.

2. Berührt ein Kreis zwei andere **ungleichartig**, d. h. den einen von außen, den anderen von innen, so liegen die Berührungspunkte mit dem **inneren** Ähnlichkeitspunkte der beiden letzten Kreise in einer Geraden.

Fünftes Kapitel. **Pol und Polare.**

§ 15. Die Polare als geometrischer Ort.

1. Konstruktion:

Gegeben ist ein Kreis und ein Punkt P (Fig. 29 a und b). Durch diesen hat man die Zentrale gezogen, die den Kreis in A und C

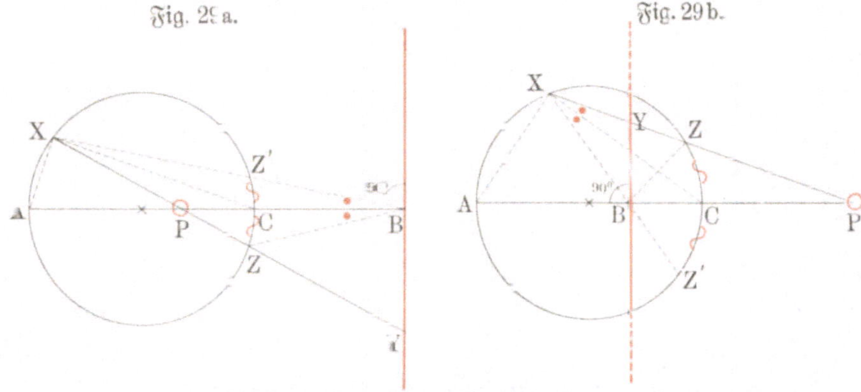

schneidet, dann in bezug auf den Durchmesser AC den P zugeordneten harmonischen Punkt B bestimmt, schließlich in B auf der Zentrale die Senkrechte errichtet.

Behauptung: Jede durch P gehende Sehne XZ wird durch P und die Senkrechte harmonisch geteilt.

Beweis: Man zieht die gestrichelten Hilfslinien.

$$A, \quad C, \quad P, \quad B \text{ harmonische Punkte,}$$
$$\overline{XA, \quad XC, \quad XP, \quad XB} \qquad \text{„} \qquad \text{Strahlen,} \quad \sphericalangle AXC = 90^\circ,$$
$$\overline{\sphericalangle ZXC = Z'XC,}$$
$$\overline{\text{Bogen } ZC = Z'C.}$$

Klappt man um den Durchmesser AC, so muß Z' mit Z, also auch $\sphericalangle Z'BC$ mit ZBC zusammenfallen, d. i. $\sphericalangle Z'BC = ZBC$. Da ferner $\sphericalangle PBY = 90^\circ$ ist, so sind

$$BZ', \quad BZ, \quad BP, \quad BY \text{ harmonische Strahlen,}$$
$$\overline{X, \quad Z, \quad P, \quad Y} \qquad \text{„} \qquad \text{Punkte.}$$

2. Bezeichnungen:

a) Zwei Punkte, die einen Durchmesser harmonisch teilen, bilden ein **Polpaar** oder **zugeordnete Pole** (zu ergänzen: in bezug auf den gegebenen Kreis). Nenne die zugeordneten Pole der Figuren. Wieviel Polpaare gibt es auf einem Durchmesser?

b) Die rote Gerade heißt die **Polare** des festen Punktes P und der feste Punkt P der **Pol** der roten Geraden.

3. Lehrsatz 1. Der geometrische Ort für alle einem festen Punkt P zugeordneten harmonischen Punkte in bezug auf die durch P gehenden Sehnen ist die Polare von P.

4. Folgerungen:

a) Aus der Möglichkeit und Eindeutigkeit der 1. Konstruktion folgt:

Zu einem Punkt gibt es stets eine und nur eine Polare.

b) Gegeben ist ein Kreis und eine Gerade, bestimme ihren Pol. Aus der Möglichkeit und Eindeutigkeit auch dieser Konstruktion ergibt sich:

Zu einer Geraden gibt es stets einen und nur einen Pol.

5. Konstruktion der Polare.

Da es zu einem Punkt P nur eine Polare gibt und eine Gerade durch zwei ihrer Punkte eindeutig bestimmt ist, so kann man die Polare zu einem gegebenen Punkt P konstruieren, indem man durch P zwei beliebige Sehnen zieht, auf jeder den P zugeordneten harmonischen Punkt bestimmt und diese verbindet.

6. Wendet man die Grenzbetrachtung des § 4 an, so ergibt sich:

a) Die Polare des Kreismittelpunktes liegt unendlich fern.

b) Wandert P vom Kreismittelpunkt nach C, so nähert sich die Polare aus unendlicher Ferne, sich parallel verschiebend, ebenfalls C. Liegt P innerhalb des Kreises, so schneidet seine Polare den Kreis nicht.

c) Die Polare eines Punktes der Kreislinie ist die in diesem Punkt gezogene Tangente.

Der Pol einer Tangente ist ihr Berührungspunkt.

d) Liegt P außerhalb des Kreises, so schneidet seine Polare den Kreis, und zwar ist die Berührungssehne der von P an den Kreis gezogenen Tangenten die Polare, in kürzerer Fassung:

Die Berührungssehne zweier Tangenten ist die Polare ihres Schnittpunktes.

Der Schnittpunkt zweier Tangenten ist der Pol der Berührungssehne.

Denn dreht man die Sekante XP (Fig. 29b) um den festen Punkt P, bis sie zur Tangente wird, so fallen ihre Schnittpunkte X und Z mit Y zusammen, da $\measuredangle XBY$ stets gleich ZBY ist.

e) Die Polare eines in bestimmter Richtung unendlich fernen Punktes ist der zu jener Richtung senkrechte Durchmesser.

Der Pol eines Durchmessers liegt unendlich fern in der zu dem Durchmesser senkrechten Richtung.

§ 16. Konstruktion der Polare und das Poldreieck.

1. Grundaufgabe: Zeichne zu einem gegebenen Punkt A in bezug auf einen gegebenen Kreis die Polare $\mathfrak{A}$ ohne Benutzung des Zirkels.

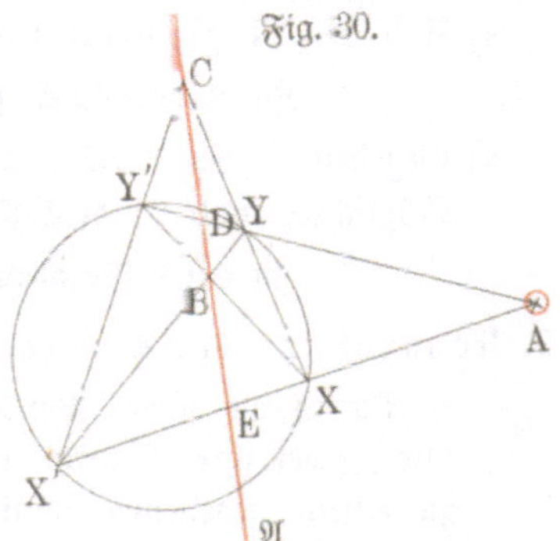

Lösung: Man zieht (Fig. 30) von A aus zwei beliebige Sekanten $A\,X\,X'$ und $A\,Y\,Y'$, bestimmt den Schnittpunkt B der Sehnen $X\,Y'$ und $X'Y$, sowie den Schnittpunkt C der Sekanten $X\,Y$ und $X'\,Y'$ und legt durch die Schnittpunkte B und C die Gerade, so ist diese die gesuchte Polare.

Beweis: Die Figur ist ein vollständiges Vierseit mit den Diagonalen $Y'Y$, CB, $X'X$. Jede Diagonale eines vollständigen Vierseits wird aber durch die beiden anderen Diagonalen harmonisch geteilt. Mithin sind Y', D, Y, A und X', E, X, A harmonische Punkte, also ist die rote Gerade die Polare zu A.

Zeichne die Figur für den Fall, daß der gegebene Punkt innerhalb des gegebenen Kreises liegt. Lösung und Beweis bleiben wörtlich bestehen.

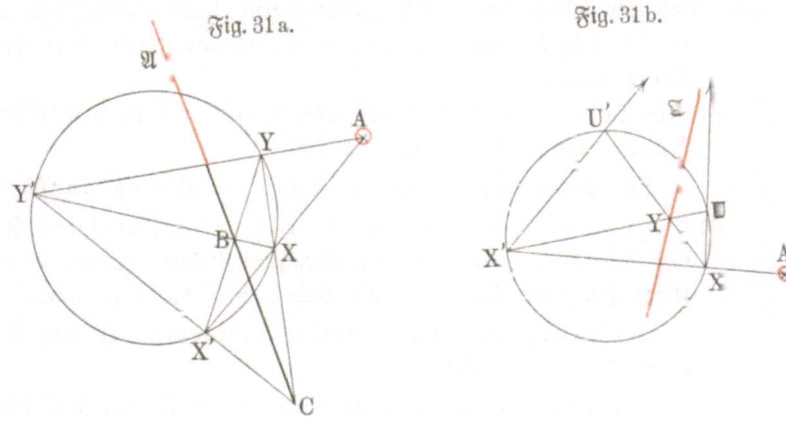

2. Folgerungen:

a) Ist A der Pol zu $\mathfrak{A}$ (Fig. 31a), und zieht man beliebig $A\,X\,X'$, $A\,Y\,Y'$ usw., so fällt CB mit $\mathfrak{A}$ zusammen. Warum?

b) Ist A der Pol zu $\mathfrak{A}$ (Fig. 31b), so zieht man beliebig $A\,X\,X'$, sowie durch einen beliebigen Punkt Y der Geraden $\mathfrak{A}$ die Sehnen $X\,Y\,U'$ und $X'Y\,U$ usw. Wohin fällt der Schnittpunkt der Sekanten $X\,U$ und $X'\,U'$?

3. Konstruktion: Ziehe von einem gegebenen Punkt an einen gegebenen Kreis die Tangenten ohne Benutzung des Zirkels. Lösung siehe Fig. 32.

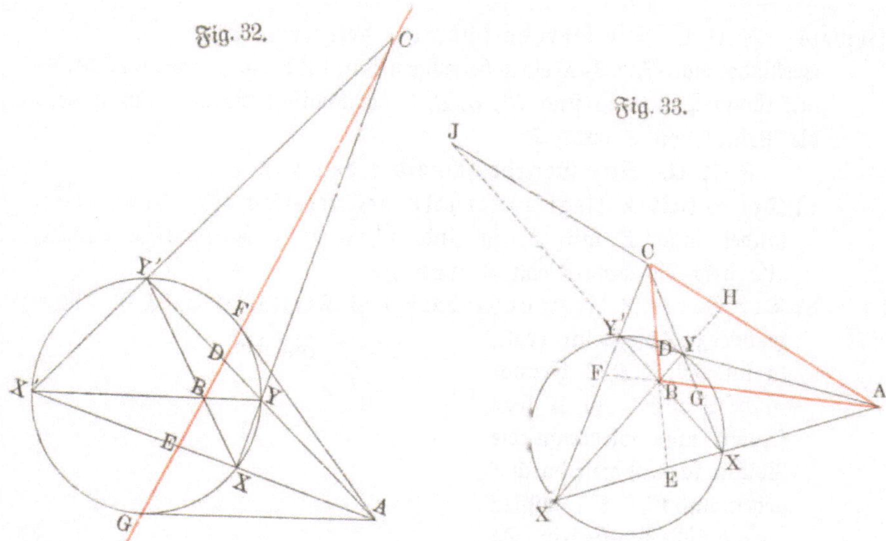

4. Ergänzt man Fig. 30 zu Fig. 33, so ist $CY'BY$ ein Vierseit und BC, wie eben bewiesen, die Polare zu A. Es ist aber auch $AXBY$ ein Vierseit mit den Diagonalen $AB, XY, X'Y'$, mithin sind X, G, Y, C und X', F, Y', C harmonische Punkte, also ist $A·B$ die Polare zu C. Drittens ist $X'XYY'$ ein Vierseit mit den Diagonalen $X'Y, XY', AC$, mithin sind X', B, Y, H und X, B, Y', J harmonische Punkte, also ist CA die Polare zu B.

Das Dreieck ABC hat also die Eigenschaft, daß jede Ecke der Pol seiner Gegenseite ist. Ein solches Dreieck heißt Poldreieck. Es ergibt sich:

Lehrsatz 2. Die Schnittpunkte der Gegenseiten eines Sehnenvierecks und der Schnittpunkt seiner Diagonalen sind die Ecken eines Poldreiecks.

Lehrsatz 3. Sind zwei Ecken eines Dreiecks die Pole ihrer Gegenseiten, so ist auch die dritte Ecke der Pol ihrer Gegenseite.

§ 17.   Mehrere Polaren.

Lehrsatz 4. Die Polaren aller Punkte einer Geraden gehen durch den Pol der Geraden.

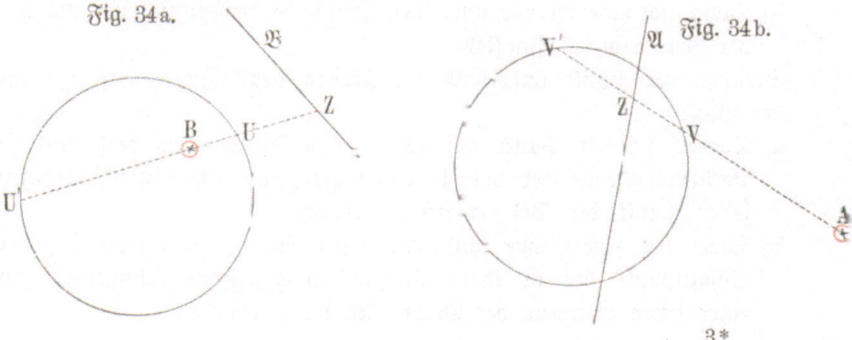

Beweis: Fall I. Die Gerade schneidet den Kreis nicht.

Verbindet man (Fig. 34a) einen beliebigen Punkt Z der gegebenen Geraden $\mathfrak{B}$ mit ihrem Pol B, so sind U', U, B, Z harmonische Punkte, mithin geht die Polare von Z durch B.

Fall II. Die Gerade schneidet den Kreis.

a) Der Punkt Z liegt innerhalb des Kreises (Fig. 34b). Verbindet man Z mit A, so sind V', V, Z, A harmonische Punkte, also geht die Polare von Z durch A.

b) Der Punkt Z liegt außerhalb des Kreises (Fig. 34c). Man zeichnet zu Z die Polare (rot), so sind U', U, B, Z harmonische Punkte. Zu B konstruiert man wiederum die Polare, so muß diese durch Z gehen, und V', V, B, C müssen harmonische Punkte sein. Da U', U, B, Z und V', V, B, C harmonische Punkte sind, so ist CZ die Polare zu B, mithin ist ZBC ein Poldreieck, also ist C der Pol zu $\mathfrak{C}$.

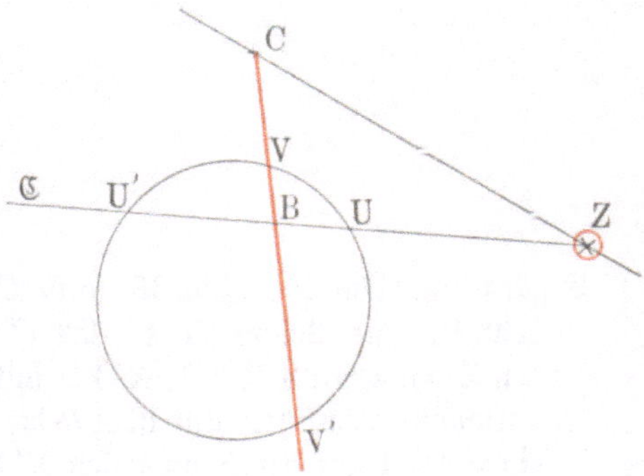

Folgerungen und Umkehrungen:

1. a) Liegt ein Punkt auf einer Geraden, so geht seine Polare durch den Pol dieser Geraden.

   b) Geht eine Gerade durch einen Punkt, so liegt ihr Pol auf der Polare dieses Punktes.

2. a) Liegen drei Punkte auf derselben Geraden, so schneiden sich ihre Polaren in demselben Punkt.

   b) Schneiden sich drei Geraden in demselben Punkt, so liegen ihre Pole auf derselben Geraden.

3. a) Bewegt sich ein Punkt auf einer Geraden, so dreht sich seine Polare um den Pol dieser Geraden.

   b) Dreht sich eine Gerade um einen Punkt, so bewegt sich ihr Pol auf der Polare dieses Punktes.

4. Solange der Punkt außerhalb des Kreises liegt (Fig. 35a u. b), gilt der Satz:

   a) Bewegt sich ein Punkt auf einer festen Geraden, so dreht sich die Berührungssehne der von ihm aus gezogenen Tangenten um einen festen Punkt, den Pol der festen Geraden.

   b) Dreht sich eine Sehne um einen festen Punkt, so bewegt sich der Schnittpunkt der in ihren Endpunkten gezogenen Tangenten auf einer festen Geraden, der Polare des festen Punktes.

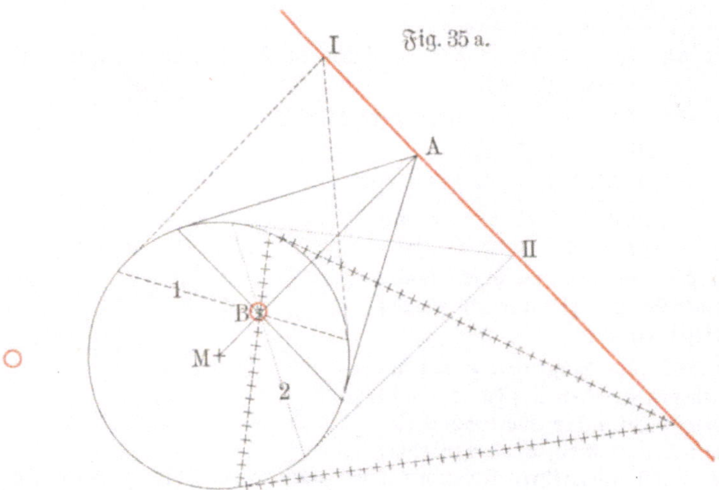

Fig. 35 a.

5. a) Zeichnet man zu zwei beliebigen Geraden 1 und 2 die Pole I und II, so ist die Gerade durch I und II die Polare zum Schnittpunkt der Geraden 1 und 2.

    b) Zeichnet man zu zwei beliebigen Punkten I und II die Polaren 1 und 2, so ist der Schnittpunkt von 1 und 2 der Pol zu der Geraden durch I und II.

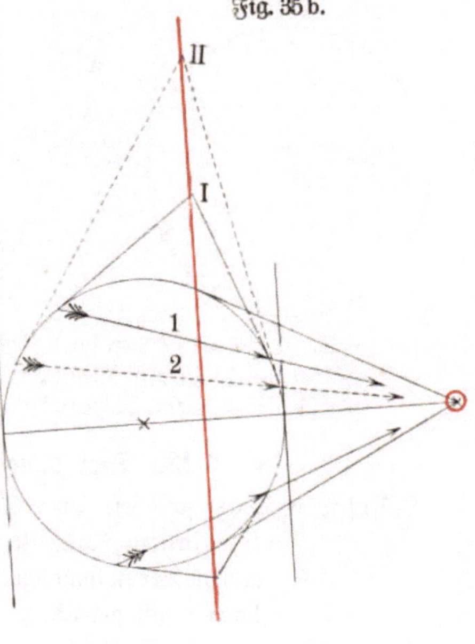

Fig. 35 b.

Aufgaben:

1. Zeichne ohne Benutzung des Zirkels

    a) den Pol zu einer gegebenen Geraden in bezug auf einen gegebenen Kreis,

    b) die Tangente in einem gegebenen Punkte einer gegebenen Kreis=linie,

    c) den Strahl von einem gegebenen Punkt P aus nach dem un=zugänglichen Schnittpunkt X zweier gegebenen Geraden G_1 und G_2.

2. Zeichne mit gegebenem Radius einen Kreis, in bezug auf den

    a) zwei gegebene Punkte A und A' zugeordnete Pole sind,

    b) eine gegebene Gerade G und ein gegebener Punkt G Polare und Pol sind.

Zweite Ableitung des Lehrsatzes e.

Hilfssatz. Zwei Polpaare auf verschiedenen Durchmessern liegen auf einem Kreise (Fig 36).

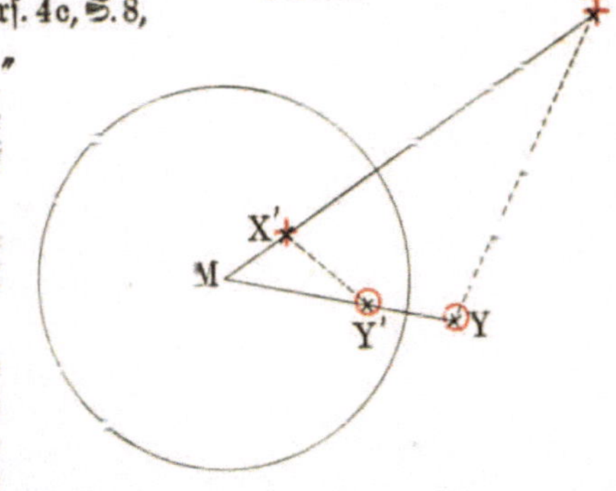

Beweis: $MX' . MX = r^2$, nach Lehrs. 4c, S. 8,

$MY' . MY = r^2$,

$$MX' . MX = MY' . MY.$$

liegen X', X, Y', Y auf demselben Kreis.

Lehrsatz. Die Polaren aller Punkte einer Geraden gehen durch den Pol dieser Geraden.

Beweis: Man konstruiert zu der gegebenen Geraden $\mathfrak{A}'$ (Fig. 37 a u. b) den Pol A', indem man vom Kreismittelpunkt M auf $\mathfrak{A}'$ die Senkrechte MA fällt und zu ihrem Fußpunkt A den zugeordneten Pol A' zeichnet. Ist nun X ein beliebiger Punkt von $\mathfrak{A}$, so zieht man MX und bestimmt den X zugeordneten Pol X'. Dann ist die Verbindungslinie $A'X'$ die Polare zu X,

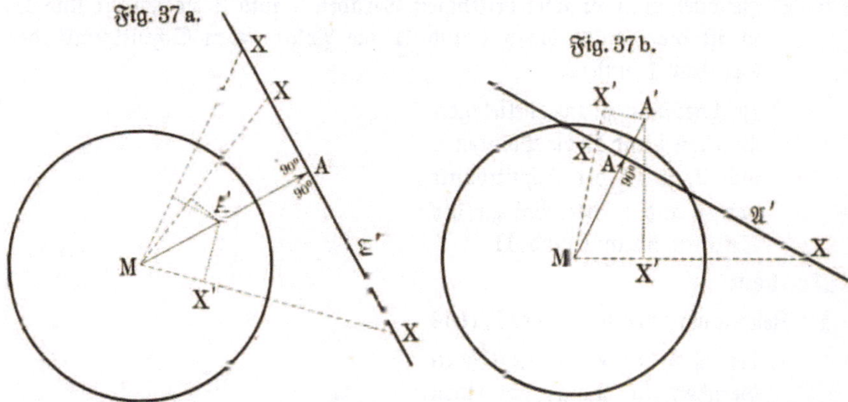

weil $\angle A'X'X$ 90° beträgt. Nach dem vorigen Lehrsatz liegen nämlich die Pole A, A', X, X' auf einem Kreise, nach Konstruktion ist $\angle A'AX = 90°$, folglich ist $A'X$ ein Durchmesser, mithin $\angle A'X'X = 90°$.

§ 18. Drei Tangenten eines Kreises.

Lehrsatz 5. Das zwischen zwei Tangenten eines Kreises liegende Stück einer dritten Tangente wird durch den eigenen Berührungspunkt und die Verbindungsgerade der beiden anderen Berührungspunkte harmonisch geteilt.

Voraussetzung: D, E, F (Fig. 38) sind die Berührungspunkte der drei Tangenten, durch F und E ist die Gerade gezogen.

Behauptung: B, D, C, G sind harmonische Punkte.

Beweis 1: Man zieht die Hilfslinien AD, BE, CF und beweist mittels des Lehrsatzes von Ceva, daß diese Hilfslinien durch einen Punkt gehen. Mithin ist die Figur ein vollständiges Vierseit, also sind B, D, C, G harmonische Punkte.

Fig. 38.

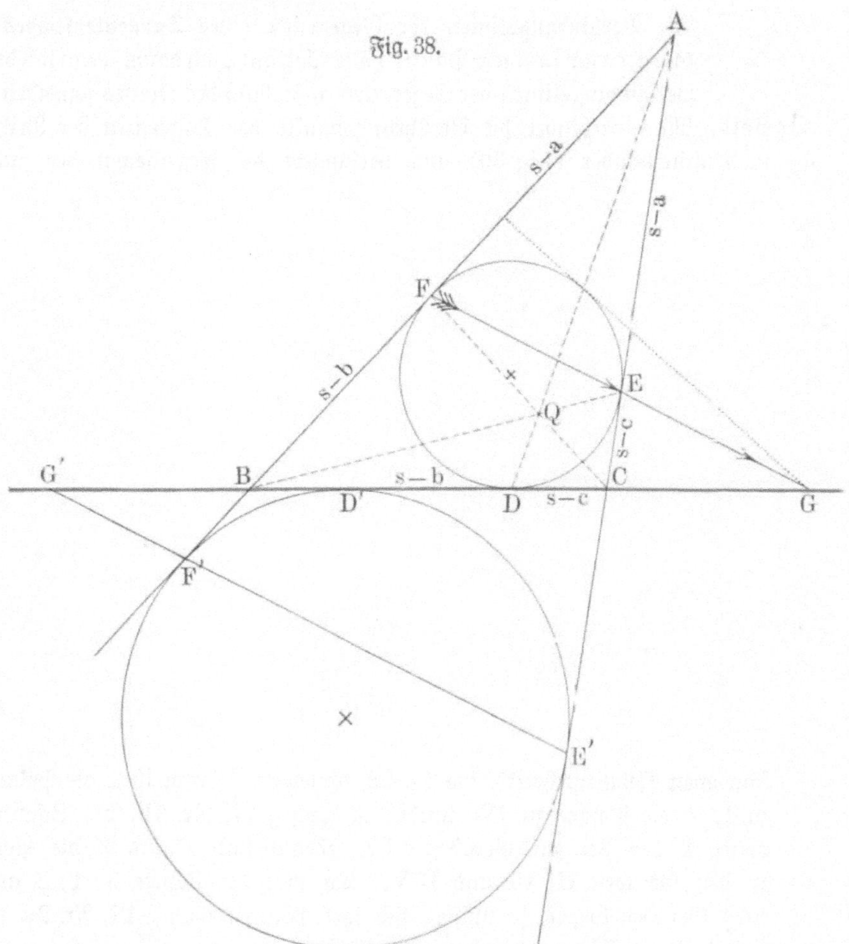

Beweis 2: Nach dem Lehrsatze des Menelaus ist

$$\frac{BG}{GC} \cdot \frac{s-c}{s-a} \cdot \frac{s-a}{s-b} = 1,$$

$$\frac{BG}{GC} = \frac{s-b}{s-c}.$$

Nun ist nach Figur $\quad \dfrac{BD}{DC} = \dfrac{s-b}{s-c},$

$$\frac{BD}{DC} = \frac{BG}{CG}.$$

Aufgabe: Wie ändert sich die Figur, wenn die rote Tangente um den Kreis herumgleitet? Zeichne die Figur für die Lage, daß der Kreis ein Ankreis ist.

§ 19. Satz des Brianchon.

Lehrsatz des Brianchon.

> Die Verbindungslinien der Gegenecken eines Tangentensechsecks schneiden sich in einem Punkt. (Der Satz gilt auch dann, wenn sich die Verbindungslinien der Gegenecken außerhalb des Kreises schneiden.)

Beweis: Man verbindet die Berührungspunkte der Tangenten der Reihe nach miteinander (Fig. 39) und verlängert die Gegenseiten des ent=

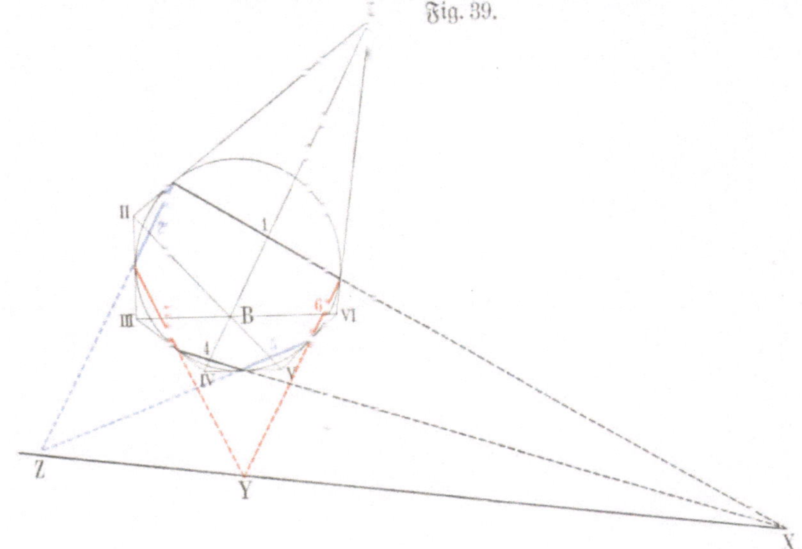

standenen Sehnensechsecks, bis sie sich schneiden. Dann ist 1 die Polare zu I, 4 die Polare zu IV, mithin ist nach § 17, Nr. 5 b, der Schnitt= punkt X der Pol zur Geraden I IV; ebenso sind Y und Z die Pole zu den Geraden III VI und II V. Da nun die Punkte X, Y, Z auf einer Geraden liegen, so müssen sich ihre Polaren nach § 17, Nr. 2 a in einem Punkt (Brianchonscher Punkt) schneiden.

Aufgaben zum Zeichnen: Läßt man mehrere benachbarte Ecken eines Tangentensechsecks zusammenfallen, so ergeben sich die Sätze:

1. In einem Tangentenfünfeck schneiden sich die Verbindungslinie einer Ecke mit dem Berührungspunkt der Gegenseite und die beiden Ver= bindungslinien der übrigen Gegenecken in einem Punkt.

2. In einem Tangentenviereck schneiden sich die Verbindungslinien der Gegenecken und die der Berührungspunkte der Gegenseiten in einem Punkt.

3. In einem Tangentendreieck schneiden sich die Verbindungslinien der Ecken mit den Berührungspunkten der Gegenseiten in einem Punkt.

Historische Bemerkung: Der französische Mathematiker Brianchon lebte 1785 bis 1870.

Fünftes Kapitel. Goniometrie.

§ 24. Die Funktionen der Summe, bzw. der Differenz zweier Winkel.

Grundaufgabe 1:

Gegeben: $\sin\alpha$, $\cos\alpha$; $\sin\beta$, $\cos\beta$. Gesucht: $\sin(\alpha+\beta)$, $\cos(\alpha+\beta)$.

Lösung: Um $\sin(\alpha+\beta)$ zu erhalten, muß man den Winkel $(\alpha+\beta)$ zeichnen und von einem beliebigen Punkte X des einen Schenkels die Senkrechte XD auf den anderen Schenkel fällen. Da man $\sin\alpha$ und $\sin\beta$ benutzen soll, und damit man eine zusammenhängende Figur erhält, zieht man von demselben Punkte X aus die Sinuslinie XE für β und von E aus die Sinuslinie EF für α. Die Sinuslinie XD zerlegt man durch die Gerade EG parallel FM. Dann sind (Fig. 28) die Winkel EXG und α einander gleich, weil ihre Schenkel aufeinander senkrecht stehen, und

$$\sin(\alpha+\beta) = \frac{XD}{MX} = \frac{EF+XG}{MX}, \qquad \cos(\alpha+\beta) = \frac{MD}{MX} = \frac{MF-GE}{MX},$$

$$\text{''} \quad = \frac{\sin\alpha.ME}{MX} + \frac{\cos\alpha.XE}{MX}, \qquad \text{''} \quad = \frac{\cos\alpha.ME}{MX} - \frac{\sin\alpha.XE}{MX},$$

$$\text{''} \quad = \sin\alpha.\cos\beta + \cos\alpha.\sin\beta. \qquad \text{''} \quad = \cos\alpha.\cos\beta - \sin\alpha.\sin\beta$$

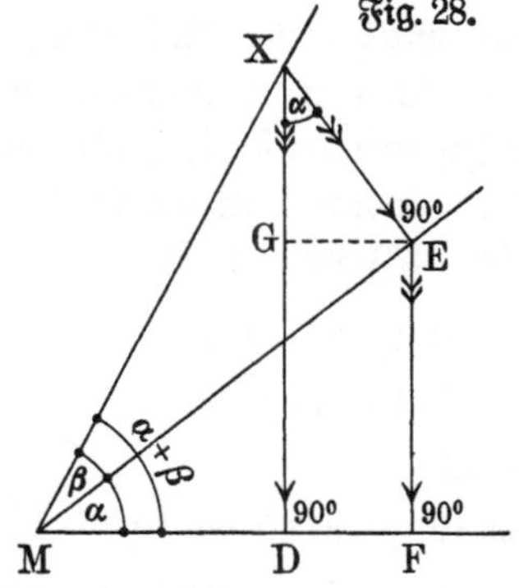

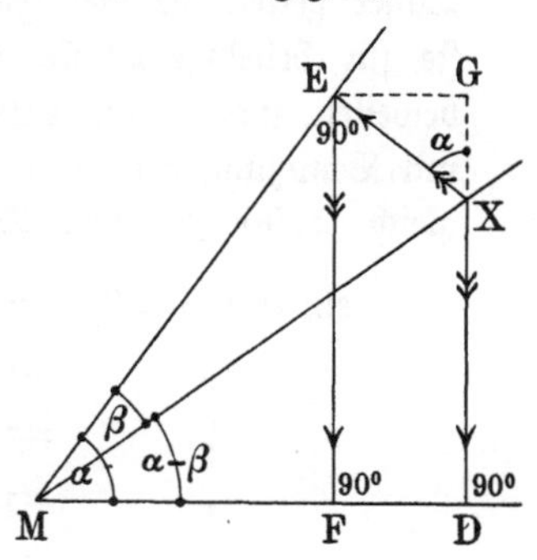

Grundaufgabe 2:

Gegeben: $\sin\alpha$, $\cos\alpha$; $\sin\beta$, $\cos\beta$. Gesucht: $(\sin\alpha-\beta)$, $\cos(\alpha-\beta)$.

$$\alpha > \beta.$$

Lösung: Die Konstruktion entspricht der vorigen (Fig. 29).

$$\sin(\alpha-\beta) = \frac{XD}{MX} = \frac{EF-XG}{MX}, \qquad \cos(\alpha-\beta) = \frac{MD}{MX} = \frac{MF+GE}{MX},$$

$$\text{''} \quad = \frac{\sin\alpha.ME}{MX} - \frac{\cos\alpha.XE}{MX}, \qquad \text{''} \quad = \frac{\cos\alpha.ME}{MX} + \frac{\sin\alpha.XE}{MX},$$

$$\text{''} \quad = \sin\alpha.\cos\beta - \cos\alpha.\sin\beta. \qquad \text{''} \quad = \cos\alpha.\cos\beta + \sin\alpha.\sin\beta.$$

Grundaufgabe 3:

Gegeben: $tg\,\alpha$, $tg\,\beta$.   Gesucht: $tg\,(\alpha + \beta)$, $tg\,(\alpha - \beta)$.

Lösung:

$$tg\,(\alpha + \beta) = \frac{sin\,(\alpha + \beta)}{cos\,(\alpha + \beta)},$$

$$\text{''} \quad = \frac{sin\,\alpha\,\,cos\,\beta + cos\,\alpha\,\,sin\,\beta}{cos\,\alpha\,\,cos\,\beta - sin\,\alpha\,\,sin\,\beta},$$

$$\text{''} \quad = \frac{tg\,\alpha + tg\,\beta}{1 - tg\,\alpha\,\,tg\,\beta} \quad \text{(gekürzt durch } cos\,\alpha\,.\,cos\,\beta\text{).}$$

Entsprechend $\quad tg\,(\alpha - \beta) = \dfrac{tg\,\alpha - tg\,\beta}{1 + tg\,\alpha\,\,tg\,\beta}.$

Grundaufgabe 4:

Gegeben: $cot\,\alpha$, $cot\,\beta$.   Gesucht: $cot\,(\alpha + \beta)$, $cot\,(\alpha - \beta)$.

Lösung: Entsprechend Aufgabe 3 erhält man:

$$cot\,(\alpha + \beta) = \frac{cot\,\beta\,\,cot\,\alpha - 1}{cot\,\beta + cot\,\alpha},$$

$$cot\,(\alpha - \beta) = \frac{cot\,\beta\,\,cot\,\alpha + 1}{cot\,\beta - cot\,\alpha}.$$

Erweiterung: Die Lösung der beiden ersten Aufgaben und daher auch die der beiden folgenden Aufgaben stützt sich auf die Fig. 28 und 29. In diesen ist sowohl α und β, als auch $(\alpha + \beta)$ kleiner als 90°. Daher gelten die vier Formeln nur unter dieser Einschränkung. Daß sie für beliebige Winkel gültig sind, kann man entweder geometrisch beweisen, indem man entsprechende Figuren konstruiert, oder algebraisch mit Benutzung der Formeln des § 13, indem man die Winkel α und β gleich ($k\,.\,90°\pm$ einem Winkel unter 45°) setzt. Z. B.:

$$sin\,(60 + 50) = sin\,(90 - 30 + 90 - 40),$$
$$\text{''} \quad = sin\,(180 - [30 + 40]),$$
$$\text{''} \quad = sin\,[30 + 40],$$
$$\text{''} \quad = sin\,30\,\,cos\,40 + cos\,30\,\,sin\,40,$$
$$\text{''} \quad = cos\,60\,\,sin\,50 + sin\,60\,\,cos\,50$$
$$\text{''} \quad = sin\,60\,\,cos\,50 + cos\,60\,\,sin\,50.$$

$$cos\,(610 + 300) = cos\,(630 - 20 + 270 + 30),$$
$$\text{''} \quad = cos\,(900 - 20 + 30),$$
$$\text{''} \quad = -\,(cos\,30 - 20),$$
$$\text{''} \quad = -\,cos\,30\,\,cos\,20 - sin\,30\,\,sin\,20,$$
$$\text{''} \quad = sin\,300\,.\,(-\,sin\,610) - cos\,300\,(-\,cos\,610),$$
$$\text{''} \quad = cos\,610\,.\,cos\,300 - sin\,610\,\,sin\,300.$$

Formeln:

$$sin\,(\alpha + \beta) = sin\,\alpha\,cos\,\beta + cos\,\alpha\,sin\,\beta,$$
$$sin\,(\alpha - \beta) = \quad '' \quad - \quad '' $$
$$cos\,(\alpha + \beta) = cos\,\alpha\,cos\,\beta - sin\,\alpha\,sin\,\beta,$$
$$cos\,(\alpha \mp \beta) = \quad '' \quad + \quad '' $$

$$tg\,(\alpha + \beta) = \frac{tg\,\alpha + tg\,\beta}{1 - tg\,\alpha\,tg\,\beta},$$

$$tg\,(\alpha - \beta) = \frac{tg\,\alpha - tg\,\beta}{1 + tg\,\alpha\,tg\,\beta};$$

$$cot\,(\alpha + \beta) = \frac{cot\,\beta\,cot\,\alpha - 1}{cot\,\beta + cot\,\alpha},$$

$$cot\,(\alpha - \beta) = \frac{cot\,\beta\,cot\,\alpha + 1}{cot\,\beta - cot\,\alpha}.$$

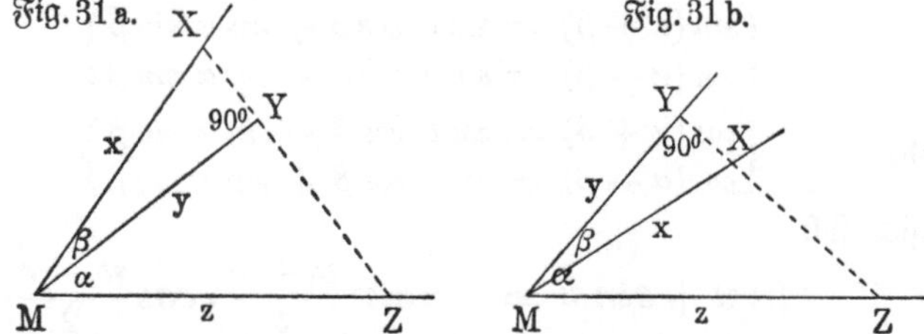

Aufgaben:

1. In welcher Beziehung steht die Fig. 30 zu der Fig. 29, und wie läßt sich mit ihr Grundaufgabe 2 lösen?

2. Leite $sin\,(\alpha \pm \beta)$ aus der Gleichung $\triangle MXZ = \triangle MYZ \pm \triangle MYX$ (Fig. 31a und b) und $cos\,(\alpha \pm \beta)$ aus $cos\,(\alpha \pm \beta) = sin\,(90° - \alpha \pm \beta)$ ab.

3. Leite $sin\,(\alpha \pm \beta)$ aus dem Ptolemäischen Lehrsatze (Fig. 32a und b) $AB.CD = AC.BD \pm BC.AD$ ab.

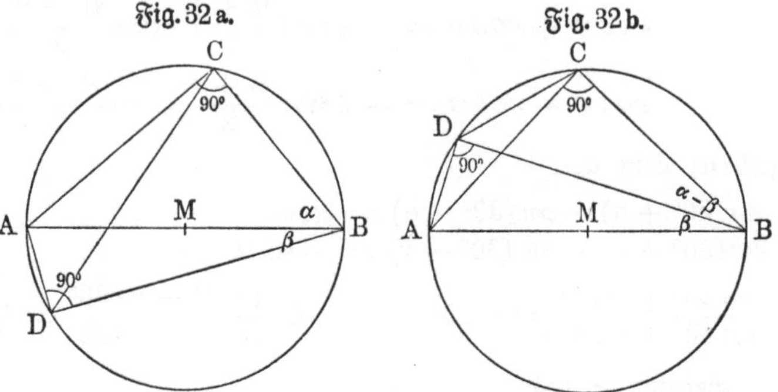

4. Berechne $sin\,75°$, $cos\,75°$ und $sin\,15°$, $cos\,15°$ aus den bekannten Funktionen von $45°$ und $30°$.

5. Leite $sin\,(130^0 + 30^0)$, $sin\,(160^0 - 100^0)$, $cos\,(1000^0 + 170^0)$ und $cos\,(1000^0 - 170^0)$ ab.

6. Leite die Formeln des § 14 ab, indem du $-\alpha = 0 - \alpha$ setzest.

7. Leite die Formeln

$$sin\,\varphi = 2\,sin\,\frac{\varphi}{2}\,cos\,\frac{\varphi}{2},$$

$$cos\,\varphi = cos^2\frac{\varphi}{2} - sin^2\frac{\varphi}{2} = 2\,cos^2\frac{\varphi}{2} - 1 \text{ oder } = 1 - 2\,sin^2\frac{\varphi}{2},$$

$$tg\,\varphi = \frac{2\,tg\,\dfrac{\varphi}{2}}{1 + tg^2\dfrac{\varphi}{2}}, \qquad cot\,\varphi = \frac{cot^2\dfrac{\varphi}{2} - 1}{2\,cot\,\varphi}\ \text{ ab.}$$

§ 25. Die Summe und die Differenz zweier Sinus-, bzw. Kosinusfunktionen.

Setzt man $\alpha + \beta = u$ und $\alpha - \beta = v$, so erhält man

$$\alpha = \frac{u+v}{2} \quad \text{und} \quad \beta = \frac{u-v}{2}.$$

Durch Addition, bzw. durch Subtraktion der Formeln

$$\begin{cases} sin\,(\alpha + \beta) = sin\,\alpha\,cos\,\beta + cos\,\alpha\,sin\,\beta \\ sin\,(\alpha - \beta) = sin\,\alpha\,cos\,\beta - cos\,\alpha\,sin\,\beta \end{cases}$$

und

$$\begin{cases} cos\,(\alpha + \beta) = cos\,\alpha\,cos\,\beta - sin\,\alpha\,sin\,\beta \\ cos\,(\alpha - \beta) = cos\,\alpha\,cos\,\beta + sin\,\alpha\,sin\,\beta \end{cases}$$

ergibt sich

$$sin\,u + sin\,v = 2\,sin\frac{u+v}{2} \cdot cos\frac{u-v}{2},$$

$$sin\,u - sin\,v = 2\,cos\frac{u+v}{2} \cdot sin\frac{u-v}{2};$$

$$cos\,u + cos\,v = 2\,cos\frac{u+v}{2} \cdot cos\frac{u-v}{2},$$

$$cos\,u - cos\,v = -2\,sin\frac{u+v}{2} \cdot sin\frac{u-v}{2}.$$

Aufgaben: Leite ab

$$\begin{cases} 1. & sin\,(30^0 + \alpha) + sin\,(30^0 - \alpha) = cos\,\alpha. \\ 2. & cos\,(30^0 + \alpha) - cos\,(30^0 - \alpha) = -\,sin\,\alpha. \end{cases}$$

$$3.\ \ \frac{sin\,33^0 + sin\,3^0}{cos\,33^0 + cos\,3^0} = tg\,18^0. \qquad 4.\ \ \frac{cos\,3^0 - cos\,33^0}{sin\,3^0 + sin\,33^0} = tg\,15^0.$$

Berechne x aus

$$\begin{cases} 5. & sin\,(x + 12^0) + cos\,(x - 18^0) = 1{,}5. \\ 6. & sin\,(x + 19^0) - cos\,(96^0 - x) = 0{,}18. \end{cases}$$

§ 26. Die Mollweideschen Gleichungen und der Tangenssatz.

Behauptung:

$$1. \quad \frac{b+c}{a} = \frac{\cos\dfrac{\beta-\gamma}{2}}{\sin\dfrac{\alpha}{2}},$$

$$2. \quad \frac{b-c}{a} = \frac{\sin\dfrac{\beta-\gamma}{2}}{\cos\dfrac{\alpha}{2}},$$

$$3. \quad \frac{b+c}{b-c} = \frac{\operatorname{tg}\dfrac{\beta+\gamma}{2}}{\operatorname{tg}\dfrac{\beta-\gamma}{2}}.$$

Beweis: Nach § 16 ist $b = 2r\sin\beta$, $c = 2r\sin\gamma$, $a = 2r\sin\alpha$, folglich

$$1. \quad \frac{b+c}{a} = \frac{2r\sin\beta + 2r\sin\gamma}{2r\sin\alpha},$$

$$\frac{b+c}{a} = \frac{2\sin\dfrac{\beta+\gamma}{2}\cdot\cos\dfrac{\beta-\gamma}{2}}{2\sin\dfrac{\alpha}{2}\cos\dfrac{\alpha}{2}},$$

$$\frac{b+c}{a} = \frac{\cos\dfrac{\beta-\gamma}{2}}{\sin\dfrac{\alpha}{2}}, \qquad \text{denn} \qquad \sin\frac{\beta+\gamma}{2} = \cos\frac{\alpha}{2}.$$

$$2. \quad \frac{b-c}{a} = \frac{2r\sin\beta - 2r\sin\gamma}{2r\sin\alpha},$$

$$\frac{b-c}{a} = \frac{2\cos\dfrac{\beta+\gamma}{2}\sin\dfrac{\beta-\gamma}{2}}{2\sin\dfrac{\alpha}{2}\cos\dfrac{\alpha}{2}},$$

$$\frac{b-c}{a} = \frac{\sin\dfrac{\beta-\gamma}{2}}{\cos\dfrac{\alpha}{2}}, \qquad \text{denn} \qquad \cos\frac{\beta+\gamma}{2} = \sin\frac{\alpha}{2}.$$

$$3. \quad \frac{b+c}{b-c} = \frac{2r\sin\beta + 2r\sin\gamma}{2r\sin\beta - 2r\sin\gamma},$$

$$\frac{b+c}{b-c} = \frac{2\sin\dfrac{\beta+\gamma}{2}\cos\dfrac{\beta-\gamma}{2}}{2\cos\dfrac{\beta+\gamma}{2}\sin\dfrac{\beta-\gamma}{2}}, \quad \text{mithin} \quad \frac{b+c}{b-c} = \frac{\operatorname{tg}\dfrac{\beta+\gamma}{2}}{\operatorname{tg}\dfrac{\beta-\gamma}{2}}.$$

Aufgaben:

1. $b + c = 170$,
$\alpha = 73^0\,44'\,24''$,
$\beta = 9^0\,31'\,38''$.

2. $b - c = 37,96$,
$\beta = 98^0\,7'\,17''$,
$\gamma = 42^0\,2'\,31''$.

3. $a = 40,9$,
$b + c = 63,5$,
$\alpha = 69^0\,54'$.

4. $a = 445$,
$b - c = 419$,
$\alpha = 24^0\,11'\,24''$.

5. $a = 53,786$,
$b + c = 73$,
$\beta - \gamma = 32^0$.

6. $a = 404,74$,
$b - c = 212$,
$\beta - \gamma = 56^0\,40'$.

7. $a = 77,273$,
$b + c = 125$,
$r = 40$.

8. $\alpha = 53^0\,7'\,48''$,
$b - c = 5,8$,
$r = 4,6$.

9. $a + b + c = 250$,
$r = 73,225$,
$\alpha = 43^0\,36'\,10''$.

10. $b + c - a = 47,246$,
$r = 27,28$,
$\alpha = 45^0\,45'\,51''$.

Sechstes Kapitel.

Dreiecksaufgaben.

§ 27. Methoden zur trigonometrischen Lösung von Dreiecksaufgaben.

I. **Geometrische Methode.** Die Berechnung folgt genau Schritt für Schritt der geometrischen Konstruktion; ein Dreieck wird nach dem anderen berechnet, daher sind unvollständige Dreiecke durch Ziehen ihrer Seiten zu ergänzen.

II. **Analytische Methode.** Man stellt mittels der bekannten Formeln so viele Gleichungen zwischen den gegebenen und den gesuchten Stücken auf, wie Unbekannte vorkommen, und löst die Gleichungen auf.

Besonders häufig verwendbar ist die r-Methode, bei der man die gegebenen Stücke durch den Radius r des Umkreises und die Dreieckswinkel ausdrückt und dann meistens die letzteren berechnet.

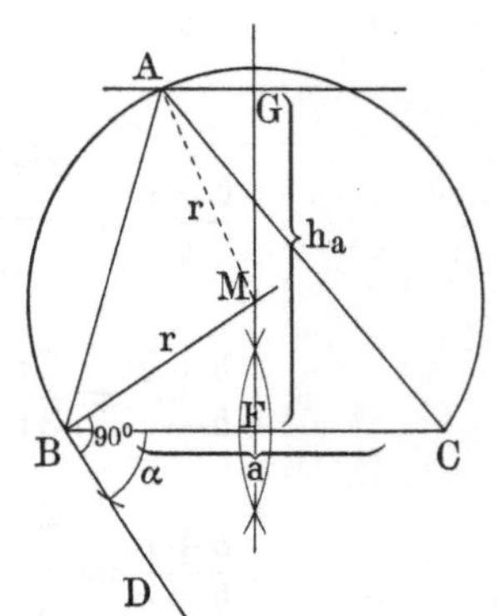

Beispiel: Berechne ein Dreieck aus a, h_a, α.

Lösung I: Geometrische Methode.

| Geometrische Konstruktion. (Fig. 33.) | Trigonometrische Berechnung. |

Man zeichnet:

$$BC = a,$$
$$\angle CBD = \alpha,$$
$$\angle DBM = 90^0,$$

die Mittelsenkrechte FM ($\triangle BFM$);

$$FG = h_a;$$

die $\parallel$ durch G zu a,
den $\odot$ um M mit MB
und verbindet den Schnittpunkt A

mit M ($\triangle GMA$),

'mit B ($\triangle BMA$),

und mit C ($\triangle CMA$).

Man berechnet:

$$\angle CBM = 90^0 - \alpha,$$

$$BF = \frac{a}{2}, \quad \angle BMF = \alpha,$$

$$MF = \frac{a}{2} \cdot \cot\alpha, \quad r = \frac{a}{2\sin\alpha};$$

$$MG = h_a - \frac{a}{2}\cot\alpha;$$

$$\cos GMA = \frac{MG}{r} = \frac{h_a - \frac{a}{2}\cot\alpha}{\frac{a}{2\sin\alpha}},$$

$$\text{\textquotedbl} = \frac{2\,h_a\sin\alpha}{a} - \cos\alpha;$$

$$\angle BMA = 180^0 - (\alpha + \angle GMA),$$

$$\frac{c}{2} = r\sin\frac{BMA}{2};$$

$$\angle CMA = 180^0 - \alpha + \angle GMA,$$

$$\frac{b}{2} = r\sin\frac{CMA}{2}.$$

Berücksichtigt man, daß $\angle BMA = 2\gamma$ ist, so gestaltet sich der Schluß einfacher, nämlich:

$$\angle GMA = \underbrace{180^0 - \alpha - \gamma}_{\beta} - \gamma,$$
$$\angle GMA = \underbrace{\qquad\beta\qquad}_{} - \gamma,$$

$$\cos(\beta - \gamma) = \frac{2\,h_a\sin\alpha}{a} - \cos\alpha.$$

Aus α und $(\beta - \gamma)$ findet man β und γ und dann die Seiten $b = 2r\sin\beta$ und $c = 2r\sin\gamma$.

Löſung II: Analytiſche Methode.

a) Man berechnet zuerſt die Seiten des Dreiecks.

$$\text{I.} \quad 2F = a\,h_a,$$

$$\text{II.} \quad 2F = bc\sin\alpha,$$

$$\text{III.} \quad a^2 = b^2 + c^2 - 2bc\cos\alpha.$$

Aus dieſen drei Gleichungen kann man die drei Unbekannten F, b und c berechnen. Da b und c geſucht werden, wird man zunächſt F eliminieren und dann $(b+c)$ und $(b-c)$ beſtimmen. Alſo:

$$\text{I.} = \text{II.} \ldots \quad bc\sin\alpha = a.h_a,$$

$$2bc = \frac{2a.h_a}{\sin\alpha},$$

$$\text{III.} \quad b^2 + c^2 = a^2 + 2bc\cos\alpha = a^2 + \frac{2a.h_a}{\sin\alpha}\cdot\cos\alpha. \quad \Big\}\ \pm$$

$$(b+c)^2 = a^2 + \frac{2ah_a}{\sin\alpha}\cos\alpha + \frac{2ah_a}{\sin\alpha},$$

$$" = a^2 + \frac{2ah_a}{\sin\alpha}(\cos\alpha + 1),$$

$$" = a^2 + \frac{2ah_a}{\sin\alpha}\left(2\cos^2\frac{\alpha}{2} - 1 + 1\right),$$

$$" = a^2 + \frac{2ah_a}{2\sin\frac{\alpha}{2}\cos\frac{\alpha}{2}}\cdot 2\cos^2\frac{\alpha}{2},$$

$$" = a^2 + 2ah_a.\cot\frac{\alpha}{2},$$

$$b+c = \sqrt{a^2 + 2ah_a.\cot\frac{\alpha}{2}}.$$

$$(b-c)^2 = a^2 + \frac{2ah_a}{\sin\alpha}\cos\alpha - \frac{2ah_a}{\sin\alpha},$$

$$" = a^2 + \frac{2ah_a}{\sin\alpha}(\cos\alpha - 1),$$

$$" = a^2 + \frac{2ah_a}{\sin\alpha}\left(1 - 2\sin^2\frac{\alpha}{2} - 1\right),$$

$$" = a^2 + \frac{2ah_a}{2\sin\frac{\alpha}{2}\cos\frac{\alpha}{2}}\cdot\left(-2\sin^2\frac{\alpha}{2}\right),$$

$$" = a^2 - 2ah_a.tg\frac{\alpha}{2},$$

$$b-c = \sqrt{a^2 - 2ah_a.tg\frac{\alpha}{2}}.$$

Aus $(b+c)$ und $(b-c)$ findet man b und c und dann mit Hilfe des Sinusſatzes oder des Tangensſatzes β und γ.

b) **r-Methode.** Man berechnet zuerst die **Winkel** des Dreiecks.

$$\text{I.} \qquad a = 2\,r\sin\alpha.$$

$$\text{II.} \qquad h_a = b\sin\gamma = 2\,r\sin\beta\sin\gamma.$$

$$\text{III.} \quad 180^0 - \alpha = \beta + \gamma.$$

Aus diesen drei Gleichungen kann man die drei Unbekannten β, γ und r berechnen. Da β und γ gesucht werden, eliminiert man zuerst r. Also:

$$\text{II.} : \text{I.} \ldots \frac{h_a}{a} = \frac{2\sin\beta\,\sin\gamma}{2\sin\alpha},$$

$$= \frac{\cos(\beta-\gamma) - \cos(\beta+\gamma)}{2\sin\alpha},$$

$$= \frac{\cos(\beta-\gamma) + \cos\alpha}{2\sin\alpha} \left\{ \begin{array}{l} \text{denn nach III. ist} \\ \cos(\beta+\gamma) = -\cos\alpha, \end{array} \right.$$

$$\cos(\beta-\gamma) = \frac{2\,h_a\sin\alpha}{a} - \cos\alpha \left\{ \begin{array}{l} \text{(vgl. das Ergebnis der} \\ \text{geometrischen Methode).} \end{array} \right.$$

Determination I im Anschluß an die geometrische Konstruktion.

Da die Parallele den Kreis in der Regel zweimal schneidet, so gibt es zwar zwei Lösungen; da aber die gefundenen Dreiecke kongruent sind, so werden die beiden Lösungen als eine gezählt.

Die Parallele muß den Kreis mindestens berühren. Die Lösung ist also möglich, wenn $h_a \lessgtr \dfrac{a}{2}\cot\dfrac{\alpha}{2}$ ist.

Determination II durch Diskussion der Ergebnisse:

a) $\cos(\beta-\gamma) = \dfrac{2\,h_a\sin\alpha}{a} - \cos\alpha.$

Da $\cos(\beta-\gamma) = \cos(\gamma-\beta)$ ist, so kann man β mit γ vertauschen, dann erhält man für die Seiten b und c aber auch die umgekehrten Werte. Die Lösung ist also eindeutig.

Da $\cos(\beta-\gamma) \lessgtr 1$ sein muß, so muß auch

$$\frac{2\,h_a\sin\alpha}{a} - \cos\alpha \lessgtr 1,$$

$$\frac{2\,h_a\sin\alpha}{a} \lessgtr 1 + \cos\alpha,$$

$$\frac{2\,h_a\,2\sin\frac{\alpha}{2}\cos\frac{\alpha}{2}}{a} \lessgtr 1 + 2\cos^2\frac{\alpha}{2} - 1,$$

$$\frac{2\,h_a\,.\,\sin\frac{\alpha}{2}}{a} \lessgtr \cos\frac{\alpha}{2},$$

$$h_a \lessgtr \frac{a}{2}\cot\frac{\alpha}{2} \ \text{sein.}$$

b) $b + c = +\sqrt{a^2 + 2\,a\,h_a\cot\dfrac{\alpha}{2}}, \quad b - c = \pm\sqrt{a^2 - 2\,a\,h_a\,tg\dfrac{\alpha}{2}}.$

Da die linke Seite $(b + c)$ eine Summe ist, so muß die erste Wurzel
das Vorzeichen $+$ haben; die zweite Wurzel kann dagegen beide Vor=
zeichen besitzen. Dadurch erhält man für die Seiten b und c zwar je
zwei Werte, die aber nur vertauscht sind, und desgleichen für die Winkel
β und γ. Da die Wurzel reell sein muß, so muß

$$a^2 \gtreqless 2\,a\,h_a\,tg\,\frac{\alpha}{2},$$

$$a \gtreqless 2\,h_a\,tg\,\frac{\alpha}{2},$$

$$h_a \lesseqgtr \frac{a}{2}\,cot\,\frac{\alpha}{2}\ \text{ sein.}$$

Zahlenwerte: $a = 7\,\mathrm{cm}$, $h_a = 3\,\mathrm{cm}$, $\alpha = 79^0\,10'\,54''$. Welches ist
der Grenzwert für h_a?

§ 28. Aufgaben zur Einübung der geometrischen Methode.

Vorübung: Zeichne die Fig. 34,
　　dann ist

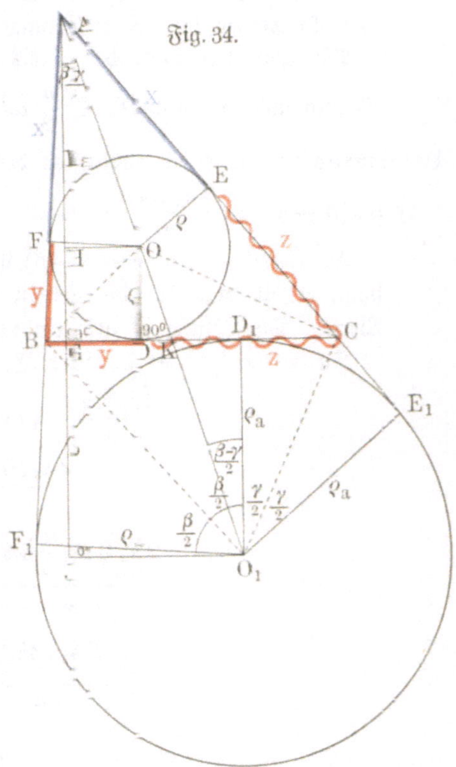

1. $CD_1 = CE_1$ und $BD_1 = BF_1$
   als von einem Punkt aus=
   gehende Tangentenstrecken, folg=
   lich ist der Umfang $2s$ des
   Dreiecks ABC gleich
   $$F_1 A + A E_1,$$
   und wegen der Gleichheit von
   $A F_1$ und $A E_1$ ist $A F_1$ und
   $A E_1$ gleich s.

2. $2x + 2y + 2z = 2s$

$$\left.\begin{array}{rcl} x + y + z &=& s \\ y + z &=& a \end{array}\right\} -$$

$$\begin{array}{rcl} x &=& s - a, \end{array}$$

ebenso $y \quad\quad = s - b$,

und $\quad\quad z = s - c$,

3. $\quad CE_1 = AE_1 - AC$,
   $\quad CE_1 = s - b$,
   $\quad BF_1 = s - c$.

Aufgaben: Nachdem ein Stück gefunden ist, führen oft der Sinussatz und die
Mollweideschen Formeln rascher zum Ziel als die geometrische Methode.

1. ϱ, β, γ.	13. ϱ, h_a, β.
2. ϱ, b, α.	14. ϱ, h_a, α.
3. ϱ, α, $a+b+c=2s$.	15. ϱ, $b+c-a$, $\beta-\gamma$.
4. ϱ, α, $a+b-c=2(s-c)$.	16. ϱ, h_a, $\beta-\gamma$.
5. ϱ, a, $b-c$.	17. ϱ_a, h_a, β.
6. ϱ_a, β, γ.	18. ϱ_a, h_b, γ.
7. ϱ_a, a, β.	19. ϱ_a, h_a, α.
8. ϱ_a, b, α.	20. ϱ_a, h_a, $\beta-\gamma$.
9. ϱ_a, c, β.	21. ϱ, ϱ_a, β.
10. ϱ_a, β, $a+b+c$.	22. ϱ, ϱ_a, α.
11. ϱ_a, a, $b+c$.	23. ϱ, w_α, α.
12. ϱ_a, a, $b-c$.	24. ϱ_a, w_α, $\beta-\gamma$.

§ 29. Der Inkreis und die Ankreise.

Aus Fig. 34 folgt:

Formel 1. $\qquad \varrho = (s-a)\ tg\ \dfrac{\alpha}{2} = (s-b)\ tg\ \dfrac{\beta}{2} = (s-c)\ tg\ \dfrac{\gamma}{2}$,

" 2. $\qquad \varrho_a = \quad s\ tg\ \dfrac{\alpha}{2} = (s-c)\ cot\ \dfrac{\beta}{2} = (s-b)\ cot\ \dfrac{\gamma}{2}$,

" 3. $\qquad \varrho_b = (s-c)\ cot\ \dfrac{\alpha}{2} = \quad s\ tg\ \dfrac{\beta}{2} = (s-a)\ cot\ \dfrac{\gamma}{2}$,

" 4. $\qquad \varrho_c = (s-b)\ cot\ \dfrac{\alpha}{2} = (s-a)\ cot\ \dfrac{\beta}{2} = \quad s\ tg\ \dfrac{\gamma}{2}$.

" 5. $\qquad F = \underline{\varrho \cdot s} = \varrho_a(s-a) = \varrho_b(s-b) = \varrho_c(s-c) = \dfrac{a\,h_a}{2}$.

Aufgabe 1:

a) Berechne ϱ und ϱ_a aus den Seiten a, b, c.

Lösung: Man wählt aus 1 und 2 vier Gleichungen mit den Unbekannten ϱ, ϱ_a, $\dfrac{\alpha}{2}$ und $\dfrac{\beta}{2}$ und eliminiert durch Division, bzw. durch Multiplikation $\dfrac{\alpha}{2}$ und $\dfrac{\beta}{2}$. Man erhält:

I. $\dfrac{\varrho}{\varrho_a} = \dfrac{s-a}{s}$, $\qquad$ II. $\varrho \cdot \varrho_a = (s-b)(s-c)$.

I. $\times$ II. $\quad \varrho = \sqrt{\dfrac{(s-a)(s-b)(s-c)}{s}}$,

II. : I. $\quad \varrho_a = \sqrt{\dfrac{s(s-b)(s-c)}{s-a}}$.

Entsprechend: $\quad \varrho_b = \sqrt{\dfrac{(s-a)\cdot s(s-c)}{s-b}}$,

$\qquad\qquad\qquad \varrho_c = \sqrt{\dfrac{(s-a)(s-b)\,s}{s-c}}$.

b) Berechne ϱ_b und ϱ_c aus den Seiten a, b, c mit Hilfe von Formel 3 und 4. Zahlenwerte: $a = 4$, $b = 3\frac{1}{2}$, $c = 2$.

Aufgabe 2: Berechne $tg\,\dfrac{\alpha}{2}$, $tg\,\dfrac{\beta}{2}$, $tg\,\dfrac{\gamma}{2}$ aus den Seiten a, b, c.

Lösung: Aus Formel 1 und der vorigen Aufgabe folgt:

$$tg\,\frac{\alpha}{2} = \frac{\varrho}{s-a}, \qquad tg\,\frac{\beta}{2} = \frac{\varrho}{s-b}, \qquad tg\,\frac{\gamma}{2} = \frac{\varrho}{s-c}.$$

Aufgabe 3:

a) Berechne $\varrho_b + \varrho_c$, $\varrho_b - \varrho_c$ aus einem Winkel und den Seiten.

Formel 6. $$\varrho_b + \varrho_c = a\,cot\,\frac{\alpha}{2} \quad \text{(Formel } 3 + 4),$$

„ 7. $$\varrho_b - \varrho_c = (b-c)\,cot\,\frac{\alpha}{2} \quad \text{(Formel } 3 - 4).$$

b) Wende auf die Ergebnisse dieser Aufgabe die Mollweideschen Formeln und den Tangenssatz an.

Formel 8. $$\varrho_b + \varrho_c = \frac{(b+c)\,.\,cos\,\dfrac{\alpha}{2}}{cos\,\dfrac{\beta-\gamma}{2}},$$

„ 9. $$\varrho_b - \varrho_c = \frac{a\,sin\,\dfrac{\beta-\gamma}{2}}{sin\,\dfrac{\alpha}{2}} \quad \text{oder} \quad = (b+c)\,.\,tg\,\frac{\beta-\gamma}{2}.$$

Aufgabe 4:

a) Berechne $\varrho_a + \varrho$, $\varrho_a - \varrho$ aus einem Winkel und den Seiten.

Formel 10. $$\varrho_a + \varrho = (b+c)\,tg\,\frac{\alpha}{2} \quad \text{(Formel } 2 + 1),$$

„ 11. $$\varrho_a - \varrho = a\,tg\,\frac{\alpha}{2} \quad \text{(Formel } 2 - 1).$$

b) Wende auf die Ergebnisse dieser Aufgabe die Mollweideschen Formeln und den Tangenssatz an.

Formel 12. $$\varrho_a + \varrho = \frac{a\,cos\,\dfrac{\beta-\gamma}{2}}{cos\,\dfrac{\alpha}{2}} \quad \text{oder} \quad \frac{(b-c)}{tg\,\dfrac{\beta-\gamma}{2}}.$$

„ 13. $$\varrho_a - \varrho = \frac{(b-c)\,sin\,\dfrac{\alpha}{2}}{sin\,\dfrac{\beta-\gamma}{2}}.$$

Aufgabe 5: Berechne $\varrho \cdot \varrho_a \cdot \varrho_b \cdot \varrho_c$ und $\dfrac{1}{\varrho_a} + \dfrac{1}{\varrho_b} + \dfrac{1}{\varrho_c} - \dfrac{1}{\varrho}$ aus Formel 5.

Lösung: $\quad \varrho = \dfrac{F}{s}, \quad \varrho_a = \dfrac{F}{s-a}, \quad \varrho_b = \dfrac{F}{s-b}, \quad \varrho_c = \dfrac{F}{s-c},$

$$\varrho \cdot \varrho_a \cdot \varrho_b \cdot \varrho_c = \dfrac{F^4}{s \cdot (s-a)\,(s-b)\,(s-c)} = \dfrac{F^4}{F^2} = F^2.$$

Formel 14. $\qquad \varrho \cdot \varrho_a \cdot \varrho_b \cdot \varrho_c = F^2.$

$$\dfrac{1}{\varrho_a} + \dfrac{1}{\varrho_b} + \dfrac{1}{\varrho_c} - \dfrac{1}{\varrho} = \dfrac{s-a}{F} + \dfrac{s-b}{F} + \dfrac{s-c}{F} - \dfrac{s}{F},$$

$$= \dfrac{3s - (a+b+c) - s}{F},$$

Formel 15. $\qquad \dfrac{1}{\varrho_a} + \dfrac{1}{\varrho_b} + \dfrac{1}{\varrho_c} - \dfrac{1}{\varrho} = 0.$

Aufgaben: Auch bei diesen Aufgaben sind, nachdem ein Stück durch die Formeln 1 bis 13 gefunden ist, meist die Mollweideschen Formeln von Nutzen.

1. $\varrho,\ a+b+c,\ \alpha = $ § 28, Nr. 3.	22. $\varrho_b + \varrho_c,\ \beta,\ \gamma.$
2. $\varrho,\ \varrho_a,\ a+b+c.$	23. $\varrho_b - \varrho_c,\ \beta,\ \gamma.$
3. $\varrho,\ \varrho_a,\ \alpha \qquad = $ § 28, Nr. 22.	24. $\varrho_b + \varrho_c,\ b+c,\ \alpha.$
4. $a,\ b+c,\ \varrho.$	25. $\varrho_b + \varrho_c,\ b-c,\ \alpha.$
5. $b+c,\ \alpha,\ \varrho.$	26. $\varrho_b + \varrho_c,\ b+c,\ a.$
6. $a,\ b-c,\ \varrho.$	27. $\varrho_b + \varrho_c,\ b-c,\ a.$
7. $a,\ b+c,\ \varrho_a \qquad = $ § 28, Nr. 11.	28. $\varrho_b + \varrho_c,\ b+c,\ \beta - \gamma.$
8. $b+c,\ \alpha,\ \varrho_a.$	29. $\varrho_b + \varrho_c,\ b-c,\ \beta - \gamma.$
9. $F,\ a,\ b+c.$	30. $\varrho_b - \varrho_c,\ a,\ b-c.$
10. $F,\ \varrho,\ b+c.$	31. $\varrho_b - \varrho_c,\ a,\ \alpha.$
11. $F,\ \varrho,\ \alpha.$	32. $\varrho_b - \varrho_c,\ a,\ \beta - \gamma.$
12. $F,\ \varrho,\ a.$	33. $\varrho_a + \varrho,\ \alpha,\ \beta.$
13. $h_a,\ \varrho,\ a.$	34. $\varrho_a - \varrho,\ \alpha,\ \beta.$
14. $h_a,\ \varrho,\ a+b+c.$	35. $\varrho_a + \varrho,\ a,\ \alpha$
15. $h_a,\ a,\ b+c.$	36. $\varrho_a + \varrho,\ a,\ \beta - \gamma.$
16. $\varrho,\ \varrho_a,\ a.$	37. $\varrho_a - \varrho,\ b-c,\ \beta + \gamma.$
17. $F,\ \varrho_a,\ a.$	38. $\varrho_a - \varrho,\ b-c,\ \beta - \gamma.$
18. $F,\ \varrho_b,\ \alpha.$	39. $\varrho_a + \varrho,\ \beta - \gamma,\ b+c.$
19. $\varrho_b,\ \varrho_c,\ \alpha.$	40. $\varrho_a + \varrho,\ \beta - \gamma,\ s-b.$
20. $\varrho_b,\ \varrho_c,\ \beta.$	41. $\varrho_a + \varrho,\ \beta - \gamma,\ s-c.$
21. $\varrho_a,\ \varrho_b,\ \varrho_c \quad$ Anleitung:	42. $\varrho_a + \varrho,\ \varrho_b + \varrho_c,\ a.$

Berechne s mit Benutzung der Gleichung

$$\cot \dfrac{\alpha}{2} = \left[tg\,\dfrac{\beta + \gamma}{2} = \right] \dfrac{tg\,\dfrac{\beta}{2} + tg\,\dfrac{\gamma}{2}}{1 - tg\,\dfrac{\beta}{2}\, tg\,\dfrac{\gamma}{2}}.$$

§ 30. Aufgaben zur Einübung der r-Methode.

Leite die folgenden Formeln ab:

1. a $a = 2\,r\sin\alpha.$

2. $b + c \quad = 2\,r\,(\sin\beta + \sin\gamma)$ $b + c = 4\,r\sin\dfrac{\beta+\gamma}{2}\cos\dfrac{\beta-\gamma}{2}.$

3. $b - c \quad = 2\,r\,(\sin\beta - \sin\gamma)$ $b - c = 4\,r\cos\dfrac{\beta+\gamma}{2}\sin\dfrac{\beta-\gamma}{2}.$

4. $2\,s = a + b + c =$
$$4\,r\sin\dfrac{\alpha}{2}\cos\dfrac{\alpha}{2} + 4\,r\cos\dfrac{\alpha}{2}\cos\dfrac{\beta-\gamma}{2} \qquad 2\,s = 8\,r\cos\dfrac{\alpha}{2}\cos\dfrac{\beta}{2}\cos\dfrac{\gamma}{2}.$$

5. $2\,(s - a) = b + c - a =$
$$4\,r\cos\dfrac{\alpha}{2}\cos\dfrac{\beta-\gamma}{2} - 4\,r\sin\dfrac{\alpha}{2}\cos\dfrac{\alpha}{2} \qquad 2\,(s-a) = 8\,r\cos\dfrac{\alpha}{2}\sin\dfrac{\beta}{2}\sin\dfrac{\gamma}{2}.$$

6. $h_a \quad = b\sin\gamma$ $h_a \quad = 2\,r\sin\beta\sin\gamma.$

7. $p \quad = b\cos\gamma$ $p \quad = 2\,r\sin\beta\cos\gamma,$

$q \quad = c\cos\beta$ $q \quad = 2\,r\sin\gamma\cos\beta.$

8. $p - q = 2\,r\,(\sin\beta\cos\gamma - \cos\beta\sin\gamma)$ $p - q = 2\,r\sin(\beta - \gamma).$

9. $\varrho = BO.\sin\dfrac{\beta}{2} = \dfrac{a\sin\dfrac{\gamma}{2}\sin\dfrac{\beta}{2}}{\cos\dfrac{\alpha}{2}}$ $\varrho = 4\,r\sin\dfrac{\alpha}{2}\sin\dfrac{\beta}{2}\sin\dfrac{\gamma}{2}.$

10. $\varrho_a = BO_1\cos\dfrac{\beta}{2} = \dfrac{a\cos\dfrac{\gamma}{2}\cos\dfrac{\beta}{2}}{\cos\dfrac{\alpha}{2}}$ $\varrho_a = 4\,r\sin\dfrac{\alpha}{2}\cos\dfrac{\beta}{2}\cos\dfrac{\gamma}{2},$

$$\varrho_b = 4\,r\cos\dfrac{\alpha}{2}\sin\dfrac{\beta}{2}\cos\dfrac{\gamma}{2},$$

$$\varrho_c = 4\,r\cos\dfrac{\alpha}{2}\cos\dfrac{\beta}{2}\sin\dfrac{\gamma}{2}.$$

11. $\varrho_b + \varrho_c =$
$$4\,r\cos\dfrac{\alpha}{2}\left(\sin\dfrac{\beta}{2}\cos\dfrac{\gamma}{2} + \cos\dfrac{\beta}{2}\sin\dfrac{\gamma}{2}\right) \qquad \varrho_b + \varrho_c = 4\,r\cos^2\dfrac{\alpha}{2}.$$

12. $\varrho_b - \varrho_c =$
$$4\,r\cos\dfrac{\alpha}{2}\left(\sin\dfrac{\beta}{2}\cos\dfrac{\gamma}{2} - \cos\dfrac{\beta}{2}\sin\dfrac{\gamma}{2}\right) \qquad \varrho_b - \varrho_c = 4\,r\cos\dfrac{\alpha}{2}\sin\dfrac{\beta-\gamma}{2}.$$

13. $\varrho_a + \varrho =$
$$4\,r\sin\dfrac{\alpha}{2}\left(\cos\dfrac{\beta}{2}\cos\dfrac{\gamma}{2} + \sin\dfrac{\beta}{2}\sin\dfrac{\gamma}{2}\right) \qquad \varrho_a + \varrho = 4\,r\sin\dfrac{\alpha}{2}\cos\dfrac{\beta-\gamma}{2}.$$

14. $\varrho_a - \varrho = 4\,r \sin\dfrac{\alpha}{2}\left(\cos\dfrac{\beta}{2}\cos\dfrac{\gamma}{2} - \sin\dfrac{\beta}{2}\sin\dfrac{\gamma}{2}\right) = 4\,r\sin^2\dfrac{\alpha}{2}\,.$

15. $\varrho_a + \varrho_b + \varrho_c - \varrho = 4\,r\left(\sin^2\dfrac{\alpha}{2} + \cos^2\dfrac{\alpha}{2}\right) = 4\,r.$

16. $F = \dfrac{a\,h_a}{2} = \dfrac{a\,b\sin\gamma}{2} = 2\,r^2\sin\alpha\sin\beta\sin\gamma.$

Aufgaben:

1. Die 15 Formeln des § 29 lassen sich aus den r-Formeln ableiten. Beweise z. B. Formel 1 a, 3 c, 9 a, 9 b, 13, 14. Daher kann man sämtliche Aufgaben des § 29 auch mit der r-Methode lösen.

2. a) Sind zwei Winkel bekannt, so sucht man zunächst $2\,r$. Ist z. B. $b + c - a$, β, γ gegeben, so findet man aus Formel 5

$$2\,r = \frac{b + c - a}{4\cos\dfrac{\alpha}{2}\sin\dfrac{\beta}{2}\sin\dfrac{\gamma}{2}}\,.$$

Bei Zahlenwerten berechnet man Logarithmus $2\,r$ und dann die Seiten mittels der Sehnenformel. Sonst setzt man in die Sehnenformel den Wert von $2\,r$ ein und vereinfacht. Man erhält in unserem Beispiel

$$a = \frac{(b+c-a)\sin\dfrac{\alpha}{2}}{2\sin\dfrac{\beta}{2}\sin\dfrac{\gamma}{2}}\,, \quad b = \frac{(b+c-a)\cos\dfrac{\beta}{2}}{2\cos\dfrac{\alpha}{2}\sin\dfrac{\gamma}{2}}\,, \quad c = \frac{(b+c-a)\cos\dfrac{\gamma}{2}}{2\cos\dfrac{\alpha}{2}\sin\dfrac{\beta}{2}}\,.$$

b) Bei den Aufgaben mit einer Höhe oder mit mehreren Höhen kann man meist den Satz benutzen: $h_b : h_c = c : b = \dfrac{1}{b} : \dfrac{1}{c}$ oder $h_a = \dfrac{2F}{a}$.

c) Aufgabe 30 löst man am einfachsten durch Einsetzen von $\dfrac{2F}{h_a} = a$ usw. in die Halbwinkelformel.

3. $a + b + c, r, \alpha = $ §26, Nr. 9.	17. $h_b + h_c, \beta, \gamma.$
4. $b + c - a, r, \alpha = $ §26, Nr. 10.	18. $a, b + c, h_c + h_b.$
5. $a + b + c, \beta, \gamma.$	19. $a, \alpha, h_c + h_b.$
6. $p - q, \beta + \gamma, r.$	20. $a, \alpha, h_c - h_b.$
7. $p, q, r.$	21. $a, b - c, h_c - h_b.$
8. $p, q, \alpha.$	22. $b - c, \alpha, h_c + h_b.$
9. $p, q, \beta - \gamma.$	23. $\beta, \gamma, h_c - h_b.$
10. $p - q, \varrho_a - \varrho, r.$	24. $b, \beta, h_b : h_c.$
11. $p - q, \varrho_b + \varrho_c, r.$	25. $b + c, h_b, h_c.$
12. $p - q, \varrho_a + \varrho, r.$	26. $b - c, h_b, h_c.$
13. $a, \varrho, r.$	27. $b, \alpha, h_b + h_c.$
14. $\varrho, r, \alpha.$	28. $\varrho_a - \varrho, \alpha, h_c + h_b.$
15. $h_a, \alpha, \beta.$	29. $h_b, h_c, F.$
16. $F, \alpha, \beta.$	30. $h_a, h_b, h_c.$

§ 31. Vermischte Aufgaben.

Die trigonometrische Lösung einer Dreiecksaufgabe bietet gegenüber der geometrischen den Vorteil, daß durch die Ergebnisse zugleich eine Reihe Umkehrungsaufgaben mitgelöst sind.

I. In § 27 waren die Formeln

$$b + c = \sqrt{a^2 + 2\,a\,h_a \cot \frac{\alpha}{2}}, \qquad b - c = \sqrt{a^2 - 2\,a\,h_a \operatorname{tg} \frac{\alpha}{2}}$$

abgeleitet. Mittels dieser kann man aber auch folgende Aufgaben lösen:

1. $b \pm c$, h_a, α.   7. F, a, α.   13. F, a, $b - c$.

2. $b \pm c$, h_a, a.   8. a, h_a, r.   14. a, $b - c$, h_a.

3. s, h_a, α.   9. F, a, r.   15. a, $b^2 + c^2$, F.

4. s, h_a, ϱ_a, $\Big\}$ Bestimme   10. F, a, $\varrho_b + \varrho_c$.   16. a, $b^2 + c^2$, h_a.

5. a, h_a, bc. $\Big\}$ zuerst α.   11. F, a, $\varrho_a - \varrho$.

6. F, h_a, bc.   12. F, a, $\varrho_a + \varrho_b + \varrho_c - \varrho$.

II. Ebenso kann man mittels der anderen in § 27 abgeleiteten Formel

$$\cos(\beta - \gamma) = \frac{2\,h_a \sin \alpha}{a} - \cos \alpha$$

eine ganze Reihe von Aufgaben lösen, wenn man die geometrische Konstruktionsfigur mit in die Betrachtung zieht.

17. a, h_a, $\beta - \gamma$.   (Setze $\sin \alpha = x$ und $\cos \alpha = \sqrt{1 - x^2}$.)

18. F, a, α.

19. F, h_a, $\beta - \gamma$.

20. a, ϱ, α.   (Im $\triangle BOC$ (Fig. 34) ist a, ϱ und $\sphericalangle BOC$ bekannt.)

21. a, ϱ_a, α.   (Im $\triangle BO_1 C$ (Fig. 34) ist a, ϱ_a und $\sphericalangle BO_1 C$ bekannt.)

22. $a + b + c$, h_a, α. $\left\{\begin{array}{l}\text{(Zieht man in Fig. 34 durch } A \text{ die Parallele zu } OB \text{ und } OC,\\ \text{bis sie } BC \text{ schneiden, so ist in dem entstandenen Dreieck die}\\ \text{Grundlinie, die Höhe und der Winkel an der Spitze bekannt.)}\end{array}\right.$

23. $p - q$, h_a, α.

24. $p - q$, h_a, $\beta - \gamma$.

25. $b - c$, ϱ, α $\left.\begin{array}{l}\\ \\\end{array}\right\}$ (Faßt man $\triangle OBC$ ins Auge, so entsprechen diese Aufgaben

26. $b - c$, ϱ, $\beta - \gamma$. $\Big\}$ den beiden vorhergehenden.)

27. $b - c$, ϱ_a, α.

28. $b - c$, ϱ_a, $\beta - \gamma$.

III. Ist das Verhältnis zweier Strecken und ein Winkel oder ist das Verhältnis dreier Strecken gegeben, so konstruiert man bei der geometrischen Lösung zunächst ein ähnliches Dreieck, d. h. man bestimmt die Winkel α, β und γ. Entsprechend berechnet man bei der trigonometrischen Lösung zunächst die Winkel.

29.	$a,\ b:c = m:n,\ \beta-\gamma.$	35.	$(h_c + h_b):(b+c),\ h_a,\ a.$
30.	$b:c,\ \alpha,\ F.$	36.	$(\varrho_b + \varrho_c):(\varrho_a - \varrho),\ \alpha,\ r.$
31.	$b:c,\ h_a,\ \beta-\gamma.$	37.	$(\varrho_b + \varrho_c):\alpha,\ \beta-\gamma,\ r.$
32.	$b:c,\ \beta,\ m_a.$	38.	$(\varrho_a - \varrho):a,\ b,\ c.$
33.	$h_b:h_c,\ \alpha,\ \varrho_a.$	39.	$(\varrho_a:\varrho_b:\varrho_c),\ h_a.$
34.	$h_b:h_c,\ \beta-\gamma,\ \varrho_b-\varrho_c.$	40.	$h_a:h_b:h_c,\ \varrho.$

Siebentes Kapitel.

Schwierigere Vierecksaufgaben.

§. 32. Das Parallelogramm.

Durch eine oder zwei Diagonalen wird ein Viereck in zwei, bzw. vier Dreiecke zerlegt. Bei den schwierigeren Aufgaben ist aber keines der Dreiecke durch drei Stücke bestimmt, sondern an Stelle eines oder mehrerer Bestimmungsstücke treten Beziehungen zwischen Stücken verschiedener Dreiecke. Diese Beziehungen werden durch Gleichungen ausgedrückt und durch Auflösung dieser erhält man die gesuchten Stücke des Vierecks.

Fig. 35.

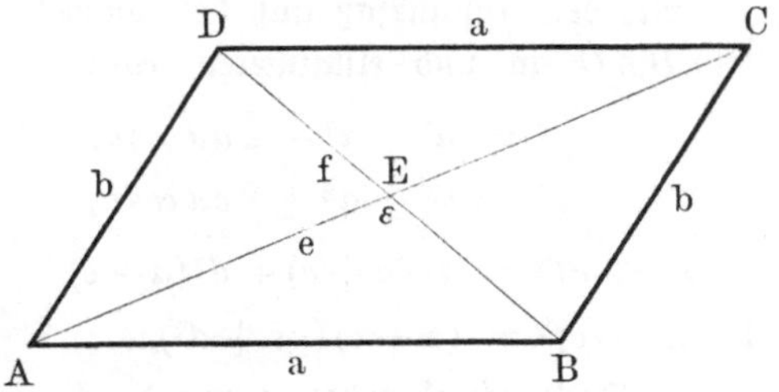

Aufgabe 1: Berechne die Diagonalen und die Winkel eines Parallelogramms aus seinen Seiten und dem Winkel zwischen seinen Diagonalen.

Lösung: Man stellt zwischen a, b, α und e, f, ε drei Gleichungen auf, indem man auf das Dreieck AEB und AED (Fig. 35) den Kosinussatz anwendet und den Flächeninhalt des Dreiecks ABD doppelt ausdrückt.

$$\text{I.} \qquad a^2 = \frac{e^2}{4} + \frac{f^2}{4} + 2\,\frac{e}{2}\,\frac{f}{2}\,\cos\varepsilon,$$

$$\text{II.} \qquad b^2 = \frac{e^2}{4} + \frac{f^2}{4} - 2\,\frac{e}{2}\,\frac{f}{2}\,\cos\varepsilon,$$

$$\text{III.} \qquad \frac{ab\,\sin\alpha}{2} = \frac{e}{2}\,\frac{f}{2}\,\sin\varepsilon.$$

$$\text{I.} - \text{II.} \quad a^2 - b^2 = ef\cos\varepsilon,$$

$$\frac{\text{I.} - \text{II.}}{\text{III.}} \quad \frac{a^2 - b^2}{ab\,\sin\alpha} = 2\cot\varepsilon,$$

$$\sin\alpha = \frac{a^2 - b^2}{2\,ab}\cdot tg\,\varepsilon \quad \text{usw.}$$

Aufgabe 2: Berechne ein Parallelogramm aus a, α, ε.

Anleitung: Aus der letzten Gleichung der vorigen Aufgabe kann man das Verhältnis $\dfrac{a}{b}$ berechnen, indem man $a = bx$ setzt.

Aufgabe 3: Berechne ein Parallelogramm aus e, α, ε.

Aufgabe 4: Berechne ein Parallelogramm aus seinem Umfange u und den Winkeln α und ε.

Aufgabe 5: Berechne ein Parallelogramm aus $e + f = s$ und den Winkeln α und ε.

Anleitung: Aus Gleichung I, III und $e + f = s$ kann man e und f eliminieren und erhält eine Gleichung mit den Unbekannten a und b.

Ferner kann man das Verhältnis $\dfrac{a}{b}$ bestimmen.

Aufgabe 6: Berechne ein Parallelogramm aus $e - f = d$ und den Winkeln α und ε.

§ 33. Das Trapez und das Sehnenviereck.

Aufgabe 1: Berechne die Diagonalen eines Trapezes aus seinen Seiten.

Lösung a): Um die Beziehung $\alpha + \delta = 180^0$ auszunutzen, wenden wir den Kosinussatz auf das Dreieck DAB (Fig. 36) und das Dreieck DAC an und eliminieren $\cos\alpha$.

$$f^2 = a^2 + d^2 - 2\,ad\cos\alpha,$$
$$e^2 = c^2 + d^2 + 2\,cd\cos\alpha,$$
$$\overline{ae^2 + cf^2 = ac(a+c) + d^2(a+c)}$$

I. $ae^2 + cf^2 = (a+c)(ac + d^2)$.

Entsprechend erhalten wir durch Vertauschung von e mit f und d mit b

II. $af^2 + ce^2 = (a+c)(ac + b^2)$.

Aus diesen beiden Gleichungen lassen sich die Unbekannten e und f leicht berechnen. Zunächst ergibt sich durch Addition, bzw. Subtraktion

$$e^2 + f^2 = b^2 + 2\,ac + d^2,$$
$$e^2 - f^2 = \frac{a+c}{a-c}\cdot(d^2 - b^2)\ \text{usw.}$$

Lösung b): Im Dreieck $A'BC$ (Fig. 36) sind die drei Seiten bekannt; man kann daher zunächst die Winkel und dann die Diagonalen des Trapezes berechnen.

Aufgabe 2: Berechne die nicht parallelen Seiten eines Trapezes aus den parallelen Seiten und den Diagonalen.

Aufgabe 3: Berechne die Winkel eines Trapezes aus den parallelen Seiten und den Diagonalen.

Aufgabe 4: Berechne die Winkel und die Diagonalen eines Sehnenvierecks aus seinen Seiten.

Lösung: Wegen der Beziehung $\alpha + \gamma = 180°$ drücken wir die gemeinsame Seite der Dreiecke DAB und BCD (Fig. 37) doppelt aus und setzen die erhaltenen Werte einander gleich:

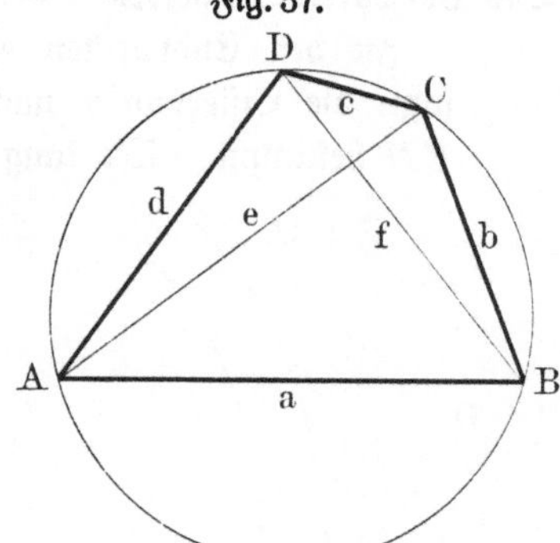
Fig. 37.

$$f^2 = a^2 + d^2 - 2\,a\,d\cos\alpha,$$
$$f^2 = b^2 + c^2 + 2\,b\,c\,\cos\alpha,$$
$$a^2 + d^2 - 2\,a\,d\cos\alpha = b^2 + c^2 + 2\,b\,c\,\cos\alpha,$$
$$\cos\alpha = \frac{(a^2 + d^2) - (b^2 + c^2)}{2\,(a\,d + b\,c)}.$$

Um diesen Wert für die logarithmische Berechnung bequemer zu gestalten, kann man ihn entsprechend § 21 umformen und erhält:

1. $\sin\dfrac{\alpha}{2} = \sqrt{\dfrac{(s-a)\,(s-d)}{a\,d + b\,c}}, \qquad \cos\dfrac{\alpha}{2} = \sqrt{\dfrac{(s-b)\,(s-c)}{a\,d + b\,c}},$

$$tg\,\frac{\alpha}{2} = \sqrt{\frac{(s-a)\,(s-d)}{(s-b)\,(s-c)}},$$

wo s den halben Umfang des Vierecks bedeutet;

2. $\qquad f = \sqrt{a^2 + d^2 - 2\,a\,d \cdot \dfrac{(a^2 + d^2) - (b^2 + c^2)}{2\,(a\,d + b\,c)}}$

und nach einigen Umformungen

$$f = \sqrt{\frac{(a\,c + b\,d)\,(a\,b + c\,d)}{a\,d + b\,c}},$$

entsprechend durch Vertauschung von d mit b:

$$e = \sqrt{\frac{(a\,c + b\,d)\,(a\,d + b\,c)}{a\,b + c\,d}}.$$

Folgerungen:

1. Wie erhält man den Ptolemäischen Satz?
$$e\,f = a\,c + b\,d$$

2. Wie leitet man durch Addition der Dreiecke DAB und BCD den Flächeninhalt F des Sehnenvierecks ab?
$$F = \sqrt{(s-a)\,(s-b)\,(s-c)\,(s-d)}.$$

3. Woher kommt die Übereinstimmung der Formeln des Dreiecks und des Sehnenvierecks für $tg\,\dfrac{\alpha}{2}$ und für F?

§ 34. Das beliebige Viereck. (Feldmeßaufgaben über das Viereck!)

Da bei einem beliebigen Viereck die Berechnungen natürlich noch länger werden, so beschränken wir uns auf die wichtigsten Aufgaben der Feldmeßkunst.

Das Vorwärtseinschneiden.

In den Endpunkten einer abgemessenen Strecke AB (Fig. 38) hat man die Visierwinkel nach den Endpunkten einer unbekannten Strecke CD bestimmt. Wie lang ist CD?

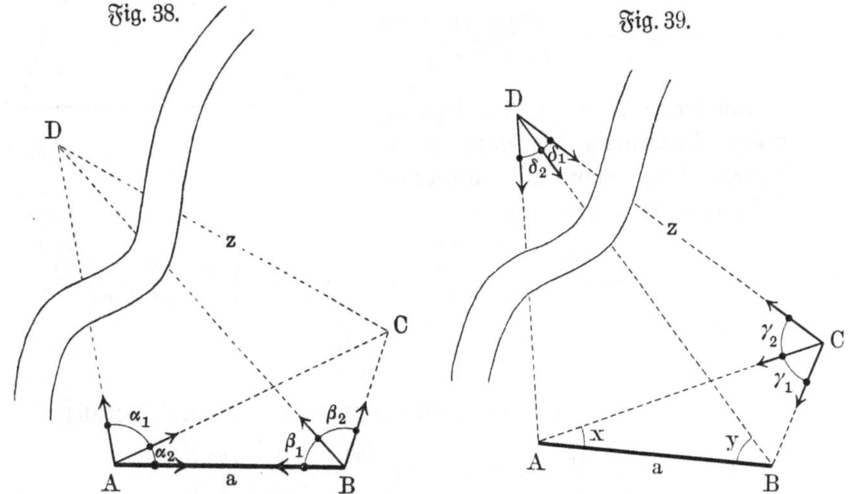

Gegeben: a, α_1, α_2, β_1, β_2. Gesucht: z.

Lösung: Man berechnet in dem Dreieck ABD die Seite BD und in dem Dreieck ABC die Seite BC. Dann kennt man im Dreieck DBC zwei Seiten und den Zwischenwinkel. Daher wendet man den Kosinussatz an.

Die Hansensche Aufgabe. (Hansen starb 1874 als Direktor der Sternwarte in Gotha.) In den Endpunkten einer unbekannten Strecke CD (Fig. 39) hat man die Visierwinkel nach den Endpunkten einer abgemessenen Strecke AB bestimmt. Wie lang ist CD?

Gegeben: a, γ_1, γ_2, δ_1, δ_2. Gesucht: z.

Lösung: Die Seite CD ist zwei Dreiecken gemeinsam, deren Winkel man kennt. Man kann CD nach dem Sinussatz aus jedem dieser Dreiecke berechnen und die gefundenen Werte einander gleichsetzen.

Dreieck CDA
$$CD = DA \cdot \frac{\sin(\gamma_2 + \delta_1 + \delta_2)}{\sin \gamma_2},$$

Dreieck CDB
$$CD = CB \cdot \frac{\sin(\delta_1 + \gamma_1 + \gamma_2)}{\sin \delta_1},$$

$$DA \cdot \frac{\sin(\gamma_2 + \delta_1 + \delta_2)}{\sin \gamma_2} = CB \cdot \frac{\sin(\delta_1 + \gamma_1 + \gamma_2)}{\sin \delta_1}.$$

Die unbekannten Seiten DA und CB ersetzt man aus dem Dreieck ADB, bzw. ACB mit Benutzung der gegebenen Seite a.

$$\text{I.} \quad a \cdot \frac{\sin y}{\sin \delta_2} \cdot \frac{\sin(\gamma_2 + \delta_1 + \delta_2)}{\sin \gamma_2} = a \cdot \frac{\sin x}{\sin \gamma_1} \cdot \frac{\sin(\delta_1 + \gamma_1 + \gamma_2)}{\sin \delta_1}$$

$$\frac{\sin x}{\sin y} = \frac{\sin \gamma_1 \sin \delta_1 \sin(\gamma_2 + \delta_1 + \delta_2)}{\sin \gamma_2 \sin \delta_2 \sin(\delta_1 + \gamma_1 + \gamma_2)}.$$

Zu dieser Gleichung mit den unbekannten Winkeln x und y kommt als zweite Gleichung II. $x + y = \delta_1 + \gamma_2$.

Wie bei vielen symmetrischen Gleichungen ist es auch bei diesem Gleichungssystem am zweckmäßigsten, zunächst $x - y$ durch korrespondierende Addition zu bestimmen. Setzen wir für den Quotienten der rechten Seite der Gleichung I als Abkürzung q, so erhalten wir

$$\frac{\sin x + \sin y}{\sin x - \sin y} = \frac{q + 1}{q - 1},$$

$$\frac{2 \sin \dfrac{x + y}{2} \cos \dfrac{x - y}{2}}{2 \cos \dfrac{x + y}{2} \sin \dfrac{x - y}{2}} = \frac{q + 1}{q - 1},$$

$$tg \frac{x + y}{2} \cot \frac{x - y}{2} = \frac{q + 1}{q - 1},$$

$$\cot \frac{x - y}{2} = \frac{q + 1}{q - 1} \cot \frac{x + y}{2}$$

und mittels Gleichung II

$$\cot \frac{x - y}{2} = \frac{q + 1}{q - 1} \cot \frac{\delta_1 + \gamma_2}{2}.$$

Nachdem die Winkel x und y berechnet sind, bestimmt man z oder CD aus der Gleichung I, deren Seiten gleich CD sind, z. B.

$$CD = \frac{a \sin y \sin(\gamma_2 + \delta_1 + \delta_2)}{\sin \delta_2 \sin \gamma_2}.$$

Das Rückwärtseinschneiden oder die Pothenotsche Aufgabe. Pothenot war Professor am Collège Royal de France und legte die Lösung der nach ihm genannten Aufgabe 1692 der Pariser Akademie vor.

Die Aufgabe war aber schon in dem Werke des Snellius (1581 —1626, Leiden) gelöst; in diesem befindet sich auch die Hansensche Aufgabe, die ihren Namen daher mit Unrecht führt.

Auch Schickhard wurde 1624 bei Anfertigung einer Karte von Württemberg vor die Pothenotsche Aufgabe gestellt und löste sie selbständig.

Es handelt sich bei dieser Aufgabe darum, einen Punkt, von dem aus man nach drei bekannten Punkten visieren kann, allein durch Winkelmessung festzulegen. Durch die Landesvermessung sind alle hervorragenden Punkte aufgenommen. Daher kommt heute vorwiegend diese Aufgabe vor. Denn der Landmesser kann fast von jedem Punkte aus drei Punkte, z. B. Kirchtürme, sehen, deren Lage durch frühere Vermessungen festgelegt ist.

Fig. 40.

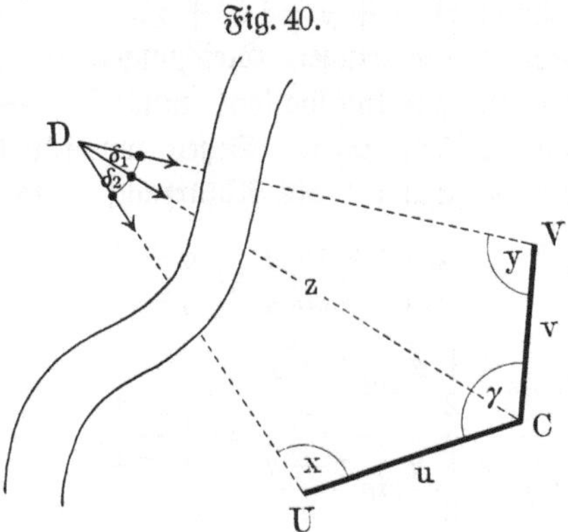

Gegeben: u, v, γ, δ_1, δ_2 (Fig. 40). Gesucht: z.

Lösung: Man berechnet CD aus zwei Dreiecken und setzt die gefundenen Werte einander gleich:

Dreieck UCD | Dreieck VCD

$$CD = u \cdot \frac{\sin x}{\sin \delta_2}, \qquad CD = v \cdot \frac{\sin y}{\sin \delta_1},$$

$$u \cdot \frac{\sin x}{\sin \delta_2} = v \cdot \frac{\sin y}{\sin \delta_1},$$

$$\text{I.} \qquad \frac{\sin x}{\sin y} = \frac{v \sin \delta_2}{u \sin \delta_1}$$

$$\text{II.} \qquad x + y = 360^0 - (\gamma + \delta_1 + \delta_2).$$

Die weitere Berechnung entspricht der der vorigen Aufgabe.

Dritter Teil: Stereometrie.

Erstes Kapitel.
Geraden und Ebenen im Raum.

§ 1. Die Lage von Geraden und Ebenen im Raum.

1. Definition der Ebene:

   Eine Fläche F heißt eine Ebene, wenn jede Gerade, die durch zwei beliebige Punkte der Fläche F geht, nirgends aus der Fläche F heraustritt.

2. Gerade und Punkt:

   Durch zwei Punkte ist eine Gerade eindeutig bestimmt.

   Durch einen Punkt lassen sich beliebig viele Geraden legen.

3. Zwei Gerade: Zwei Gerade können gemeinsam haben

   entweder zwei Punkte, ... dann fallen sie zusammen,

   oder einen Punkt $\begin{cases} \text{im Endlichen,} & \text{„ schneiden sie sich,} \\ \text{im Unendlichen,} & \text{„ sind sie parallel,} \end{cases}$

   oder keinen Punkt, ... „ sind sie gekreuzt.

4. Gerade und Ebene: Eine Gerade kann mit einer Ebene gemeinsam haben

   entweder zwei Punkte, ... dann fällt sie ganz in die Ebene,

   oder einen Punkt $\begin{cases} \text{im Endlichen,} & \text{„ schneidet sie die Ebene,} \\ \text{im Unendlichen,} & \text{„ ist sie parallel der Ebene.} \end{cases}$

5. Eindeutige Bestimmung der Ebene:

   a) Durch einen Punkt P lassen sich beliebig viele Ebenen legen.

   b) Durch zwei Punkte P und Q lassen sich auch beliebig viele Ebenen legen. In allen diesen liegt die durch P und Q bestimmte Gerade. Man erhält daher sämtliche Ebenen durch Drehung einer Ebene um PQ als Achse und die Ebene ist eindeutig bestimmt, sobald man verlangt, daß sie außer durch die Punkte P und Q noch durch einen dritten außerhalb der Achse PQ liegenden Punkt R gehen soll (siehe c, α und β). Legt man durch R und einen beliebigen Punkt der Achse die Gerade, so muß diese vollständig in der durch P, Q und R bestimmten Ebene liegen (siehe c, γ). Wählt man den unendlich fernen Punkt der Achse, so ist die Gerade der Achse parallel (siehe c, δ).

   c) Also ist eine Ebene eindeutig bestimmt

   α) durch eine Gerade und einen Punkt außerhalb der Geraden,

   β) durch drei nicht in einer Geraden liegende Punkte,

   γ) durch zwei sich schneidende Gerade,

   δ) durch zwei parallele Gerade.

6. **Zwei Ebenen:** Zwei Ebenen **fallen zusammen,** wenn sie drei nicht in einer Geraden liegende Punkte gemeinsam haben. Zwei nicht zusammenfallende Ebenen **schneiden sich in einer Geraden.** Denn da beide Ebenen sich lückenlos nach zwei Richtungen ausdehnen, so müssen sie sich in einer zusammenhängenden Linie, nicht etwa in einzelnen Punkten oder Linienstücken, schneiden. Wäre nun diese Schnittlinie keine Gerade, so könnte man auf ihr drei nicht in einer Geraden liegende Punkte U, V, W annehmen. Das ist unmöglich! Denn hätten die beiden Ebenen die drei Punkte U, V, W gemeinsam, so müßten sie zusammenfallen. Fällt die Schnittgerade ins Unendliche, so **sind die Ebenen parallel.**

Aufgaben:

1. Welchen Vorteil besitzen dreibeinige Tische und Gestelle gegenüber vierbeinigen?

2. Wieviel Punkte einer Stubentür muß man befestigen, damit die Tür unbeweglich wird?

3. Sind zwei Geraden (oder Ebenen) derselben dritten parallel, so sind sie einander parallel. Anleitung zum Beweise: Die drei Geraden gehen durch denselben unendlich fernen Punkt.

§ 2. Die Ebene und eine Senkrechte.

Lehrsatz 1. Schneidet eine Gerade eine Ebene E im Punkt S und steht sie auf zwei durch S in E gehenden Geraden senkrecht, so steht sie auch auf allen durch S in E gehenden Geraden senkrecht.

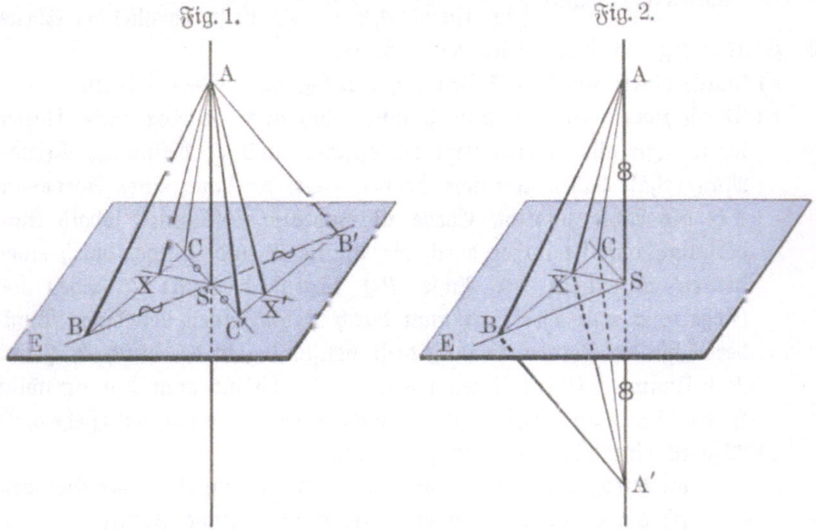

Voraussetzung: $\angle ASB = 90°$ und $\angle ASC = 90°$ (Fig. 1 und 2).
Behauptung: $\angle ASX = 90°$.

Anleitung zum Beweise: Man kann den Lehrsatz benutzen, daß die Verbindungslinie der Spitze eines gleichschenkligen Dreiecks mit der Mitte der Basis senkrecht auf der Basis steht. Dann muß S die Mitte der Basis und entweder A oder X die Spitze werden. Demgemäß zeichnet man entweder $SB' = SB$, $SC' = SC$ usw. (Fig. 1) oder $SA' = SA$ usw. (Fig. 2). Die erste Ableitung stammt von Euklid (um 300 v. Chr.), die zweite von dem Franzosen Cauchy (um 1850).

Beweis 1. Da Dreieck $BSC \cong B'SC'$ und $\angle BSX$ gleich seinem Scheitelwinkel $B'SX'$ ist, so muß, wenn man die kongruenten Dreiecke zur Deckung bringt, BC auf $B'C'$, SX der Richtung nach auf SX', also X auf X' und daher BX auf $B'X'$ fallen. Mithin ist $BC = B'C'$, $SX = SX'$, $BX = B'X'$.

Geht die in der Mitte einer Dreiecksseite errichtete Senkrechte durch die gegenüberliegende Ecke des Dreiecks, so ist dieses gleichschenklig. Daher ist $AB = AB'$ und $AC = AC'$; da auch die Strecken BC und $B'C'$ als gleich nachgewiesen wurden, so ist Dreieck $ABC \cong AB'C'$. Bringt man diese kongruenten Dreiecke zur Deckung, so fällt X mit X' (warum), also AX mit AX' zusammen. Mithin ist $AX = AX'$, und es ist nach dem in der Anleitung angeführten Lehrsatz $\angle ASX = 90^0$.

Beweis 2. Dieser entspricht dem zweiten Teil des ersten Beweises. (Wie erhält man die Fig. 2 aus der Fig. 1?).

Bezeichnungen: Schneidet eine Gerade eine Ebene E im Punkt S und steht sie auf allen durch S in E gehenden Geraden senkrecht, so heißt sie senkrecht auf oder zu der Ebene, und umgekehrt heißt die Ebene senkrecht auf oder zu der Geraden.

Umkehrung: Alle Geraden, die auf einer Geraden G in demselben Punkte senkrecht stehen, liegen in einer zu G senkrechten Ebene. (Beweis indirekt.)

        Mit anderen Worten:

Dreht sich ein rechter Winkel um einen seiner Schenkel als Achse, so beschreibt der andere Schenkel eine zur Achse senkrechte Ebene.

Aufgaben:
1. Wie kann man feststellen, ob eine Stange senkrecht steht?
2. Ein Quader sei definiert als ein Körper, der von sechs Rechtecken begrenzt wird. Wie beweist man, daß dann jede Kante auf zwei Begrenzungsflächen senkrecht steht?
3. Beweise indirekt:
   a) Von einem Punkte läßt sich auf eine Ebene nur eine Senkrechte fällen.
   b) In einem Punkte einer Ebene läßt sich nur eine Senkrechte errichten.
4. Im Mittelpunkt M eines gleichseitigen Dreiecks mit der Seite a ist auf der Ebene des Dreiecks die Senkrechte $MX = x$ errichtet. Stelle die Entfernung des Punktes X von den Ecken des Dreiecks als Funktion von x dar. Hiervon macht man Anwendung beim „Sphärometer", das zur Messung des Krümmungsradius einer Linse dient.

§ 3. Die Ebene und mehrere Senkrechten.

Hilfssatz: Winkel mit parallelen und gleichgerichteten Schenkeln sind gleich.

Anleitung zum Beweise: Wie beweist man meist die Gleichheit von Winkeln? Wie erhält man kongruente Dreiecke? Welcher Kongruenzsatz kommt in Frage?

Beweis: Man trägt (Fig. 3) auf jedem der parallelen Schenkel=paare gleiche Strecken ab und zieht AA', BB', CC', sowie BC und $B'C'$. Dann sind zu=nächst $ABB'A'$ und $ACC'A'$ Parallelogramme, sodann ist $BCC'B'$ ein Parallelogramm, schließlich sind die Dreiecke BAC und $B'A'C'$ kongruent.

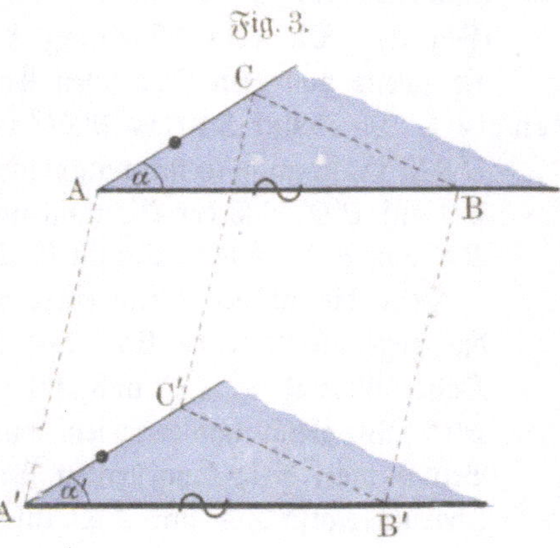

Lehrsatz 2. Steht eine von zwei Parallelen auf einer Ebene E senkrecht, so steht auch die andere auf der Ebene E senkrecht.

Anleitung zum Beweise: Steht AB (Fig. 4) senkrecht auf E, so zieht man BX und BY beliebig in E, so=dann DX' und DY' in E parallel zu BX bzw. BY.

Umkehrung: Stehen zwei Gerade senkrecht auf der=selben Ebene, so sind sie parallel. (Beweis indirekt.)

Aufgaben:

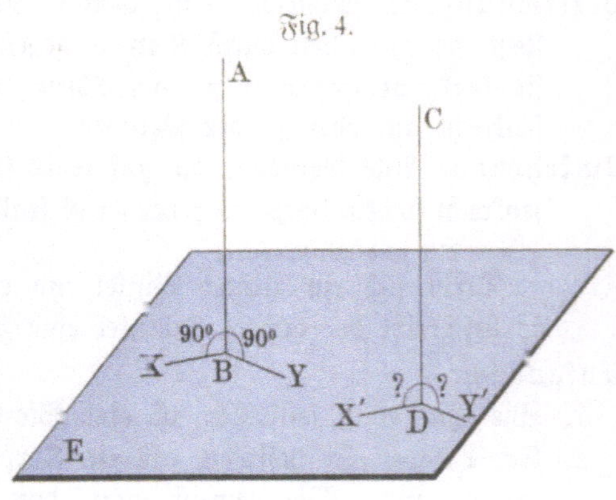

I. Berechnungen.

Definition: Die Länge der von einem Punkt P auf eine Ebene E gefällten Senkrechten heißt der **Abstand** des Punktes von der Ebene.

1. Ein Punkt P hat von einer Ebene E den Abstand $PF = 12\,\text{cm}$, und in der Ebene E ist die Strecke $FQ = 5\,\text{cm}$ gezogen. Wie groß ist PQ?

2. Um einen Punkt A, der von einer Ebene E den Abstand $AF = 0,6\,\text{m}$ besitzt, dreht sich eine Strecke $AB = 1\,\text{m}$ so, daß B auf der Ebene E hingleitet. Was für eine Linie beschreibt B?

3. Zwei Punkte A und B haben von derselben Ebene die Abstände a bzw. b, und die Entfernung ihrer Fußpunkte beträgt c. Wie weit ist A von B entfernt, je nachdem A und B auf derselben Seite oder auf entgegengesetzten Seiten der Ebene liegen? $a = 25{,}5$; $b = 16{,}5$; $c = 40$.

II. Stereometrische Konstruktionen.

Bei den stereometrischen Konstruktionen, die man fast nur in der Vorstellung, nicht in der Wirklichkeit vornimmt, muß man voraussetzen, daß die Konstruktion einer eindeutig bestimmten Ebene ausführbar ist.

4. Fälle von einem Punkt P auf eine Gerade G die Senkrechte. Wie viele sind möglich?

5. Errichte in zwei Punkten P und Q einer Geraden G zwei parallele Senkrechte. Wie viele sind möglich? Sind zwei Senkrechte auf derselben Geraden stets parallel?

6. a) Errichte in einem Punkt P einer Geraden G die senkrechte Ebene.

   b) Lege durch einen Punkt P außerhalb einer Geraden G die zu G senkrechte Ebene.

7. a) Bestimme den geometrischen Ort aller Punkte, die von zwei gegebenen Punkten P und P' gleich weit entfernt sind.

   b) Bestimme den geometrischen Ort aller Punkte, die von drei gegebenen Punkten gleich weit entfernt sind. Wie dürfen die drei Punkte nicht liegen?

   c) Bestimme die Punkte einer Ebene E, die von zwei außerhalb der Ebene E liegenden Punkten A und B gleich weit entfernt sind.

8. Ziehe durch einen Punkt P zu einer Geraden G die Parallele.

9. Lege durch einen Punkt P die Gerade, welche zwei gegebene Geraden schneidet.

Zweites Kapitel.

Neigungswinkel.

§ 4.   Der Neigungswinkel einer Geraden mit einer Ebene.

Definition:

1. Treffen bei der Parallelprojektion die Projektionsstrahlen senkrecht auf die Bildebene E, so heißt das Bild P' eines Punktes P, sowie das Bild $A'B'$ einer Strecke AB die Projektion des Punktes P bzw. der Strecke AB auf die Ebene E.

2. Der Winkel, den eine Gerade mit ihrer Projektion auf eine Ebene E bildet, heißt der Neigungswinkel der Geraden „und“, „mit“ oder „zu“ der Ebene E.

Lehrsatz 3. **Schneiden sich zwei Ebenen und fällt man von einem beliebigen Punkte der einen Ebene die Senkrechten auf die andere Ebene und auf die Schnittgerade, so steht die Verbindungsstrecke der beiden Fußpunkte senkrecht auf der Schnittgeraden.**

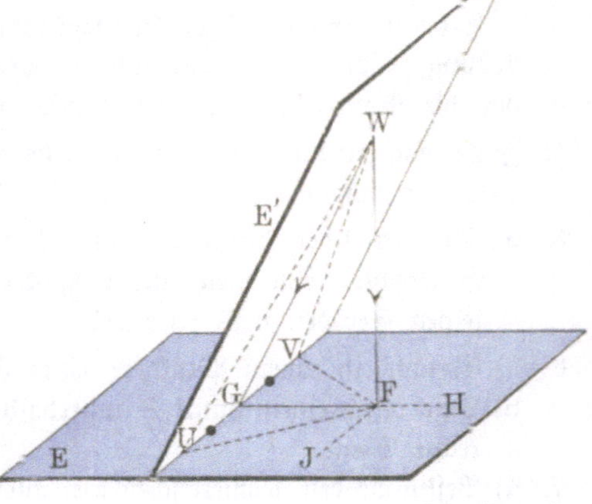

Anleitung zum Beweise: Beweise der Reihe nach (Fig. 5) die Kongruenz der Dreiecke

WGU und WGV,

WFU „ WFV,

GFU „ GFV.

Aufgaben:

1. Fälle von einem Punkt W auf eine Ebene E die Senkrechte.

Konstruktion: Man legt durch W (Fig. 5) eine beliebige Ebene, welche die gegebene Ebene in UV schneidet, fällt von W auf UV die Senkrechte WG und errichtet in G auf UV in der blauen Ebene die Senkrechte GH. Durch die beiden Senk= rechten legt man die Ebene und fällt in dieser von W auf GH die Senkrechte.

Beweis: Man zieht in der blauen Ebene $FJ \parallel GU$. Da nach Kon= struktion die beiden Winkel UGW und UGH gleich 90° sind, so steht UG nach Lehrsatz 1 senkrecht auf der Ebene WGH.

Daher muß nach Lehrsatz 2 auch die Hilfsparallele JF auf dieser Ebene senkrecht stehen. Also ist $\angle JFW = 90°$.

Da außerdem nach Konstruktion $\angle GFW = 90°$ ist, so steht WF nach Lehrsatz 1 senkrecht auf der blauen Ebene.

2. Errichte auf einer gegebenen Ebene E in einem gegebenen Punkt F die Senkrechte.

3. $AF = s'$ (Fig. 6) sei die Pro= jektion der Strecke $AB = s$ auf die Ebene E und um A werde ein Strahl in der blauen Ebene gedreht. Wie lautet die Funktionsgleichung zwischen den Winkeln y und x?

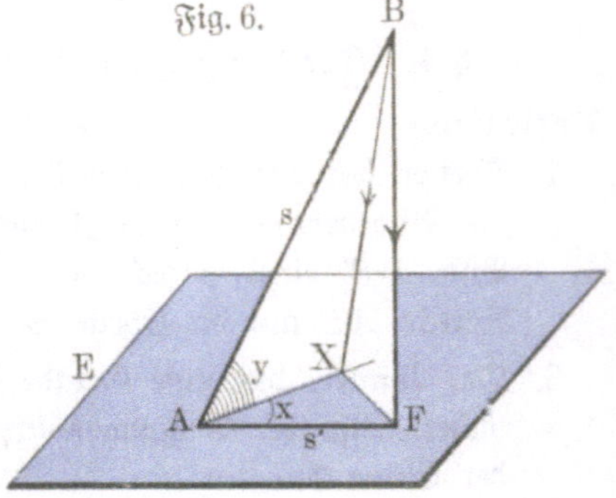

Lösung: Man fällt von B aus die Senkrechten auf die Ebene E und den beweglichen Strahl und verbindet ihre Fußpunkte F und X.

Dann ist auch $\angle AXF = 90^\circ$ und man erhält $cos\, y = \dfrac{s'}{s}\, cos\, x$.

Wie ändert sich der Winkel y, wenn x von 0° über 90°, 180°, 270° bis 360° wächst? Für welchen Wert von x wird y am kleinsten?

Ergebnis: Lehrsatz 4.

Der Neigungswinkel einer Geraden mit einer Ebene ist der kleinste unter allen Winkeln, welche die Gerade mit den durch ihren Schnittpunkt gezogenen Strahlen der Ebene bildet.

Man kann diesen Satz beweisen auch mit Hilfe des planimetrischen Lehrsatzes: Stimmen zwei Dreiecke in zwei Seitenpaaren überein, sind aber die dritten Seiten ungleich, so liegt der größeren von diesen Seiten auch der größere Winkel gegenüber. Dazu muß man um A mit AF in der blauen Ebene den Kreis beschreiben. Dreht man dann den Radius AF, so entfernt sich sein Endpunkt immer weiter von B usw.

4. Ziehe in einer Ebene durch den Schnittpunkt der Ebene mit einer ge= gebenen Geraden G einen Strahl so, daß er mit G einen bestimmten Winkel bildet. — Wann gibt es zwei, wann eine, wann keine Lösung?

5. Konstruiere und berechne den Neigungswinkel der Körperdiagonale eines Würfels zur Grundfläche.

6. Von einer Säule mit quadratischer Grundfläche kennt man die Grund= kante $a = 4\,\mathrm{cm}$; die Höhe h ist gleich der Diagonale der Grundfläche. Konstruiere und berechne den Neigungswinkel der Körperdiagonale a) zur Grundfläche, b) zu einer Seitenfläche. Zeichne die Schnittdreiecke, in denen die Neigungswinkel liegen, in wahrer Größe und Gestalt.

7. Die Grundkanten eines Quaders sind $a = 5\,\mathrm{cm}$, $b = 3\,\mathrm{cm}$; seine Höhe h beträgt $7\,\mathrm{cm}$. Konstruiere und berechne den Neigungswinkel der Körperdiagonale a) zur Grundfläche, b) zu den Seitenflächen. Zeichne die Schnittdreiecke, in denen die Neigungswinkel liegen, in wahrer Größe und Gestalt.

8. Konstruiere und berechne den Neigungswinkel der Seitenkante einer geraden Pyramide mit quadratischer Grundfläche zur Grundfläche, wenn die Grundkante $a = 5\,\mathrm{cm}$, die Seitenkante $s = 7{,}5\,\mathrm{cm}$ ist. Zeichne den durch zwei Seitenkanten und die Höhe gelegten Schnitt in wahrer Größe und Gestalt.

§ 5. Der Neigungswinkel zweier Ebenen.

Definitionen:

1. Zwei Ebenen, die sich in einer Geraden G schneiden, teilen den unendlichen Raum in 4 Fächer; diese heißen **Flächenwinkel.**

2. Errichtet man (Fig. 7) in einem beliebigen Punkte X der Schnittgeraden G auf dieser in beiden Ebenen die Senkrechten, so heißt der entstandene ebene Winkel YXZ der **Neigungswinkel** der beiden Ebenen. Seine Größe ist unabhängig von der Wahl des Punktes X, weil Winkel mit parallelen und gleichgerichteten Schenkeln gleich sind.

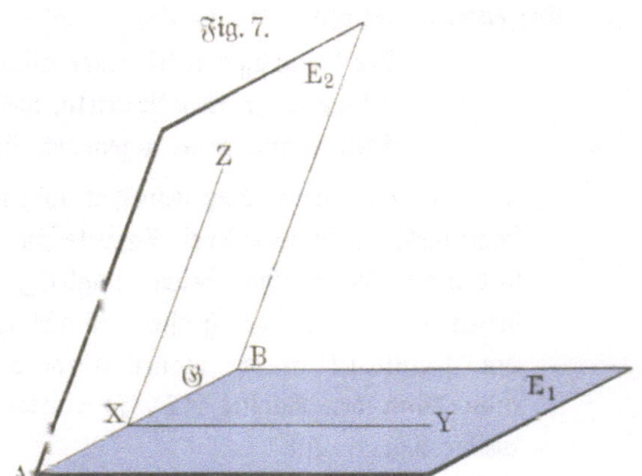

3. Dreht man die Halbebene E_1 (Fig. 7) um die Gerade G als Achse nach oben, bis sie mit der Halbebene E_2 zusammenfällt, so beschreibt zugleich der Strahl XY einen ebenen Winkel und fällt mit XZ zusammen. Daher kann man den Neigungswinkel YXZ als Maß für den Flächenwinkel benutzen und die für ebene Winkel gebräuchlichen Bezeichnungen (spitze, rechte Winkel usw.) auf die Flächenwinkel übertragen.

4. Zwei Ebenen, deren Neigungswinkel 90° beträgt, heißen **senkrecht** auf- oder zueinander.

Lehrsätze:

5. Steht eine Gerade auf zwei Ebenen zugleich senkrecht, so sind diese parallel.

    Mit anderen Worten:

Stehen zwei Ebenen auf derselben Geraden senkrecht, so sind sie parallel.

    Anleitung zum Beweise: Hätten die beiden Ebenen einen Punkt gemeinsam, so könnte man durch diesen und die Gerade eine Ebene legen und würde ein Dreieck mit zwei rechten Winkeln erhalten.

6. Werden zwei parallele Ebenen von einer dritten geschnitten, so sind ihre Schnittgeraden parallel.

    Anleitung zum Beweise: Hätten die Schnittgeraden einen Punkt gemeinsam, so müßte dieser beiden Ebenen angehören usw.

7. Steht eine Gerade auf einer von zwei parallelen Ebenen senkrecht, so steht sie auch auf der anderen senkrecht. Benutze zum Beweise Lehrsatz 6.

8. Beweise mittels des Neigungswinkels die Sätze:

    a) Steht die Gerade G auf der Ebene E senkrecht, so steht auch jede durch G gelegte Ebene auf E senkrecht.

    b) Stehen zwei sich schneidende Ebenen auf derselben dritten Ebene senkrecht, so steht auch ihre Schnittgerade auf der dritten Ebene senkrecht.

    c) Stehen zwei Ebenen senkrecht aufeinander und zieht man in einer Ebene eine Senkrechte zur Schnittgeraden, so steht diese auf der anderen Ebene senkrecht.

9. a) Parallele Strecken zwischen parallelen Ebenen sind einander gleich.

    b) Senkrechte Strecken zwischen parallelen Ebenen sind einander gleich. Diese eindeutige Größe heißt der **Abstand** der parallelen Ebenen.

10. Schneiden sich drei Ebenen E_1, E_2, E_3, so schneiden sich ihre Schnittgeraden G_3, G_1, G_2 entweder in **einem** Punkte, oder sie sind parallel, oder sie fallen zusammen.

    Anleitung zum Beweise: Die Schnittgerade G_3 kann die Ebene E_3 entweder schneiden oder ihr parallel sein oder in ihr liegen.

Aufgaben:

I. Stereometrische Konstruktionen.

1. Lege durch die Gerade G außerhalb der Ebene E die zu E senkrechte Ebene.

2. Lege durch den Punkt P außerhalb der Ebene E

    a) die zu E parallele Ebene,

    b) eine Ebene, die mit E einen bestimmten Neigungswinkel α bildet.

3. Lege durch die zur Ebene E parallele Gerade G eine Ebene, die mit E einen bestimmten Neigungswinkel α bildet.

II. Berechnungen.

4. a) Ein Dreieck ABC liegt mit seiner Seite a in einer Ebene E und seine Ecke A hat von E den Abstand x. Berechne die Seiten, die Winkel und den Flächeninhalt der Projektion als Funktionen von x.

    b) Sind die Projektionen der Höhen, der Winkelhalbierenden, der Mittellinien und der Mittelsenkrechten wieder die entsprechenden Strecken des Projektionsdreiecks?

5. a) Ein Dreieck mit dem Flächeninhalt $F = 100$ cm² liegt mit einer Seite in einer Ebene E und bildet mit E den Neigungswinkel $\varphi = 30°$, $45°$, $60°$. Wie groß ist das Projektionsdreieck F'?

    b) Zwei Ebenen E und E' schneiden sich unter dem Neigungswinkel φ, in E befindet sich ein Dreieck, dieses ist auf E' projiziert. Beweise, daß der Flächeninhalt des Projektionsdreiecks unverändert bleibt, wenn man das Dreieck in E beliebig verschiebt.

    c) Bedeutet F den Flächeninhalt irgend einer Figur, z. B. Vieleck, Kreis, und bildet die Ebene der Figur mit einer Ebene E' den Neigungswinkel φ, so ist der Flächeninhalt F' der Projektionsfigur gleich $F \cdot \cos \varphi$.

Drittes Kapitel.
Prisma und Zylinder, Pyramide und Kegel.

§ 6. Der Pyramidenstumpf und der Kegelstumpf.

I. Der Pyramidenstumpf.

Definitionen: Legt man durch eine Pyramide, die **Vollpyramide**, einen Querschnitt parallel der Grundfläche, so erhält man eine Pyramide, die **Ergänzungspyramide**, und einen Restkörper, den **Pyramidenstumpf**. Also:

Ein Körper, der von zwei // und $\backsim$ n-Ecken als **Grundflächen** und n Trapezen als . . . . **Seitenflächen** begrenzt ist, heißt ein . . . . **Pyramidenstumpf**.
Der Abstand der Grundflächen voneinander heißt . **Höhe (h)**,
die untere Grenzfläche heißt auch . . . . **Bodenfläche (G)**,
die obere Grenzfläche heißt auch . . . . **Deckfläche (G')**.
Entsprechend dem Pyramidenstumpf erhält man den **Kegelstumpf**.

Gemäß der Entstehung dieser Körperstumpfe müssen die Verlängerungen der Seitenkanten eines Pyramidenstumpfes, bzw. der Seitenlinien eines Kegelstumpfes durch einen Punkt (S) gehen.

Grundaufgabe 1: Berechne den Rauminhalt V eines Pyramidenstumpfes aus den beiden Grundflächen G und G' und der Höhe h.

Lösung: Um Rauminhalt zu finden, muß man bekannte Rauminhalts=formeln benutzen. Also (Fig. 8)

$$V = \frac{G \cdot SF}{3} - \frac{G' \cdot SF'}{3}.$$

Zur Bestimmung der Unbekannten SF und SF' bedürfen wir zweier Gleichungen. Benutze die gegebene Höhe h und den Lehr=satz, daß sich die Flächeninhalte G und G' verhalten wie die Quadrate ihrer Ab=stände von der Spitze. Aus den beiden so erhaltenen Gleichungen ist SF und SF' zu berechnen und in die Gleichung für V einzusetzen.

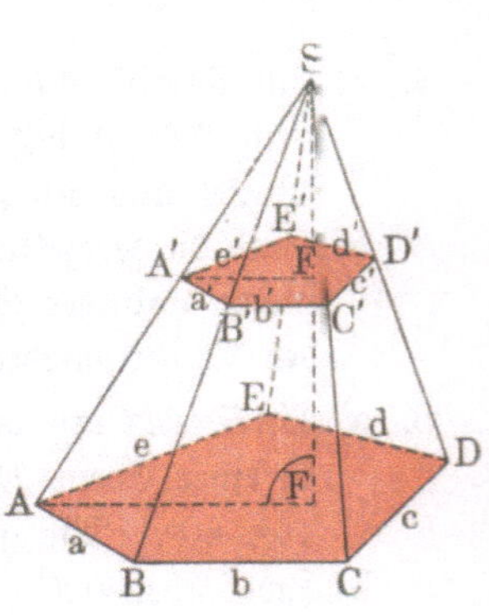

$$\text{I.} \qquad SF - SF' = h.$$

$$\text{II.} \qquad SF^2 : SF'^2 = G : G'$$

$$\text{oder} \qquad \frac{SF}{SF'} = \frac{\sqrt{G}}{\sqrt{G'}},$$

$$\frac{SF}{SF - SF'} = \frac{\sqrt{G}}{\sqrt{G} - \sqrt{G'}} \quad \text{und} \quad \frac{SF'}{SF - SF'} = \frac{\sqrt{G'}}{\sqrt{G} - \sqrt{G'}}.$$

Mit Benutzung der Gleichung I erhält man

$$SF = \frac{h\sqrt{G}}{\sqrt{G} - \sqrt{G'}} \quad \text{und} \quad SF' = \frac{h\sqrt{G'}}{\sqrt{G} - \sqrt{G'}},$$

$$V = \frac{h}{3}\,\frac{G\sqrt{G} - G'\sqrt{G'}}{\sqrt{G} - \sqrt{G'}},$$

ausdividiert: $\qquad \text{''} = \frac{h}{3}\left(G + \sqrt{GG'} + G'\right).$

Folgerung:

1. Die Vollpyramide und die Ergänzungspyramide verhalten sich wie zwei Würfel, welche die Höhen der beiden Pyramiden zu Kanten haben.

2. Ein Pyramidenstumpf ist gleich der Summe dreier Vollpyramiden von der gleichen Höhe, deren Grundflächen die obere und die untere Grundfläche des Pyramidenstumpfes, sowie das geometrische Mittel dieser beiden Grundflächen sind.

II. Der Kegelstumpf.

Grundaufgabe 2: Berechne den Rauminhalt V eines Kegelstumpfes aus den Radien r und r' seiner Grundkreise und seiner Höhe h (Fig. 9).

Lösung: Man faßt den Kegelstumpf als Pyramidenstumpf auf und benutzt die für diesen abgeleitete Formel.

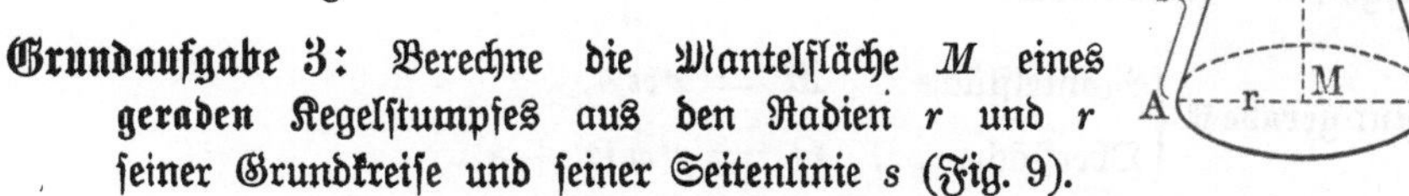
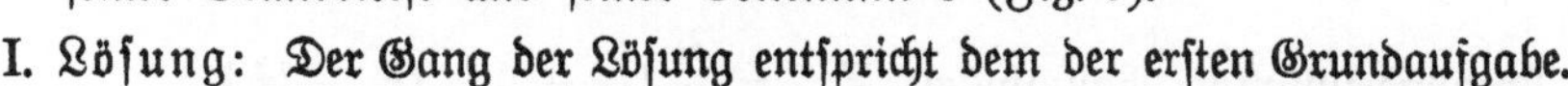

Fig. 9.

$$V = \frac{h}{3}\left(r^2\pi + \sqrt{r^2\pi \cdot r'^2\pi} + r'^2\pi\right),$$

$$\text{''} = \frac{h\pi}{3}\left(r^2 + rr' + r'^2\right).$$

Grundaufgabe 3: Berechne die Mantelfläche M eines geraden Kegelstumpfes aus den Radien r und r seiner Grundkreise und seiner Seitenlinie s (Fig. 9).

I. Lösung: Der Gang der Lösung entspricht dem der ersten Grundaufgabe.

$$M = r\pi\,SA - r'\pi\,SA'.$$

$$\text{I.}\quad SA - SA' = s. \qquad \text{II.}\quad SA : SA' = r : r',$$

Aus Gleichung II folgt

$$\frac{SA}{SA - SA'} = \frac{r}{r - r'} \quad \text{und} \quad \frac{SA'}{SA - SA'} = \frac{r'}{r - r'}.$$

Mit Benutzung der Gleichung I erhält man

$$SA = \frac{rs}{r - r'} \quad \text{und} \quad SA' = \frac{r's}{r - r'},$$

mithin $\qquad M = \pi s\,\dfrac{r^2 - r'^2}{r - r'},$

$$\text{''} = (r + r')\,\pi s.$$

II. Lösung: Betrachte den Mantel als Summe der unendlich vielen unendlich schmalen Trapeze, deren Höhen gleich der Seitenlinie s sind,
und deren Grundlinien die Peripherien der Grundkreise bilden.

§ 7. Schwierigere Aufgaben.

Formeln.

Würfel: Flächendiagonale . $d_1 = a\sqrt{2}$,

         Körperdiagonale . . $d = a\sqrt{3}$,

         Oberfläche . . . . $O = 6\,a^2$,

         Rauminhalt . . . $V = a^3$.

Quader: Körperdiagonale . . $d = \sqrt{a^2 + b^2 + c^2}$,

         Oberfläche . . . . $O = 2(ab + bc + ca)$,

         Rauminhalt . . . $V = abc$.

Prisma: Rauminhalt . . . $V = Gh$.

Zylinder: Rauminhalt . . . $V = r^2\pi h$.

Nur gerade Z. $\begin{cases} \text{Mantelfläche} & . & M = 2\,r\,\pi\,h, \\ \text{Oberfläche} & . . & O = 2\,r\,\pi\,(r + h). \end{cases}$

Pyramide: Rauminhalt . . . $V = \dfrac{Gh}{3}$.

Kegel: Rauminhalt . . . $V = \dfrac{r^2\pi h}{3}$.

Nur gerade K. $\begin{cases} \text{Mantelfläche} & . & M = r\,\pi\,s, \\ \text{Oberfläche} & . . & O = r\,\pi\,(r + s). \end{cases}$

Pyramidenstumpf: Rauminhalt $V = \dfrac{h}{3}\left(G + \sqrt{G\,G'} + G'\right)$.

Kegelstumpf: Rauminhalt $V = \dfrac{h\pi}{3}\left(r^2 + r\,r' + r'^2\right)$.

Nur gerade K.   Mantelfläche $M = (r + r')\pi s$.

I. Prisma und Zylinder.

1. Gegeben ist die Oberfläche O eines geraden dreiseitigen Prismas, dessen
Seitenkanten b n-mal so groß sind wie die gleichen Grundkanten a.
Wie groß ist die Grundkante und der Rauminhalt des Prismas?

$$O = 100, \quad n = 3.$$

2. Die Seitenkanten b eines schiefen Prismas mit quadratischer Grundfläche a^2 bilden mit der Grundfläche den Neigungswinkel φ. Berechne den Rauminhalt V.

$$b = 7, \quad a^2 = 25, \quad \varphi = 70^0\,12'.$$

3. Ein gerades Prisma aus Birkenholz, dessen Grundflächen regelmäßige Fünfecke und dessen Seitenkanten doppelt so groß wie die Grundkanten sind, hat eine Höhe $h = 10$ cm. Wieviel wiegt es, wenn das spezifische Gewicht des Birkenholzes $s = 0{,}69$ ist?

4. Ein gerades Prisma, dessen Grundfläche ein Dreieck mit den Seiten a, b, c ist, wird schief abgeschnitten, so daß die Seitenkanten die Länge d, e, f erhalten. Berechne den Rauminhalt des Restkörpers.

$$a = 8{,}23; \quad b = 7{,}05; \quad c = 5{,}72; \quad d = 10; \quad e = 9; \quad f = 7.$$

5. Die Grundflächen und zwei Seitenflächen eines Parallelflachs sind Rechtecke, die anderen Seitenflächen Parallelogramme mit dem spitzen Winkel α. Berechne die Oberfläche und den Rauminhalt des Parallelflachs aus den Grundkanten a und b, sowie der Seitenkante c.

$$\alpha = 65^0\,41'\,15''; \quad a = 6, \quad b = 4, \quad c = 5.$$

6. Ein gerades regelmäßiges dreiseitiges Prisma wird durch eine Ebene geschnitten, die durch eine Grundkante BC und die gegenüberliegende Ecke D des Prismas geht. Berechne den Rauminhalt des Prismas und den Neigungswinkel des Schnittes mit der Grundfläche aus der Strecke BD und $\measuredangle BDC$.

$$BD = 7\,\text{cm}, \quad \measuredangle BDC = 39^0\,40'.$$

7. Ein Prisma hat zur Grundfläche ein rechtwinklig gleichschenkliges Dreieck ABC mit dem Schenkel $AB = 12$ cm, und seine Seitenkante $AD = 15$ cm ist so geneigt, daß die Ecke D senkrecht über dem Schwerpunkt S der Grundfläche liegt. Berechne seinen Rauminhalt.

8. Die Grundkanten a und b eines Parallelflachs bilden den Winkel α, und die Seitenkante c ist gegen die Grundfläche um den Winkel γ geneigt. Wie groß ist der Rauminhalt?

$$a = 11\,\text{cm}, \quad b = 8\,\text{cm}, \quad c = 6\,\text{cm}; \quad \alpha = 48^0, \quad \gamma = 65^0.$$

---

9. Die Diagonale des Achsenschnittes eines geraden Zylinders mißt $d = 25$ cm; der Radius r der Grundfläche verhält sich zur Höhe h wie $m : n = 3 : 8$. Wie groß ist der Mantel und der Rauminhalt des Zylinders?

10. Welche Wandstärke hat eine zylindrische Eisenröhre vom Gewicht p und der Länge h, wenn die Summe $(r + \varrho)$ der Radien der begrenzenden Zylinder bekannt ist?

$$p = 1933{,}9\,\text{kg}, \quad h = 3\,\text{m}, \quad (r + \varrho) = 1{,}35\,\text{m}, \quad s = 7{,}6.$$

11. Eine eiserne Säule von der Höhe $h = 0{,}81$ m hat zur Grundfläche einen Rhombus mit der Seite $a = 0{,}27$ m und dem Winkel $\alpha = 75^0\,28'\,12''$.

Man gießt diese Säule um zu einem schiefen Zylinder, dessen Grundkreis gleich dem Inkreis des Rhombus ist. Wie hoch wird dieser
Zylinder?

12. Der Grundkreis eines schiefen Zylinders hat einen Durchmesser $d = 14$ cm,
und die Seitenlinie $s = 20$ cm bildet mit der Grundfläche den Neigungswinkel $\gamma = 62^0\, 10'\, 51''$. Wie groß ist der Rauminhalt V des Zylinders?

13. Die Grundfläche eines Prismas ist ein rechtwinkliges Dreieck mit der
Kathetensumme $(b + c) = 17,34$ m und dem Winkel $\beta = 54,2^0$. Die
Seitenkante $d = 12,24$ m bildet mit der Grundfläche den Neigungs-
winkel $\gamma = 76,9^0$. Wie groß ist die Oberfläche des quadratischen
Zylinders, der mit dem Prisma gleichen Rauminhalt hat?

14. Die Seitenlinie $s = 13$ cm eines schiefen Zylinders ist gegen die
Grundfläche unter einem Winkel $\gamma = 61,25^0$ geneigt, und der Radius
r des Grundkreises beträgt 5 cm. Diesem Zylinder ist ein dreiseitiges
Prisma einbeschrieben, von dem zwei Grundkanten $a = 8$ cm und
$b = 6,4$ cm bekannt sind. Berechne den Rauminhalt des Prismas.

15. Der Rauminhalt V eines dreiseitigen Prismas und zwei Winkel α und
β seiner Grundfläche sind gegeben. Berechne den Rauminhalt des
umbeschriebenen Zylinders.

$$V = 1000,\ \alpha = 30^0\, 15',\ \beta = 69^0\, 4'.$$

16. Zwei schiefe und ein gerader Zylinder haben gleiche Grundflächen und
gleiche Achsen. Welche Neigungswinkel bilden ihre Achsen mit den
Grundflächen, wenn ihre Rauminhalte im Verhältnis $1:2:3$ stehen?

II. Pyramide und Kegel.

17. Eine eiserne gerade Pyramide mit quadratischer Grundfläche $a^2 = 45^2$
wiegt $p = 1012,5$ kg. Wie hoch ist die Pyramide, und welchen Neigungswinkel φ bildet die Seitenkante b mit der Grundfläche?

18. Berechne die Oberfläche und den Rauminhalt einer geraden Pyramide
mit quadratischer Grundfläche aus der Höhe h_1 der Seitenfläche und
dem Neigungswinkel φ der Seitenfläche mit der Grundfläche.

$$h_1 = 10\ cm,\ \varphi = 53^0\, 16'\, 22''.$$

19. Eine vierseitige gerade Pyramide hat als Grundfläche ein Rechteck mit
den Seiten $a = 3,5$ m und $b = 4,7$ m. Wie groß sind die Neigungswinkel der Seitenkanten gegen die Grundfläche, wenn sämtliche Seitenkanten $c = 9,8$ m sind?

20. Berechne die Winkel, welche die Seitenkante k mit der Grundkante a
und der Grundfläche einer geraden regelmäßigen dreiseitigen Pyramide
bildet.

$$k = 185,\ a = 114.$$

21. Wieviel wiegt eine gerade regelmäßige zwölfseitige Steinpyramide mit der Seitenkante $k = 1,62\,\mathrm{m}$, wenn die Seitenkante mit der Grundfläche den Neigungswinkel $\varphi = 51^{\circ}\,12,4'$ bildet und das spezifische Gewicht s des Steines 2,83 beträgt?

22. Von einer dreiseitigen Pyramide sind eine Grundkante a und ihre Anwinkel β und γ, sowie eine Seitenkante d und ihr Neigungswinkel δ gegen die Grundfläche bekannt. Wie groß ist ihr Rauminhalt?
$$a = 11,93\,\mathrm{m},\; \beta = 38^{\circ}\,19'\,28'',\; \gamma = 63^{\circ}\,40'\,32'',$$
$$d = 17,61\,\mathrm{m},\; \delta = 72^{\circ}\,11'.$$

23. Über einem gleichschenkligen Dreieck mit dem Schenkel $b = 4\,\mathrm{cm}$ und dem Winkel an der Spitze $\alpha = 80^{\circ}\,15'\,16''$ ist eine Pyramide konstruiert, deren Spitze $h = 6\,\mathrm{cm}$ senkrecht über dem Schwerpunkt der Grundfläche liegt. Wie groß sind die Neigungswinkel der Seitenflächen gegen die Grundfläche, und wie groß ist der Rauminhalt und die Oberfläche der Pyramide?

24. Eine gerade Pyramide hat zur Grundfläche ein gleichseitiges Dreieck mit der Seite a und eine Höhe $h = 2a$. Durch eine Grundkante und den Mittelpunkt der Höhe ist eine Schnittebene gelegt. Wie verhalten sich die Rauminhalte der abgeschnittenen Pyramide und der ursprünglichen Pyramide?

25. In eine gerade Pyramide mit quadratischer Grundfläche, deren Höhe h doppelt so groß wie die Grundkante a ist, wird ein Würfel konstruiert, von dem vier Ecken in der Grundfläche, die vier anderen in den Seitenkanten der Pyramide liegen. Wie verhalten sich die Rauminhalte der beiden Körper?

26. Eine gerade Pyramide und ein Würfel haben eine gemeinsame Grundfläche und gleichen Rauminhalt. Durch die Pyramide wird in der halben Höhe ein Querschnitt parallel zur Grundfläche gelegt. Berechne das Verhältnis der Gesamtoberfläche des Pyramidenstumpfes zur Würfeloberfläche.

———

27. Berechne die Mantelfläche und den Rauminhalt eines geraden Kegels aus seiner Höhe h und dem Neigungswinkel φ der Seitenlinie gegen die Grundfläche.
$$h = 10\,\mathrm{cm},\; \varphi = 43^{\circ}\,27'\,15''.$$

28. Der Umfang des Grundkreises eines geraden Kegels beträgt $u = 15,71\,\mathrm{m}$ und der Neigungswinkel der Seitenlinie gegen die Grundfläche $\varphi = 61^{\circ}\,2'$. Wie groß ist die Mantelfläche und der Rauminhalt des Kegels?

29. Ein rechtwinkliges Dreieck wird um die eine Kathete b gedreht, so daß ein Kegel entsteht. Berechne die Oberfläche und den Rauminhalt dieses Kegels aus der Hypotenuse $a = 27\,\mathrm{cm}$ und dem Gegenwinkel der anderen Kathete $\gamma = 27^{\circ}\,23'\,24''$.

30. Wie groß ist die Seitenlinie des Kegels, der die Erdkugel längs des 49. Breitengrades berührt? Wie groß ist seine Mantelfläche und der Zentriwinkel ε des abgerollten Kegelmantels? (Erdradius $= 6370$ km.)

31. Die Mantelfläche M eines geraden Kegels und der Zentriwinkel α des abgerollten Kegelmantels sind bekannt. Berechne den Radius r des Grundkreises und den Rauminhalt V des Kegels.
$$M = 1696{,}44 \, \text{cm}^2, \quad \alpha = 216^0.$$

32. Der Mantel eines geraden Kegels beträgt $\frac{3}{4}$ der Gesamtoberfläche. In welchem Verhältnisse zueinander stehen der Durchmesser d des Grundkreises, die Höhe h und die Seitenlinie s?

33. Aus einem Kegel von $V = 125$ m² Rauminhalt, dessen Höhe h sich zum Radius r des Grundkreises wie $m : n = 3 : 8$ verhält, ist ein Kegel ausgeschnitten, der dieselbe Achse und bezüglich parallele Seitenlinien hat. Wie groß ist der Rauminhalt des Hohlkegels, wenn die Breite b des in der Grundfläche entstandenen Ringes 2 m mißt?

34. Die längste Seitenlinie eines schiefen Kegels bildet mit dem Grundkreise den Winkel φ_1 und die kürzeste den Winkel φ_2. Wie groß ist der Rauminhalt des Kegels, wenn der Durchmesser d seiner Grundfläche bekannt ist?
$$\varphi_1 = 28^0\,9'\,10'', \quad \varphi_2 = 70^0\,1'\,3'', \quad d = 8 \, \text{cm}.$$

35. Wieviel wiegt ein Briefbeschwerer aus Achat von der Form eines Kegels, wenn man seine größte und kleinste Seitenlinie, sowie den Durchmesser seines Grundkreises kennt?
$$s_1 = 58 \, \text{mm}, \quad s_2 = 41 \, \text{mm}, \quad d = 51 \, \text{mm}, \quad s = 2{,}59.$$

36. Berechne den Rauminhalt eines schiefen Kegels aus seiner Achse a, der größten Seitenlinie s_1 und der kleinsten s_2.
$$a = 2{,}94 \, \text{cm}, \quad s_1 = 3{,}4 \, \text{cm}, \quad s_2 = 3{,}2 \, \text{cm}.$$

37. Von einem schiefen Kegel kennt man den Durchmesser d des Grundkreises, die Höhe h und den Winkel δ zwischen der größten und der kleinsten Seitenlinie. Berechne diese Seiten und den Rauminhalt.
$$d = 56, \quad h = 36, \quad \delta = 66^0\,20'\,25''.$$

III. Pyramidenstumpf und Kegelstumpf.

38. a) Die größere Grundfläche eines Pyramidenstumpfes ist n-mal so groß wie die kleinere. Welches Verhältnis bilden die Höhen der Ergänzungspyramide und des Pyramidenstumpfes? $n = 16$.

b) Durch einen Pyramidenstumpf mit den Grundflächen $G = 36$ und $G' = 25$ sind Querschnitte parallel den Grundflächen gelegt. Wie groß sind diese, wenn sie die Höhe in n gleiche Teile teilen?
$$n = 2; \quad n = 3; \quad n = 4.$$

39. a) u. b). Löse die entsprechenden Aufgaben für den Kegelstumpf.
$$r = 7, \quad r' = 5.$$

40. Von einem Pyramidenstumpf ist:

a) Gegeben: $G = 144\,cm^2$, $G' = 49\,cm^2$, $h = 15\,cm$.   Gesucht: V.

b)   „ $V = 740\,m^3$, $G = 80\,m^2$, $G' = 45\,m^2$.   „ h.

c)   „ $V = 370$, $h = 10$, $G' = 27$.   „ G.

d)   „ $V = 72{,}8$, $h = 6$, $G + G' = 24{,}4$.   „ G und G'.

e)   „ $V = 950$, $h = 15$, $G - G' = 50$.   „ G und G'

41. Bei einem quadratischen Pyramidenstumpf beträgt die Grundkante $a = 20\,m$, die Deckkante $b = 14\,m$ und jede Seitenkante $c = 16\,m$. Wie groß ist sein Rauminhalt, und unter welchen Winkeln sind die Seitenkanten und die Seitenflächen gegen die Grundfläche geneigt?

42. Ein Pyramidenstumpf aus Eichenholz von der Höhe h und der Grundfläche G wiegt p.   Wie groß ist die Deckfläche?

$$h = 1{,}5\,m, \quad G = 2{,}9\,m^2, \quad p = 2135\,kg, \quad s = 0{,}7\,m.$$

43. Ein regelmäßiger sechsseitiger Pyramidenstumpf von Eisen, dessen Grundkanten gleich den Seitenkanten und dessen obere Kanten halb so groß sind, wiegt $40{,}320\,kg$. Wie lang sind die Kanten, und wie lang ist die Höhe der Ergänzungspyramide? $s = 7{,}5$.

44. Berechne den Rauminhalt eines dreiseitigen Pyramidenstumpfes aus der Höhe h, den Grundkanten a, b, c und einer Deckkante a'.

$$h = 5\tfrac{3}{4}, \quad a = 32, \quad b = 45, \quad c = 53, \quad a' = 24.$$

----

45. Von einem geraden Kegelstumpf ist:

a) Gegeben: $r = 1{,}2\,m$, $r' = 0{,}5\,m$, $h = 13{,}9\,m$.   Gesucht: V und O.

b) $r = 25\,cm$, $r' = 20\,cm$, $V = 100\,650\,cm^2$. „ $h\,(\pi = \tfrac{22}{7})$.

46. Ein gerader Kegelstumpf aus Stahl ist parallel zur Achse zylindrisch durchbohrt. Berechne sein Gewicht p aus $r = 12\,cm$, $r' = 7\,cm$, $h = 5\,cm$, dem Zylinderdurchmesser $d = 4\,cm$ und dem spezifischen Gewicht $s = 7{,}7$.

47. Ein Eimer hat unten eine lichte Weite $d = 30\,cm$, oben eine solche $d' = 50\,cm$ und eine Seitenlinie $s = 32{,}745\,cm$. Wieviel Liter faßt er voll, und wieviel, wenn er bis zur halben Höhe gefüllt ist?

48. Welchen Winkel bildet die Seitenlinie eines geraden Kegelstumpfes mit der größeren Grundfläche, wenn der Rauminhalt $V = 347{,}16\,cm^2$ und die Peripherien der Grundkreise $P = 50\,cm$ und $p = 30\,cm$ bekannt sind?

49. Berechne den Rauminhalt eines Kegelstumpfes aus seiner größten Seitenlinie $s_1 = 17$, seiner kleinsten Seitenlinie $s_2 = 10$ und seinen Grundkreisradien $r = 13$ und $r' = 8{,}5$.

50. Ein Kegelstumpf mit den Grundkreisradien $r = 10\,cm$, $r' = 5\,cm$ und der Höhe $h = 12\,cm$ soll durch einen Querschnitt parallel den Grundflächen halbiert werden. Wie groß ist der Radius der Schnittfläche?

51. Aus einem Kegelstumpf, der durch r, r' und h bestimmt ist, soll ein Doppelkegel, der die Grundkreise des Kegelstumpfes zu Grundflächen hat, herausgeschnitten werden. Wie groß ist der Restkörper, und welches Verhältnis bilden die Mantelflächen des Kegelstumpfes und des Doppelkegels?
$$r = 14, \quad r' = 7, \quad h = 27.$$

52. Ein regelmäßiges Sechseck rotiert um seinen großen Durchmesser. Wie groß ist der Rauminhalt des Rotationskörpers, wenn die Seite a des Sechsecks 12 cm beträgt?

53. Ein regelmäßiges Achteck rotiert das eine Mal um seinen großen Durchmesser, das andere Mal um seinen kleinen. In welchem Verhältnis stehen die Rauminhalte der entstandenen Rotationskörper?

54. Ein gleichschenkliges Dreieck mit dem Schenkel b und dem Winkel α an der Spitze wird um eine Achse gedreht, die durch eine Basisecke parallel zum gegenüberliegenden Schenkel gezogen ist. Wie groß ist der Rauminhalt und die Oberfläche des entstandenen Körpers?
$$b = 6{,}3 \text{ cm}, \quad \alpha = 40^{0}\,30'\,30''.$$

55. Ein gleichseitiges Dreieck mit der Seite $a = 8{,}0638$ m dreht sich um eine in seiner Ebene liegende Achse, die durch eine Ecke geht und mit der zunächst liegenden Seite den Winkel $\delta = 20^{0}$ bildet. Wie groß ist der Rauminhalt und die Oberfläche des entstandenen Rotationskörpers?

Viertes Kapitel. Die Kugel.

§ 8. Definitionen und Lehrsätze.

Definitionen: Dreht man den Kreis (Fig. 10) um seinen Durchmesser NS als Achse um einen Winkel von 180°, so beschreibt bzw. beschreiben:

die Kreislinie	eine Kugelfläche,
die Kreisfläche	eine Kugel,
die Punkte A, B	einen Kugelkreis,
die Sehne AGB	einen Schnittkreis,
der Bogen ANB	eine Kappe,
der Kreisabschnitt ANB	einen Kugelabschnitt,
die Punkte A, B und C, D	zwei Parallelkreise,
die Bogen AC, BD	eine Zone,
die Fläche $ACDB$	eine Kugelschicht,
der Kreisausschnitt $MESF$	einen Kugelausschnitt.

Die Bezeichnungen Mittelpunkt, Radius, Durchmesser und Sehne gelten auch für die Kugel. NG ist die Höhe der Kappe und des Kugelabschnitts, GH die Höhe der Zone und der Kugelschicht und JS die Höhe des Kugelausschnitts.

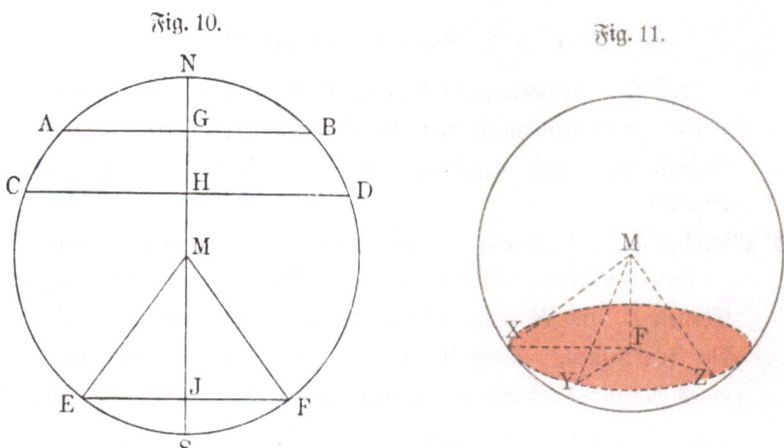

Fig. 10.   Fig. 11.

Lehrsatz 1. Alle Radien einer Kugel sind gleich und alle Durchmesser einer Kugel sind gleich.

Dies folgt aus der Entstehung der Kugel.

Lehrsatz 2. Jeder ebene Schnitt einer Kugel ist ein Kreis (Fig. 11).

Beweis: Fällt man von M die Senkrechte MF auf die Schnittebene und verbindet beliebige Punkte X, Y, Z der Schnittlinie mit dem Fußpunkte F und dem Kugelmittelpunkte M, so sind die entstandenen Dreiecke kongruent (ssw), folglich ist $FX = FY = FZ$. Es haben also alle Punkte der Schnittlinie von dem Fußpunkte F gleiche Entfernung, d. h. sie bilden einen Kreis, dessen Mittelpunkt F ist.

Folgerungen:

1. Die Lehrsätze vom Kreise über die Lage einer Sehne zum Mittelpunkt und über die Beziehung zwischen ihrer Länge und ihrem Abstand vom Mittelpunkt lassen sich auf die Kugel übertragen.

2. Bezeichnet man in der Fig. 11 FX mit ϱ und MF mit e, so ist $\varrho = \sqrt{r^2 - e^2}$, d. h. der Radius eines Schnittkreises ist eine Funktion seiner Entfernung vom Kugelmittelpunkt.

Wird $e = 0$, so erreicht der Schnittkreis den größten Wert. Die Schnittkreise, die durch den Kugelmittelpunkt gehen, heißen daher **größte Kreise**. Alle größten Kreise einer Kugel sind gleich; sie schneiden sich in einem Durchmesser und halbieren sich gegenseitig.

Wird $e = r$, so wird der Schnittkreis unendlich klein und die Schnittebene zur Berührungsebene. Auch die Lehrsätze vom Kreise über die Lage einer Tangente zum Mittelpunkt können auf die Kugel übertragen werden.

§ 9. Konstruktionsaufgaben.

Um die stereometrischen Kugelkonstruktionen in der Vorstellung aus=
führen zu können, muß man die Forderung „eine Kugel mit gegebenem
Radius um einen gegebenen Punkt zu beschreiben" als erfüllt be=
trachten.

Grundaufgabe 1: Bestimme den Mittelpunkt einer gegebenen Kugel.

Konstruktion: Man schneidet die Kugel durch zwei nicht parallele
Ebenen E_1 und E_2 und errichtet in den Mittelpunkten der Schnittkreise
die Senkrechten. Diese liegen in einer Ebene, nämlich in der Ebene
eines Neigungswinkels der beiden Ebenen E_1 und E_2, sie schneiden sich
daher in einem Punkt, dem gesuchten Mittelpunkt der Kugel.

Grundaufgabe 2: Beschreibe durch vier gegebene Punkte eine Kugelfläche.

Konstruktion: Man legt durch drei der gegebenen Punkte einen
Kreis K_1 und durch zwei dieser Punkte und den vierten gegebenen Punkt
einen zweiten Kreis K_2, dessen Ebene E_2 die Ebene E_1 des ersten
Kreises K_1 schneidet. In den Mittelpunkten der beiden Kreise errichtet
man die Senkrechten. Diese liegen in einer Ebene, nämlich in der Ebene
eines Neigungswinkels der beiden Ebenen E_1 und E_2, sie schneiden sich
daher in einem Punkt, dem Mittelpunkt der gesuchten Kugel. Um
diesen Punkt beschreibt man mit seiner Entfernung von einem der ge=
gebenen Punkte als Radius eine Kugel.

Folgerungen:

1. **Durch vier Punkte ist eine Kugelfläche eindeutig bestimmt.**

   Was wird aus der Kugelfläche, wenn die vier Punkte in einer
Ebene liegen?

2. Um jede Pyramide, deren Grundfläche ein Sehnenvieleck ist, um jedes
Tetraeder und um jeden Kegel läßt sich eine Kugelfläche beschreiben.

Aufgaben: Konstruiere eine Kugel,

1. die durch einen gegebenen Punkt geht und eine gegebene Ebene in einem
gegebenen Punkte berührt;

2. die zwei gegebene Ebenen, die eine in einem gegebenen Punkte, berührt;

3. die durch einen gegebenen Punkt geht und eine gegebene Kugel in einem
gegebenen Punkte berührt;

4. die einen gegebenen Radius r hat und drei gegebene Ebenen berührt;

5. die einen gegebenen Radius r hat, durch einen gegebenen Punkt geht
und eine gegebene Ebene, sowie eine gegebene Kugel berührt.

§ 10. Ausmessung der Kugel und ihrer Teile.

Grundaufgabe 1: Berechne den Rauminhalt V einer Kugelschicht aus ϱ, ϱ' und h.

Fig. 12

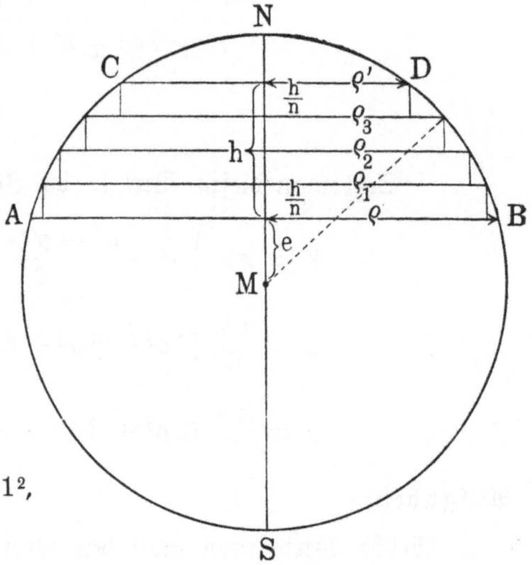

Lösung: Denkt man sich die Fig. 12 um den Durchmesser NS als Achse um einen Winkel von 180° gedreht, so wird eine Kugelschicht mit n geraden Zylindern von gleicher Höhe beschrieben. Der gesuchte Rauminhalt ist der Grenzwert, den die Summe der Zylinder annimmt, wenn n unendlich groß wird.

$$\varrho_1^2 = r^2 - \left(e + 1 \cdot \frac{h}{n}\right)^2,$$

$$„ = r^2 - e^2 - \frac{2\,eh}{n} \cdot 1 - \frac{h^2}{n^2} \cdot 1^2,$$

$$„ = \varrho^2 - \frac{2\,eh}{n} \cdot 1 - \frac{h^2}{n^2} \cdot 1^2.$$

$$V > \left[\frac{h}{n} \cdot \varrho_1^2 \pi + \frac{h}{n} \cdot \varrho_2^2 \pi + \cdots + \frac{h}{n} \cdot \varrho'^2 \pi\right],$$

$$„ > \frac{\pi h}{n} \left[\varrho_1^2 + \varrho_2^2 \quad + \cdots + \varrho'^2\right],$$

$$„ > \frac{\pi h}{n} \begin{bmatrix} \varrho^2 - \dfrac{2\,eh}{n} \cdot 1 & \quad - \dfrac{h^2}{n^2} \cdot 1^2 \\[2mm] + \varrho^2 - \dfrac{2\,eh}{n} \cdot 2 & \quad - \dfrac{h^2}{n^2} \cdot 2^2 \\[1mm] + \\ \vdots \\ + \varrho^2 - \dfrac{2\,eh}{n} \cdot n & \quad - \dfrac{h^2}{n^2} \cdot n^2 \end{bmatrix},$$

$$„ > \frac{\pi h}{n} \left[n \cdot \varrho^2 - \frac{2\,eh}{n} \cdot (1 + 2 \cdots + n) - \frac{h^2}{n^2}(1^2 + 2^2 \cdots + n^2)\right],$$

$$„ > \frac{\pi h}{n} \left[n \cdot \varrho^2 - \frac{2\,eh}{n} \cdot \frac{n}{1} \cdot \frac{n+1}{2} - \frac{h^2}{n^2} \cdot \frac{n}{1} \cdot \frac{n+1}{2} \cdot \frac{2n+1}{3}\right],$$

$$„ > \pi h \left[\varrho^2 - eh \cdot \left(1 + \frac{1}{n}\right) - \frac{h^2}{6} \cdot \left(1 + \frac{1}{n}\right)\left(2 + \frac{1}{n}\right)\right].$$

Wird n unendlich groß, so wird $\frac{1}{n}$ unendlich klein, und man erhält als Grenzwert: $V = \pi h \cdot \left[\varrho^2 - eh - \frac{h^2}{3}\right].$

Man muß noch eh durch die gegebenen Größen ϱ, ϱ' und h ersetzen.

$$\text{I.} \qquad e^2 + \varrho^2 = r^2,$$

$$\text{II.} \qquad (e+h)^2 + \varrho'^2 = r^2,$$

$$e^2 + 2eh + h^2 + \varrho'^2 = e^2 + \varrho^2,$$

$$eh = \frac{\varrho^2 - \varrho'^2 - h^2}{2}.$$

Setzt man diesen Wert in die Inhaltsformel ein, so erhält man:

$$V = \pi h \cdot \left[\varrho^2 - \frac{\varrho^2 - \varrho'^2 - h^2}{2} - \frac{h^2}{3}\right],$$

$$„ = \frac{\pi h}{6} \, [6\,\varrho^2 - 3\,\varrho^2 + 3\,\varrho'^2 + 3\,h^2 - 2\,h^2],$$

$$„ = \frac{\pi h}{6} \cdot [3\,\varrho^2 + 3\,\varrho'^2 + h^2].$$

Aufgaben:

1. Welche Werte muß man den Größen ϱ, ϱ' und h erteilen, um den Rauminhalt

$$\text{des Kugelabschnitts} = \frac{\pi h}{6}\,(3\,\varrho^2 + h^2),$$

$$\text{der Halbkugel} \cdot \cdot \cdot = \frac{2}{3}\,r^3\pi \quad \text{und}$$

$$\text{der Kugel} \cdot \cdot \cdot \cdot = \frac{4}{3}\,r^3\pi \quad \text{zu erhalten?}$$

2. Berechne den Rauminhalt V eines Kugelausschnitts aus r und h.

$$\text{Lösung:} \quad V = \frac{\pi h}{6} \cdot (3\,\varrho^2 + h^2) + \frac{\varrho^2 \pi}{3}\,(r - h).$$

Nun ist $\varrho^2 = h\,(2r - h)$, also erhält man

$$„ = \frac{\pi h}{6} \cdot [3h\,(2r - h) + h^2 + 2\,(2r - h)\,(r - h)],$$

$$„ = \frac{\pi h}{6} \cdot [6rh - 3h^2 + h^2 + 4r^2 - 2rh - 4rh + 2h^2],$$

$$„ = \frac{\pi h}{6} \cdot 4\,r^2,$$

$$„ = \frac{2}{3}\,r^2\pi h.$$

3. Berechne den Rauminhalt V eines Kugelabschnitts aus r und h.

Lösung: Es war $V = \dfrac{\pi h}{6}(3\varrho^2 + h^2)$ nach Aufgabe 1, und

es ist $\varrho^2 = h(2r - h)$, also ergibt sich

$$V = \frac{\pi h}{6}(6rh - 3h^2 + h^2),$$

$$= \frac{\pi h^2}{3}(3r - h).$$

Grundaufgabe 2: Berechne den Flächeninhalt O einer Kappe aus r und h.

Lösung: Denkt man sich den Kugelausschnitt in unendlich viele Pyramiden zerlegt, deren gemeinsame Spitze der Kugelmittelpunkt ist, und deren Grundflächen zusammen die Kappe O bilden, so ist der Rauminhalt dieses Kugelausschnitts einerseits als Summe der unendlich vielen Pyramiden gleich $\dfrac{O \cdot r}{3}$, andererseits nach Aufgabe 2 gleich $\dfrac{2}{3} r^2 \pi h$. Daher besteht die Gleichung $\dfrac{O \cdot r}{3} = \dfrac{2}{3} r^2 \pi h$, mithin $O = 2r\pi h$.

4. Leite die Kugelzone gleich $2r\pi h$ ab.

§ 11. Aufgaben über die Kugel.

Kugelschicht $\cdot\ \cdot = \dfrac{\pi h}{6}(3\varrho^2 + 3\varrho'^2 + h^2)$.   Vollkugel $\cdot = \dfrac{4}{3}r^3\pi$.

Kugelabschnitt $\cdot = \dfrac{\pi h}{6}(3\varrho^2 + h^2)$.   Zone $\cdot\ \cdot\ \cdot = 2r\pi h$.

$\qquad\qquad = \dfrac{\pi h^2}{3}(3r - h)$.   Kappe $\cdot\ \cdot = 2r\pi h$.

Kugelausschnitt $= \dfrac{2}{3}r^2\pi h$.   Kugelfläche $= 4r^2\pi$.

1. In einem zylindrischen Gefäße vom Durchmesser d steht Wasser bis zur Höhe h. Wie hoch wird dies steigen, wenn man eine Kugel vom Radius r ganz hineintaucht? $d = 30{,}9\,\mathrm{cm}$; $h = 35{,}35\,\mathrm{cm}$; $r = 11{,}5\,\mathrm{cm}$.

2. Ein Hohlkegel mit gleichseitigem Achsenschnitt steht auf seiner Spitze und ist teilweise mit Wasser gefüllt. Eine Kugel vom Radius $\varrho = 5\,\mathrm{cm}$ wird in den Hohlkegel gelegt und gerade vom Wasser bedeckt. Wieviel Wasser enthält der Hohlkegel?

3. In ein gleichseitiges Dreieck ist der Inkreis konstruiert und die Figur um eine ihrer Höhen gedreht worden. Welches Verhältnis bildet die Mantelfläche des Kegels und die Oberfläche der Kugel?

4. An einen Kreis M mit dem Radius r sind von P aus zwei Tangenten PB und PB' gezogen, die den Winkel $BPB' = 2\alpha$ bilden. Die Figur ist um die Zentrale PM gedreht worden. Berechne den Rauminhalt des vom Kegelmantel und von der kleineren Kugelkappe begrenzten Körpers. $r = 2\,\mathrm{cm}$; $2\alpha = 32^0\,51'20''$.

5. Einem Kreise vom Radius r ist ein gleichschenkliges Dreieck einbeschrieben, dessen Höhe h zur Grundlinie zwei Drittel des Durchmessers beträgt. Kreis und Dreieck sind um diese Höhe gedreht worden. Wie verhalten sich die Rauminhalte der Umdrehungskörper?

6. Eine Kugel, deren Rauminhalt $V = 905\,\text{cm}^3$ beträgt, wird von einem geraden Kegel umhüllt, dessen Mantel $n = 3$ mal so groß wie seine Grundfläche ist. Wie groß ist der Rauminhalt des Kegels?

7. Eine Halbkugel und ein sie umhüllender Kegel stehen mit ihren Grundflächen auf derselben Ebene. Wie groß ist die Höhe des Kegels und sein Grundkreisradius, wenn sich die Gesamtoberfläche des Kegels zu der krummen Oberfläche der Halbkugel wie $m : n$ verhält?

Halbkugelradius $R = 3$, $m : n = 8 : 3$.

8. Einer Kugel ist ein Zylinder einbeschrieben, dessen Oberfläche dreimal so groß ist wie ein größter Kreis. In welchem Verhältnis steht die Höhe des Zylinders und sein Rauminhalt zum Durchmesser bzw. zum Rauminhalt der Kugel?

9. In eine Kugel ist ein gerader Kegel so einbeschrieben, daß seine Höhe vom Kugelmittelpunkte stetig geteilt wird. Welches Verhältnis bilden die Rauminhalte beider Körper?

10. Wie verhalten sich die Seitenlinie s und der Radius r des Grundkreises eines geraden Kegels, dessen Rauminhalt doppelt so groß ist wie der Rauminhalt seiner Inkugel?

11. Um einen Kreis ist ein gleichschenkliges Trapez beschrieben, dessen Grundlinien sich wie $1 : 2$ verhalten. Diese Figur ist um den senkrechten Durchmesser als Achse gedreht worden. Wie verhalten sich zueinander a) die Oberflächen, b) die Rauminhalte des Kegelstumpfes und der Kugel?

12. Um einen Würfel mit der Kante $a = 5\,\text{cm}$ ist eine Kugel konstruiert und zwei parallele Würfelflächen sind bis zum Schnitt mit der Kugeloberfläche erweitert. Wie groß sind die durch die erweiterten Würfelflächen abgeschnittenen drei Teile a) der Kugeloberfläche, b) der Vollkugel?

13. In einem Kreise ist eine Sehne s gezogen und zu ihr der parallele Durchmesser. Um diesen ist die Figur gedreht worden. Wie groß ist der von dem kleineren Kreisabschnitt beschriebene ringförmige Körper?

14. In eine Kugel mit dem Radius $r = 6\,\text{cm}$ ist ein Zylinder konstruiert, dessen Achsenschnitt ein Quadrat ist. Wie groß sind die Rauminhalte der Kugelabschnitte und des ringförmigen Körpers, in welche die Oberfläche des Zylinders die Vollkugel teilt?

15. Wie groß ist der Teil der Erdoberfläche, den man von der Spitze des Brockens überschauen kann, wenn man die Erde als Kugel mit dem Radius $r = 6370\,\text{km}$ annimmt und die Höhe des Brockens $1142\,\text{m}$ beträgt?

16. Wie hoch muß man sich über den Meeresspiegel erheben, um eine Kappe von 2000 km^2 übersehen zu können?

17. In welcher Entfernung vom Mittelpunkte einer Kugel mit dem Radius $r = 12 \text{ cm}$ muß sich eine punktförmige Lichtquelle befinden, damit sie ein Drittel der Kugeloberfläche beleuchtet?

18. Wie groß sind die fünf Zonen der Erde, wenn die Schiefe der Ekliptik $\varepsilon = 23^0 \, 27' \, 30''$ ist?

19. In welchem Verhältnis teilt der 45. Breitenkreis die Oberfläche und den Rauminhalt der Erde?

20. Die Erdoberfläche soll durch Parallelkreise in $n = 3$ gleiche Teile zerlegt werden. Welche Breite müssen diese Kreise haben, und welchen Rauminhalt hat jeder Kugelteil?

21. In einen gleichseitigen Kegel mit der Seitenlinie $s = 4 \text{ cm}$ ist eine Kugel konstruiert. Wie groß sind die durch den Berührungskreis begrenzten Kugelabschnitte?

22. Bei einem Kugelausschnitt ist der Kegel gleich dem Kugelabschnitt. Wie groß ist seine Höhe?

23. Die krumme Oberfläche eines Kugelabschnitts ist $n = 5$ mal so groß wie ihre ebene Grundfläche. Wie groß ist die Höhe und der Rauminhalt des Kugelabschnitts, wenn der Radius r der Kugel 35 cm beträgt?

24. Von zwei gleichen Kugeln mit dem Radius $r = 12$ liegt der Mittelpunkt der einen auf der Oberfläche der anderen. Wie groß ist das gemeinsame Körperstück?

25. Die Zentralstrecke zweier gleichen Kugeln ist halb so groß wie ihr Radius. Wie groß ist das gemeinsame Körperstück?

26. Wieviel wiegt eine sphärische bikonvexe Glaslinse von der Dicke $d = 0{,}5 \text{ cm}$, wenn ihre Begrenzungsflächen die Krümmungsradien $r = 22 \text{ cm}$ und $r' = 15 \text{ cm}$ haben? $s = 3{,}4$.

27. Wieviel wiegt eine sphärische bikonkave Glaslinse von beiderseits gleicher Krümmung, wenn ihr Durchmesser $2\varrho = 12 \text{ cm}$, die Dicke d_1 am Rande 1 cm und die Dicke d_2 in der Mitte 0,5 cm beträgt? $s = 3{,}4$.

28. Berechne den Rauminhalt und die Kappe eines Kugelabschnitts aus dem Kugelradius $r = 0{,}05 \text{ m}$ und dem Zentriwinkel $\varphi = 19^0 \, 59'$.

29. Eine Halbkugel mit dem Radius $r = 24 \text{ mm}$ und ein gerader Kegel mit der Höhe $2r$ stehen über demselben Grundkreise. In welchem Verhältnis teilt die Mantelfläche des Kegels die Oberfläche der Halbkugel, und welchen Rauminhalt hat das außerhalb der Mantelfläche liegende Kugelstück?

30. Durch die größere von zwei Kugeln mit demselben Mittelpunkte, deren Rauminhalte sich wie $1 : n = 2 : 3$ verhalten, wird eine Ebene gelegt, welche die kleinere Kugel berührt. Wie verhalten sich die Rauminhalte des kleineren Kugelabschnitts und der kleineren Kugel?

31. In einem Quadranten BAC ist der Schenkel AE des gegebenen Zentri=
winkels $BAE = \alpha$ bis zu der in B gezogenen Tangente, die er in D
trifft, verlängert und die Figur um AB als Achse gedreht worden. Wie
groß ist das Verhältnis der von dem Bogen CE beschriebenen Fläche zu
der von der Strecke ED beschriebenen? a) $\alpha = 45°$; b) $\alpha = 51° 33' 40''$.

32. Wieviel wiegt eine Kugel, die in Wasser zum größten Teil eintaucht
und so schwimmt, daß sie an der Oberfläche des Wassers einen Kreis
von $b = 48\,\mathrm{cm}$ Umfang bildet, während ein größter Kreis $a = 73\,\mathrm{cm}$
Umfang hat?

33. Eine Holzkugel sinkt in Wasser so tief ein, daß sie nur mit $\frac{1}{3}$ ihres
Durchmessers über das Wasser emporragt. Wie schwer ist sie, wenn ihr
Radius $r = 4\frac{1}{2}\,\mathrm{cm}$ mißt, und wie groß ist ihr spezifisches Gewicht?

34. Eine Holzkugel mit dem Radius $r = 18\,\mathrm{cm}$ sinkt in Wasser $h = 11\,\mathrm{cm}$
tief ein. Wie groß ist ihr spezifisches Gewicht?

35. Eine Kugel aus Metall sinkt in Quecksilber ($s = 13,6$) nur so tief ein,
daß ein Drittel ihrer Oberfläche vom Quecksilber berührt wird. Wie
groß ist ihr spezifisches Gewicht?

36. Eine Halbkugel mit dem Radius $r = 25\,\mathrm{cm}$ schwimmt mit der ebenen
Fläche nach unten in Wasser, und ihr Mittelpunkt befindet sich $16\,\mathrm{cm}$
unter dem Wasserspiegel. Wie groß ist ihr spezifisches Gewicht?

37. Eine eiserne Hohlkugel ($s = 7,5$) mit dem äußeren Radius $r = 22\,\mathrm{cm}$
sinkt $h = 16\,\mathrm{cm}$ tief in Wasser. Wie groß ist ihre Wandstärke?

Fünftes Kapitel.

Die Vielflache.

§ 12. Satz von Euler.

Definitionen:

1. Ein Körper, der von ebenen Flächen begrenzt wird, heißt . . **Vielflach**.

2. Ein Vielflach, das nur hohle Flächenwinkel hat, so daß die erweiterten
Flächen das Vielflach nicht schneiden, heißt . . **ein Eulersches Vielflach**.

3. Sind seine Flächen kongruente und regelmäßige Vielecke und stoßen sie
in gleicher Anzahl und unter gleichem Neigungswinkel an jeder Ecke
zusammen, so heißt das Vielflach . . . . **regelmäßig**.

Vorübung: Untersuche, wie sich die Anzahl der Ecken, Flächen und Kanten
ändert, wenn man a) an ein Tetraeder ein kongruentes Tetraeder so
legt, daß ein Sechsflach entsteht, b) die beiden dreiseitigen Teilpyramiden,
in die eine vierseitige Pyramide zerschnitten war, wieder zu einer Pyramide
zusammenfügt.

Lehrsatz von Euler. In jedem Eulerschen Vielflach ist die Anzahl der Ecken e und der Flächen f zusammen um 2 größer als die Anzahl der Kanten k.

$$e + f = k + 2.$$
(0 Dimenf.)   (2 Dimenf.)   (1 Dimenf.)

Beweis 1: Wie es in jedem n-Eck ohne einspringende Ecken stets einen Punkt gibt, dessen Verbindungsstrecken mit den Ecken das n-Eck in n Dreiecke zerlegen, so kann man jedes Eulersche Vielflach in dreiseitige Pyramiden mit gemeinsamer Spitze zerlegen. Jede dieser Pyramiden hat 4 Ecken, 4 Flächen und 6 Kanten. Bezeichnet man irgend eine Pyramide als erste, so gilt für diese die Gleichung:

$$e_1 + f_1 - k_1 = 4 + 4 - 6 = 2.$$

Legt man an diese erste Pyramide eine zweite, so daß die beiden kongruenten Seitenflächen zusammenfallen, so wächst:

die Anzahl der Ecken   um 1, also $e_2 = (e_1 + 1)$,

„   „   „ Flächen „ 2,   „ $f_2 = (f_1 + 2)$,

„   „   „ Kanten „ 3,   „ $k_2 = (k_1 + 3)$,   folglich:

$$e_2 + f_2 - k_2 = (e_1 + 1) + (f_1 + 2) - (k_1 + 3) = e_1 + f_1 - k_1 = 2.$$

Es kann aber auch der Fall eintreten, daß beim Hinzufügen der zweiten Pyramide zwei Seitenflächen in eine Ebene fallen. Dann wächst:

die Anzahl der Ecken   um 1, also $e_2 = (e_1 + 1)$,

„   „   „ Flächen „ 1,   „ $f_2 = (f_1 + 1)$,

„   „   „ Kanten „ 2,   „ $k_2 = (k_1 + 2)$,   folglich:

$$e_2 + f_2 - k_2 = (e_1 + 1) + (f_1 + 1) - (k_1 + 2) = e_1 + f_1 - k_1 = 2.$$

Für die erste Pyramide hat der Ausdruck $(e + f - k)$ den Wert 2; er ändert, wie eben bewiesen, seinen Wert nicht, wenn man eine Pyramide hinzufügt, er muß also auch den Wert 2 haben, wenn man das Eulersche Vielflach aus seinen sämtlichen Teilpyramiden zusammensetzt,

also $e + f - k = 2$ oder $e + f = k + 2$.

Vorübung:

1. Die Grundkanten eines Würfels sollen auf die $n = 2$-fache Länge ausgedehnt werden, so daß eine abgestumpfte Pyramide entsteht, und von den 4 Ecken der Deckfläche sollen die Senkrechten auf die Bodenfläche gefällt werden. Zeichne die Projektionsfigur.

2. Löse die entsprechende Aufgabe für einen Quader $n = 2$, für ein Oktaeder $n = 3$.

Beweis 2: Stellt man das Eulersche Vielflach auf die größte Seitenfläche F_1 und denkt man sich diese Fläche, sowie die benachbarten Flächen, Kanten und Winkel so verändert, daß die Projektionen aller Ecken — außer den F_1 selbst angehörenden Ecken — in die Fläche F_1 fallen, so entsteht ein Netz.

Hat das Vielflach e Ecken,   so hat das Netz auch e Eckpunkte,

"   "   " f Flächen, so besteht "   "   aus $(f-1)$ Vielecken,

"   "   " k Kanten, so hat "   "   auch k Strecken,

Man kann nun eine Gleichung erhalten dadurch, daß man die Winkelsumme des Netzes doppelt ausdrückt, nämlich:

a) Summe der Winkel des n_1-Ecks F_1 $= (n_1-2).2R,$

     "   "   " an den $(e-n_1)$ Projektionspunkten $= (e-n_1).4R$ $\Big\}+$

$$\text{Winkelsumme des Netzes} = (2e-n_1-2).2R.$$

b) Verbindet man in jedem der $(f-1)$ Vielecke des Netzes einen Punkt X mit jeder Ecke des betreffenden Vielecks, so erhält man $(2k-n_1)$ Dreiecke. Denn zu jeder Kante außer zu den n_1 Kanten der Fläche F_1 gehören zwei Dreiecke, zu den n_1 Kanten nur ein Dreieck.

Die Summe der Winkel dieser $(2k-n_1)$ Dreiecke $= (2k-n_1).2R.$

     "   "   "   " an den $(f-1)$ Punkten $X = \quad (f-1).4R.$ $\Big\}-$

$$\text{Winkelsumme des Netzes} \qquad = (2k-n_1-2f+2).2R.$$

Aus a und b folgt: $2e-n_1-2 = 2k-n_1-2f+2,$

$$e+f = k+2.$$

Aufgaben:

1. Die Anzahl w der ebenen Winkel auf der Oberfläche eines Eulerschen Vielflachs ist doppelt so groß wie die Anzahl k der Kanten.

$$w = 2k.$$

2. Grenzflächen, sowie Ecken von ungerader Seitenzahl können bei einem Eulerschen Vielflach nur in gerader Anzahl vorkommen.

Historische Bemerkung: Leonhard Euler wurde 1707 zu Basel geboren, schon mit 16 Jahren erhielt er in Basel die Magisterwürde, die dem jetzigen Doktortitel entspricht. 1730 wurde er an die neugegründete Akademie in Petersburg berufen. Trotzdem er 1766 völlig erblindete, schrieb er noch hervorragende Werke. Er starb 1782 zu Petersburg. Wie so oft in der Mathematik mehrere Forscher unabhängig voneinander zu derselben neuen Erkenntnis gelangten, so ist auch der Lehrsatz Eulers schon vor ihm entdeckt worden und zwar von Descartes, dessen handschriftliche Abhandlung von Leibniz abgeschrieben, aber erst 1860, also 210 Jahre nach dem Tode des Verfassers, durch den Druck bekannt wurde.

§ 13. Anwendung des Eulerschen Satzes auf regelmäßige Vielflache.

Aufgabe: Untersuche mittels des Eulerschen Satzes, wie viele regelmäßige
  Vielflache möglich sind:

Lösung:

Die Grenzflächen müssen regelmäßige Vielecke sein mit der Seitenzahl 3, 4, 5 . . . . s

in jeder Ecke müssen von diesen $\leqq$ Vielecken gleichviele zusammen-
  stoßen 3, 4, 5 . . . . n.

Es fragt sich dann, wie groß bei gegebenem s und n die Anzahl f
der Grenzflächen eines regelmäßigen Vielflachs ist.

Um eine Gleichung zwischen s, n und f zu erhalten, ersetzen wir in
der Eulerschen Gleichung $e + f = k + 2$ die unbekannten Größen k
und e durch die gegebenen Größen s und n. Es ist

$$k = \frac{fs}{2}; \quad e = \frac{2k}{n} = \frac{fs}{n},$$

$$\frac{fs}{n} + f = \frac{fs}{2} + 2,$$

$$f\left(\frac{s}{n} + 1 - \frac{s}{2}\right) = 2,$$

$$f = \frac{4n}{2s + 2n - ns}.$$

I. Gruppe: Die Flächen sind regelmäßige Dreiecke, also $s = 3$.

Folglich ist $\qquad f = \frac{4n}{6 - n}.$

1. $n = 3$, $f = 4$; $\quad k = 6$, $\quad e = 4$ Vierflach, Tetraeder (Fig. 14 a).

2. $n = 4$, $f = 8$; $\quad k = 12$, $\quad e = 6$ Achtflach, Oktaeder (Fig. 14 b).

3. $n = 5$, $f = 20$; $\quad k = 30$, $\quad e = 12$ Zwanzigflach (Fig. 14 c).

4. Wird $n > 5$, so wird $f = \infty$ oder —, also gibt es keinen Körper mehr.

II. Gruppe: Die Flächen sind regelmäßige Vierecke, also $s = 4$.

Folglich ist $\qquad f = \frac{4n}{8 - 2n} = \frac{2n}{4 - n}.$

1. $n = 3$, $f = 6$; $\quad k = 12$, $\quad e = 8$ . . . Würfel (Fig. 14 d).

2. Wird $n > 3$, so wird $f = \infty$ oder —, also gibt es keinen Körper mehr.

III. Gruppe: Die Flächen sind regelmäßige Fünfecke, also $s = 5$.

Folglich
$$f = \frac{4n}{10 - 3n}.$$

1. $n = 3$, $f = 12$; $k = 30$, $e = 20$ . . **Zwölfflach** (Fig. 14e).

2. Wird $n > 3$, so wird f negativ, also gibt es keinen Körper mehr.

IV. Gruppe: Wird $s > 5$, so wird f schon für den kleinsten Wert von n unendlich oder negativ. Denn

$$f = \frac{4 \cdot 3}{2s + 2 \cdot 3 - 3s} = \frac{12}{6 - s}.$$

Es gibt also nur die 5 genannten regelmäßigen Vielflache.

Aufgabe: Zeichne die Flächennetze der Fig. 13 in vergrößertem Maßstabe auf Pappe und verfertige daraus Modelle der regelmäßigen Vielflache.

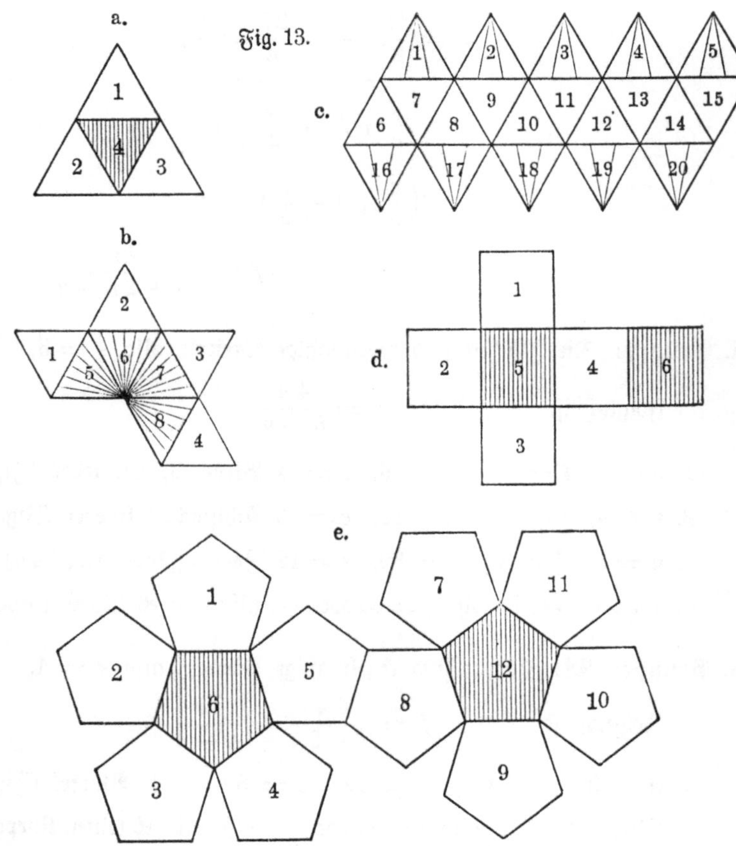

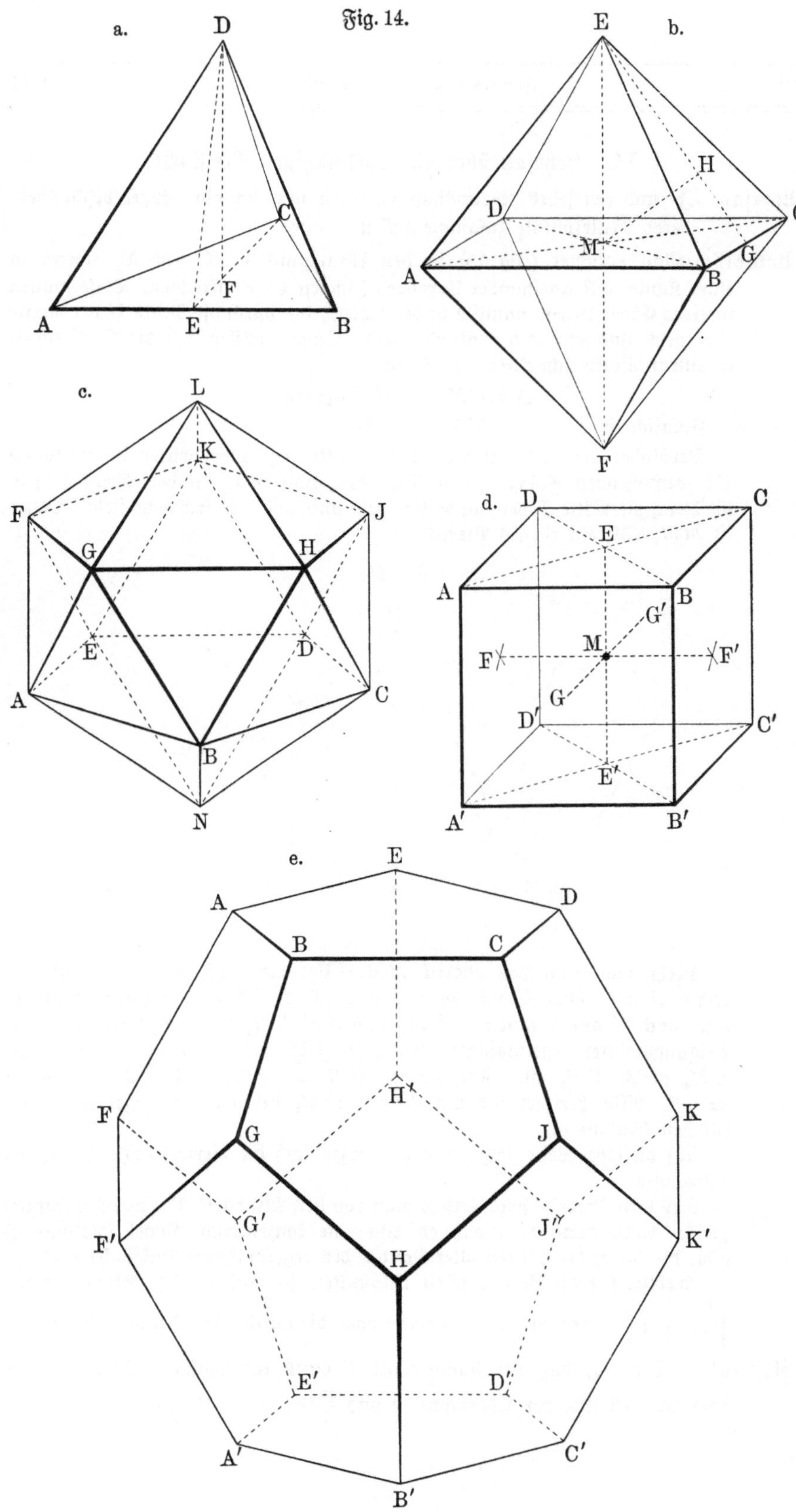

Fig. 14.
a.
b.
c.
d.
e.

§ 14. Lehrsatz über die regelmäßigen Vielflache.

Lehrsatz. In und um jedes regelmäßige Vielflach läßt sich eine Kugel beschreiben, deren Mittelpunkte zusammenfallen.

Beweis: Man errichtet (Fig. 15) in den Mittelpunkten M_1 und M_2 zweier in einer Kante AB aneinander stoßenden Flächen die Senkrechten. Diese müssen in einer Ebene liegen, nämlich in der Ebene, die durch die Mitte U der Kante AB geht und auf AB senkrecht steht. Daher müssen sich die Senkrechten in einem Punkte schneiden, in M, und

$$\triangle\, M U M_1 \cong M U M_2 (ssw).$$

Folglich ist $\qquad MM_1 = MM_2.$

Verbindet man M mit dem Mittelpunkte M_3 einer dritten in der Kante CD anstoßenden Fläche, so müssen MM_2 und MM_3 in der Ebene liegen, die durch die Mitte V der Kante BC geht und auf CD senkrecht steht. Daher ist $MM_2 VM_3$ ein ebenes Viereck.

Fig. 15.

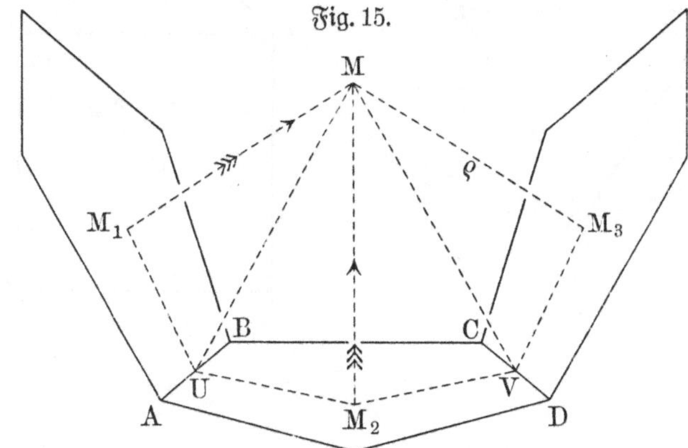

Dreht man nun das Viereck MM_1UM_2, bis MM_1 mit MM_2 und der rechte Winkel MM_1U mit dem rechten Winkel MM_2V zusammenfällt, so muß auch U auf V fallen, folglich fällt $\triangle M_1 UM_2$ auf $\triangle M_2 VM_3$, weil die Neigungswinkel regelmäßiger Vielflache gleich sind, und M_2 auf M_3, weil UM_2 gleich VM_3 ist. Folglich ist $MM_3 = MM_2$, $\triangle VM_3M = UM_2M = 90^\circ$. Also berührt die um M mit MM_1 beschriebene Kugel diese drei Flächen (Radius ϱ).

Auf dieselbe Weise folgt, daß die Kugel auch die vierte Fläche in M_4 berührt usw.

Aus dem Beweise folgt, daß M auch von den Mitten U, V usw. aller Kanten gleiche Entfernung hat, daß es also eine konzentrische Kugel (Radius r_1) gibt, die durch die Mitten aller Kanten des regelmäßigen Vielflachs geht.

Verbindet man M mit allen Eckpunkten, so müssen diese Strecken gleich $\sqrt{r_1^2 + \left(\dfrac{k}{2}\right)^2}$ sein, also gibt es eine Kugel, die durch alle Ecken geht (Radius r).

Aufgabe: Beweise, daß der Rauminhalt V eines regelmäßigen Körpers gleich dem Produkt aus der Oberfläche O und $\dfrac{\varrho}{3}$ ist. $V = O \cdot \dfrac{\varrho}{3}.$

Bezeichnungen bei den regelmäßigen Vielflachen:

Der Mittelpunkt M der In= und der Umkugel heißt **Mittelpunkt des Vielflachs.**

Jede durch M gezogene und von der Oberfläche be= grenzte Strecke wird durch M halbiert, daher heißt sie . . . . **Durchmesser.**

Ein Durchmesser, welcher Ecken, Mittelpunkte von Kanten oder Mittelpunkte von Flächen verbindet, heißt . . . . **Achse.**

Drei aufeinander senkrechte und gleiche Achsen heißen . . . . **Hauptachsen.**

Im Tetraeder verbinden die Hauptachsen die Mitten der 6 Kanten, im Oktaeder die 6 Ecken, im Würfel die Mittelpunkte der 6 Flächen, im Zwanzigflach und Zwölfflach die Mitten von drei Paaren gegenüberliegender [parallelen Kanten.

§ 15.   Aufgaben über regelmäßige Vielflache.

1. Berechne den Radius r der Umkugel, den Radius ϱ der Inkugel, die Haupt= achse $2a$, die Oberfläche O und den Rauminhalt V eines regelmäßigen Tetraeders aus der Kante $k = 4$ cm.

2. Berechne aus dem Radius r der Umkugel eines regelmäßigen Tetraeders den Radius ϱ der Inkugel. $r = 8$ cm.

3. In einer Kugel ist ein regelmäßiges Tetraeder konstruiert und zwischen einer Tetraederfläche und der Kugelfläche die größte Kugel. Wie verhält sich der Radius r_1 dieser Kugel zum Radius der Inkugel des Tetraeders?

4. Welchen Neigungswinkel mit der Grundfläche eines regelmäßigen Tetraeders bildet die Ebene, die durch eine Grundkante und den Mittelpunkt der gegen= überliegenden Seitenkante geht?

5. Um ein regelmäßiges Tetraeder ist die Umkugel beschrieben. Wie wird a) die Oberfläche, b) der Rauminhalt der Umkugel durch die erweiterten Tetraederflächen geteilt?

---

6. Berechne den Radius r der Umkugel, den Radius ϱ der Inkugel, die Haupt= achse $2a$, die Oberfläche O und den Rauminhalt eines Würfels aus seiner Kante k. $k = 12$ cm.

7. Wie teilen zwei gegenüberliegende erweiterte Würfelflächen a) die Oberfläche, b) den Rauminhalt der Umkugel?

8. Durch die vier Ecken einer Würfelfläche ist eine Kugel gelegt, welche die gegenüberliegende Würfelfläche berührt. In welche Teile zerlegt die erweiterte erste Würfelfläche die Oberfläche und den Rauminhalt der Kugel, wenn ihr Radius $r = 21$ cm beträgt?

9. Berechne den Radius r der Umkugel, den Radius ϱ der Inkugel, die Haupt= achse $2a$, die Oberfläche O und den Rauminhalt V eines regelmäßigen Oktaeders aus seiner Kante k. $k = 9$ cm.

10. Wie teilt eine erweiterte Oktaederfläche a) die Oberfläche, b) den Rauminhalt der Umkugel?

Vierter Teil

Sphärische Trigonometrie.

Erstes Kapitel.

Die Ecke.

§ 1. Die Erklärung der dreiseitigen Ecke.

Erklärung (Fig. 1): Legt man eine dreiseitige Pyramide auf eine Seitenfläche und verschiebt ihre Grundfläche nach außen bis ins Unendliche, so

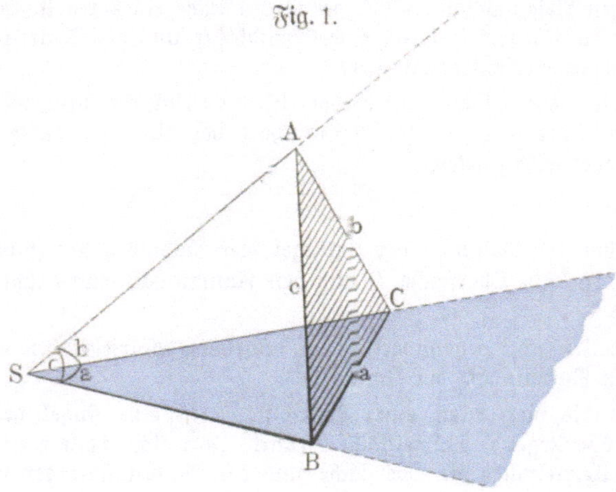

Fig. 1.

entsteht aus der dreiseitigen Pyramide eine dreiseitige Ecke oder ein
Dreikant.

Die Seitenkanten SA, SB, SC der Pyramide werden zu Strahlen,
ihre Grundfläche samt den Grundkanten verschwindet im Unendlichen;

die Größe der Seitenflächen ist zwar nicht meßbar, aber ihr Verhältnis zueinander können wir ersetzen durch das Verhältnis der Winkel ASB, BSC, CSA.

Die Bezeichnungen

der Pyramide $S(ABC)$ werden auf die Ecke $S(ABC)$ übertragen:

Die Spitze S . . . . Spitze oder Scheitel,

die Kanten SA, SB, SC . . . . Kanten,

die Seitenflächen ASB, BSC, CSA . . Seitenflächen,

die Winkel zwischen den Seitenkanten . Seiten oder Kantenwinkel,

die Neigungswinkel der Seitenflächen. . Winkel oder Flächenwinkel.

Gemäß der Entstehung muß jede Seite und jeder Winkel einer drei= seitigen Ecke kleiner als 180° sein.

Aufgaben:

1. Wie groß sind die Seiten und die Winkel der Ecke a) eines Würfels, b) eines Quaders.

2. Berechne die Seiten und die Winkel eines regelmäßigen Achtflachs.

§ 2. Lehrsätze von der dreiseitigen Ecke.

Sämtliche Lehrsätze über Verhältnisse der Winkel und der Seiten eines Dreiecks gelten in übertragener Bedeutung auch für die dreiseitige Ecke.

Lehrsatz 1.

Gleichen Seiten (Kantenwinkeln) einer dreiseitigen Ecke liegen gleiche Winkel (Flächenwinkel) gegenüber

und umgekehrt gleichen Winkeln gleiche Seiten.

Lehrsatz 2.

Der größeren von zwei Seiten (Kantenwinkeln) einer dreiseitigen Ecke liegt auch der größere Winkel (Flächenwinkel) gegenüber

und umgekehrt dem größeren Winkel auch die größere Seite.

Lehrsatz 3.

Die Summe zweier Seiten (Kantenwinkel) einer dreiseitigen Ecke ist größer als die dritte Seite.

Wir beweisen diese drei Lehrsätze der Reihe nach.

Lehrsatz 1.

Konstruktion: Um die im Lehrsatz vorkommenden Flächenwinkel zu erhalten, fällt man (Fig. 2a) von einem beliebigen Punkte U der Kante, die den gleichen Seiten gemeinsam ist, die Senkrechten UF, UV, UW auf die gegen=überliegende Seitenfläche bzw. auf die beiden anderen Kanten und verbindet den Fußpunkt F mit V und mit W. Dann steht FV und FW auf SB bzw. SC senk=recht, so daß die Winkel UVF und UWF Flächen=winkel, d. h. Winkel der Ecke $S(ABC)$ sind. Den Winkel an der Kante SB nennt man β, den an der Kante SC γ. Winkel ASC heißt b, weil er zu der Grundkante b der ursprüng=lichen Pyramide gehört, und Winkel ASB aus demselben Grunde c.

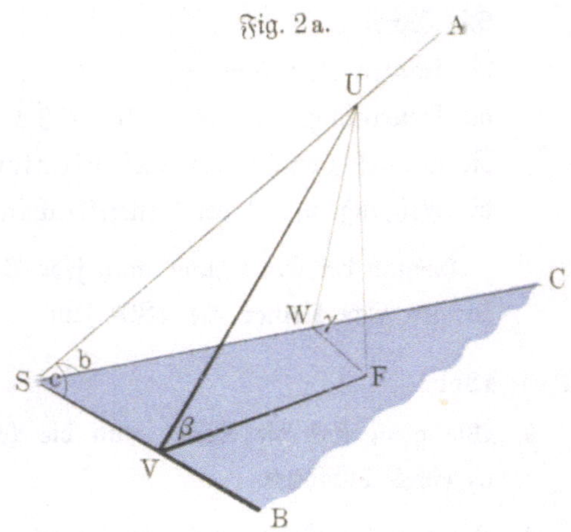

Voraussetzung: $\triangle b = c$.

Behauptung: $\gamma = \beta$.

    Anleitung zum Beweise: Wie beweist man die Gleichheit von Winkeln? Wie benutzt man die Voraussetzung?

Beweis:

$$SU = SU,$$
$$\triangle b = c,$$
$$\triangle UWS = UVS,$$
$$\overline{\triangle UWS \cong UVS,}$$
$$UW = UV,$$
$$UF = UF,$$
$$\triangle UFW = UFV,$$
$$\overline{\triangle UFW \cong UFV,}$$
$$\gamma = \beta.$$

Aufgaben:

1. Führe den Beweis für die stumpfen Winkel b und c an Fig. 2b.
2. Beweise die Umkehrung.
3. Was muß man folgerichtig unter einem gleichseitigen Dreikant ver=stehen?
4. Die Fig. 2a ist unter der Annahme konstruiert, daß die blaue Seiten=fläche wagerecht liegt und die Schenkel des Winkels UFS parallel der Bildebene laufen. Wie groß ist im Bilde $\angle UFS$? Nimm $\angle CSB$ gleich 45° an, zeichne $SVFW$ in wahrer Gestalt und beweise, daß SF die Bildstrecke VW halbiert.

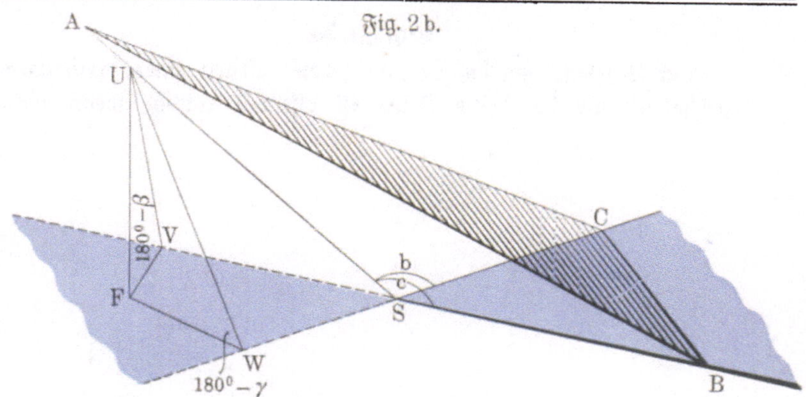

5. Zeichne aus $FW = 2\frac{1}{2}$ cm, $WS = 4$ cm und $\angle b = 50^0$ das Viereck $FWSV$ (Fig. 2 a), die Dreiecke WSU, VSU und FWU, FVU in wahrer Größe so, daß die Dreiecke je eine Seite mit dem Viereck ge=meinsam haben und verfertige aus dieser Figur ein Modell.

6. Zeichne ein Schrägbild des Modells, wenn $\varphi = 45^0$ und $q = \frac{1}{2}$ ist.

Lehrsatz 2.

Die Konstruktion (Fig. 3) stimmt mit der des vorigen Lehrsatzes überein.

Voraussetzung: $\angle b > \angle c.$

Behauptung: $\beta > \gamma.$

Anleitung zum Beweise: Benutze den Satz, daß der größere von zwei Winkeln auch den größeren Sinus besitzt und umgekehrt der größere Sinus auch den größeren Winkel.

Beweis:
$$\angle b > \angle c,$$
$$\sin b > \sin c,$$
d. i. $$\frac{UW}{US} > \frac{UV}{US},$$
$$UW > UV,$$
$$\frac{UW}{UF} > \frac{UV}{UF},$$
d. i. $$\frac{1}{\sin \gamma} > \frac{1}{\sin \beta},$$
$$\sin \beta > \sin \gamma,$$
$$\beta > \gamma.$$

Aufgaben:

7. Führe den Beweis für stumpfe Winkel b und c.

8. Beweise die Umkehrung.

9. Verfertige zu diesem Beweise ein Modell mit den Längen $SV = 4$ cm, $SW = 5$ cm, $WF = 3\frac{1}{2}$ cm, $FU = 4$ cm und zeichne sein Schrägbild, wenn $\varphi = 45^0$ und $q = \frac{1}{2}$ ist.

Lehrsatz 3.

Der Lehrsatz, daß die Summe zweier Seiten einer dreiseitigen Ecke größer ist als die dritte Seite, ist offenbar richtig, wenn man den

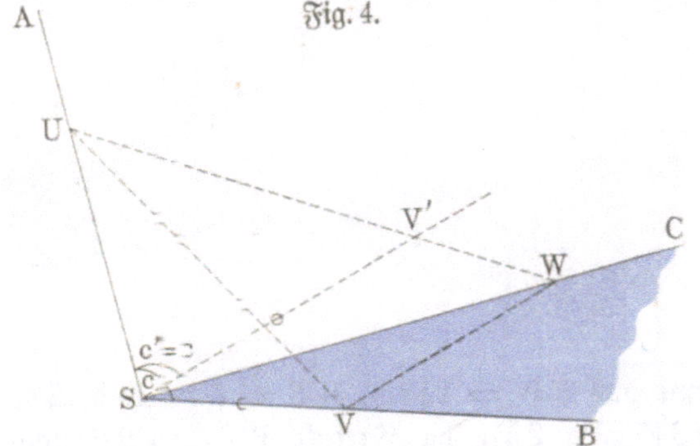

Fig. 4.

Nachweis liefert, daß die Summe der beiden kleinsten Seiten größer als die größte Seite ist.

Konstruktion: Ist der stumpfe Winkel ASC die größte Seite der dreiseitigen Ecke (Fig. 4), so trägt man $\angle ASB$ in der Ebene ASC in S an SA an, schneidet auf dem freien Schenkel und auf SB gleiche Stücke, SV' und SV, ab und legt durch $V'V$ eine beliebige Ebene, die SA in U und SC in W schneidet.

Beweis: a) $\triangle USV \cong USV'$

$$\underline{\hspace{6cm}}$$

$$UV = UV'.$$

b) $\qquad VW > UW - UV$

$$\text{''} \quad > UW - UV'$$

$$\text{''} \quad > V'W.$$

c) Die Dreiecke VSW und $V'SW$ stimmen in zwei Paar Seiten überein, das dritte Paar ist ungleich. Folglich muß der größeren Seite VW auch der größere Winkel gegenüberliegen, d. i.

$$\angle VSW > V'SW$$

$$\text{''} \quad > USW - USV'$$

$$\text{''} \quad > USW - USV$$

$$\underline{\hspace{6cm}}$$

$$\angle USV + VSW > USW.$$

§ 3. Die Ergänzungsecke und die Polarecke.

Erklärung: Fällt man von einem beliebigen Punkte S' im Inneren einer Ecke (Fig. 5) auf jede ihrer Seitenflächen die Senkrechte, so bilden diese Senkrechten die Kanten einer neuen Ecke. Diese heißt die Ergänzungsecke der gegebenen Ecke.

Beachte in der Fig. 5 die Stellung der Buchſtaben (Modell notwendig)! Der blauen Seitenfläche mit der Seite a und dem Fußpunkt A' liegt die Kante SA gegenüber. Der Neigungswinkel mit dem Scheitel A heißt α,

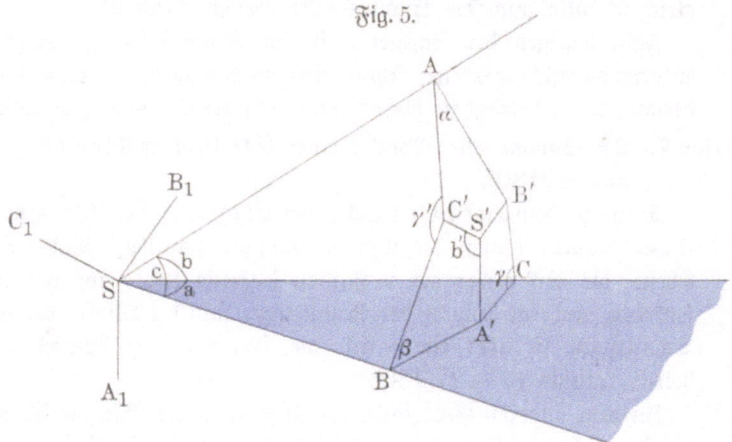

der Neigungswinkel $BA'C$ mit dem Scheitel A' heißt demgemäß α'. Die Seite a und der Winkel α' liegen in dem Sehnenviereck $SBA'C$, mithin iſt $a + \alpha' = 180°$. In dem Sehnenviereck $S'B'AC'$ iſt $\angle B'S'C'$ die Seite a', alſo ergänzen ſich auch die Winkel a' und α zu $180°$. Daher ſtammt der Name Ergänzungsecke.

Ergebnis:

    Lehrſatz 4. Jede Ecke iſt Ergänzungsecke zu ihrer Ergänzungsecke.

    Lehrſatz 5. Jede Seite einer Ecke ergänzt den zugehörigen Winkel der Er-   gänzungsecke zu $180°$ und umgekehrt.

$$a + \alpha' = 180° \qquad b + \beta' = 180° \qquad c + \gamma' = 180°$$
$$\alpha + a' = 180° \qquad \beta + b' = 180° \qquad \gamma + c' = 180°$$

Folgerung: Verſchiebt man den Punkt S', ſo ändert ſich zwar die Größe der Seiten der ſechs Sehnenvierecke, aber die Größe ſämtlicher Winkel bleibt unverändert. Daher behalten die beiden Lehrſätze ihre Gültigkeit auch dann, wenn S' mit S zuſammenfällt (Fig. 5). Die Ergänzungsecke heißt in dieſem beſonderen Falle **Polarecke**.

§ 4. Die n-ſeitige Ecke.

Wie aus der dreiſeitigen Pyramide die dreiſeitige Ecke entſteht, ſo entſteht aus der n-ſeitigen Pyramide die n-ſeitige Ecke. Wir beſchränken uns auf Pyramiden, die als Grundflächen Vielecke **ohne einſpringende** Ecken beſitzen. Dann iſt jeder Winkel und jede Seite der Ecke kleiner als $180°$, und eine Gerade kann die Ecke höchſtens in zwei Punkten ſchneiden.

Auch für die n-ſeitige Ecke gelten die Erklärungen und die Lehrſätze der Ergänzungs= und der Polarecke.

Lehrsatz 6. **Die Summe aller Seiten einer Ecke liegt zwischen 0⁰ und 360⁰.**

Denn rückt der Scheitel S ins Unendliche, so entartet die Ecke zu einem prismatischen Raum. Ihre Kanten laufen parallel; daher ist jede Seite gleich 0⁰, also auch die Summe aller Seiten gleich 0⁰.

Fällt dagegen der Scheitel S in die Grundfläche der Pyramide, so entartet die Ecke zur Ebene. Ihre Seiten werden zu Winkeln um einen Punkt herum; daher beträgt in diesem Grenzfalle die Summe ihrer Seiten 360⁰.

Lehrsatz 7. **Die Summe aller Winkel einer Ecke liegt zwischen $(n-2) \cdot 180^0$ und $n \cdot 180^0$.**

Denn in dem einen Grenzfall, der Entartung der Ecke zum prismatischen Raum, laufen die Kanten einander parallel. Daher steht eine Ebene, die auf einer der n-Kanten senkrecht steht, auf allen Kanten senkrecht, und die Winkel der Schnittfigur sind die Winkel der Ecke. Die Schnittfigur ist aber ein n-Eck, die Summe aller Winkel dieser Ecke beträgt mithin $(n-2) \cdot 180^0$.

In dem anderen Grenzfalle, der Entartung der Ecke zur Ebene, liegen die sämtlichen n-Kanten in einer Ebene. Dann ist jeder Winkel 180⁰, mithin die Summe aller Winkel der Ecke gleich $n \cdot 180^0$.

Die Grenzwerte, zwischen denen die Winkelsumme irgend einer Ecke liegen muß, sind daher $(n-2) \cdot 180^0$ und $n \cdot 180^0$.

Aufgabe: Welches sind die Grenzwerte für die Summe a) der Seiten, b) der Winkel einer dreiseitigen Ecke?

Zweites Kapitel.

Sphärische Trigonometrie.

§ 5. Erklärungen; der sphärische Abstand und das sphärische Zweieck.

1. Denken wir uns den Halbkreis (Fig. 6) um seinen Durchmesser NS als Achse um 360⁰ gedreht, so beschreibt sein Bogen eine Kugelfläche, der Punkt A einen größten Kreis oder **Hauptkreis**, jeder andere Punkt seines Bogens einen kleineren Kreis oder **Nebenkreis**. Das kleinere Stück der Peripherie eines Hauptkreises nennen wir **Hauptbogen**.

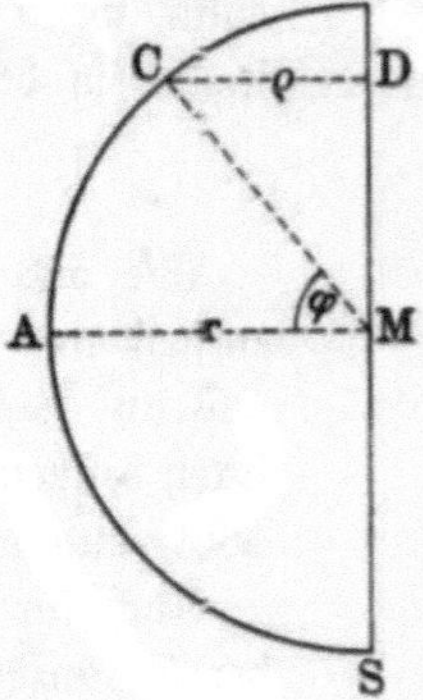

Die Endpunkte jedes Durchmessers einer Kugel heißen **Gegenpunkte**, die Endpunkte der Achse **Pole**, die durch die Pole begrenzten Hälften eines Hauptkreises **Meridiane**, der durch die Halbierungspunkte sämtlicher Meridiane gehende Hauptkreis **Äquator** und die dem Äquator parallelen Nebenkreise **Parallelkreise**.

Legt man durch den Mittelpunkt M einer Kugel eine beliebige Ebene und errichtet auf ihr den senkrechten Durchmesser RS, so schneidet die Ebene die Kugelfläche in einem Hauptkreise, und in bezug auf diesen heißen die Punkte R und S **Pole**. Wieviel Pole in diesem erweiterten Sinne kann eine Kugel besitzen?

2. a) Die Größe der Seiten (Kantenwinkel) a, b, c und der Winkel (Flächenwinkel) α, β, γ einer dreiseitigen Ecke ist unabhängig von der Länge der Kanten. Macht man nun die Kanten MA, MB, MC gleich, so sind A, B, C Punkte der Kugelfläche, deren Mittelpunkt M ist, und die Seitenflächen der Ecke schneiden die Kugelfläche in drei Hauptbögen. Jeder von drei Hauptbögen begrenzte Teil einer Kugelfläche heißt ein **sphärisches Dreieck** (Fig. 7).

b) Die Punkte A, B, C heißen seine **Ecken**, die Hauptbögen AB, BC, CA seine **Seiten**. Diese werden in der Regel durch Gradmaß, d. h. durch die Winkel AMB, BMC, CMA gemessen; **die Seiten des sphärischen Dreiecks sind also gleich den Seiten der zugehörigen Ecke.**

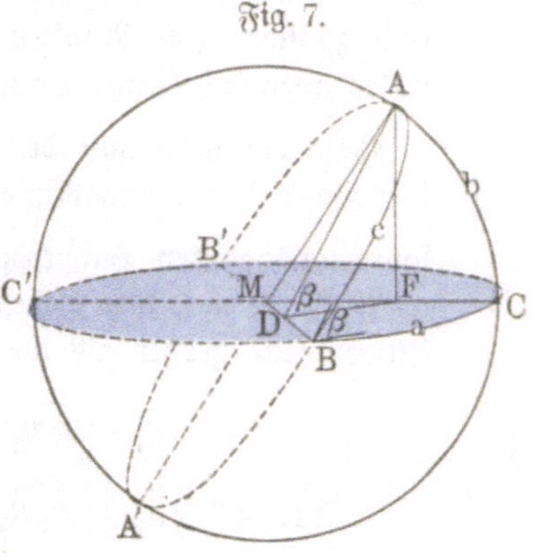

c) Unter den **Winkeln des sphärischen Dreiecks** versteht man folgerichtig die Winkel, welche die Hauptbögen in den Ecken bilden. Die Richtung der Hauptbögen in den Ecken wird durch die in diesen Punkten an die Hauptbögen gezogenen Tangenten veranschaulicht. Die z. B. in der Ecke B (Fig. 7) gezogenen Tangenten stehen auf der Kante MB senkrecht, mithin ist der von ihnen gebildete Winkel ein Flächenwinkel oder ein Winkel der Ecke (die Tangenten und die Schenkel des $\triangle ADF$ laufen paarweise parallel); **die Winkel des sphärischen Dreiecks sind also gleich den Winkeln der zugehörigen Ecke.**

d) Da die Seiten und die Winkel eines sphärischen Dreiecks mit den Seiten und den Winkeln der zugehörigen Ecke übereinstimmen, so gelten die Lehrsätze über die Seiten und über die Winkel einer dreiseitigen Ecke und ihrer Polarecke (§ 2 und 3) auch für das sphärische Dreieck. Wie heißen sie?

Die Ecken des Polardreiecks sind die Pole zu den drei durch die Ecken des ursprünglichen Dreiecks gehenden Hauptkreisen. Hieraus entstand die Bezeichnung Polarecke.

3. Vergleich zwischen zwei Punkten

<table>
<tr><td>P und Q einer Ebene</td><td>und</td><td>R und S einer Kugelfläche:</td></tr>
</table>

Zwischen zwei Punkten P und Q gibt es unendlich viele Verbindungslinien.	Ebenso.
Die kürzeste Verbindungslinie ist die Strecke PQ.	Die kürzeste Verbindungslinie ist der Hauptbogen $\overset{\frown}{RS}$ (f. Beweis 1).
Eine Strecke ist durch ihre Endpunkte eindeutig bestimmt.	Ein Hauptbogen ist (außer in einem Falle) durch seine Endpunkte eindeutig bestimmt (f. Beweis 2).
Die Länge der Strecke PQ heißt Abstand.	Die Länge des Hauptbogens $\overset{\frown}{RS}$ heißt sphärischer Abstand.

Beweis 1: Wie jede ebene Kurve als Summe unendlich vieler unendlich kleiner Strecken aufgefaßt werden darf, so kann auch jede sphärische Verbindungslinie zwischen zwei Punkten R und S einer Kugel als Summe unendlich vieler unendlich kleiner Hauptbögen gedacht werden.

Vergleicht man nun den Hauptbogen $\overset{\frown}{RS}$ mit irgend einer anderen sphärischen Verbindungslinie zwischen R und S, die als Summe der zusammenhängenden Hauptbögen $\overset{\frown}{RR_1}$, $\overset{\frown}{R_1R_2}$, $\overset{\frown}{R_2R_3} \ldots \overset{\frown}{R_nS}$ betrachtet werde, so ist nach dem Lehrsatz, daß die Summe zweier Seiten einer dreiseitigen Ecke größer als die dritte Seite ist,

$$\overset{\frown}{RR_2} < \overset{\frown}{RR_1} + \overset{\frown}{R_1R_2},$$

$$\overset{\frown}{RR_3} < \overset{\frown}{RR_2} + \overset{\frown}{R_2R_3}, \quad \text{b. i.} \quad < \overset{\frown}{RR_1} + \overset{\frown}{R_1R_2} + \overset{\frown}{R_2R_3} \text{ ufw.,}$$

$$\text{schließlich} \quad \overset{\frown}{RS} < \overset{\frown}{RR_1} + \overset{\frown}{R_1R_2} + \overset{\frown}{R_2R_3} + \cdots + \overset{\frown}{R_nS},$$

b. i. der Hauptbogen $\overset{\frown}{RS}$ ist kleiner als jede andere sphärische Verbindungslinie zwischen R und S.

Beweis 2: Durch drei Punkte ist eine Ebene eindeutig bestimmt, außer wenn die drei Punkte in einer Geraden liegen, und eine Ebene schneidet eine Kugel nur in einem Kreise. Folglich ist durch zwei Punkte R und S einer Kugel, sofern R und S nicht Gegenpunkte sind, ein Hauptkreis eindeutig bestimmt. Der Hauptkreis wird in diesem Falle durch R und S in zwei ungleiche Stücke zerlegt; das kleinere Stück, der Hauptbogen, ist also als eindeutiges Stück eines eindeutig bestimmten Hauptkreises eindeutig bestimmt.

Folgerung: Der Grundsatz 5 des Euklid: „Zwei Gerade schließen keinen Raum ein" oder mit anderen Worten: „Zwischen zwei Punkten gibt es nur eine Gerade", ist für die Gegenpunkte einer Kugelfläche ungültig. Das ist der Hauptunterschied zwischen Ebene und Kugelfläche.

Daher gibt es im Gegensatz zur Ebene auf der Kugelfläche auch Zweiecke. Ein **sphärisches Zweieck** (Fig. 8) ist ein von zwei Hälften zweier Hauptkreise begrenzter Teil der Kugelfläche. Seine Ecken sind Gegenpunkte; seine Seiten sind stets gleich 180° und seine Winkel sind stets einander gleich. (Warum?)

Aufgaben:

1. Das Meter ist definiert als der vierzigmillionte Teil des Umfangs der Erde, **die als Kugel betrachtet wird.**

   a) Bestimme die Länge eines Breitengrades (Fig. 9) in Kilometern, in Seemeilen und in geographischen Meilen.

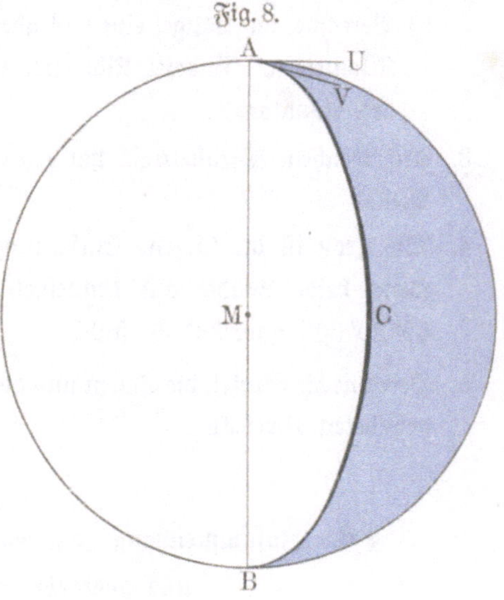

Fig. 8.

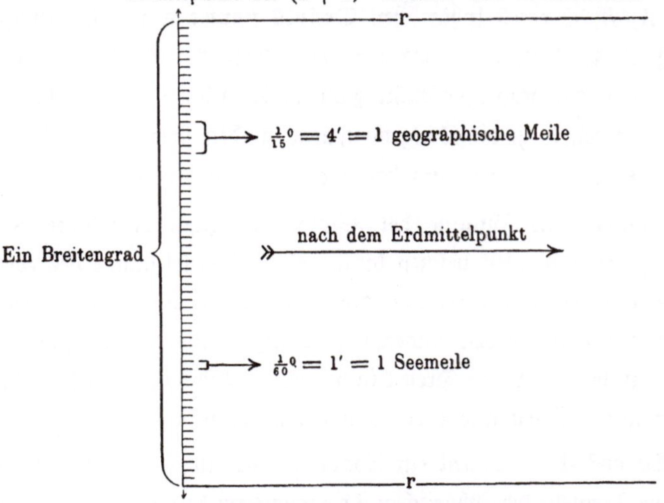

Fig. 9.

   b) Berechne den Erdradius r in Kilometern und in geographischen Meilen aus dem Erdumfange ($\pi = 3{,}14$).

   In allen späteren Berechnungen soll der Wert $r = 6370$ km benutzt werden.

7*

2. a) Wieviel geographische Meilen und wieviel Kilometer liegt Berlin vom Nordpol und vom Äquator entfernt, wenn seine Breite $\varphi = 52^0\,30'$ ist?

   b) Berechne die Länge eines Grades des Breitenkreises von Berlin in Kilometern. Wieviel Kilometer ist dieser Grad kürzer als ein Grad des Äquators?

3. Auf welchem Parallelkreis hat ein Grad die Länge einer geographischen Meile?

4. Wie groß ist die kürzeste Entfernung zwischen Stockholm und Kapstadt, wenn beide Städte auf demselben Meridian liegen und ihre Breiten $59^0\,20'\,30''$ bzw. $33^0\,56'$ sind?

5. Berechne die Winkel, die Seiten und die Fläche des vom 10. und 15. Meridian gebildeten Zweiecks.

§ 6. Zusammenhang zwischen dem sphärischen Dreieck und dem ebenen Dreieck.

Denkt man sich den Mittelpunkt M der Kugel von den unbeweglichen Ecken A, B, C eines sphärischen Dreiecks immer weiter fortbewegt und zwar so, daß MA, MB, MC stets einander gleich bleiben, so wird im Grenzfalle für $r = \infty$ der Kugelausschnitt zum prismatischen Raum, die Schenkel der Dreieckswinkel, d. h. die Tangentenpaare in den Ecken A, B, C fallen mit den Dreiecksseiten zusammen und das sphärische Dreieck wird zum ebenen.

Während die Summe der Winkel des sphärischen Dreiecks jeden Wert zwischen 180 und 540° besitzen kann, hat die Winkelsumme des ebenen Dreiecks den unveränderlichen Wert von 180°. Daher ist im ebenen Dreieck der dritte Winkel durch die beiden anderen eindeutig bestimmt, im sphärischen Dreieck dagegen nicht; im ebenen Dreieck kann nur ein Winkel stumpf sein, im sphärischen Dreieck aber können alle drei Winkel zugleich stumpf sein.

Da das ebene Dreieck ein Sonderfall des sphärischen Dreiecks ist, so kann man die Formeln der sphärischen Trigonometrie in die der ebenen Trigonometrie überführen, aber nicht umgekehrt. Insbesondere gibt es für die Formeln der ebenen Trigonometrie, die bei ihrer Ableitung die Gleichungen $\alpha = 180^0 - (\beta + \gamma)$ oder $\dfrac{\alpha}{2} = 90 - \dfrac{\beta + \gamma}{2}$ benutzen, keine entsprechenden Formeln der sphärischen Trigonometrie.

§ 7. Die Grundformeln für das rechtwinklige sphärische Dreieck.

Grundaufgabe 1: Berechne $sin\,\beta$, $cos\,\beta$, $tg\,\beta$ (sowie $sin\,\alpha$, $cos\,\alpha$, $tg\,\alpha$) eines rechtwinkligen sphärischen Dreiecks aus den trigonometrischen Funktionen der Seiten a, b, c.

Lösung (Fig. 10):

$$1.\quad sin\,\beta = \frac{AF}{AD} = \frac{MA\,sin\,b}{MA\,sin\,c},$$

$$\quad\quad = \frac{sin\,b}{sin\,c}.$$

$$2.\quad cos\,\beta = \frac{FD}{AD} = \frac{MD\,tg\,a}{MD\,tg\,c},$$

$$\quad\quad = \frac{tg\,a}{tg\,c}.$$

$$3.\quad tg\,\beta = \frac{AF}{FD} = \frac{MF\,tg\,b}{MF\,sin\,a},$$

$$\quad\quad = \frac{tg\,b}{sin\,a}.$$

Die beiden Strecken eines jeden Quotienten haben einen gemeinsamen Endpunkt und sind zu ersetzen durch das Produkt aus der von dem gemeinsamen Endpunkte nach dem Mittelpunkte M gehenden Strecke und einer trigonometrischen Funktion einer sphärischen Seite.

Fig. 10.

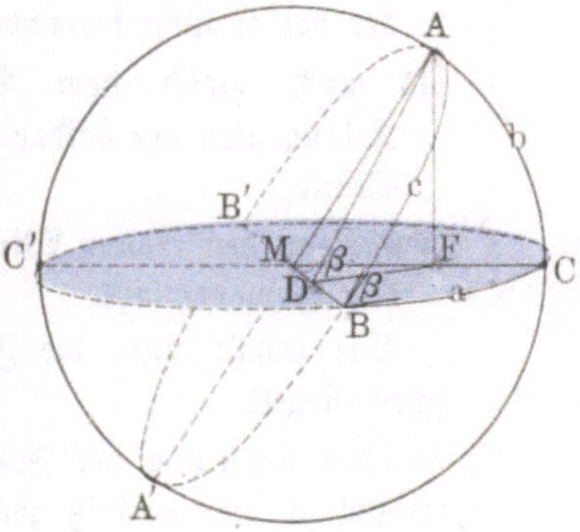

Entsprechend erhält man die Werte für $sin\,\alpha$, $cos\,\alpha$, $tg\,\alpha$.

$$\text{I.}\quad \text{a)}\ \ sin\,\alpha = \frac{sin\,a}{sin\,c}, \qquad\qquad \text{b)}\ \ sin\,\beta = \frac{sin\,b}{sin\,c};$$

$$\text{II.}\quad \text{a)}\ \ cos\,\alpha = \frac{tg\,b}{tg\,c}, \qquad\qquad \text{b)}\ \ cos\,\beta = \frac{tg\,a}{tg\,c};$$

$$\text{III.}\quad \text{a)}\ \ tg\,\alpha = \frac{tg\,a}{sin\,b}, \qquad\qquad \text{b)}\ \ tg\,\beta = \frac{tg\,b}{sin\,a}.$$

Grundaufgabe 2: Berechne mittels der Gleichungen I a bis III b

a) die Hypotenuse aus den beiden Katheten a, b;

b) die Hypotenuse aus den beiden Winkeln α, β;

c) eine Kathete aus den beiden Winkeln α, β.

Lösung:

a) Bilde III a . II a : I a.

b) Bilde $\dfrac{\text{II a . II b}}{\text{I a . I b}}$ und benutze das Ergebnis von a.

c) Bilde II a : I b und benutze das Ergebnis von a.

Ergebnis:

$$\text{IV.}\qquad cos\,c = cos\,a\,cos\,b;$$

$$\text{V.}\qquad cos\,c = cot\,\alpha\,cot\,\beta;$$

$$\text{VI. a)}\ \ cos\,a = \frac{cos\,\alpha}{sin\,\beta}, \qquad \text{VI. b)}\ \ cos\,b = \frac{cos\,\beta}{sin\,\alpha}$$

Aufgaben:

1. Vergleiche die trigonometrischen Funktionen des rechtwinkligen ebenen Dreiecks mit den Formeln I a bis III b.

2. Zur gedächtnismäßigen Einprägung dient die Nepersche Regel (Fig. 11):

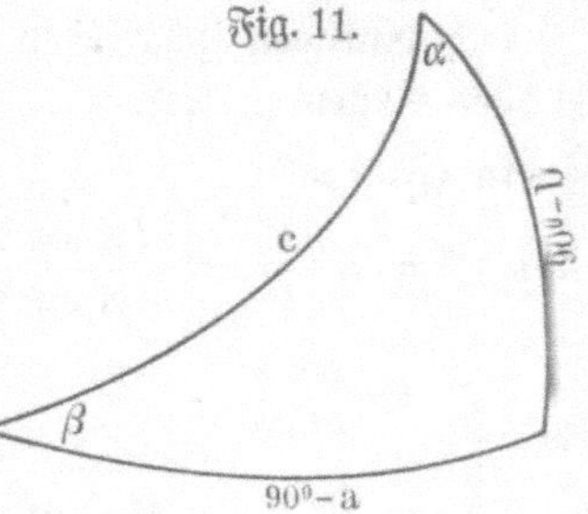

Der Kosinus eines jeden Stückes ist sowohl gleich dem Produkt der Sinus der beiden nicht benachbarten Stücke,

als auch gleich dem Produkt der Kotangenten der beiden benachbarten Stücke,

wenn man den rechten Winkel nicht mitzählt und statt der Katheten ihre Komplemente setzt.

Wie erhält man die Formeln I a bis VI b mit Hilfe der Neperschen Regel?

3. Bei der Ableitung der Formeln ist ein Dreieck benutzt worden, dessen Winkel β und α spitz waren. Beweise die Gültigkeit der Formeln, wenn β oder β und α stumpf sind.

4. **Lehrsatz 8. Im rechtwinkligen Dreieck ist die Kathete mit ihrem Gegenwinkel gleichartig, d. h. entweder sind beide spitze oder beide rechte oder beide stumpfe Winkel.**

Anleitung zum Beweise: Aus Formel III a folgt $sin\, b = \dfrac{tg\, a}{tg\, \alpha}$.

Nun ist $sin\, b$ stets positiv (warum), daher müssen $tg\, a$ und $tg\, \alpha$ stets das gleiche Vorzeichen haben usw.

5. **Lehrsatz 9. Sind die Katheten eines rechtwinkligen Dreiecks gleichartig, so ist die Hypotenuse spitz; sind die Katheten ungleichartig, so ist die Hypotenuse stumpf.**

Anleitung zum Beweise: Untersuche mit Hilfe der Formel $cos\, c = cos\, a \,.\, cos\, b$ für welche Werte von a und von b $cos\, c$ positiv, bzw. negativ wird.

6. Zu dem rechtwinkligen Dreieck mit dem rechten Winkel $\gamma = 90°$ gehört als Polardreieck ein rechtseitiges Dreieck oder Quadrantendreieck mit der Seite $c' = 90°$, weil $\gamma + c' = 180°$ (Lehrsatz 5) sein muß. Zwischen den Seiten und Winkeln beider Dreiecke müssen die Beziehungen bestehen:

$$a = 180° - \alpha', \qquad b = 180° - \beta', \qquad c = 180° - \gamma';$$
$$\alpha = 180° - a', \qquad \beta = 180° - b', \qquad \gamma = c' = 90°.$$

Entwickele aus den sechs Formeln des rechtwinkligen Dreiecks die sechs Formeln des rechtseitigen Dreiecks.

§ 8. Berechnung des rechtwinkligen sphärischen Dreiecks.

Im Gegensatz zu den **vier** Grundaufgaben des rechtwinkligen ebenen Dreiecks gibt es beim rechtwinkligen sphärischen Dreieck **sechs**. Stelle sie auf und löse sie mittels der sechs Formeln.

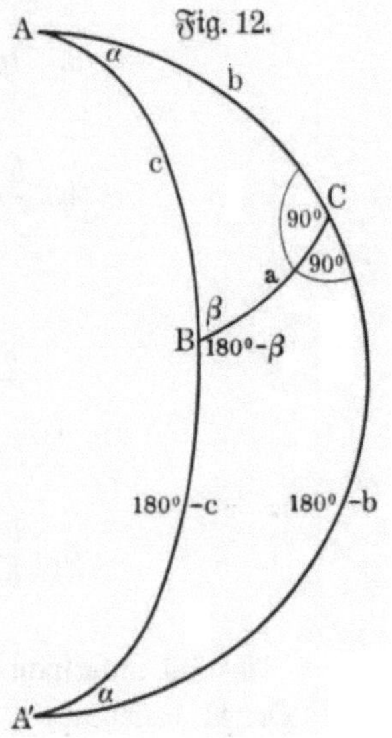

Da die Seiten und die Winkel eines sphärischen Dreiecks zwischen 0° und 180° liegen, so ist ihre Berechnung aus dem Kosinus, der Tangens und der Kotangens eindeutig, die Berechnung aus dem Sinus zweideutig. Diese Zweideutigkeit wird durch die Lehrsätze 8 und 9 beseitigt, außer wenn eine Kathete und ihr Gegenwinkel z. B. a, α gegeben sind. In diesem Falle bleibt die Zweideutigkeit in Übereinstimmung mit der Konstruktion bestehen. Sowohl Dreieck ABC als auch Dreieck $A'BC$ haben die gegebenen Stücke a und α (Fig. 12). Sie bilden zusammen ein sphärisches Zweieck.

Aufgaben:

1. Beweise, daß der durch die Spitze eines gleichschenkligen Dreiecks senkrecht zur Grundlinie gelegte Hauptkreis die Grundlinie und den Winkel an der Spitze halbiert.

2. Berechne die Stücke eines gleichschenkligen Dreiecks aus seinem Schenkel b und seiner Grundlinie a.

3. Durch den Schnittpunkt einer Geraden G_1, die mit einer Ebene E den Neigungswinkel $\alpha = 46° 24'$ bildet, ist in der Ebene E eine Gerade G_2 gezogen, die mit der Projektion der Geraden G_1 den Winkel $\beta = 54°$ bildet. Wie groß ist der Winkel zwischen den Geraden G_1 und G_2?

4. Berechne den Flächenwinkel an den Kanten
   a) des regelmäßigen Vierflachs,
   b) des regelmäßigen Achtflachs.

5. Berechne den Flächenwinkel an den Grund- und an den Seitenkanten einer regelmäßigen dreiseitigen Pyramide,

   a) deren Höhe doppelt so groß ist wie die Höhe der gleichseitigen Grundfläche,
   b) deren Seitenkanten doppelt so lang sind wie die Grundkanten.

Weitere Aufgaben stehen in § 14, § 23, § 25 Nr. 1 und § 26 Nr. 1 bis 4.

§ 9. Der Sinussatz und die Kosinussätze.

Zur Berechnung des ebenen schiefwinkligen Dreiecks dienten die Formeln

$$1. \quad a:b:c = \sin\alpha:\sin\beta:\sin\gamma \qquad \text{(Sinussatz),}$$

$$2. \quad \cos\alpha = \frac{b^2 + c^2 - a^2}{2\,b\,c} \qquad \text{(Kosinussatz),}$$

$$3. \quad tg\,\frac{\alpha}{2} = \sqrt{\frac{(s-b)\,(s-c)}{s\,.\,(s-a)}} \qquad \text{(Halbwinkelsatz),}$$

$$4. \quad \frac{b+c}{a} = \frac{\cos\dfrac{\beta-\gamma}{2}}{\sin\dfrac{\alpha}{2}}$$

$$\frac{b-c}{a}\,.\, = \frac{\sin\dfrac{\beta-\gamma}{2}}{\cos\dfrac{\alpha}{2}}$$

$$\text{(Mollweidesche Formeln),}$$

$$5. \quad \frac{b+c}{b-c} = \frac{\cot\dfrac{\alpha}{2}}{tg\,\dfrac{\beta-\gamma}{2}} \qquad \text{(Tangenssatz).}$$

Es soll untersucht werden, ob entsprechende Formeln für das sphärische Dreieck bestehen.

1. Der Sinussatz.

Behauptung: $\sin a:\sin b:\sin c = \sin\alpha:\sin\beta:\sin\gamma$

oder $\dfrac{\sin a}{\sin\alpha} = \dfrac{\sin b}{\sin\beta} = \dfrac{\sin c}{\sin\gamma}.$

Beweis 1 (Fig. 13):

$$\sin\beta = \frac{AF}{AV},$$

$$\sin\gamma = \frac{AF}{AW},$$

$$\frac{\sin\beta}{\sin\gamma} = \frac{AW}{AV},$$

$$" = \frac{MA\,\sin b}{MA\,\sin c},$$

$$" = \frac{\sin b}{\sin c}, \quad \text{ebenso} \quad \frac{\sin\alpha}{\sin\beta} = \frac{\sin a}{\sin b},$$

$$\sin a:\sin b:\sin c = \sin\alpha:\sin\beta:\sin\gamma,$$

oder $\dfrac{\sin a}{\sin\alpha} = \dfrac{\sin b}{\sin\beta} = \dfrac{\sin c}{\sin\gamma}.$

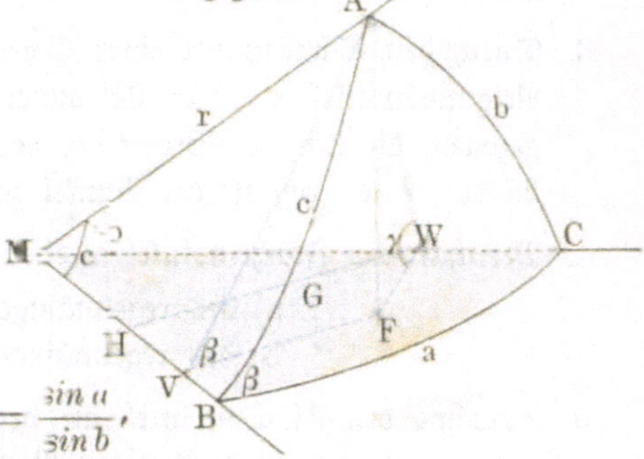

Beachte die Ähnlichkeit dieser Ableitung mit der ersten des § 7.

Fig. 13.

Beweis 2: Zerlege das schiefwinklige Dreieck durch eine Höhe in zwei rechtwinklige Dreiecke (Fig. 14), berechne diese Höhe aus jedem Teildreieck, setze die gefundenen Werte einander gleich und bilde aus der erhaltenen Gleichung eine Proportion.

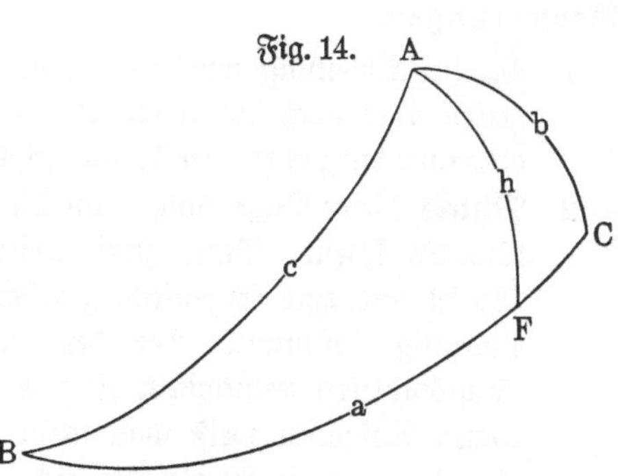

2. Der Kosinußsatz der Seiten.

Behauptung:
$$\cos a = \cos b \cos c + \sin b \sin c \cos \alpha,$$
$$\cos b = \cos c \cos a + \sin c \sin a \cos \beta,$$
$$\cos c = \cos a \cos b + \sin a \sin b \cos \gamma.$$

Beweis 1 (Fig. 13):

$$\cos c = \frac{MV}{MA} = \frac{MH + GF}{MA},$$

$$'' = \frac{MW \cos a + FW \sin a}{MA}, \quad \text{denn } \triangle FWG = a,$$

$$'' = \frac{MA \cos b \cos a + AW \cos \gamma \sin a}{MA},$$

$$'' = \frac{MA \cos b \cos a + MA \sin b \cos \gamma \sin a}{MA}$$

$$\cos c = \cos a \cos b + \sin a \sin b \cos \gamma.$$

Beweis 2: Durch Zerlegung des schiefwinkligen Dreiecks (Fig. 14).

3. Der Kosinußsatz der Winkel.

Behauptung:
$$\cos \alpha = - \cos \beta \cos \gamma + \sin \beta \sin \gamma \cos a,$$
$$\cos \beta = - \cos \gamma \cos \alpha + \sin \gamma \sin \alpha \cos b,$$
$$\cos \gamma = - \cos \alpha \cos \beta + \sin \alpha \sin \beta \cos c.$$

Beweis: Wendet man den soeben bewiesenen Lehrsatz auf das Polardreieck an, so erhält man $\cos a' = \cos b' \cos c' + \sin b' \sin c' \cos \alpha'$. Nun ist $a' = 180^0 - \alpha$, $b' = 180^0 - \beta$, $c' = 180^0 - \gamma$, $\alpha' = 180^0 - a$, mithin $\cos(180^0 - \alpha) = \cos(180^0 - \beta) \cos(180^0 - \gamma) + \sin(180^0 - \beta)$
$$\sin(180^0 - \gamma) \cos(180^0 - a),$$
$$- \cos \alpha = (- \cos \beta)(- \cos \gamma) + \sin \beta \sin \gamma \cdot (- \cos a),$$
$$\cos \alpha = - \cos \beta \cos \gamma + \sin \beta \sin \gamma \cos a.$$

Bemerkungen:

1. Bei der Ableitung wurde ein spitzwinkliges Dreieck benutzt, die Formeln gelten aber auch, wenn ein oder mehrere Winkel stumpf sind, wie sich an einer entsprechenden Figur zeigen läßt.

2. Mittels dieser Sätze kann man die sechs Grundaufgaben des sphärischen Dreiecks lösen. Sind zwei Seiten und ein Gegenwinkel oder zwei Winkel und eine Gegenseite gegeben, so ist das sphärische Dreieck nicht eindeutig bestimmt. Bei den übrigen Aufgaben ist die durch die Sinusfunktion entstandene Zweideutigkeit nur scheinbar. Bei den praktischen Aufgaben weiß man meist aus anderen Angaben, ob der spitze oder der stumpfe Winkel der richtige ist.

§ 10. Der Halbwinkelsatz.

Die Ableitung stimmt genau mit der in der ebenen Trigonometrie überein.

a) $\cos\alpha = 1 - 2\sin^2\dfrac{\alpha}{2}$

$$\sin\frac{\alpha}{2} = \sqrt{\frac{1-\cos\alpha}{2}}$$

$$= \sqrt{\frac{1-\dfrac{\cos a - \cos b\cos c}{\sin b\sin c}}{2}}$$

$$= \sqrt{\frac{\sin b\sin c - \cos a + \cos b\cos c}{2\sin b\sin c}}$$

$$= \sqrt{\frac{\cos(b-c) - \cos a}{2\sin b\sin c}}$$

$$= \sqrt{\frac{\sin\dfrac{a+b-c}{2}\,\sin\dfrac{a-b+c}{2}}{\sin b\sin c}}$$

b) $\cos\alpha = 2\cos^2\dfrac{\alpha}{2} - 1$

$$\cos\frac{\alpha}{2} = \sqrt{\frac{1+\cos\alpha}{2}}$$

$$= \sqrt{\frac{1+\dfrac{\cos a - \cos b\cos c}{\sin b\sin c}}{2}}$$

$$= \sqrt{\frac{\sin b\sin c + \cos a - \cos b\cos c}{2\sin b\sin c}}$$

$$= \sqrt{\frac{\cos a - \cos(b+c)}{2\sin b\sin c}}$$

$$= \sqrt{\frac{\sin\dfrac{b+c+a}{2}\,\sin\dfrac{b+c-a}{2}}{\sin b\sin c}}$$

Setzt man nun $a + b + c = 2s$, so erhält man

a) $\sin\dfrac{\alpha}{2} = \sqrt{\dfrac{\sin(s-b)\sin(s-c)}{\sin b\sin c}}$ und **b)** $\cos\dfrac{\alpha}{2} = \sqrt{\dfrac{\sin s\,\sin(s-a)}{\sin b\sin c}}$,

mithin **c)** $tg\dfrac{\alpha}{2} = \sqrt{\dfrac{\sin(s-b)\,\sin(s-c)}{\sin s\,\sin(s-a)}}$

oder $\quad tg\dfrac{\alpha}{2} = \dfrac{1}{\sin(s-a)}\cdot\sqrt{\dfrac{\sin(s-a)\,\sin(s-b)\,\sin(s-c)}{\sin s}}$,

ebenso $\quad tg\dfrac{\beta}{2} = \dfrac{1}{\sin(s-b)}\cdot\qquad\qquad''$

und $\quad tg\dfrac{\gamma}{2} = \dfrac{1}{\sin(s-c)}\cdot\qquad\qquad''$

Auf entſprechende Weiſe leitet man die folgenden Formeln ab, in denen $\alpha + \beta + \gamma = 2\sigma$ iſt:

$$\textbf{d) } \sin\frac{a}{2} = \sqrt{\frac{-\cos\sigma\cos(\sigma-\alpha)}{\sin\beta\sin\gamma}} \quad \text{und} \quad \textbf{e) } \cos\frac{a}{2} = \sqrt{\frac{\cos(\sigma-\beta)\cos(\sigma-\gamma)}{\sin\beta\sin\gamma}},$$

$$\textbf{f) } tg\frac{a}{2} = \sqrt{\frac{-\cos\sigma\cos(\sigma-\alpha)}{\cos(\sigma-\beta)\cos(\sigma-\gamma)}}.$$

Bemerkungen:

1. Da jeder Winkel α, β, γ, ſowie jede Seite a, b, c kleiner als 180^0 iſt, ſo muß der halbe Winkel bzw. Seite ſpitz ſein. Folglich gilt für die Wurzeln nur das poſitive Vorzeichen.

2. Man benutzt Formel c) und f) zur Berechnung eines Dreiecks aus ſeinen drei Seiten, bzw. aus ſeinen drei Winkeln. Für logarithmiſche Berechnungen ſind dieſe Formeln im allgemeinen bequemer als die Anwendung des Sinusſatzes und der Koſinusſätze.

<h2 style="text-align:center">§ 11.</h2>

<h3 style="text-align:center">Die Delambreſchen Gleichungen und die Neperſchen Analogien.</h3>

$$\textbf{1. a) } \frac{\sin\dfrac{b+c}{2}}{\sin\dfrac{a}{2}} = \frac{\cos\dfrac{\beta-\gamma}{2}}{\sin\dfrac{a}{2}} \qquad \textbf{b) } \frac{\cos\dfrac{b+c}{2}}{\cos\dfrac{a}{2}} = \frac{\cos\dfrac{\beta+\gamma}{2}}{\sin\dfrac{a}{2}}$$

$$\textbf{2. a) } \frac{\sin\dfrac{b-c}{2}}{\sin\dfrac{a}{2}} = \frac{\sin\dfrac{\beta-\gamma}{2}}{\cos\dfrac{a}{2}} \qquad \textbf{b) } \frac{\cos\dfrac{b-c}{2}}{\cos\dfrac{a}{2}} = \frac{\sin\dfrac{\beta+\gamma}{2}}{\cos\dfrac{a}{2}}$$

$$\textbf{3. a) } \frac{tg\dfrac{b+c}{2}}{tg\dfrac{a}{2}} = \frac{\cos\dfrac{\beta-\gamma}{2}}{\cos\dfrac{\beta+\gamma}{2}} \qquad \textbf{b) } \frac{tg\dfrac{\beta+\gamma}{2}}{cot\dfrac{a}{2}} = \frac{\cos\dfrac{b-c}{2}}{\cos\dfrac{b+c}{2}}$$

$$\textbf{4. a) } \frac{tg\dfrac{b-c}{2}}{tg\dfrac{a}{2}} = \frac{\sin\dfrac{\beta-\gamma}{2}}{\sin\dfrac{\beta+\gamma}{2}} \qquad \textbf{b) } \frac{tg\dfrac{\beta-\gamma}{2}}{cot\dfrac{a}{2}} = \frac{\sin\dfrac{b-c}{2}}{\sin\dfrac{b+c}{2}}$$

Ableitungen:

1a) Da die trigonometriſche Formel $\cos\dfrac{\beta-\gamma}{2} = \cos\dfrac{\beta}{2}\cos\dfrac{\gamma}{2} + \sin\dfrac{\beta}{2}\sin\dfrac{\gamma}{2}$ allgemeine Gültigkeit beſitzt, ſo gilt ſie auch, wenn β und γ Winkel eines ſphäriſchen Dreiecks ſind. Die trigonometriſchen Funktionen der rechten Seite kann man nach Formel a) und b) des vorigen Paragraphen durch Funktionen der Seiten des ſphäriſchen Dreiecks erſetzen. Mithin

$$\frac{cos\ \dfrac{\beta-\gamma}{2}}{sin\ \dfrac{\alpha}{2}} = \frac{\sqrt{\dfrac{sin\,s\,sin(s-b)}{sin\,a\,sin\,c}\cdot\dfrac{sin\,s\,sin(s-c)}{sin\,a\,sin\,b}} + \sqrt{\dfrac{sin(s-a)\,sin(s-c)}{sin\,a\,sin\,c}\cdot\dfrac{sin(s-a)\,sin(s-b)}{sin\,a\,sin\,b}}}{\sqrt{\dfrac{sin\,(s-b)\,sin\,(s-c)}{sin\,b\,sin\,c}}}$$

$$= \frac{\dfrac{sin\,s}{sin\,a}\sqrt{\dfrac{sin\,(s-b)\,sin\,(s-c)}{sin\,b\,sin\,c}} + \dfrac{sin\,(s-a)}{sin\,a}\sqrt{\dfrac{sin\,(s-b)\,sin\,(s-c)}{sin\,b\,sin\,c}}}{\sqrt{\dfrac{sin\,(s-b)\,sin\,(s-c)}{sin\,b\,sin\,c}}}$$

$$= \frac{sin\,s + sin\,(s-a)}{sin\,a} = \frac{2\,sin\,\dfrac{b+c}{2}\,cos\,\dfrac{a}{2}}{2\,sin\,\dfrac{a}{2}\,cos\,\dfrac{a}{2}} = \frac{sin\,\dfrac{b+c}{2}}{sin\,\dfrac{a}{2}}$$

$$\frac{sin\,\dfrac{b+c}{2}}{sin\,\dfrac{a}{2}} = \frac{cos\,\dfrac{\beta-\gamma}{2}}{sin\,\dfrac{\alpha}{2}}$$

1b) bis **2b)** werden in entsprechender Weise abgeleitet.

3a) bis **4b)** erhält man durch Division von bzw. 1a und 1b, 2a und 1a, 2a und 2b, 2b und 1b.

Gedächtnisregel:

    Die Formeln **1a und 2a** erhält man aus den entsprechenden Formeln der ebenen Trigonometrie (Mollweidesche Formeln, § 9), wenn man statt der Strecken den Sinus der halben Seiten, bzw. Seitensumme setzt.

    Die Formeln **1b und 2b** gehen aus 1a bzw. 2a hervor, wenn man links bei den Seiten die Funktion: Sinus in Kosinus,
rechts „ „ Winkeln das Zeichen: Minus in Plus verwandelt.

    Die Formeln **3a und 4a** unterscheiden sich von 3b, bzw. 4b dadurch, daß die Seiten und Winkel vertauscht sind und außerdem nur $tg\,\dfrac{a}{2}$ und $cot\,\dfrac{\alpha}{2}$. Die Formel **4b** entspricht dem Tangenssatz.

Aufgabe: Lehrsatz 10. Im sphärischen Dreieck ist die Summe zweier Seiten mit der Summe ihrer Gegenwinkel gleichartig, d. h. entweder sind beide Summen $> 180^0$ oder beide $= 180^0$ oder beide $< 180^0$.

    Anleitung zum Beweise: Benutze die Nepersche Analogie 3b und beachte, daß $cot\,\dfrac{\alpha}{2}$ und $cos\,\dfrac{b-c}{2}$ stets positiv sein müssen.

Historische Bemerkung: Die Delambreschen Formeln sind von drei Forschern in drei aufeinander folgenden Jahren veröffentlicht, nämlich 1807 von Delambre in Paris, 1808 von Mollweide in Leipzig und 1809 von Gauß in Göttingen. Sie sind daher auch nach jedem Forscher genannt worden.

    Fast zwei Jahrhunderte früher sind die Neperschen Analogien aufgestellt worden, und zwar Formel 3a und 4a von dem Schotten Neper (Lord Napier), sowie Formel 3b und 4b von dem Engländer Briggs.

§ 12. Die Grundaufgaben des schiefwinkligen Dreiecks.

Formeln:

1. $\sin a : \sin b : \sin c = \sin \alpha : \sin \beta : \sin \gamma \ldots$ Sinussatz.

2. a) $\cos a = \cos b \cos c + \sin b \sin c \cos \alpha \ldots$ Kosinussatz der Seiten.

   b) $\cos \alpha = -\cos \beta \cos \gamma + \sin \beta \sin \gamma \cos a \ldots$ „   der Winkel.

3. a) $\displaystyle tg\,\frac{\alpha}{2} = \sqrt{\frac{\sin(s-b)\sin(s-c)}{\sin s \, \sin(s-a)}}$

$$= \frac{1}{\sin(s-a)}\sqrt{\frac{\sin(s-a)\sin(s-b)\sin(s-c)}{\sin s}}$$

   b) $\displaystyle tg\,\frac{a}{2} = \sqrt{\frac{-\cos\sigma \cos(\sigma-\alpha)}{\cos(\sigma-\beta)\cos(\sigma-\gamma)}}$

$$= \cos(\sigma-\alpha)\sqrt{\frac{-\cos\sigma}{\cos(\sigma-\alpha)\cos(\sigma-\beta)\cos(\sigma-\gamma)}}$$

$\left. \rule{0pt}{6em} \right\}$ Halbwinkelsatz.

4. a) $\displaystyle \frac{tg\,\dfrac{b+c}{2}}{tg\,\dfrac{a}{2}} = \frac{\cos\dfrac{\beta-\gamma}{2}}{\cos\dfrac{\beta+\gamma}{2}}$ b) $\displaystyle \frac{tg\,\dfrac{\beta+\gamma}{2}}{\cot\dfrac{a}{2}} = \frac{\cos\dfrac{b-c}{2}}{\cos\dfrac{b+c}{2}}$

5. a) $\displaystyle \frac{tg\,\dfrac{b-c}{2}}{tg\,\dfrac{a}{2}} = \frac{\sin\dfrac{\beta-\gamma}{2}}{\sin\dfrac{\beta+\gamma}{2}}$ b) $\displaystyle \frac{tg\,\dfrac{\beta-\gamma}{2}}{\cot\dfrac{a}{2}} = \frac{\sin\dfrac{b-c}{2}}{\sin\dfrac{b+c}{2}}$

$\left. \rule{0pt}{6em} \right\}$ Nepersche Analogien.

Die Lösungen der Grundaufgaben des sphärischen Dreiecks stimmen im wesentlichen mit den Lösungen der Grundaufgaben des ebenen Dreiecks überein.

Gegeben:	Erste Lösung:	Zweite Lösung:
1. a, b, c . .	Erster Halbwinkelsatz.	Ein Winkel nach dem ersten Kosinussatz, die beiden anderen nach dem Sinussatz oder alle drei Winkel nach dem ersten Kosinussatz.
2. α, β, γ . .	Zweiter „	Eine Seite nach dem zweiten Kosinussatz, die beiden anderen nach dem Sinussatz oder alle drei Seiten nach dem zweiten Kosinussatz.
3. b, c, α . .	Nepersche Analogien 4b, 5b und 4a oder 5a.	a nach dem ersten Kosinussatz, dann β und γ nach dem Sinussatz.
4. β, γ, a . .	Nepersche Analogien 4a, 5a und 4b oder 5b.	α nach dem zweiten Kosinussatz, dann b und c nach dem Sinussatz.
5. b, c, β . .	Sinussatz und Nepersche Analogien 4a oder 5a und 4b oder 5b.	—
6. β, γ, b . .	Sinussatz und Nepersche Analogien wie Aufgabe 5.	—

Die sechs Stücke eines sphärischen Dreiecks können Werte von 0⁰ bis 180⁰ besitzen. Da nun die trigonometrischen Funktionen des ersten und zweiten Quadranten sich durch das Vorzeichen unterscheiden außer beim Sinus, so tritt nur dann eine Zweideutigkeit auf, wenn das gesuchte Stück nach dem Sinussatz berechnet wird.

Daher sind die vier ersten Aufgaben eindeutig, wie die erste Lösung zeigt; und die bei der zweiten Lösung vorkommenden Zweideutigkeiten sind nur schein= bar. Der allein gültige Wert kann in den meisten Fällen mittels Lehrsatz 10 festgestellt werden, sofern er sich nicht von vornherein aus den Angaben der Aufgabe ergibt. Sind diese Wege ungangbar, so bleibt nur die erste Lösung übrig.

Die 5. und 6. Aufgabe kann zweideutig sein; ob dies zutrifft, kann mittels Lehrsatz 10 entschieden werden.

Benutze grundsätzlich

die zweite Lösung, wenn nur ein Stück gesucht wird, das sich sofort nach einem Kosinussatz berechnen läßt,

in allen anderen Fällen die erste Lösung.

———

Drittes Kapitel.

Aufgaben aus der mathematischen Geographie.

§ 13. Längenmaße und geographische Koordinaten.

a) Die mathematische Geographie betrachtet die Erde als **vollkommene Kugel.** Der 10-millionte Teil des Erdquadranten, also der 40-millionte Teil des Erdumfanges heißt ein Meter, folglich ist

der Erdumfang $2\,r\,\pi = 40\,000$ km und

$$\text{der Erdradius } r \ldots \ldots \ldots = \frac{40\,000}{2\,\pi} = 6370 \text{ km;}$$

$$\text{ein Bogengrad} \ldots \ldots \ldots = \frac{10\,000}{90} \text{ (oder 111,3) km;}$$

$$\text{eine Bogenminute oder Seemeile} \cdot = \frac{10\,000}{90 \cdot 60} \text{ km } (= 1852 \text{ m);}$$

$$\text{eine geogr. Meile} = 4 \text{ Seemeilen} = \frac{10\,000}{90 \cdot 15} \text{ km (oder 7420 m).}$$

Führt man die Division aus, so erhält man für einen Bogengrad 111,1 km und für eine geographische Meile 7407,4 m. Die angegebenen Werte sind in der Länderkunde gebräuchlich; ihrer Berechnung ist der größte Radius der Erde gleich 6377 km zugrunde gelegt.

Bei den Aufgaben aus der Schiffahrtskunde sollen die Entfernungen in Seemeilen, bei den anderen Aufgaben in Kilometern oder geographischen Meilen berechnet werden.

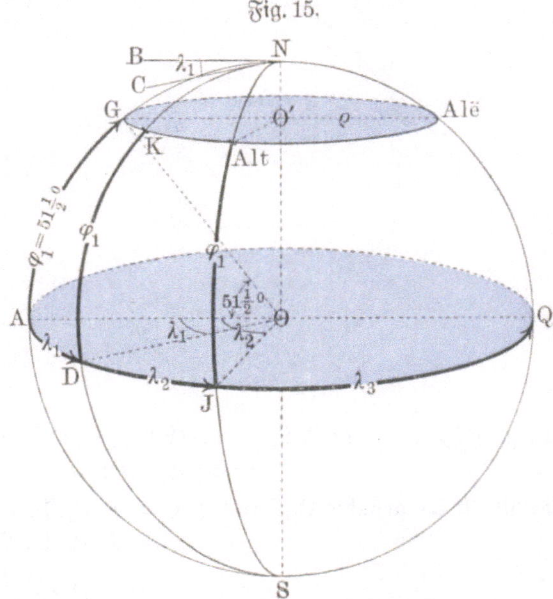

Fig. 15.

G = Greenwich, K = Kiew, Alt = Altai, Alë = Aleuten; $\lambda_1 = 30^0$, $\lambda_2 = 90^0$, $\lambda_3 = 180^0$.

b) Wie ein Punkt der Ebene durch zwei Strecken, durch Abszisse und Ordinate, eindeutig bestimmt ist, so ein Punkt der Kugelfläche durch zwei Hauptbögen, durch seine sphärischen Koordinaten.

Auf der Erdoberfläche ist der Äquator als Abszissenachse gewählt, als Ordinatenachse der Nullmeridian, d. i. der Halbkreis (nicht der ganze Kreis), der vom Nordpol durch die Sternwarte von Greenwich nach dem Südpol geht (Fig. 15). Der Schnittpunkt des Äquators und des Nullmeridians, d. i. der Anfangs- oder Nullpunkt dieses sphärischen Koordinatensystems, liegt im Golf von Guinea, 10^0 westlich von Kamerun und 5^0 südlich von Togo. Die Koordinaten dieses sogenannten geographischen Koordinatensystems heißen

(geographische) **Länge** λ, östlich   +, westlich —;
       „   **Breite** φ, nördlich +, südlich —.

§ 14. Das rechtwinklige Dreieck.

Aufgabe 1: Man soll die Entfernung e zweier Orte auf der Erdoberfläche berechnen, deren Längen λ_1 und λ_2 sich um 90^0 unterscheiden und deren Breiten φ_1 und φ_2 bekannt sind.

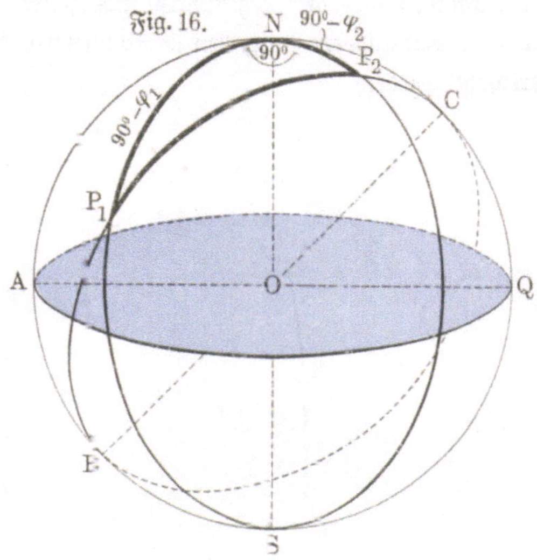

Lösung (Fig. 16): $cos\, P_1P_2 = cos\,(90^0 - \varphi_1)\, cos\,(90^0 - \varphi_2),$
$$= sin\,\varphi_1\, sin\,\varphi_2.$$

Mithin ist die gesuchte Entfernung $e = P_1P_2 \cdot 15$ geogr. Meilen,
$$= P_1P_2 \cdot 60 \text{ Seemeilen,}$$
$$= P_1P_2 \cdot \frac{10\,000}{90} \text{ km.}$$

Zahlenwerte:

a) $\varphi_1 = 46^0\,12'\,20''$, $\varphi_2 = 61^0\,40'\,40''$.

$$\left.\begin{array}{l} log\, cos\, P_1P_2 = 9{,}85843 - 10 \\ \qquad\qquad\quad\;\; 9{,}94463 - 10 \end{array}\right\} +$$

$$\overline{log\, cos\, P_1P_2 = 9{,}80306 - 10}$$
$$P_1P_2 = 50^0\,32'\,56''.$$

$50^0 = 50 \cdot 15 = 750$	geogr. Meilen,
$32' = \dfrac{32 \cdot 15}{60} = \quad 8$	„ „
$56'' = \dfrac{56 \cdot 15}{60 \cdot 60} = \quad 0{,}233$	„ „
$e = 758{,}233$ geogr. Meilen.	

$50^0 = 50 \cdot 60 = 3000$ Seemeilen,
$32' = \qquad\qquad 32 \qquad$ „
$56'' = \dfrac{56}{60} \qquad = \qquad 0{,}9 \qquad$ „
$$\overline{e = 3032{,}9 \text{ Seemeilen.}}$$

$50^0 = \dfrac{50 \cdot 10\,000}{90} = 5555{,}555$ km,
$32' = \dfrac{32 \cdot 10\,000}{90 \cdot 60} = \quad 59{,}259$ „
$56'' = \dfrac{56 \cdot 10\,000}{90 \cdot 60 \cdot 60} = \quad 1{,}728$ „
$$\overline{e = 5616{,}542 \text{ km.}}$$

b) $\varphi_1 = 46^0\,27'\,42''$, $\varphi_2 = 53^0\,33'$.

c) $\varphi_1 = -11^0\,34'\,54''$, $\varphi_2 = 53^0\,22'$.

d) Berlin $\varphi_1 = 52^0\,31'$, Washington $\varphi_2 = 38^0\,55'$.

e)   „   „   Lima $\varphi_2 = -12^0\,18'$.

Aufgabe 2: Ein Dampfer verläßt einen Ort $P_1(\lambda_1\,\varphi_1)$ der nördlichen Halbkugel unter dem Kurse $S\,\alpha\,W$ und fährt auf dem Hauptbogen nach dem Äquator. Unter welcher Länge λ, in welcher Entfernung e und unter welchem Kurse $\varkappa$ trifft er den Äquator?

Lösung (Fig. 17): Unter dem Kurse $S\,\alpha\,W$ versteht man die Abweichung der Richtung eines Schiffes von der Südrichtung (d. i. von dem Meridiane) um α Grad nach Westen.

Fig. 17.

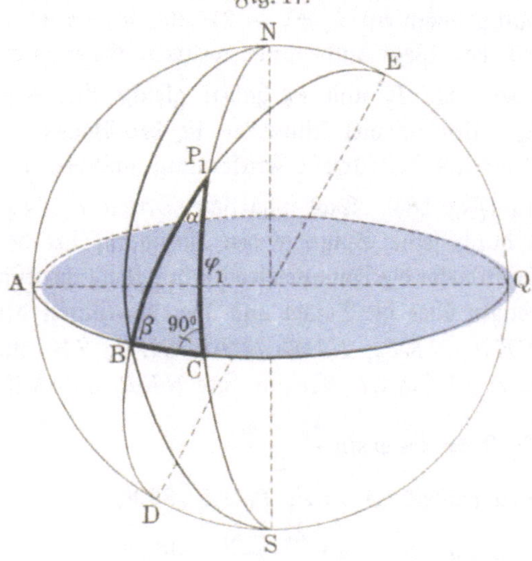

1. $\sin\varphi_1 = tg\,BC\,\cot\alpha,$

$$tg\,BC = \frac{\sin\varphi_1}{\cot\alpha},$$

$$\lambda = AC - BC,$$
$$\lambda = \lambda_1 - BC.$$

2. $\cos\alpha = \cot P_1 B \cdot tg\,\varphi_1,$

$$\cot P_1 B = \cos\alpha \cdot \cot\varphi_1,$$
$$e = P_1 B \cdot 60 \text{ Seemeilen.}$$

3. $\cos\beta = \cos\varphi_1\,\sin\alpha.$ NBS (Fig. 17) ist ein Meridian, daher ist für das in B befindliche Schiff BS die Südrichtung. BD ist die Richtung des angekommenen Schiffes, mithin ist $\triangle\,SBD$ der gesuchte Kurs. Er ist wie bei der Abfahrt des Schiffes in P_1 westlich. Da nun $\triangle\,ABS = 90^0$ und $\triangle\,ABD$ als Scheitelwinkel $= \beta$ ist, so erhält man den gesuchten Kurs $S\,(90^0 - \beta)\,W$. Es ist $\triangle\,SBD + \beta = 90^0$ und $90^0 < \alpha + \beta$, also $\triangle\,SBD + \beta < \alpha + \beta$. Trotzdem das Schiff seinen Kurs nicht ändert, nimmt seine Abweichung gegen die Südrichtung ab.

Zahlenwerte:

a) Von Bombay $\lambda_1 = 72^0\,50'$, $\varphi_1 = 18^0\,54'$ nach Sansibar unter dem Kurse S $48^0\,15'$ W.

b) Von Madras $\lambda_1 = 80^0\,11'\,5''$, $\varphi_1 = 13^0\,4'\,8''$ nach Java unter dem Kurse S $39^0\,23'$ O.

Ähnliche Aufgaben:

c) Von der Mündung des Amazonas $\lambda_1 = -50^0$, $\varphi_1 = 0^0$ fährt ein Dampfer auf einem Hauptkreise nach NO ab. Unter welchem Winkel α und in welcher Breite φ kreuzt der Dampfer einen bestimmten Meridian $\lambda_2 = -20^0$?

d) Unter welchem Kurse muß ein Schiff die Südspitze Californiens $\lambda_1 = -110^0$, $\varphi_1 = 23^0$ verlassen, um auf einem Hauptbogen nach den Galapagosinseln $\lambda_2 = -91^0\,20'$, $\varphi_2 = 0^0$ zu gelangen, wie groß ist der Weg, und unter welchem Kurse trifft das Schiff ein?

Aufgabe 3: Zwei Orte P_1 und P_2 haben gleiche Breite φ und die Länge λ_1 bzw. λ_2. Um wieviel Kilometer ist der Bogen $P_1 P_2$ des Parallelkreises größer als die kürzeste Entfernung zwischen P_1 und P_2?

Lösung (Fig. 18): Das sphärische Dreieck $P_1 N P_2$ ist gleichschenklig. Legt man durch seine Spitze N den Meridian, der den Winkel $P_1 N P_2$ halbiert, so ist dieser die Symmetrieachse des gleichschenkligen Dreiecks. Was läßt sich daher über die Seiten und über die Winkel der Figuren NDP_1, NDP_2; NKP_1, NKP_2; NHG, NHJ; SHG, SHJ und über die Winkel HOG und HOJ sagen? Warum sind NKP_1 und NKP_2 keine Dreiecke?

$$sin\,P_1 D = cos\,\varphi\,sin\,\frac{\lambda_2 - \lambda_1}{2}\,.$$

$$P_1 K : \text{Parallelkreis} = \angle\,P_1 O'K : 360^0,$$

$$\text{„}\quad : 2\,\pi\,\varrho \quad = \frac{\lambda_2 - \lambda_1}{2}\quad : 360^0,$$

$$\text{„}\quad : 2\,\pi\,r\,cos\,\varphi \quad = \quad\text{„}\quad : 360^0,$$

$$P_1 K = \frac{2\,\pi\,r\,.\,cos\,\varphi\,(\lambda_2 - \lambda_1)}{360^0\,.\,2},$$

$$= \frac{40\,000\,cos\,\varphi\,(\lambda_2 - \lambda_1)}{720}\,\text{km},$$

$$= \frac{500\,cos\,\varphi\,(\lambda_2 - \lambda_1)}{9}\,\text{km}.$$

Mithin ist die gesuchte Differenz

$$= 2\,(P_1 K - P_1 D),$$

$$= 2\left(\frac{500\,cos\,\varphi\,(\lambda_2 - \lambda_1)}{9} - \frac{10\,000}{90}\,P_1 D\right)\text{km},$$

$$= \frac{1000}{9}\left(cos\,\varphi\,(\lambda_2 - \lambda_1) - 2\,P_1 D\right)\text{km}.$$

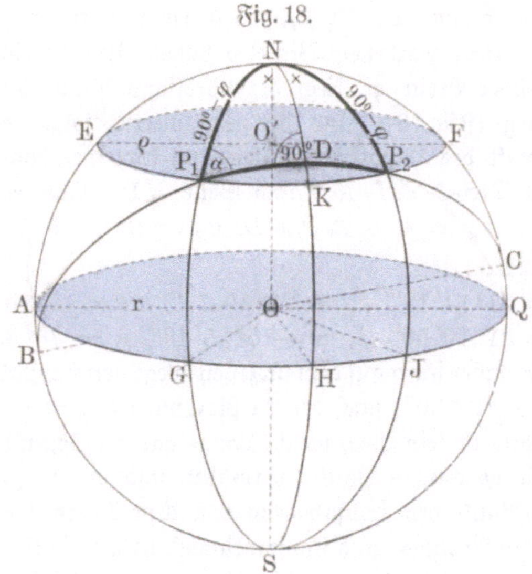

Fig. 18.

Zahlenwerte:

a) $\varphi = 50^\circ$, $\lambda_2 - \lambda_1 = 24^\circ 8'$.

$$\sin P_1 D = \cos 50^\circ \sin 12^\circ 4' \qquad\qquad \cos\varphi(\lambda_2-\lambda_1) = \cos 50^\circ . 24{,}133$$

$$\begin{aligned}\left.\begin{array}{r}\log \sin P_1 D = 9{,}80807-10 \\ 9{,}32025-10\end{array}\right\} + \qquad & \left.\begin{array}{r}\log[\cos\varphi(\lambda_2-\lambda_1)] = 9{,}80807-10 \\ 1{,}38261\end{array}\right\} + \end{aligned}$$

$$\begin{aligned}= 9{,}12832-10 \qquad\qquad\qquad & = 1{,}19068 \\ P_1 D = 7^\circ 43' 21'', \qquad\qquad \cos\varphi(\lambda_2-\lambda_1) & = 15{,}513^\circ. \\ = 7{,}7225^\circ. \end{aligned}$$

$$\text{Die gesuchte Differenz} = \frac{1000}{9}(15{,}513 - 15{,}445)\,\text{km},$$

$$= \frac{1000 \cdot 0{,}068}{9}\,\text{km},$$

$$= 7{,}555\,\text{km}.$$

b) New-York $\lambda_1 = -76^\circ 20' 30''$ und die Westküste Portugals $\lambda_2 = -11^\circ 8' 30''$, $\varphi = 40^\circ 42'$.

c) Ein Schiffer segelt auf dem 70. Parallelkreise von Norwegen nach Grönland 40 Längengrade. Wieviel Kilometer hätte er gespart, wenn er auf dem Hauptbogen sein Ziel erreicht hätte?

d) Ein Dampfer fährt von Sidney, $\varphi = -33^\circ 51' 41''$, $\lambda_1 = 151^\circ 13'$, auf dem kürzesten Wege nach einem Orte an der Küste Chiles, der dieselbe Breite und die Länge $\lambda_2 = -71^\circ 32'$ besitzt. Wieviel Kilometer müßte der Dampfer mehr zurücklegen, wenn er in genau östlicher Richtung seinem Ziele zustrebte?

Aufgabe 4: Durch einen Ort $P_1\,(\lambda_1,\,\varphi_1)$ ist ein Hauptkreis gelegt, der mit dem Meridian einen gegebenen Winkel a bildet. Unter welcher Länge λ_x und unter welcher Breite φ_x liegt der nördlichste Punkt dieses Hauptkreises?

Lösung (Fig. 18): Aus der Symmetrie folgt, daß D der nördlichste Punkt des Hauptkreises ist. Man berechnet daher aus dem rechtwinkligen Dreieck $\triangle P_1\,N\,D$ und Seite $N\,D$. Man erhält

$$\lambda_x = \lambda_1 + \triangle P_1\,N\,D, \quad \varphi_x = 90^0 - N\,D.$$

Zahlenbeispiele:

a) $\varphi_1 = 31^0\,14'\,12''$, $\lambda_1 = 23^0\,10'\,17''$, $\quad \alpha = 53^0\,54'\,36''$.

b) $\varphi_1 = 21^0\,15'\,50''$, $\lambda_1 = -5^0\,25'\,43''$, $\alpha = 76^0\,35'\,5''$.

c) Ein Dampfer fährt auf dem kürzesten Wege von Kapstadt ($\varphi_1 = -33^0\,56'$, $\lambda_1 = 18^0\,28'\,30''$) nach der La Platabucht ($\varphi_2 = \varphi_1$, $\lambda_2 = -56^0\,50'$). Wie lang ist sein Weg, welche Länge hat der Bogen des Parallelkreises, der die genannten Punkte verbindet, und wieviel Grad liegt der südlichste Punkt des Hauptbogens von dem Nebenbogen entfernt?

d) Porto in Portugal und Konstantinopel haben dieselbe Breite $\varphi = 41^0$, während ihr Längenunterschied $\delta = 37^0\,37'\,25''$ beträgt. Um wieviel kürzer ist der kürzeste Weg von Porto nach Konstantinopel als der Bogen des Parallelkreises zwischen beiden Städten, und welches ist der nördlichste Punkt des kürzesten Weges?   (Pr. *)

§ 15.   Das schiefwinklige Dreieck.

Aufgabe 1: Wie weit ist Bonn ($\varphi_2 = 50^0\,44'\,5''$, $\lambda_2 = 7^0\,6'\,4''$) von Berlin ($\varphi_1 = 52^0\,30'\,17''$, $\lambda_1 = 13^0\,23'\,44''$) entfernt?

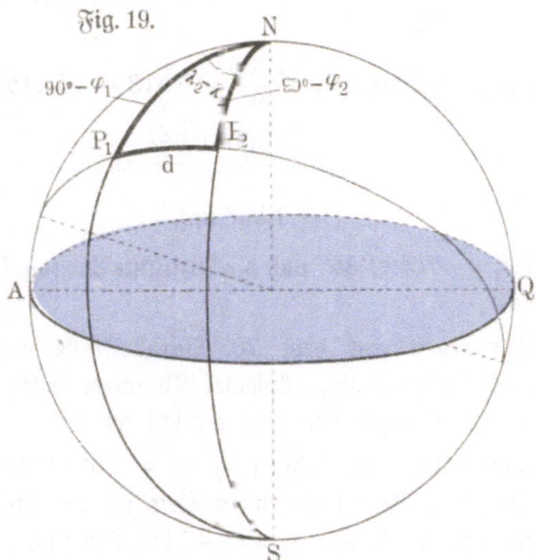

*) Pr. bedeutet, daß die Aufgaben den Abiturientenaufgaben eines Schulprogramms entnommen wurden.

Lösung (Fig. 19): Da es sich um Berechnung nur eines Dreiecks-stückes handelt, so wendet man den Kosinussatz der Seiten an.

$$\cos d = \cos(90° - \varphi_1)\cos(90° - \varphi_2) + \sin(90° - \varphi_1)\sin(90° - \varphi_2)\cos(\lambda_2 - \lambda_1),$$
$$= \sin\varphi_1 \sin\varphi_2 + \cos\varphi_1 \cos\varphi_2 \cos(\lambda_2 - \lambda_1).$$

$$\sin\varphi_1 \sin\varphi_2$$
$$= N\left[\begin{array}{l} \log\sin 50° 44'\ 5'' \\ + \log\sin 52° 30' 17'' \end{array}\right]$$
$$= N\left[\begin{array}{l} 0{,}888\,87 - 1 \\ + 0{,}899\,50 - 1 \end{array}\right]$$
$$= N \quad [0{,}788\,37 - 1]$$
$$= 0{,}614\,29.$$

$$\cos\varphi_1 \cos\varphi_2 \cos(\lambda_2 - \lambda_1)$$
$$= N\left[\begin{array}{l} \log\cos 50° 44'\ 5'' \\ + \log\cos 52° 30' 17'' \\ + \log\cos\ \ 6° 17' 40'' \end{array}\right]$$
$$= N\left[\begin{array}{l} 0{,}801\,35 - 1 \\ + 0{,}784\,40 - 1 \\ + 0{,}997\,37 - 1 \end{array}\right]$$
$$= N \quad [0{,}583\,12 - 1]$$
$$= 0{,}382\,93.$$

$$\cos d = 0{,}614\,29 + 0{,}382\,93$$
$$= 0{,}997\,22$$
$$\log\cos d = 0{,}998\,79 - 1$$
$$d = 4° 17'.$$

$$4° = 4.15 = 60 \quad \text{geogr. Meilen} \qquad 4° = \frac{4.1000}{9} = 444{,}4\ \text{km}$$

$$17' = \frac{17.15}{60} = 4{,}25 \quad \text{„}\quad\text{„} \qquad 17' = \frac{17.1000}{60.9} = 31{,}5\ \text{„}$$

Bonn—Berlin $= 64{,}25$ geogr. Meilen.   Bonn—Berlin $= 475{,}9$ km.

a) Welche Entfernung hat Paris ($\varphi_1 = 48° 50' 11''$, $\lambda_1 = 20°$) von Wien ($\varphi_2 = 48° 12' 35''$, $\lambda_2 = 34° 2' 36''$)?

b) Wie weit ist Cassel ($\varphi_1 = 51° 19'$, $\lambda_1 = 9° 30'$) von Petersburg ($\varphi_2 = 59° 56'$, $\lambda_2 = 30° 18'$) entfernt? (Pr.)

c) Welche Entfernung hat Paris ($\varphi_1 = 48° 50' 11''$, $\lambda_1 = 2° 20' 15''$) von Petersburg ($\varphi_2 = 59° 56'$, $\lambda_2 = 30° 18'$)?

d) Welche Entfernung hat Berlin ($\varphi_1 = 52° 30' 17''$, $\lambda_1 = 13° 23' 44''$) von Kapstadt ($\varphi_2 = -33° 56'$, $\lambda_2 = 18° 29'$)?

e) Wie weit ist Hamburg ($\varphi_1 = 53° 33' 7''$, $\lambda_1 = 9° 58' 23''$) von der Mündung des Amazonas ($\varphi_2 = 0°$, $\lambda_2 = -50° 9' 46''$) entfernt?

f) Wieviel Seemeilen betrug mindestens die erste Fahrt durch den Großen Ozean, die Magelhaēs im Jahre 1520—1521 von dem westlichen Ausgange der nach ihm benannten Meerenge ($\varphi_1 = -52° 30'$, $\lambda_1 = -74° 30'$) bis nach den Philippinen ($\varphi_2 = 10°$, $\lambda_2 = 126°$) ausführte?

Aufgabe 2: Ein Dampfer fährt auf dem kürzesten Wege von Sydney ($\varphi_1 = -33^0\,50'\,40''$, $\lambda_1 = 151^0\,14'$) nach San Franzisco ($\varphi_2 = 37^0\,48'\,30''$, $\lambda_2 = -122^0\,27'\,23''$).

a) Welchen Kurs hat er bei der Abfahrt und welchen bei der Ankunft?

b) Wieviel Zeit braucht er, wenn seine durchschnittliche Geschwindigkeit in der Stunde 16 Seemeilen beträgt?

c) In welcher Länge kreuzt er den Äquator?

d) Wie groß sind die Bogen, in die der Äquator den Weg teilt?

Lösung (Fig. 20): Da die drei fehlenden Stücke des Dreiecks $P_1 N P_2$ gesucht werden, so wendet man die Neperschen Analogien an.

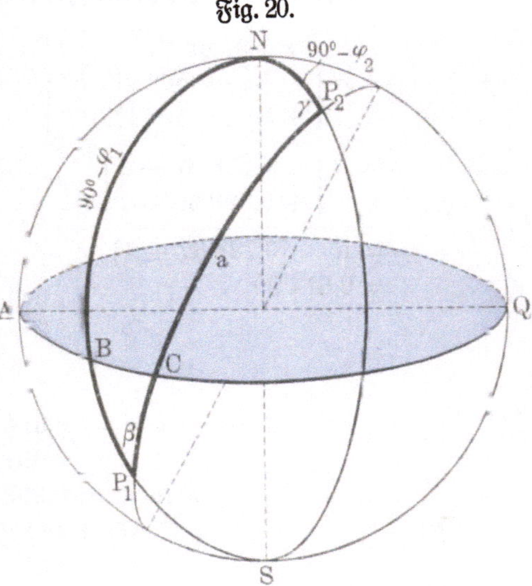

a) $c = N P_1 = 90^0 - \varphi_1 = 90 - -33^0\,50'\,40'' = \mathbf{123^0\,50'\,40''}$,

$b = N P_2 = 90^0 - \varphi_2 = 90^0 - 37^0\,48'\,30'' = \mathbf{52^0\,11'\,30''}$,

$a = \measuredangle P_1 N P_2 = \lambda_2 - \lambda_1 = -122^0\,27'\,23'' - 151^0\,14' = -\mathbf{273^0\,41'\,23''}$.

$$\frac{b+c}{2} = 88^0\,1'\,5'', \qquad \frac{b-c}{2} = -35^0\,49'\,35'', \qquad \frac{a}{2} = -136^0\,50'\,42''.$$

$$\frac{tg\,\dfrac{\beta + \gamma}{2}}{cot(-136^0\,50'\,42'')} = \frac{cos\,(-35^0\,49'\,35'')}{cos\,88^0\,1'\,5''},$$

$$tg\,\frac{\beta + \gamma}{2} = \frac{cos\,35^0\,49'\,35''\,.\,cot\,(180^0 - 136^0\,50'\,42'')}{cos\,88^0\,1'\,5''},$$

$$= \frac{cos\,35^0\,49'\,35''\,cot\,43^0\,9'\,18''}{cos\,88^0\,1'\,5''};$$

$$\frac{\beta + \gamma}{2} = 87^0\,42'\,35''.$$

$$tg\,\frac{\beta - \gamma}{2} = \frac{sin\,(-35^0\,49'\,35'')\,cot\,43^0\,9'\,18''}{sin\,88^0\,1'\,5''},$$

$$tg\,\frac{\gamma - \beta}{2} = \frac{sin\,35^0\,49'\,35''\,cot\,43^0\,9'\,18''}{sin\,88^0\,1'\,5''};$$

$$\frac{\beta - \gamma}{2} = -31^0\,59'\,30''.$$

$$\beta = 55^0\,43'\,5'', \qquad \gamma = 119^0\,42'\,5''.$$

Mithin ist der Kurs bei der Abfahrt N 55⁰ 43′ 5″ O und bei der Ankunft N 60⁰ 17′ 55″ O.

b) $tg \dfrac{a}{2} = \dfrac{cos \dfrac{\beta + \gamma}{2} \cdot tg \dfrac{b + c}{2}}{cos \dfrac{\beta - \gamma}{2}}$,

$$= \dfrac{cos\ 87^0\ 42'\ 35''\ tg\ 88^0\ 1'\ 5''}{cos\ (-\ 31^0\ 59'\ 30'')},$$

$$= \dfrac{cos\ 87^0\ 42'\ 35''\ tg\ 88^0\ 1'\ 5''}{cos\ 31^0\ 59'\ 30''};$$

$$a = 107^0\ 24'\ 36''.$$

$$107^0 = 107 \cdot 60 = 6420 \text{ Seemeilen,}$$
$$24' = 24 ''$$
$$36'' = \frac{36}{60} = 0{,}6 ''$$

Mithin beträgt die Entfernung $P_1 P_2$ 6444,6 Seemeilen

und die Zeit der Fahrt $\dfrac{6444{,}6}{16} = 402\frac{63}{80}$ Stunden oder 16 Tage 18 Stunden $47\frac{1}{4}$ Minuten.

c) Dreieck $B P_1 C$ ist rechtwinklig bei B und Seite $B P_1$ mißt $-\varphi_1$, also

$$cos\,(90^0 - -\varphi_1) = cot\,(90^0 - B C)\,cot\,\beta,$$
$$tg\,B C = sin\,(-\varphi_1)\,tg\,\beta;$$
$$B C = 39^0\ 14'\ 55''.$$

Mithin hat der Kreuzungspunkt die Länge 190⁰ 28′ 55″ oder — 169⁰ 31′ 5″.

d) Aus dem Dreieck $B P_1 C$ folgt,

$$cos\,\beta = cot\,(90^0 - -\varphi_1)\,cot\,P_1\,C,$$
$$cot\,P_1\,C = cos\,\beta\,cot\,(-\varphi_1);$$
$$P_1\,C = 49^0\ 58'\ 14'' = 2998{,}2 \text{ Seemeilen}$$
$$\text{und} \quad C P_2 = P_1\,P_2 - P_1\,C = 3446{,}4 \text{ Seemeilen.}$$

Aufgaben:

3. Ein Schiff segelt von New-York ($\varphi_1 = 40^0\ 42'\ 42''$, $\lambda_1 = -\ 76^0\ 20'\ 30''$) auf dem Hauptkreise nach Kapstadt ($\varphi_2 = -\ 35^0\ 56$, $\lambda_2 = 18^0\ 28'\ 30''$). Welchen Kurs besitzt es bei der Abfahrt und welchen bei der Ankunft? Wieviel geographische Meilen beträgt die Entfernung beider Städte? (Pr.)

4. Wo trifft der Äquator den Hauptkreis, der durch Berlin ($\varphi_1 = 52^0\ 31'$, $\lambda_1 = 13^0\ 23'\ 44''$) und Konstantinopel ($\varphi_2 = 41^0$, $\lambda_2 = 28^0\ 59'\ 14''$) geht? (Pr.)

5. Ein Schiff fährt auf dem kürzesten Wege von Cayenne ($\varphi_1 = 5^0\,17'$, $\lambda_1 = -52^0\,33'$) nach Frankreich und verließ Cayenne unter einem Winkel von $35^0\,4'$ mit der Nordrichtung. Unter welchem Winkel kreuzt es den 20. westlichen Längengrad? (Pr.)

6. Von einem Orte P_1 unter 12^0 nördlicher Breite fährt ein Schiff auf dem Hauptkreise in der Richtung ONO ab. Welchen Kurs fährt das Schiff, als es den 20. Meridian östlich von P_1 kreuzt? (Pr.)

7. Ein Schiff segelt von Bremerhaven ($\varphi_1 = 53^0\,33'$, $\lambda_1 = 6^0\,15'$) in dem Hauptkreise unter dem Kurse $S\,130^0\,39'\,45''\,W$ eine Strecke von 462 Seemeilen. Unter welcher geographischen Breite und Länge befindet es sich am Endpunkte dieses Weges?

8. Von Hongkong ($\varphi_1 = 22^0\,12'$, $\lambda_1 = 114^0\,16'$) fährt ein Schiff auf dem kürzesten Wege nach Valparaiso ($\varphi_2 = -33^0\,2'$, $\lambda_2 = -71^0\,40'$).
   a) Unter welchem Kurse fährt es ab, unter welchem Kurse kommt es an?
   b) Wo und unter welchem Winkel trifft es den Äquator?
   c) Wie groß sind die Bogen, in die der ganze Weg von seinem südlichsten Punkte geteilt wird?

Viertes Kapitel.
Aufgaben aus der Astronomie.

§ 16. Die Welt, der Himmel und der Horizont.

Beobachtung:

   a) Betrachtet man bei Tage den Himmel, so glaubt man, sich in dem Mittelpunkte einer Halbkugel zu befinden, die senkrecht über uns etwas zusammengedrückt erscheint und daher den Namen Himmelsgewölbe führt. Dieses berührt die Erde, die trotz mancher Erhöhungen und Unterbrechungen als flache Scheibe erscheint, in der Ferne in einer kreisförmigen Linie, dem **scheinbaren Horizont** (Horizont = Grenzlinie, griechisch).

   b) Den gleichen Eindruck gewinnt man nachts beim Anblick des gestirnten Himmels. Außerdem aber bemerkt man bei genauer Beobachtung nach etwa 10 Minuten, daß Mond und Sterne nicht feststehen, sondern sich nach Westen bewegen. Durch ein festgelegtes Fernrohr sieht man sogleich ihr Fortrücken. Trotz dieses Fortschreitens bleibt die gegenseitige Lage der meisten Sterne erhalten, sie bilden daher Sternbilder und bieten dadurch ein Mittel, einen Stern in einer anderen Nacht wieder zu erkennen. Die Gestirne gehen im Osten auf und im Westen unter, sie scheinen sich nicht am Himmel zu bewegen, sondern der Himmel scheint sich zu drehen samt den auf ihm befestigten Himmelskörpern. So wird die Himmelshalbkugel zur vollen Kugel.

Bezeichnungen: Der Kugelraum heißt Welt, die Kugeloberfläche Himmel.

Der Punkt senkrecht über dem Beobachter heißt **Scheitelpunkt** oder **Zenit** (Zenit = Gegend, zu ergänzen des Kopfes, arabisch) und der Gegenpunkt des Zenits heißt **Nadir** (= Fußpunkt, arabisch).

Hauptkreise durch den Scheitelpunkt heißen **Scheitelkreise** oder **Vertikalkreise** (Vertex = Scheitel, lateinisch).

Ergebnis: Die Größe des Beobachters, ja selbst seine Höhe über dem Meeresspiegel ist im Verhältnis zur Größe der Erde verschwindend klein. Daher betrachtet man in der Astronomie das vom Beobachter überschaute Stück der Erdoberfläche als Teil der im Standpunkt des Beobachters an die Erde gelegten Tangentenebene. Tatsächlich ist das von einem Punkt über der Erdoberfläche, z. B. einem Berggipfel, überschaute Stück der Erde eine Kugelkappe und der vom Himmel sichtbare Teil größer als eine Halbkugel. Zieht man zu der Tangentenebene durch den Erdmittelpunkt die parallele Ebene, so schneidet diese den Himmel in einem Hauptkreise, dem **wahren Horizont.** Da nun der Erdradius im Verhältnis zum Weltradius auch verschwindend klein ist, so fällt der scheinbare Horizont mit dem wahren zusammen. Er teilt also den Himmel in eine sichtbare und eine unsichtbare Halbkugel. Der Beobachter und die Erde werden als Punkte aufgefaßt, die miteinander und mit dem Weltmittelpunkt zusammenfallen.

Aufgabe (Fig. 21): Wie groß ist die Aussichtsweite BC und wie groß das Stück der Erdoberfläche, das man a) von der Schneekoppe $h_1 = 1600$ m,

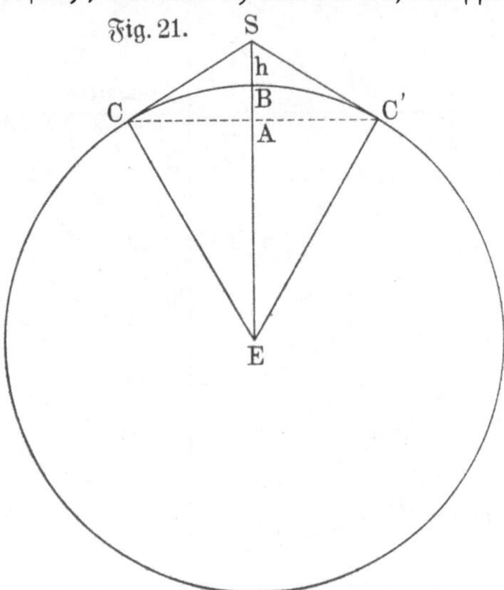

b) vom Gipfel des Piks von Teneriffa $h_2 = 3716$ m überblicken kann, wenn die Aussichtsweite BC infolge der atmosphärischen Strahlenbrechung um 8 Proz. vergrößert wird?

§ 17.   Die Weltachse, die Himmelspole und der Himmelsäquator
oder die scheinbare Bewegung der Fixsterne.

Beobachtung:

a) Die Beobachtung während einer sternhellen Nacht ergibt, daß nicht alle
Sterne auf= und untergehen, sondern daß eine Reihe von Sternen um
einen festen Punkt im Norden Kreise beschreibt. Dieser ausgezeichnete
Punkt des Himmels heißt **Nordpol.** Eine photographische Daueraufe=
nahme des Sternhimmels während einer Nacht zeigt am deutlichsten,
daß die Sterne **konzentrische Kreise um den Nordpol** beschreiben. Aus
der Länge der aufgezeichneten Sternbogen und der Dauer der Auf=
nahme kann man feststellen, daß **eine volle Umdrehung des Himmels
etwa 24 Stunden dauert.**

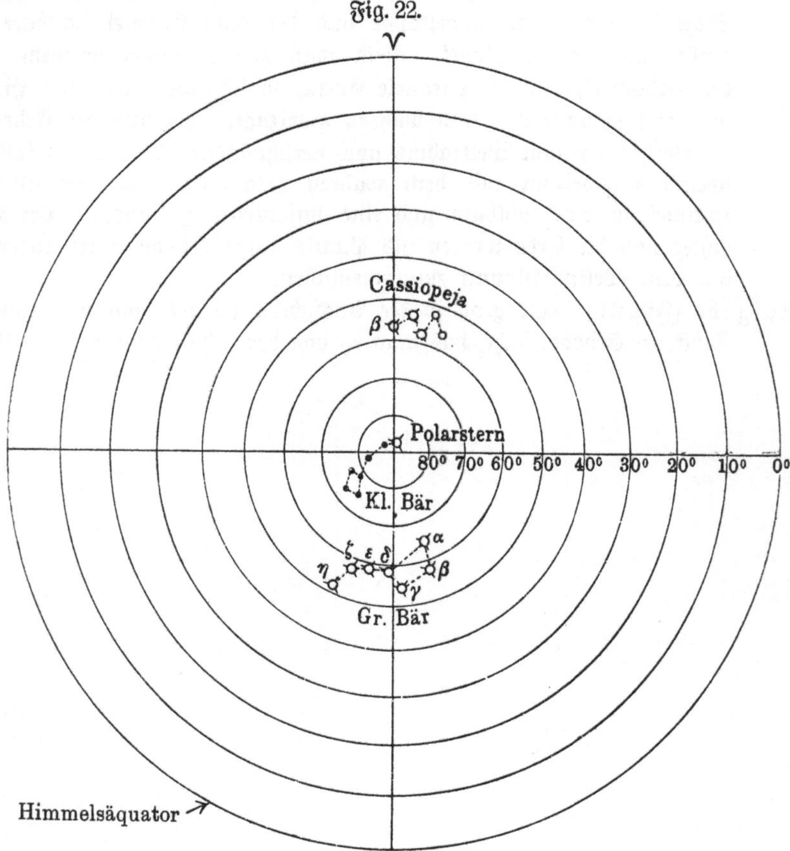

Fig. 22.

b) Zu der Gruppe von Sternen, die bei uns nie untergehen, gehört das
bekannteste Sternbild, der „Große Wagen" oder der „Große Bär" oder
das „Siebengestirn" (Fig. 22). Die Sterne α und β sind die Hinter=
räder, δ und γ die Vorderräder und die Sterne ε, ξ, η bilden die

Deichsel. Verlängert man $\beta\alpha$ um das Fünfundeinhalbfache, so trifft man auf den hellsten Stern des „Kleinen Wagens". Dieser heißt „Polarstern", weil er dicht neben dem Nordpol steht, nur $1\frac{1}{6}^0$ oder zwei Mondbreiten von ihm entfernt.

Bezeichnungen:

1. Der vom Nordpol durch den Beobachtungsort $=$ Erdmittelpunkt gezogene Durchmesser heißt **Weltachse.** Die Endpunkte der Weltachse, der bei uns sichtbare Nordpol und der für uns unsichtbare Südpol, heißen **Himmelspole.** Der Hauptkreis der Himmelskugel, dessen Punkte von den Himmelspolen 90^0 Abstand haben, heißt der **Himmelsäquator;** die ihm parallelen Nebenkreise heißen **Himmelsparallelkreise** und die durch die Himmelspole gehenden und daher auf dem Äquator und den Parallel= kreisen senkrecht stehenden Hauptkreise heißen **Deklinationskreise.** Der Neigungswinkel der Weltachse mit der Horizontebene heißt **Polhöhe.**

2. Die Sterne, die ihre gegenseitige Stellung nicht ändern, heißen **Fix= sterne** (fixae $=$ befestigt, lateinisch). Daneben gibt es Gestirne, die sich von Sternbild zu Sternbild bewegen, nämlich Merkur, Venus, (Erde,) Mars, Jupiter, Saturn und Uranus, die man **Planeten** ($=$ Herum= schweifende, griechisch) nennt, sowie die Begleiter der Planeten, die **Monde.** Die Fixsterne erscheinen auch durch das beste Fernrohr als Punkte, die Planeten und Monde dagegen als Flächen.

3. Die Sterne, die stets über dem Horizont bleiben, nennt man **Zirkum= polarsterne.** Die zweite Gruppe bilden die auf= und untergehenden Sterne und zur dritten Gruppe gehören die ewig unsichtbar bleibenden Sterne. Die Bahn der auf= und untergehenden Sterne zerfällt in den **Sichtbarkeits=** und den **Unsichtbarkeitsbogen.**

Ergebnis:

1. **Der Fixsternhimmel als Ganzes dreht sich um die Weltachse im Drehungs= sinne OSW. Daher müssen die Sternbahnen Himmelsparallelkreise sein, und es muß die durch den Zenit und die Weltachse gelegte Ebene die Symmetrieebene für die Sichtbarkeits= und für die Unsichtbarkeits= bogen sein.**

2. Die Symmetrieebene steht auf der Horizontebene senkrecht (nach welchem stereometrischen Lehrsatze), sie schneidet den Himmel in einem Scheitel= kreise (warum). Dieser Scheitelkreis heißt der **astronomische Meridian,** seine Schnittpunkte mit dem Horizont heißen der **Südpunkt** und der **Nordpunkt,** die Verbindungslinie dieser Punkte heißt die **Nordsüdlinie** oder die **Mittagslinie.** Die Äquatorebene schneidet die Horizontebene in einem Durchmesser (warum), der auf der Nordsüdlinie senkrecht steht (warum). Seine Endpunkte heißen der **Ostpunkt** und der **West= punkt.** Die sphärische Entfernung des Aufgangspunktes eines Gestirns

vom Ostpunkte heißt **Morgenweite**; liegt der Aufgangspunkt nördlich vom Ostpunkt, so nennt man die Morgenweite positiv, liegt er südlich, so negativ. Entsprechend definiert man **Abendweite**.

3. In dem Meridianbogen vom Südpunkt bis zum Nordpol liegen die oberen **Kulminationen** oder Gipfelpunkte (culmen = Gipfel, lateinisch) und in dem Meridianbogen vom Nordpol bis zum Nordpunkt die unteren Kulminationen aller für uns sichtbaren Fixsterne (warum). Welche Richtung hat die Verbindungsstrecke des Aufgangspunktes und des Untergangspunktes irgend eines Fixsternes?

Aufgaben:

1. In Berlin beträgt die Polhöhe $52\frac{1}{3}°$. a) Welcher Kreis begrenzt hier die Zirkumpolarsterne? b) Welchen Teil des sichtbaren Sternhimmels nehmen in Berlin die Zirkumpolarsterne ein?

2 a) Wo muß ein Stern aufgehen, damit er den Äquator durchläuft?
   b) Wo und nach welcher Zeit geht ein im Ostpunkt aufgegangener Stern unter?

3. Welchen Winkel bildet in Berlin die Bahnebene irgend eines Fixsternes mit der Horizontebene?

§ 18.   Die scheinbare tägliche Bewegung der Sonne.

Beobachtung:

a) Daß die Sonne sich bewegt, kann man innerhalb 10 Minuten fest= stellen, unmittelbar durch Beobachtung mittels eines geschwärzten Glases, mittelbar durch Betrachtung des Schattens, z. B. eines Fensterkreuzes, den man mit Kreide auf den Tisch gezeichnet hat. Aber nicht nur die Richtung des Schattens, sondern auch seine Größe ändert sich. Welcher Mensch hätte nicht gesehen, daß sein Schatten am Abend länger ist als am Mittag!

Fig. 23.

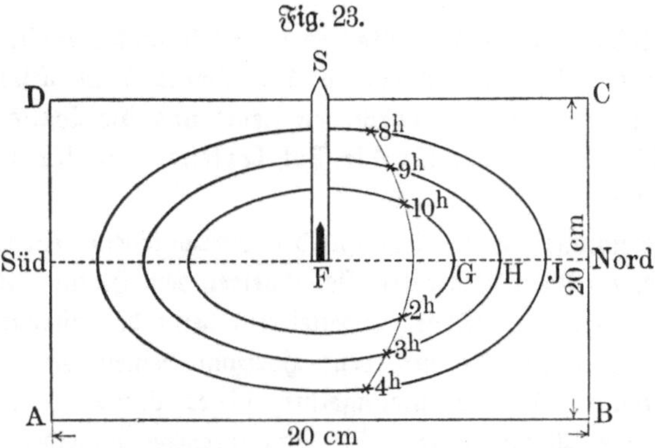

b) Zur genaueren Bestimmung der Richtung und der Länge des Schattens dient der Gnomon (= Erkenner, griechisch), das älteste astronomische Beob= achtungsmittel (Fig. 23). *ABCD* ist ein quadratisches Stück Pappe von 20 cm Seitenlänge. SF ist ein runder, 5 cm langer Bleistift, der durch einen Nagel senkrecht auf der Mitte F des Pappstückes befestigt ist. Um F sind 12 Kreise mit verschiedenem Abstand gezeichnet; der Radius des kleinsten Kreises beträgt 45 mm, der des größten 99 mm. Diese Größe paßt für Beobachtungen im Juli. Diesen Gnomon befestigt man auf einem horizontalen Tische und bezeichnet durch Nadelstiche die Punkte der Kreise, auf welche die Spitze des Schattens zwischen 9 und 10 Uhr, sowie zwischen 2 und 3 Uhr fällt. Dann halbiert man jeden von zwei Nadelstichen begrenzten Kreisbogen. Die erhaltenen Halbierungspunkte G, H, J usw. müssen auf demselben Radius liegen, und auf diesen muß der kürzeste Schatten fallen. Diese Richtung erweist sich durch Vergleich als identisch mit der nachts gefundenen Nordsüdrichtung.

c) Wiederholt man diese Beobachtung nach einigen Tagen mit unverändert liegen gebliebenem Gnomon, so erhält man andere Stichpunkte; die Schattenlänge hat sich zwar verändert, aber die Richtung des kürzesten Schattens, die Nordsüdrichtung, ist unverändert geblieben.

d) Regelmäßige Beobachtungen des Auf= und des Untergangspunktes der Sonne zeigen eine gleichmäßige Verschiebung derselben im Gegensatz zu der Unveränderlichkeit der Auf= und Untergangspunkte der Fixsterne.

Ergebnis:

1. Übereinstimmend mit den Fixsternen:
   beschreibt die Sonne täglich einen Kreisbogen im Drehungssinne OSW und kulminiert im astronomischen Meridian (meridies = Mittag, latein.).

2. Im Gegensatz zu den Fixsternen:
   fallen die (oberen) Kulminationen der Sonne an verschiedenen Tagen nicht zusammen, sondern liegen übereinander, ebenso verschieben sich ihre Auf= und ihre Untergangspunkte während des Jahres. Daher können ihre Tagesbahnen keine Himmelsparallelkreise sein. Denn zwei noch so benachbarte Parallelkreise hängen nirgends zusammen. Vielmehr beschreibt die Sonne vom 21. Juni bis 21. Dezember eine äußerst flachgängige Schraubenlinie aufwärts und dann vom 21. Dezember bis 21. Juni dieselbe Schraubenlinie abwärts.

3. Die beiden Parallelkreise, welche diese Schraubenlinie je in einem Punkte berühren, heißen nördlicher und südlicher **Wendekreis**. Ihr sphärischer Abstand ist gleich dem Unterschiede zwischen den Sonnenkulminationen am 21. Juni und am 21. Dezember. Er wird mit 2ε bezeichnet und ist veränderlich. Im Jahre 1910 war $\varepsilon = 23^0\ 27'\ 3{,}58''$, seine jährliche Abnahme beträgt $0{,}468''$. Wir benutzen bei den Berechnungen grundsätzlich den abgerundeten Wert $\varepsilon = 23^0\ 27'$. Ferner betrachten wir die tägliche Sonnenbahn als Himmelsparallelkreise. Daher gilt

9*

bei allen Berechnungen die tägliche Deklination der Sonne (d. i. ihr sphärischer Abstand vom Äquator) als **konstant**, sowie ihre tägliche **Morgen- und Abendweite als gleich**.

4. Am 21. Juni liegt der Aufgangspunkt der Sonne auf der nördlichen Hälfte des Horizonts und zwar am weitesten vom Ostpunkt nach Norden, und ihre Kulmination besitzt die größte Höhe. Daher ist ihr Sichtbarkeitsbogen und der Tag am längsten. Der 21. Juni heißt **Sommersonnenwende**.

Dann rückt der Aufgangspunkt täglich näher zum Ostpunkt und erreicht ihn am 23. September. Mithin ist der Sichtbarkeitsbogen ein Halbkreis und der Tag gleich der Nacht. Der 23. September heißt daher **Herbsttagundnachtgleiche**.

In den folgenden Monaten geht die Sonne auf der südlichen Hälfte des Horizonts auf, täglich weiter vom Ostpunkt entfernt, am 21. Dezember liegt ihr Aufgangspunkt am südlichsten und ihre Kulmination erreicht die geringste Höhe. Mithin ist der Sichtbarkeitsbogen und der Tag am kürzesten. Der 21. Dezember heißt **Wintersonnenwende**.

Dann wandert der Aufgangspunkt wieder zurück und fällt am 21. März wiederum mit dem Ostpunkt zusammen. Mithin ist der Tag wieder gleich der Nacht, daher heißt der 21. März die **Frühlingstagundnachtgleiche**.

Aufgaben:

1. a) Wie berechnet man aus der Länge des Stiftes l und des Schattens m eines Gnomons die Kulminationshöhe der Sonne?

   b) Warum muß man den Stift eines Gnomons verkleinern, wenn man nicht im Juli, sondern im September beobachten will?

2. a) Welchen Durchmesser muß man einem Signalballon geben, damit er einem Luftschiffer in 3 km Entfernung so groß wie die Sonne erscheint, wenn man den scheinbaren Sonnendurchmesser zu 32′ annimmt?

   b) In welchem Abstand vom Auge erscheint eine Taschenuhr mit dem Durchmesser $d = 44$ mm so groß wie der Mond, dessen scheinbare Breite 31′ beträgt?

3. a) Um wieviel Sonnenbreiten verschiebt sich täglich die Kulmination der Sonne, wenn man ihre Verschiebung als gleichförmig annimmt?

   b) Warum ist die Morgenweite der Sonne am 21. Dezember größer als ε?

4. a) Wann ist die Morgenweite der Sonne positiv, wann gleich Null, wann negativ?

   b) In den Berechnungen setzen wir die Morgenweite und die Abendweite desselben Tages einander gleich; an welchen Tagen ist die tatsächliche Abendweite der Sonne größer als ihre Morgenweite?

5. a) Wann durchläuft die Sonne die Wendekreise, wann den Äquator?

   b) Wann ist die Deklination der Sonne gleich Null, wann am größten?

§ 19. Die scheinbare jährliche Bewegung der Sonne.

Beobachtung:

Notiert man den Aufgang eines bestimmten Sternbildes an mehreren aufeinander folgenden Abenden, so findet man, daß es täglich etwa **vier Minuten früher aufgeht.** Daher steht einige Wochen später das Stern= bild zu derselben Stunde nicht mehr an derselben Stelle des Himmels, sondern dem Meridian näher, nach drei Monaten kulminiert es zu der= selben Stunde und noch später ist das Sternbild zu derselben Stunde am westlichen Himmel sichtbar. Hieraus folgt, daß die **Sonne hinter den Sternen zurückbleibt.** Wären die Sterne mit der Sonne zusammen sicht= bar, so könnte man sehen, zwischen welchen Sternen hindurch die Sonnen= bahn geht. Da aber die Strahlen der Sonne das Erkennen der Sterne verhindern, so bestimmt man den Stern, der um Mitternacht durch den Punkt des Meridians hindurchgeht, in dem die Sonne mittags kulmi= nierte. Diesen Stern sucht man auf einer Sternkugel, d. i. einer Kugel, auf welche die Sternbilder gezeichnet sind, auf und zieht von ihm aus den Durchmesser, dann bezeichnet der andere Endpunkt des Durchmessers den Ort der Sonne um Mittag. Wiederholt man diese Konstruktion noch an den 365 folgenden Tagen und verbindet die er= haltenen Orte miteinander, und zwar 0 mit 1, 1 mit 2, ... 364 mit 365, so erkennt man:

Ergebnis:

1. **Die jährliche Sonnenbahn ist ein Hauptkreis; dieser heißt Ekliptik.**

   Die täglichen Wege der Sonne auf der Ekliptik sind ungleich, und zwar beträgt der größte Bogen, anfangs Januar, 61 Bogenminuten, der kleinste, anfangs Juli, nur 57 Bogenminuten.

   Der Kulminationspunkt 365 der Sonne nach 365 Tagen fällt mit ihrem Kulminationspunkt 0 nicht zusammen.

2. Da die Sonne hinter den nach Westen gehenden Sternen zurückbleibt, so durchwandert sie gewissermaßen in umgekehrter Richtung im Laufe eines Jahres den Himmel in der Ekliptik. Das Wort Ekliptik stammt aus dem Griechischen und bedeutet Ausbleiben; es treten nämlich Ver= finsterungen der Sonne und des Mondes ein, wenn beide zugleich in der Nähe eines der beiden Schnittpunkte der Ekliptik und des Äquators sich befinden.

   Derjenige Weltdurchmesser, welcher auf der Ekliptikebene senkrecht steht, heißt die **Achse der Ekliptik,** und seine Endpunkte heißen die **Pole der Ekliptik.**

3. Den Gürtel zu beiden Seiten der Ekliptik nannte man schon in den ältesten Zeiten den **Tierkreis.** Die Ekliptik wird in 12 gleiche Stücke

von je 30⁰ Länge zerlegt, die Teilpunkte führen die Namen und die
Zeichen der benachbarten Sternbilder (Fig. 24).   Diese sind

Fig. 24.

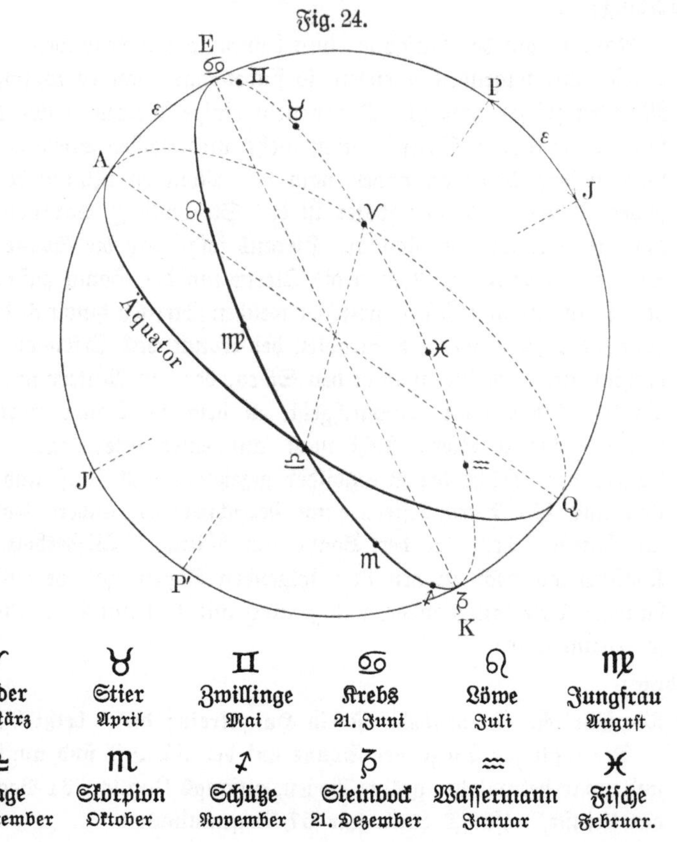

♈	♉	♊	♋	♌	♍
Widder	**Stier**	**Zwillinge**	**Krebs**	**Löwe**	**Jungfrau**
21. März	April	Mai	21. Juni	Juli	August

♎	♏	♐	♑	♒	♓
Wage	**Skorpion**	**Schütze**	**Steinbock**	**Wassermann**	**Fische**
23. September	Oktober	November	21. Dezember	Januar	Februar.

4. Die Ekliptik und der Äquator sind Hauptkreise, mithin müssen sie sich
in zwei Gegenpunkten schneiden.   Da nun der Ort der Sonne einerseits
stets ein Punkt der Ekliptik, andererseits am 21. März und am 23. Sep=
tember der Äquator ist, so muß die Sonne an diesen Tagen in den
Schnittpunkten der Ekliptik und des Äquators stehen.   Diese Punkte
heißen:

nach der Jahreszeit . . . . **Frühlingspunkt** und **Herbstpunkt,**
nach dem Sternbild, in dem die Sonne
    steht . . . . **Widderpunkt** und **Wagepunkt,**
nach der Gleichheit von Tag und Nacht **Tagundnachtgleichepunkte.**

5. Das Sternbild der Cassiopeja besteht aus fünf Sternen, die ein breit=
gezogenes W bilden (Fig. 22).   Der Polarstern halbiert den Hauptbogen
zwischen δ des Großen Bären und β der Cassiopeja.   Daher vertauschen
diese beiden Sternbilder nach je 12 Stunden ihre Stellung miteinander,

oder die Cassiopeja steht zu derselben Abendstunde nach einem halben Jahre genau an der Stelle, wo vorher der Große Bär stand. Verlängert man $\delta\beta$ um sich selbst, so kommt man zum Frühlingspunkt.

6. Die Fig. 25 stellt den Augenblick des Sonnenunterganges am 21. März dar. Der Frühlingspunkt fällt zugleich mit der Sonne in den West-

Fig. 25.

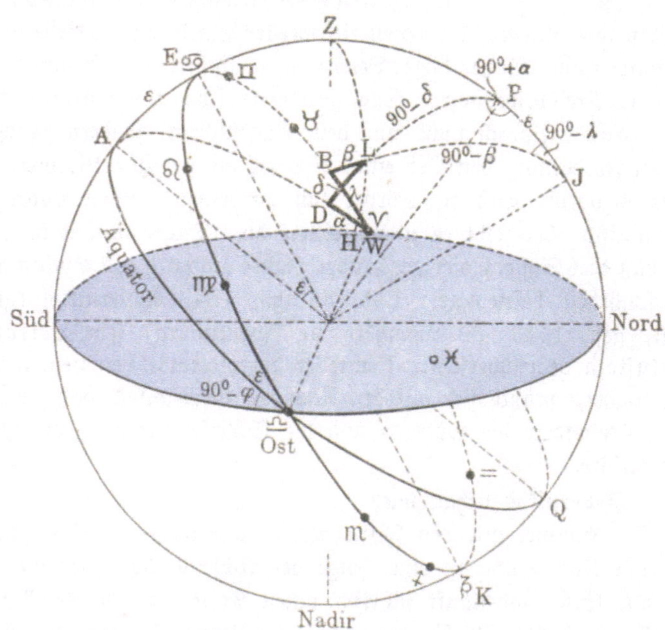

punkt und der Herbstpunkt in den Ostpunkt; das Zeichen des Krebses ♋ steht in seiner oberen, das des Steinbocks ♑ in seiner unteren Kulmination.

Die Sonne bleibt gegenüber den Sternen in 365 Tagen ungefähr einen Hauptkreis $= 360°$, mithin täglich $\frac{360°}{365}$, fast 1° zurück, sie steht daher nach einem Monat im Zeichen des Widders, nach drei Monaten, also am 21. Juni im Zeichen des Krebses usw. Daher heißt der **nördliche Wendekreis**, den die Sonne am 21. Juni berührt, der **Wendekreis des Krebses** und der südliche **Wendekreis**, den die Sonne am 21. Dezember berührt, der **Wendekreis des Steinbocks**.

7. Die Fixsterne ändern ihre Kulminationen nicht. Daher müssen die Kulminationshöhen der Sonne am 21. Juni und am 21. Dezember mit denen des Krebses, bzw. des Steinbocks übereinstimmen. Folglich ist der sphärische Abstand der beiden Wendekreise gleich der Differenz der höchsten und der niedrigsten Sonnenhöhe, gleich 2ε nach § 18, und der Neigungswinkel der Ekliptikebene mit der Äquatorebene beträgt ε. Dieser Winkel heißt **die Schiefe der Ekliptik**.

§ 20. Das ptolemäische und das kopernikanische Weltsystem.

Ptolemäus lebte in der ersten Hälfte des zweiten Jahrhunderts n. Chr. in Alexandria. Er sammelte und sichtete das Wissen seiner Zeit und vervollkommnete es zum ersten umfassenden Weltsystem. Die ruhende Erde bildet den Mittelpunkt des Weltalls. Um diese beschreiben der Mond und die Sonne in $27\frac{1}{2}$ bzw. $365\frac{1}{4}$ Tagen exzentrische Kreisbahnen, die Planeten durchlaufen Epizyklen, d. s. Kurven, bei denen ein ideeller Punkt um die Erde und um diesen der Planet kreist. Außer dieser Bewegung vollführen alle Himmelskörper täglich noch eine Kreisbewegung. Das geozentrische Weltsystem des genialen Ptolemäus entsprach nicht nur dem Augenschein, sondern genügte auch der schweren Forderung, den Ort eines Sternes voraus zu bestimmen. Mechanisch krankte es daran, daß ein Körper sich um einen ideellen Punkt drehen soll, mathematisch aber steht es unangreifbar da. Daher überrascht es uns auch nicht, daß dies System vierzehnhundert Jahre hindurch das Suchen der Menschen nach Wahrheit befriedigte. Und als ihm 1543 **Kopernikus** (geb. 1473 zu Thorn, gest. 1543 als Domherr zu Frauenburg) sein **heliozentrisches** Weltsystem gegenübersetzte, konnte er die ptolemäischen Lehren nicht widerlegen, sondern mußte sich auf den Nachweis beschränken, daß seine Auffassung alles, insbesondere die Spitzen- und die Schleifenbewegung der Planeten einfacher erkläre.

Kopernikus behauptete:

I. Der Himmel mit den Fixsternen ist unbeweglich; seine scheinbare tägliche Umdrehung ist eine Folge der **Achsendrehung der Erde.**

II. **Die Erde durchläuft jährlich einen Kreis,** in dessen Mittelpunkt die Sonne steht. Mithin muß der Hauptkreis, in dem die Erdbahnebene den Himmel schneidet, die **Ekliptik** sein.

Kepler (geb. 1571 zu Maystadt in Württemberg, gest. 1630 zu Regensburg) erweiterte das kopernikanische System besonders durch seine Gesetze über die Planetenbewegung.

I. Die Planeten bewegen sich in ebenen Kurven um die Sonne, ihre Leitstrahlen beschreiben in **gleichen Zeiten gleiche Flächen.**

II. Die Planetenbahnen sind **Ellipsen, in deren einem Brennpunkt die Sonne steht.**

III. Die Quadrate der Umlaufszeiten der Planeten verhalten sich wie die Kuben ihrer mittleren Sonnenabstände.

Newton ergänzte 1687 die Keplerschen Gesetze dahin, daß die Bahnen der die Sonne umkreisenden Himmelskörper jede Art von Kegelschnitten sein können, und zeigte, wie sich diese Gesetze mittels der höheren Mathematik unanfechtbar herleiten lassen allein aus dem allgemeinen Naturgesetz der Gravitation:

Zwei Körper ziehen einander an im direkten Verhältnis ihrer Massen und im umgekehrten Verhältnis des Quadrates ihrer Entfernung.

Die Kepler=Newtonschen Gesetze bilden die sichere Grundlage, auf der sich die moderne Astronomie aufbauen konnte, und jede weitere Entdeckung wurde ein neuer Beweis für ihre Gültigkeit.

Aber bei der Lösung von Aufgaben aus der sphärischen Astronomie ist vorwiegend der geozentrische Standpunkt einzunehmen:

Der kugelförmige Fixsternhimmel als Ganzes dreht sich um die Erde, diese steht still.

Der Radius der Erde ist Null, also fallen der Weltmittelpunkt, der Erd= mittelpunkt und der Beobachtungsort zusammen.

Da nun nach der Lehre des Kopernikus die Umdrehung des Himmels eine Folge der Erdumdrehung ist, so folgt:

Die Erdachse ist ein Teil der Weltachse; denkt man sich die Erde ver= größert zur Welt, so fallen mithin der Äquator, die Parallelkreise und die

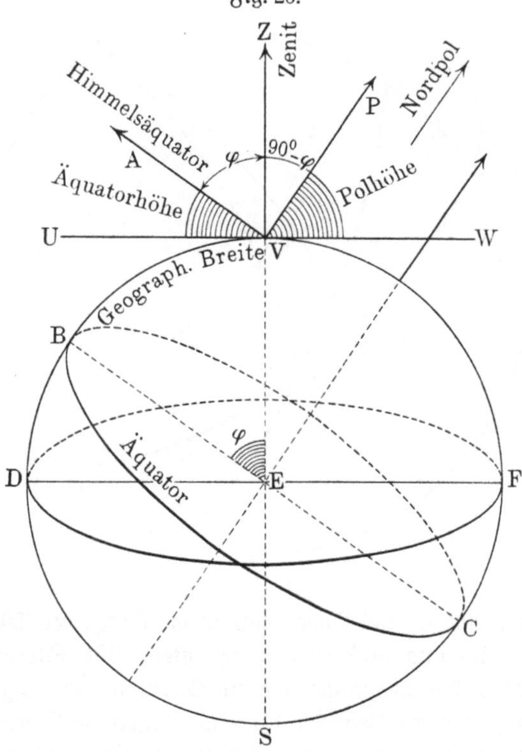

Fig. 26.

Wendekreise der Erde mit den gleichnamigen Kreisen des Himmels zusammen, und es muß die geographische Breite eines Ortes gleich seiner Polhöhe sein. Denn wird der Erdradius Null, so fällt (Fig. 26) $\angle AVZ$ mit der geo= graphischen Breite φ zusammen, mithin ist die Polhöhe $\angle WVP = \varphi$, weil beide Winkel durch denselben Winkel PVZ zu 90⁰ ergänzt werden.

§ 21. Zeitmaße.

Sterntag heißt die Zeit zwischen zwei aufeinander folgenden oberen Kulminationen irgend eines Fixsternes; er ist identisch mit der Zeit einer einmaligen Umdrehung der Erde.

Sonnentag heißt die Zeit zwischen zwei aufeinander folgenden oberen Kulminationen des Sonnenmittelpunktes.

Die Sterntage sind gleich; die Sonnentage ungleich, weil die Sonne sich mit ungleichförmiger Geschwindigkeit auf der Ekliptik bewegt (Folge der Keplerschen Gesetze), und weil gleichen Bögen der Ekliptik keine gleichen Bögen des Äquators entsprechen (Fig. 27: Die Ekliptikbögen WV und UE seien gleich, $\angle V' = 90°$, mithin $V'W < c$; AU' fast parallel EU, mithin AU' fast gleich c).

Fig. 27.

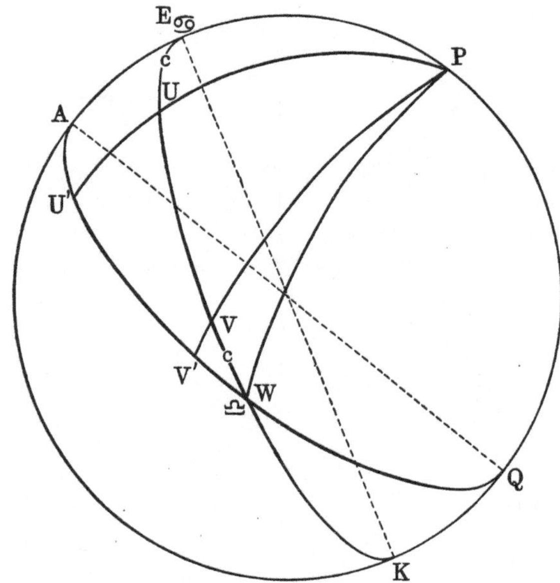

Die Sonne bleibt in 365 Tagen einmal die Länge der Ekliptik hinter den Sternen zurück; also sind **365 Sonnentage gleich 366 Sterntagen**, und ein Sonnentag ist fast 4 Minuten länger als ein Sterntag. Die ungleichen Sonnentage bieten kein geeignetes Zeitmaß für das bürgerliche Leben. Man nimmt daher als **mittleren Sonnentag** die Zeitdauer an, die zwischen zwei Kulminationen der Sonne liegen würde, wenn diese jahraus jahrein mit gleichförmiger Geschwindigkeit den Äquator durchlaufen würde.

Die Beobachtungen mit der Sonnenuhr und die Berechnungen aus astronomischen Aufnahmen ergeben stets die **wahre Sonnenzeit**. Um aus dieser die **mittlere Sonnenzeit** zu bestimmen, hat man für sämtliche Tage des Jahres den Zeitunterschied zwischen der Kulmination der wahren und der gedachten „mittleren" Sonne berechnet. Diese Differenz heißt **Zeitgleichung** oder Zeitausgleichung (Tafel, S. 153 und graphische Darstellung, S. 140, Fig. 28).

Mittlere Zeit = wahre Zeit + Zeitgleichung.

1 Sterntag = 1 mittl. Sonnentag — $3^m\ 56^s$ mittlere Sonnenzeit,

1   „   = $23^h\ 56^m\ 4^s$ mittlere Sonnenzeit.

Sternzeit = 1,002 738 mal mittlere Sonnenzeit und

mittlere Sonnenzeit = 0,997 27 mal Sternzeit.

Die mittlere Zeit oder Ortszeit ist nur für Orte desselben Meridians (meridies = Mittag, lateinisch) dieselbe; dagegen entsprechen

Unterschieden der geogr. Länge von je 1^0, 15^0, 90^0, 180^0, 270^0, 360^0

Unterschiede der Ortszeit von . . . 4^m, 1^h, 6^h, 12^h, 18^h, 24^h,

weil die mittlere Sonne in 24^h über allen 360 Meridianen kulminiert. Damit die Uhren Mitteleuropas übereinstimmen, zeigen sie sämtlich die **Ortszeit des 15. Grades östlicher Länge von Greenwich**, der durch Stargard und Görlitz geht. Diese Uhrenzeit Mitteleuropas heißt die **mitteleuropäische Zeit.**

Mitteleuropäische Zeit = wahre Zeit + Zeitgleichung $\pm$ Längenzeit,

$$m_{eu} \qquad = \qquad t \quad + \quad gl \quad \pm \quad l,$$

wenn man mit Längenzeit die Zeit bezeichnet, die verfließt von der Kulmination der mittleren Sonne in Stargard und in dem Beobachtungsort. Liegt dieser Ort **westlich**, so gilt das **positive** Zeichen.

Aufgaben:

1. a) Welche Zeit zeigt eine Uhr in Cassel ($\lambda = 9^0\ 30'$) am wahren Mittag des 5. Februar 1911? (Siehe Tafel, S. 153.)

    b) Desgl. in Paris ($\lambda = 2^0\ 20'\ 15''$) am 15. Juni 1911?

    c) Desgl. in Petersburg ($\lambda = 30^0\ 18'$) am 28. September 1911?

    d) Desgl. in Kapstadt ($\lambda = 18^0\ 29'$) am 10. August 1911?

    e) Desgl. in Valparaiso ($\lambda = -71^0\ 40'$) am 21. Mai 1911?

2. a) In welchem Meridian befindet sich ein Schiff, dessen nach mitteleuropäischer Zeit gehende Uhr am 22. März 1911 bei der Kulmination der Sonne $12^h\ 15^m\ 16^s$ zeigte?

    b) Desgl. $2^h\ 33^m\ 17^s$ nachmittags am 31. Mai 1911?

    c) Desgl. $11^h\ 55^m\ 43^s$ vormittags am 5. Juli 1911?

    d) Desgl. $6^h\ 10^m\ 11^s$ vormittags am 13. Oktober 1911?

    e) Desgl. $6^h\ 10^m\ 11^s$ nachmittags am 13. Oktober 1911?

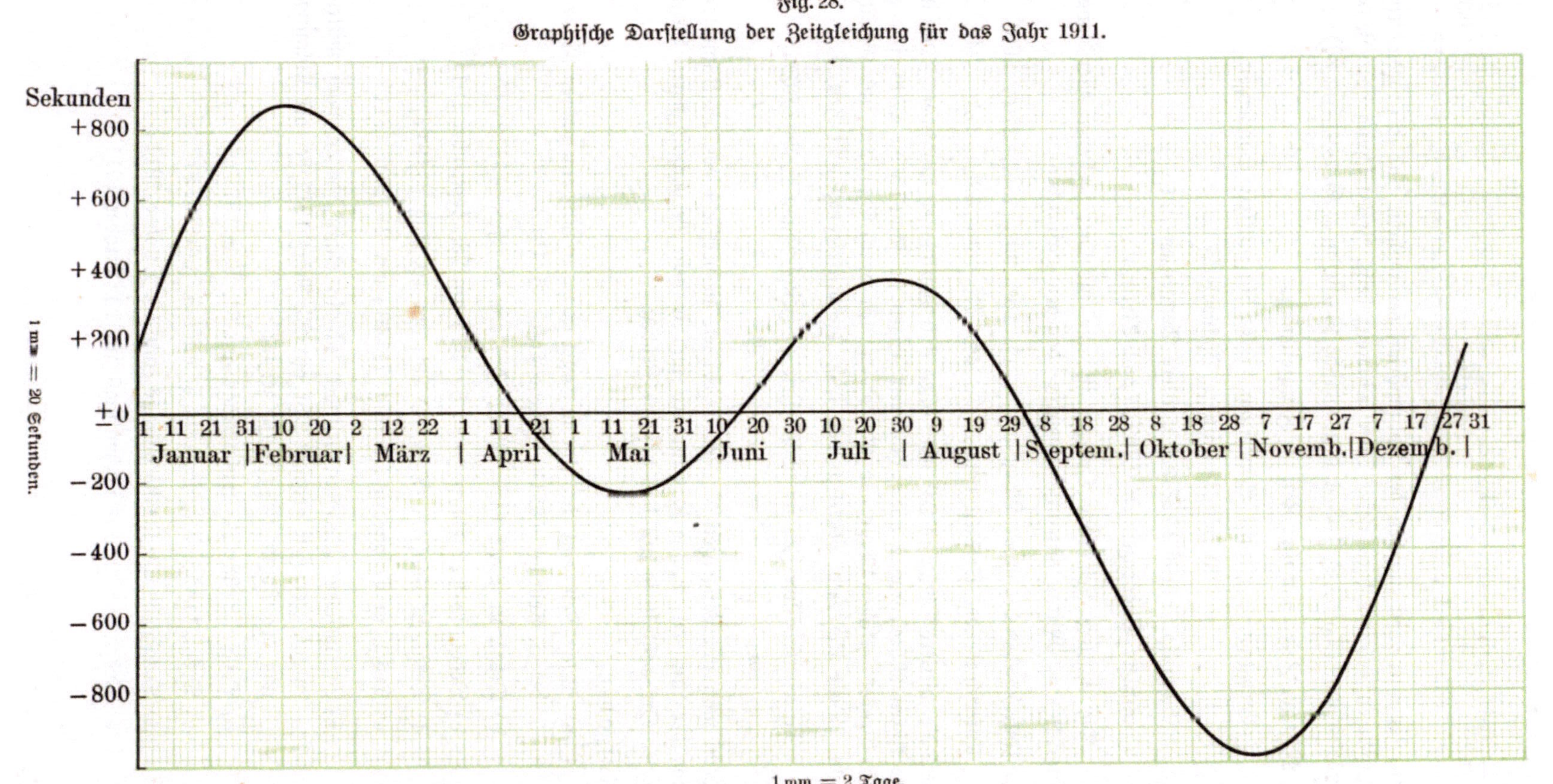

Fig. 28.
Graphische Darstellung der Zeitgleichung für das Jahr 1911.
Sekunden
+800
+600
+400
+200
±0
—200
—400
—600
—800
1 mm = 20 Sekunden.
1 11 21 31 10 20 2 12 22 1 11 21 1 11 21 31 10 20 30 10 20 30 9 19 29 8 18 28 8 18 28 7 17 27 7 17 27 31
Januar | Februar | März | April | Mai | Juni | Juli | August | Septem. | Oktober | Novemb. | Dezemb. |
1 mm = 2 Tage.

§ 22. Die astronomischen Koordinatensysteme.

	I. Fig. 29.	II. Fig. 29.	III. Fig. 25.
Abszissenachse	Horizont	Äquator	Ekliptik
Abszisse:			
Name	Azimut a	Rektaszension α	Astronomische Länge λ
Nullpunkt	Südpunkt S	Frühlingspunkt ♈	Frühlingspunkt ♈
Richtung der Messung	Vom Himmelsnordpol aus gesehen:		
Größe der Messung .	rechts herum, 0° bis 360° oder westlich und östlich von 0° bis 180°	links herum, 0° bis 360°	links herum. 0° bis 360°
Pol	Zenit oder Scheitel	Nordpol	Pol der Ekliptik
Ordinate:			
Name	Höhe h	Deklination δ	Astronomische Breite β
Messung auf dem . .	Scheitelkreis	Deklinationskreis	Ekliptischen Meridian
Richtung der Messung	über dem Horizont +, unter d. Horizont —	nördlich +, südlich —	nördlich +, südlich —
Größe der Messung .	0° bis 90°	0° bis 90°	0° bis 90°

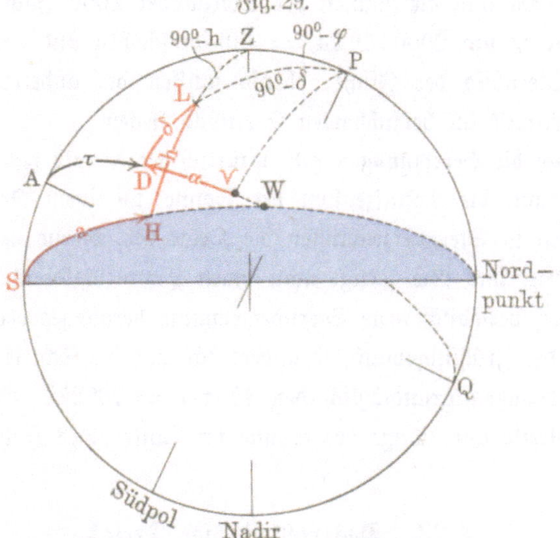

Westliche Welthalbkugel vom Weltmittelpunkt aus gesehen.

Aufgaben:

1. Zur gedächtnismäßigen Einprägung des Horizontsystems beachte: Höhe erinnert an Horizont; in Horizont, Azimut und Zenit wiederholt sich der Buchstabe z; die Koordinaten sind mit lateinischen Buchstaben bezeichnet.

2. a) Azimut und Höhe sind Funktionen der geographischen Breite φ und der Beobachtungszeit t.

   Wie ändert sich a und h der Sonne und der Fixsterne im Laufe eines Tages und eines Jahres?

   Welcher Punkt des Himmels hat stets $a = 180°$ und $h = \varphi$?

   Welchen Azimut hat der Punkt des Himmels, dessen Höhe 90° beträgt?

Welche Kulminationshöhe hat die Sonne am 21. März, am 21. Juni, am 23. September und am 21. Dezember in der Breite φ?

b) **Die tägliche Deklination der Sonne wird als konstant angenommen!** Wie ändert sich ihre Deklination im Laufe eines Jahres?

Wie findet man die Deklination δ eines Fixsternes aus seiner Kulminationshöhe h und der geographischen Breite φ? Welche Deklination besitzt der Widderpunkt, welche der Krebs?

Liegt der Frühlingspunkt $\vee$ fest, so müssen die Rektaszensionen der Fixsterne (außer der Sonne) unverändert bleiben. Aus der tatsächlichen Änderung der Rektaszension der Fixsterne hat man berechnet, daß der $\vee$ jährlich 50,24″ nach den Fischen hinwandert (Fig. 24), daß er also in

$$\frac{360^0}{50,24''} = 25\,800 \text{ Jahren die ganze Ekliptik zurück-}$$

legt. Da nun die Namen der Sternbilder 2000 Jahre alt sind, so ist der $\vee$ um $2000 \cdot 50,24'' = 30^0$ verschoben und liegt heute etwa im Sternbild der Fische, ebenso müssen die anderen Zeichen der der Ekliptik im benachbarten Sternbild liegen.

Für die Berechnungen gilt natürlich der $\vee$ als fest. Wie ändert sich dann die Rektaszension der Sonne in einem Jahr? Warum werden in Sternverzeichnissen die Örter der Sterne in α und δ angegeben, und wie fertigt man einen Himmelsglobus an? Warum werden periodisch neue Sternverzeichnisse herausgegeben?

c) Wie der Frühlingspunkt, so ändert sich auch die Schiefe ε der Ekliptik, wir benutzen grundsätzlich den Wert $\varepsilon = \mathbf{23^0 27'}$. Wie ändert sich die Breite und Länge der Sonne im Laufe eines Jahres?

§ 23. Das rechtwinklige Dreieck.

I. Das Dreieck ist am Nordpunkt rechtwinklig.

Vorbemerkung: Ist in den Aufgaben dieses oder der folgenden Paragraphen das Datum des Jahres 1911 angegeben, so soll die Deklination δ der Sonne aus der Tabelle entnommen werden.

1. Wann ging die Sonne, d. h. ihr Mittelpunkt in Berlin ($\varphi = 52^0 30'$, $\lambda = 13^0 23' 45''$) auf und wie groß war ihre Morgenweite

    a) am längsten Tage,   b) am kürzesten Tage,

    c) am 16. April 1911,   d) am 13. Oktober 1911?

Lösung: a) Aus den Seiten φ und $(90^0 - \delta)$ des rechtwinkligen Dreiecks $P\,No\,Au$ (Fig. 30) berechnet man den Winkel $\tau = 55^0\,34'\,37''$.

Fig. 30.

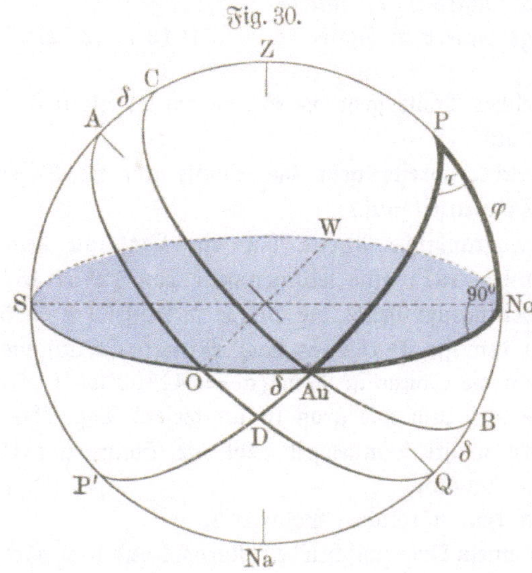

Die Sonne durchläuft den Bogen $B\,Au\,C$ mit gleichförmiger Geschwindigkeit in 12 Stunden; um Mitternacht steht sie in B, Mittags in C. Braucht sie t Stunden, um den Bogen $B\,Au$ zu durchlaufen, so verhält sich

$$\frac{t \text{ Stunden}}{12 \text{ Stunden}} = \frac{\tau^0}{180^0}, \text{ also } t = \frac{\tau}{15} \text{ Stunden,}$$

$t = 55^0\,34'\,37'' : 15 = 3^h\,42^m\,18^s$, d. h. die Sonne geht um $3^h\,42^m\,18^s$ wahrer Sonnenzeit oder um $(3^h\,42^m\,18^s + 1^m\,18^s + 6^m\,25^s) = 3^h\,50^m\,1^s$ mitteleuropäischer Zeit auf.

Ihre Morgenweite $O\,Au$ ist gleich $(90^0 - Au\,No) = (90^0 - 49^0\,10'\,44'')$ $= 40^0\,49'\,16''$, d. h. die Sonne geht $40^0\,49'\,16''$ nördlich vom Ostpunkte auf.

2. Durch die Strahlenbrechung, die am Horizont am größten und im Zenit Null ist, wird die Deklination der Sonne beim Aufgang um etwa $35'$ vergrößert. Löse Aufgabe 1 mit Berücksichtigung der Strahlenbrechung. Die meisten Kalender geben den Sonnenaufgang für die Breite von Berlin und die Länge von Stargard an.

3. Um wieviel Uhr nach mitteleuropäischer Zeit ging die Sonne in Cassel $(\varphi = 51^0\,19', \lambda = 9^0\,30'\,10'')$ am 21. Juni 1911 auf mit Berücksichtigung der Strahlenbrechung?

4. Wann geht auf dem nördlichen Wendekreise $(\varphi = 23^0\,27')$ die Sonne am längsten Tage auf und in welcher Morgenweite?

5. Um wieviel Uhr nach mitteleuropäischer Zeit geht die Sonne in Wien ($\varphi = 48^0 12' 36''$, $\lambda = 34^0 3'$) a) am längsten Tage, b) am kürzesten Tage des Jahres 1911 unter?

6. Wie lange dauert in Cassel ($\varphi = 51^0 19'$) der kürzeste Tag?

---

7. Unter welcher Breite geht die Sonne am 21. Juni $39^0 34'$ nördlich vom Ostpunkt auf?

8. Unter welcher Breite geht die Sonne am 21. Dezember um $7^h 59^m$ wahrer Sonnenzeit auf?

9. Welche geographische Breite hat ein Ort, an dem die Sonne am 3. September 1911 eine Morgenweite von $12^0 57' 43''$ besitzt?

10. Welche Deklination besitzt die Sonne in Cassel ($\varphi = 51^0 19'$) an einem Tage, an dem sie $4^h 46^m 48^s$ nach Mitternacht aufging?

11. Wann geht die Sonne in Rom ($\varphi = 41^0 53' 54''$) $18^0 56'$ nördlich vom Ostpunkte auf, und wie groß ist an diesem Tage ihre Deklination?

12. Um welche wahre Sonnenzeit geht die Sonne am längsten Tage auf
    a) am Äquator,
    b) auf dem nördlichen Polarkreis,
    c) an einem Orte zwischen dem Nordpol und dem nördlichen Polarkreis?

II. Das Dreieck ist am Pol rechtwinklig.

13. Welche Höhe h und welchen Azimut a hat die Sonne am 10. Juni 1911 in Berlin ($\varphi = 52^0 30'$) um 6 Uhr morgens wahrer Sonnenzeit?

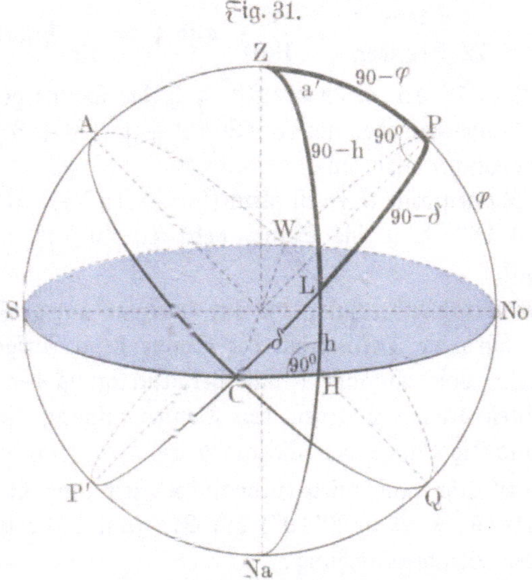
Fig. 31.

Lösung: Um 6 Uhr wahrer Sonnenzeit geht der Deklinationskreis durch den Ostpunkt O (Fig. 31). Der Winkel ZPL ist 90^0, mithin ist das Dreieck ZPL rechtwinklig. Man kennt seine Katheten und berechnet seine Hypotenuse $ZL = 71°58'48''$ und seinen Winkel $LZP = 14°27'18''$. Daher erhält man als Höhe $h = 18°1'12''$ und als Azimut $a = 194°27'18''$ westlich oder $75°32'42''$ östlich.

14. Welche Höhe h und welchen Azimut a hat die Sonne am 5. Juli 1911 in Rom ($\varphi = 41°53'54''$) um 6 Uhr abends wahrer Sonnenzeit? (Fig. 32.)

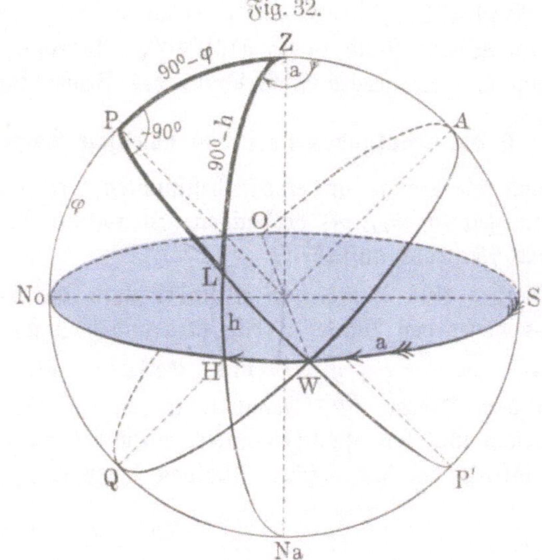

15. Welche Richtung hat eine Straße in Cassel ($\varphi = 51°19'$), die am 1. Mai 1911 um 6 Uhr morgens wahrer Sonnenzeit schattenlos war?

16. In Upsala ($\varphi = 59°51'29''$) stand die Sonne um 6 Uhr nachmittags $h = 17°5'$ hoch über dem Horizont. Welche Deklination besaß die Sonne und in welcher Himmelsrichtung stand sie?

17. In Lissabon ($\varphi = 38°42'30''$) wurde die Sonne um 6 Uhr nachmittags 15° nördlich vom Westpunkte beobachtet.

    a) Wie groß war ihre Deklination, und an welchen Tagen des Jahres 1911 kann die Beobachtung stattgefunden haben?

    b) Wie hoch stand an diesem Tage die Sonne, und wie lang war der Schatten einer 5 m langen Telegraphenstange?

18. Am 20. Juni 1911 um 6 Uhr nachmittags betrug die Sonnenhöhe $13°59'$. Unter welcher Breite fand die Beobachtung statt?

III. Das Dreieck ist am Zenit rechtwinklig.

19. Man will die Sonne am 29. Juli 1911 in Cassel ($\varphi = 51°19'$, $\lambda = 9°30'10''$) beobachten, wenn sie genau im Westen steht. In welche Höhe muß man das Fernrohr einstellen und um wieviel Uhr beobachten?

20. Wie hoch und zu welcher Zeit steht in Hamburg ($\varphi = 53^0\,33'$, $\lambda = 10^0$) die Sonne am längsten Tage im ersten Vertikal, d. h. genau im Osten und im Westen?

21. In Stettin stand die Sonne am 16. Mai 1911 um $6^h\,55^m\,50^s$ in einer Höhe $h = 23^0\,40'\,42''$ genau im Osten. Bekannt ist die Zeitgleichung $gl = -\,3^m\,49^s$ und die Längenzeit $l = +\,1^m\,48^s$. Berechne die Breite und die Länge Stettins.

22. Am 6. April 1911 ($\delta = 6^0\,7'\,6''$) betrug die Höhe der Sonne, als sie genau im Westen stand, $h = 9^0\,59'\,40''$. Berechne die Zeit der Beobachtung und die geographische Breite des Beobachtungsortes.

§ 24. Aufgaben über das nautische Dreieck.

1. Man will die Sonne an einem bestimmten Orte (φ, λ) in einer bestimmten Zeit (δ, m_{eu}, gl) beobachten. In welcher Richtung (h, a) muß man das Fernrohr aufstellen?

Lösung: Aus λ, m_{eu} und gl findet man die wahre Sonnenzeit t und aus dieser den Winkel τ (Fig. 33 a und b) nach den Formeln

$$m_{eu} = t + gl \pm l \quad \text{und} \quad t^h : 12^h = \tau^0 : 180^0.$$

Von dem Dreieck ZPL kennt man nunmehr drei Stücke, nämlich zwei Seiten und den Zwischenwinkel, mithin kann man die fehlenden Stücke mittels der Neperschen Analogie berechnen.

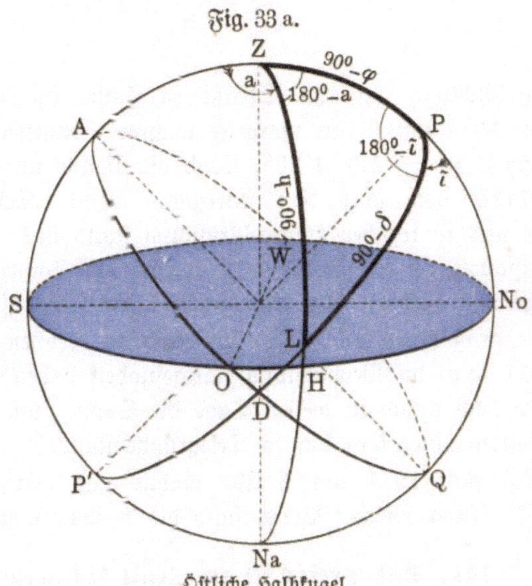

Da der Winkel τ eine einfache Funktion der Beobachtungszeit t, nämlich $\tau = 15\,t$ ist, so führt er den Namen „**Stundenwinkel**". Das Dreieck ZPL heißt **Zenit-Pol-Stern-** oder **nautisches Dreieck**.

Benutze bei Beobachtungen:

zwischen Mitternacht und Mittag Fig. 33 a; t gibt die Zeit vormittags und a den östlichen Azimut an;

zwischen Mittag und Mitternacht Fig. 33 b; t gibt die Zeit nachmittags und a den westlichen Azimut an.

Fig. 33 b.

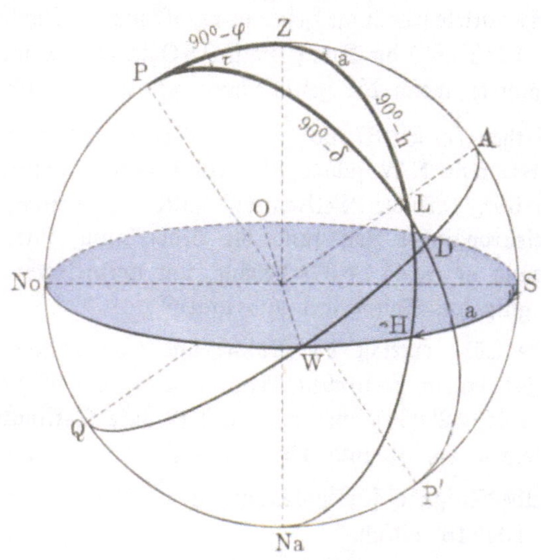

a) An einem Orte, der die geographische Breite $\varphi = 51^0\,59'\,20''$ hat, wurde der Stundenwinkel τ eines Sternes, dessen Deklination $\delta = 22^0\,0'\,55''$ betrug, gleich $15^0\,8'\,12''$ bestimmt. Wie groß sind zur selben Zeit die Höhe und der Azimut des Sternes? (Pr.)

b) Unter dem nördlichen Polarkreis ($\varphi = 66^0\,33'$) wurde die Sonne um $1^h\,11^m\,18^s$ wahrer Zeit beobachtet. Wie hoch und in welcher Himmelsrichtung stand sie, wenn ihre Deklination $17^0\,15'\,36''$ betrug?

c) Man will in Berlin ($\varphi = 52^0\,30'$) die Sonne am 1. Mai 1911 vier Stunden vor ihrem Durchgang durch den Meridian beobachten. Welche Höhe und welchen Azimut hatte die Sonne um diese Zeit?

d) Welche Höhe und welchen Azimut hatte die Sonne in Brüssel ($\varphi = 50^0\,47'\,53''$, $\lambda = 4^0\,22'\,4''$) am 22. November 1911 um $2^h\,40^m$ nachmittags? Wie lange dauerte der Tag, und wo ging die Sonne auf?

e) Welche Richtung hat eine Straße in Cassel ($\varphi = 51^0\,19'$, $\lambda = 9^0\,30'\,10''$), die am 5. Juli 1911 um 10^h mitteleuropäischer Zeit schattenlos ist?

2. a) Auf der Breslauer Sternwarte ($\varphi = 51^0\,6'\,57''$) wurde die Sonne nach Südosten in $h = 39^0\,10'$ Höhe beobachtet. Welches war ihre Deklination und wieviel Uhr war es nach wahrer Sonnenzeit?

b) Dieselbe Aufgabe für Dresden: $\varphi = 51^0\,2'$, $a = 57^0\,58'$, $h = 37^0\,5'$.

c) Dieselbe Aufgabe für Bordeaux: $\varphi = 44^0\,50'$, $a = 97^0\,4'$ östlich, $h = 17^0\,10'$.

d) Welche mitteleuropäische Zeit war es, als man in Potsdam ($\varphi = 52^0\,24'$, $\lambda = 13^0\,3'\,45''$) die Sonne nach OSO in einer Höhe $h = 19^0\,59'\,50''$ beobachtete, wenn die Zeitgleichung $gl = +\,5^m\,40^s$ betrug?

e) In Athen ($\varphi = 37^0\,58'$, $\lambda = 23^0\,44'$) fand man eine Straße, die von SO nach NW führte, schattenlos und bestimmte die Sonnenhöhe $h = 50^0$. Welche Deklination hatte die Sonne, um wieviel Uhr mitteleuropäischer Zeit fand die Beobachtung statt, wenn die Zeitgleichung $gl = -\,1^m\,37^s$ betrug, um wieviel Uhr mitteleuropäischer Zeit ging die Sonne auf und unter?

3. a) Welche Höhe erreicht die Sonne um $t = 2^h\,30^m$ wahrer Sonnenzeit bei einem westlichen Azimut $a = 60^0\,39'\,25''$ in Darmstadt ($\varphi = 49^0\,52'\,20''$), und wie groß ist ihre Deklination? (Nepersche Analogien 4a, 5a und 4b oder 5b.)

b) Dieselbe Aufgabe für Potsdam: $\varphi = 52^0\,24'$, $t = 8^h$ vormittags, $a = 104^0\,48'$ östlich.

c) Am 11. April 1911 hatte die Sonne·in Wien ($\varphi = 48^0\,12'\,36''$, $\lambda = 16^0\,20'\,15''$) um $8^h\,56^m$ vormittags nach mitteleuropäischer Zeit einen am Nordpunkte anfangenden Azimut $a' = 122^0\,3'\,30''$. Wie groß war ihre Höhe und ihre Deklination, wenn die Zeitgleichung $gl = +\,1^m\,21^s$ betrug?

4. a) Die Sonne hatte in Leipzig ($\varphi = 9^0\,51'\,20''$) um $t = 6^h\,53^m\,30^s$ vormittags wahrer Sonnenzeit eine Höhe $h = 20'\,50''$. Wie groß war ihr Azimut und ihre Deklination? (Pr.) (Sinussatz, dann Nepersche Analogien 4a oder 5a und 3b oder 5b.)

b) Welche Deklination hat der Sonnenmittelpunkt, wenn er sechs Stunden nach dem Durchgehen durch die Meridianebene $h = 20^0\,8'\,50''$ hoch über dem Horizont von Petersburg ($\varphi = 59^0\,56'\,30''$) steht, und wie groß ist dann sein Azimut? (Pr.)

c) Wie groß ist die Deklination der Sonne an dem Tage, an dem ihre Höhe in Berlin ($\varphi = 52^0\,30'$) zwei Stunden vor der Kulmination $h = 22^0\,25'$ beträgt? (Pr.)

d) Die Deklination der Sonne betrug $\delta = 13^0\,4'$, als an einem Orte bei einem Azimut $a = 80^0\,30'$ die Sonnenhöhe $h = 40^0\,45'$ beobachtet wurde. Welches war die Polhöhe des Beobachtungsortes und die Zeit der Beobachtung? (Pr.)

e) Welche geographische Breite hat ein Ort, an dem Aldebaran, dessen Deklination $\delta = 16°14'51''$ ist, $2^h 35^m$ vor seiner Kulmination die Höhe $h = 40°33'24''$ hat? (Pr.)

f) Ein Stern hat die Deklination $\delta = 7°54'$, die Höhe $h = 22°45'12''$ und den westlichen Azimut $a = 50°14'23''$. Um wieviel Uhr nach seiner Kulmination fand die Beobachtung statt, und wie groß ist die geographische Breite des Beobachtungsortes? (Pr.)

g) Die Sonne hatte in Berlin ($\varphi = 52°30'$) um $9^h 3^m 2^s$ vormittags einen am Nordpunkte anfangenden Azimut $a' = 121°46'$. Wie groß war ihre Höhe und ihre Deklination?

5. a) In Berlin ($\varphi = 52°30'$) beobachtet man die Sonne vormittags bei einer Deklination $\delta = + 17°24'$ in der Höhe $h = 32°44'$. Welches ist die wahre Zeit der Beobachtung? (Pr. Tangensformel.)

b) Um welche Zeit hat die Sonne in Wien ($\varphi = 48°12'36''$) die Höhe $h = 49°12'$, wenn ihre Deklination $\delta = 23°27'10''$ betrug? (Pr.)

c) Am 20. Februar 1911 wurde die Sonne in Berlin ($\varphi = 52°30'$, $\lambda = 13°23'45''$) in einer Höhe von $18°5'12''$ beobachtet. Wieviel Uhr war es nach wahrer Sonnenzeit, mittlerer Sonnenzeit und mitteleuropäischer Zeit?

d) In Berlin ($\varphi = 52°30'$) beobachtet man am westlichen Himmel um $7^h 50^m$ die Höhe $h = 35°40'36''$ eines Sternes, dessen Deklination $15°44'$ war. Wann kulminierte dieser Stern?

e) Um wieviel Uhr nach mitteleuropäischer Zeit wirft am 15. Juni 1911 in Stockholm ($\varphi = 59°21'$, $\lambda = 18°4'$) ein senkrechter Stab auf wagerechtem Boden einen Schatten, dessen Länge dreimal so groß ist wie die Stablänge, und welche Richtung hat der Schatten?

§ 25. Das astronomische Dreieck.

I. Rechtwinklige Dreiecke.

1. a) Berechne aus der Länge λ der Sonne und der Schiefe der Ekliptik $\varepsilon = 23°27'$ ihre Deklination δ und ihre Rektaszension α.

Lösung: Die Sonne befindet sich stets auf der Ekliptik. Daher ist ihre Breite β stets gleich Null und ihre Rektaszension wächst im Laufe eines Jahres von $0°$ bis $360°$. Denkt man sich in Fig. 25 den Punkt L auf die Ekliptik geschoben, so entsteht ein rechtwinkliges Dreieck mit der Hypotenuse λ, einem spitzen Winkel ε und den Katheten δ und α.

Zahlenwerte: $\lambda_1 = 27^0\,8'$, $\lambda_2 = 308^0\,39'$. Da δ spitz sein muß und α und λ in demselben Quadranten liegen müssen, so ist die Aufgabe eindeutig.

b) Berechne aus der Länge $\lambda = 34^0\,55'$ der Sonne, der geographischen Breite $\varphi = 48^0\,29'$ des Beobachtungsortes und der Schiefe der Ekliptik die Kulminationshöhe der Sonne.

c) Berechne die Länge und die Rektaszension der Sonne am 16. April 1911 ($\delta_1 = +\,9^0\,48'\,30''$) und am 13. Oktober 1911 ($\delta_2 = -\,7^0\,26'\,30''$).

d) Welche Deklination und welche Länge hat die Sonne an dem Tage, an dem ihre Rektaszension $\alpha_1 = 65^0\,49'$ (bzw. $\alpha_2 = 297^0\,17'$) beträgt?

II. Schiefwinklige Dreiecke.

2. a) Berechne aus der Deklination δ eines Sternes und seiner Rektaszension α seine (astronomische) Breite β und seine (astronomische) Länge λ.

Lösung: In dem sogenannten **astronomischen Dreieck** PJL (Fig. 25) kennt man zwei Seiten $PJ = \varepsilon$, $PL = (90^0 - \delta)$ und den Zwischenwinkel $LPJ = (90^0 + \alpha)$. Man kann daher die Neperschen Analogien benutzen.

Da α und λ stets in demselben Quadranten liegen und β ein spitzer Winkel ist, so tritt keine Zweideutigkeit auf. Man löst daher die Aufgabe auch mit dem Kosinussatz und dem Sinussatz, nämlich

$$sin\,\beta = sin\,\delta\,cos\,\varepsilon - cos\,\delta\,sin\,\varepsilon\,sin\,\alpha$$

$$\text{und} \quad \frac{sin\,(90^0 - \lambda)}{sin\,(90^0 + \alpha)} = \frac{sin\,(90^0 - \delta)}{sin\,(90^0 - \beta)} \quad \text{oder} \quad \frac{cos\,\lambda}{cos\,\alpha} = \frac{cos\,\delta}{cos\,\beta}.$$

Zahlenwerte: $\delta_1 = 52^0\,18'$, $\alpha_1 = 38^0\,45'$; $\delta_2 = -\,15^0\,8'$, $\alpha_2 = 198^0\,16'\,46''$.

b) Berechne aus der Breite β und der Deklination δ eines Sternes seine Rektaszension und seine Länge.

$$\beta_1 = 49^0\,40', \quad \lambda_1 = 163^0\,57'; \quad \beta_2 = -\,5^0\,39', \quad \lambda_2 = 68^0\,29'.$$

c) Berechne aus der Breite β und der Rektaszension α eines Sternes seine Deklination und seine Länge.

$$\beta_1 = 11^0\,29, \quad \alpha_1 = 230^0\,15; \quad \beta_2 = -\,6^0\,50', \quad \alpha_2 = 341^0\,43'.$$

d) Berechne aus der Deklination δ und der Länge λ eines Sternes seine Breite und seine Rektaszension.

$$\delta_1 = 10^0\,48'\,30'', \quad \lambda_1 = 46^0\,34'\,56''; \quad \delta_2 = -\,15^0\,8', \quad \lambda_2 = 202^0\,36'\,20''.$$

3. In regelmäßig erscheinenden Büchern, z. B. dem Nautischen Jahrbuch, werden für die Sonne, den Mond, die Planeten und die bekannteren Fix=sterne Tafeln mit ihren Breiten und Längen oder mit ihren Deklinationen und Rektaszensionen, sowie die Zeitgleichungen veröffentlicht. Wie muß man an einem bestimmten Orte (φ, λ_1) zu einer bestimmten Zeit (Tag, Stunde mitteleuropäischer Zeit) das Fernrohr einstellen, um einen be=stimmten Stern (β, λ, bzw. δ, α) zu sehen?

Lösung: Aus der geographischen Länge λ_1 des Beobachtungsortes, der gegebenen mitteleuropäischen Zeit m_{eu} und der Zeitgleichung gl für den bestimmten Tag berechnet man die wahre Sonnenzeit t_s und den Stundenwinkel der Sonne τ_s.

Aus der Breite β und der Länge λ des Sternes findet man im astronomischen Dreieck seine Deklination δ und seine Rektaszension α, sofern diese nicht von vornherein bekannt sind.

Nun ist für jeden Stern in jedem Augenblick (Fig. 29) $A\,\Upsilon$ gleich Stundenwinkel plus Rektaszension; man kann daher für den Augenblick der Beobachtung $A\,\Upsilon$ doppelt ausdrücken durch den Stundenwinkel τ und die Rektaszension α des Sternes und durch den Stundenwinkel τ_s und die Rektaszension α_s der Sonne. Durch Gleichsetzung erhält man die Gleichung

$$\tau + \alpha = \tau_s + \alpha_s.$$

τ_s und α war berechnet, α_s entnimmt man der Tafel und findet dann τ. Aus φ, δ und τ ergibt sich im nautischen Dreieck h und a.

§ 26. Vermischte Aufgaben.

I. Rechtwinklige Dreiecke.

1. An einem bestimmten Tage hatte Jupiter die Deklination $\delta = 13^0\,14'\,15''$; die Polhöhe des Beobachtungsortes war $\varphi = 52^0\,30'\,16''$. Wie groß war die Morgenweite des Planeten? (Pr.)

2. Wie groß ist die Deklination eines Sternes, wenn seine Morgenweite doppelt so groß wie seine Deklination sein soll und die Polhöhe $\varphi = 52^0\,30'\,18''$ beträgt? (Pr.)

3. Wie groß sind die Rektaszension und die Länge der Sonne an dem Tage, an dem ihre Deklination $\delta = -18^0\,45'$ beträgt? $\varepsilon = 23^0\,27'$.

4. Die Sonne hat an einem Wintertage eine Rektaszension $\alpha = 317^0\,27'$. Wie groß ist an diesem Tage ihre Deklination und ihre Länge? $\varepsilon = 23^0\,27'$.

II. Schiefwinklige Dreiecke.

5. Bei einer Deklination der Sonne $\delta = +19^0\,39'\,10''$ betrug ihre Höhe $h = 38^0\,18'\,46''$ und ihr Azimut $a = 107^0\,47'\,15''$. Wie groß ist die Polhöhe des Beobachtungsortes? (Pr.)

6. a) Wie hoch steht die Sonne am 21. Dezember in Berlin ($\varphi = 52^0\,30'$) um 2^h wahrer Sonnenzeit? Wann geht sie unter und in welcher Abendweite? (Pr.)

   b) Welche Höhe hat die Sonne in Wien ($\varphi = 48^0\,12'\,36''$) um 9^h vormittags wahrer Sonnenzeit, wenn ihre Deklination $\delta = 7^0\,13'\,55''$ ist? (Pr.)

   c) Welche Höhe erreichte die Sonne um 10 Uhr vormittags in Berlin ($\varphi = 52^0\,30'$) an einem Tage, an dem ihre Deklination $\delta = 15^0\,10'\,25''$ war? (Pr.)

7. a) Wie lang ist der Schatten einer 20 m hohen Säule in Berlin ($\varphi = 52^0\,30'$) um $8^h\,56^m\,16^s$ vormittags mittlerer Sonnenzeit am 11. Mai 1911?

   b) Wie lang ist der Schatten des 300 m hohen Eiffelturmes in Paris ($\varphi = 48^0\,50'$) am 26. August 1911 um $2^h\,25^m$ mittlerer Sonnenzeit? (Pr.)

8. In Breslau ($\varphi = 51^0\,6'\,56''$) stand am 14. August 1901 die Sonne, deren Deklination $\delta = 14^0\,30'\,48''$ betrug, 5^0 nördlich von Südost. Wieviel Uhr war es nach wahrer Sonnenzeit und wieviel nach mitteleuropäischer Zeit, wenn die Zeitgleichung $gl = +4^m\,36^s$ war und Breslau 2^0 östlich von Stargard liegt? (Pr.)

9. Ein Seemann beobachtet am 13. August die Sonne, deren Deklination $\delta = 14^0\,32'$ betrug, in einer Höhe $h = 53^0\,16'\,24''$ und unter einem Azimut, das vom Südpunkt des Horizonts um $a = 57^0\,56'\,45''$ nach Osten abweicht. Wo befindet sich das Schiff (φ, λ), wenn die Schiffsuhr bei der Beobachtung $2^h\,16^m$ nachmittags mittlere Greenwicher Zeit zeigt und die Zeitgleichung $gl = +4^m\,42^s$ ist? (Pr.) (Aus der Differenz der mittleren Zeit des Beobachtungsortes, die man berechnen kann, und der gegebenen mittleren Greenwicher Zeit erhält man λ, da zu je 4 Minuten Zeitdifferenz ein Grad Längenunterschied gehört.)

Tafel für das Jahr 1911*).

Datum	Deklination der Sonne		Tägliche Veränderung	Zeitgleichung		Tägl. Veränderung	Datum	Deklination der Sonne		Tägliche Veränderung	Zeitgleichung		Tägl. Veränderung
	°	′	′	m	s	s		°	′	′	m	s	s
Jan. 1	− 23	4,8		+ 3	18		Juli 5	+ 22	53,0	− 4,3	+ 4	10	+ 11
6	− 22	36,3	+ 5,7	+ 5	37	+ 28	10	+ 22	21,8	− 6,2	+ 4	59	+ 10
11	− 21	56,6	+ 7,9	+ 7	45	+ 26	15	+ 21	40,9	− 8,2	+ 5	38	+ 8
16	− 21	6,2	+ 10,1	+ 9	38	+ 23	20	+ 20	50,8	− 10,0	+ 6	5	+ 5
21	− 20	5,8	+ 12,1	+ 11	14	+ 19	25	+ 19	51,8	− 11,8	+ 6	18	+ 3
26	− 18	55,9	+ 14,0	+ 12	32	+ 16	30	+ 18	44,6	− 13,4	+ 6	17	− 0
31	− 17	37,4	+ 15,7	+ 13	30	+ 12	Aug. 4	+ 17	29,7	− 15,0	+ 6	1	− 3
Febr. 5	− 16	11,1	+ 17,3	+ 14	7	+ 7	9	+ 16	7,7	− 16,4	+ 5	29	− 6
10	− 14	37,8	+ 18,7	+ 14	24	+ 3	14	+ 14	39,3	− 17,7	+ 4	43	− 9
15	− 12	58,4	+ 19,9	+ 14	21	− 1	19	+ 13	5,0	− 18,9	+ 3	43	− 12
20	− 11	13,8	+ 20,9	+ 14	0	− 4	24	+ 11	25,4	− 19,9	+ 2	31	− 14
25	− 9	24,8	+ 21,8	+ 13	22	− 8	29	+ 9	41,3	− 20,8	+ 1	9	− 16
März 2	− 7	32,2	+ 22,5	+ 12	30	− 10	Sept. 3	+ 7	53,4	− 21,6	− 0	23	− 18
7	− 5	36,9	+ 23,1	+ 11	25	− 13	8	+ 6	2,4	− 22,2	− 2	2	− 20
12	− 3	39,7	+ 23,4	+ 10	9	− 15	13	+ 4	8,8	− 22,7	− 3	46	− 21
17	− 1	41,6	+ 23,6	+ 8	45	− 17	18	+ 2	13,4	− 23,1	− 5	32	− 21
22	+ 0	17,0	+ 23,7	+ 7	16	− 18	23	+ 0	16,8	− 23,3	− 7	18	− 21
27	+ 2	15,1	+ 23,6	+ 5	45	− 18	28	− 1	40,3	− 23,4	− 9	0	− 20
April 1	+ 4	12,1	+ 23,4	+ 4	14	− 18	Okt. 3	− 3	37,0	− 23,3	− 10	38	− 20
6	+ 6	7,1	+ 23,0	+ 2	45	− 18	8	− 5	32,6	− 23,1	− 12	9	− 18
11	+ 7	59,5	+ 22,5	+ 1	20	− 17	13	− 7	26,5	− 22,8	− 13	29	− 16
16	+ 9	48,5	+ 21,8	+ 0	2	− 16	18	− 9	17,9	− 22,3	− 14	36	− 13
21	+ 11	33,4	+ 21,0	− 1	8	− 14	23	− 11	5,9	− 21,6	− 15	28	− 10
26	+ 13	13,7	+ 20,1	− 2	6	− 12	28	− 12	49,8	− 20,8	− 16	3	− 7
Mai 1	+ 14	48,5	+ 19,0	− 2	52	− 9	Nov. 2	− 14	28,7	− 19,8	− 16	19	− 3
6	+ 16	17,2	+ 17,7	− 3	25	− 7	7	− 16	1,7	− 18,6	− 16	17	+ 0
11	+ 17	39,2	+ 16,4	− 3	44	− 4	12	− 17	28,0	− 17,3	− 15	53	+ 5
16	+ 18	53,7	+ 14,9	− 3	49	− 1	17	− 18	46,8	− 15,8	− 15	7	+ 9
21	+ 20	0,3	+ 13,3	− 3	40	+ 2	22	− 19	57,3	− 14,1	− 14	1	+ 13
26	+ 20	58,4	+ 11,6	− 3	16	+ 5	27	− 20	58,7	− 12,3	− 12	34	+ 17
31	+ 21	47,6	+ 9,8	− 2	41	+ 7	Dez. 2	− 21	50,2	− 10,3	− 10	49	+ 21
Juni 5	+ 22	27,2	+ 7,9	− 1	54	+ 9	7	− 22	31,3	− 8,2	− 8	49	+ 24
10	+ 22	57,0	+ 6,0	− 1	0	+ 11	12	− 23	1,4	− 6,0	− 6	36	+ 27
15	+ 23	16,7	+ 3,9	0	0	+ 12	17	− 23	20,1	− 3,7	− 4	13	+ 29
20	+ 23	26,2	+ 1,9	+ 1	5	+ 13	22	− 23	27,1	− 1,4	− 1	44	+ 30
25	+ 23	25,4	− 0,2	+ 2	10	+ 13	27	− 23	22,4	+ 0,9	+ 0	46	+ 30
30	+ 23	14,3	− 2,2	+ 3	13	+ 13	Jan. 1 (1912)	− 23	5,9	+ 3,3	+ 3	12	+ 29

*) Diese Tafel wurde dem Berliner Astronomischen Jahrbuch entnommen.

Fünfter Teil

Analytische Geometrie der Ebene.

Erstes Kapitel.
Punkt und Gerade.

§ 1. Der Begriff der Koordinaten.

Jeder Punkt einer Ebene ist eindeutig bestimmt durch seine mit Vorzeichen versehenen Abstände von zwei festen aufeinander senkrechten Geraden, den Koordinatenachsen. Diese werden als Abszissen- oder X-Achse und Ordinaten- oder Y-Achse unterschieden. Ihr Schnittpunkt O (Fig. 1) heißt Koordinatenanfang oder Nullpunkt, weil von ihm aus auf den Achsen gemessen wird. Die Achsen teilen die Ebene in vier Felder oder Quadranten I, II, III, IV. Der Punkt P_1 hat die Abszisse $x_1 = +3$ und die Ordinate $y_1 = +2$, der Punkt P_2 die Koordinaten $x_2 = -2$ und $y_2 = +1$ usw. Die Koordinaten x_1 und y_1 usw. bedeuten ein für allemal Zahlenwert einschließlich Vorzeichen.

Fig. 1.

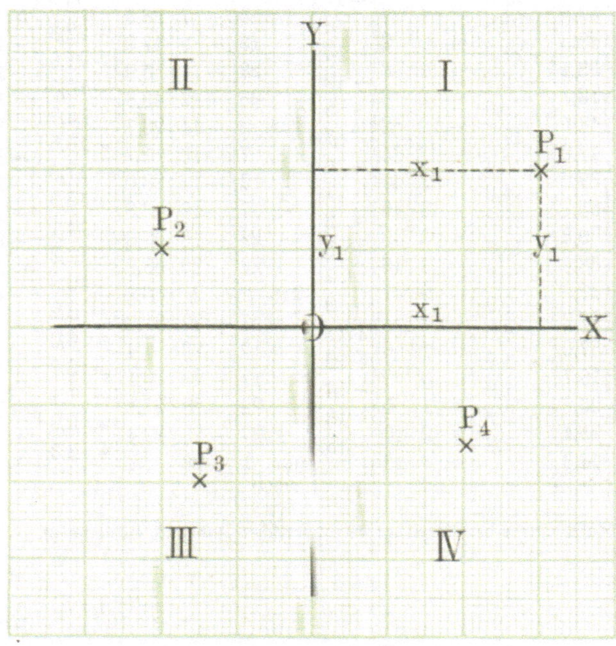

Aufgaben:

1. Zeichne auf Millimeterpapier die Punkte, die zu folgenden Koordinaten gehören:

     a) $P_1 \ldots x_1 = +4,$ **b)** $P_2 \ldots x_2 = +4,$

            $y_1 = +1{,}5;$ $y_2 = -1{,}5;$

     c) $P_3 \ldots x_3 = -2,$ **d)** $P_4 \ldots x_4 = -4,$

            $y_3 = +2;$ $y_4 = -3.$

2. Nimm in jedem der vier Felder einen Punkt an und bestimme seine Koordinaten durch Messung. — Welche Koordinaten hat der Nullpunkt?

3. Zeichne das Dreieck ABC, dessen Ecken die Koordinaten (5; 3), (1; 0) und (5; 0) haben. Berechne die Länge seiner Seiten und die Koordinaten der Seitenmittelpunkte.

4. Beschreibe um den Nullpunkt mit dem Radius $r = 2$ cm den Kreis und zeichne vom Schnittpunkt des Kreises mit der positiven X-Achse aus in den Kreis das regelmäßige Sechseck ein. Welche Koordinaten haben seine Ecken?

5. Welche Lage haben alle Punkte,

     deren Abszisse   a) $x = 3,$ b) $x = -5,$ c) $x = 0,$

     deren Ordinate   a) $y = 4,$ b) $y = -2,$ c) $y = 0$ ist?

§ 2. Länge und Richtung einer Strecke.

Aufgabe: Gegeben sind zwei Punkte $P_1\,(x_1;\,y_1)$ und $P_2\,(x_2;\,y_2)$.

     Gesucht wird

         1. die Länge der Verbindungsstrecke $e,$

         2. ihre Richtung, d. h. der Winkel, den e mit der X-Achse bildet.

Lösung zu 1: Da man die Länge von Strecken meistens mit Hilfe des pythagoreischen Lehrsatzes berechnet, so wird man e zur Seite eines rechtwinkligen Dreiecks machen (Fig. 2). Man erhält

$$e = \sqrt{(x_1 - x_2)^2 + (y_1 - y_2)^2}.$$

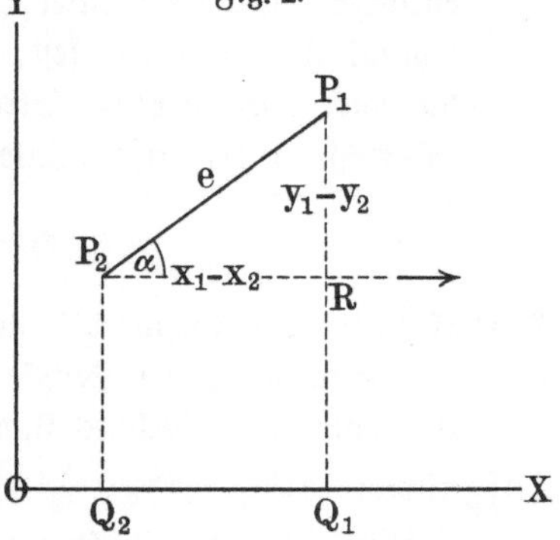

Diskussion:

a) Die Länge e ist eine absolute Größe, nicht etwa eine relative, wie z. B. die Strecken $P_1 P_2$ im Gegensatz zur Strecke $P_2 P_1$. Die negative Wurzel hat also keinen Sinn.

b) **Die Formel gilt stets.** Es ist gleichgültig, sowohl in welchen Feldern die Endpunkte liegen, als auch welchen Endpunkt man mit P_1 und welchen mit P_2 bezeichnet.

c) Beide Punkte können im ersten Felde liegen, der eine Punkt kann im ersten und der andere im zweiten Felde liegen usw.; es gibt so viel Möglichkeiten, wie man vier Elemente zur zweiten Klasse mit Wiederholung kombinieren kann, also zehn Möglichkeiten. Alle diese Fälle — und das ist der Vorzug der analytischen Geometrie — umfaßt die eine arithmetische Formel!

d) Die beiden Minuszeichen der Formel sind Rechenzeichen, die Größen x_1, x_2, y_1, y_2 bedeuten Zahlenwert einschließlich Vorzeichen (vgl. § 1). Damit man die richtigen Rechenzeichen erhält, empfiehlt es sich, die Figur so einzurichten, daß die gegebenen Größen positiv werden, also sind die gegebenen Punkte im ersten Felde anzunehmen und zwar so, daß die Koordinaten von P_1 größer sind als von P_2 usw.

Lösung zu 2: Verschiebt man die X-Achse, ohne ihre Richtung zu ändern, also parallel zu sich selbst, bis sie durch P_2 bzw. P_1 geht (Fig. 3), so

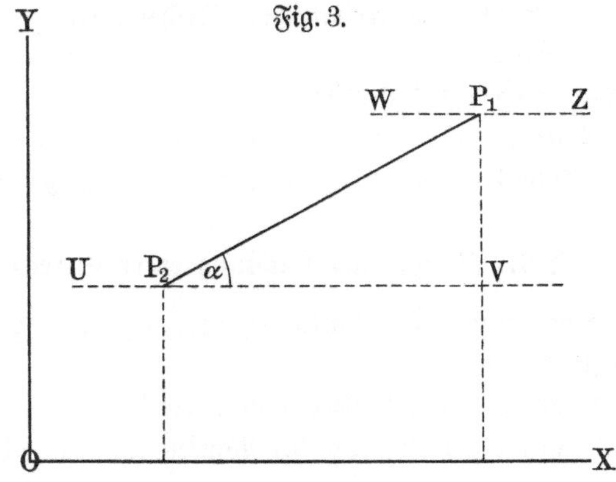

entstehen mehrere Winkel (wieviel). Damit der Winkel eindeutig bestimmt ist, setzen wir fest, daß stets der Winkel gemeint sein soll, den die nach oben gehende Strecke mit dem nach rechts gehenden Teil der X-Achse bildet, also Winkel α. Es ergibt sich

$$tg\,\alpha = \frac{y_1 - y_2}{x_1 - x_2}.$$

Diskussion: Die Formel gilt stets!

Wann läuft die Strecke der X-Achse parallel, wann steht sie auf ihr senkrecht? Welches sind die Grenzwerte für Winkel α?

Aufgaben:

1. Zeichne folgende Punktpaare, berechne ihre Entfernung und prüfe die Rechnung nach durch Messung.

     a) $P_1(3; 2)$, $P_2(6; 6)$,   b) $P_1(4; -1)$, $P_2(-8; 4)$,

     c) $P_1(-12; -15)$, $P_2(-5; 9)$,   d) $P_1(-8; 0)$ $P_2(6; -4)$.

2. Zeichne ein Dreieck ABC, dessen Ecken die Koordinaten $(3; 4)$, $(0; 0)$, $(0; 7)$ hat. Berechne seine Seiten und seine Winkel.

3. Es sind die Punkte $P_1 (4; -10)$ und $P_2 (-11; -2)$ gegeben. Berechne die Länge und die Richtung ihrer Verbindungsstrecke.

4. Zeichne und berechne die Seiten eines Dreiecks, dessen Ecken gegeben sind

      a) $A(1; 1)$, $B(5,5; -1)$, $C(2,5; 3)$.

      b) $A(-3,5; 1)$, $B(8; -5)$, $C(-1; 7)$.

§ 3. Der Halbierungspunkt einer Strecke.

Aufgabe: Gegeben sind die Endpunkte P_1 und P_2 einer Strecke.

           Gesucht werden die Koordinaten ihres Halbierungspunktes P_0.

Lösung: Die gesuchten Koordinaten x_0 und y_0 (Fig. 4) sind die Mittel=

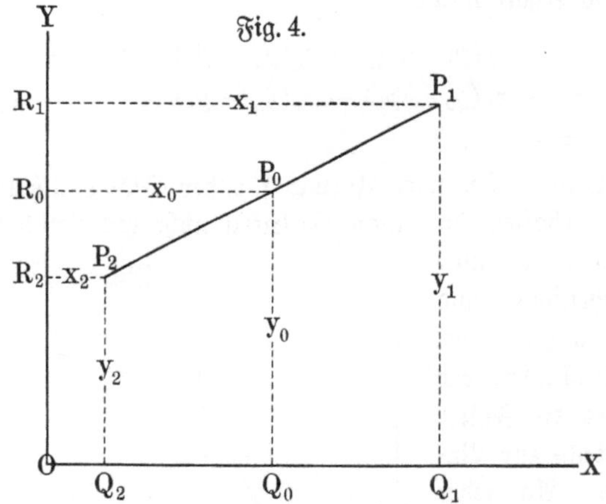

linien der Trapeze $P_1 R_1 R_2 P_2$ und $P_1 P_2 Q_2 Q_1$, also gleich dem arithmetischen Mittel der Grundlinien des betr. Trapezes.

$$x_0 = \frac{x_1 + x_2}{2} \quad \text{und} \quad y_0 = \frac{y_1 + y_2}{2}.$$

Aufgaben:

1. Berechne die Koordinaten des Halbierungspunktes der Strecke $P_1 P_2$.

      a) $P_1 (4; 7)$ und $P_2 (6; 5)$.   **b)** $P_1 (3; -5)$ und $P_2 (-4; 7)$.

      c) $P_1 (-2; -6)$ „ $P_2 (4; -4)$.   **d)** $P_1 (0; -5,6)$ „ $P_2 (-8,4; -4,4)$.

2. Gegeben sind die Ecken eines Dreiecks, nämlich:

      a) $A(-5; 5)$, $B(-1; -8)$, $C(15; 0)$;

      b) $A(4; 7)$, $B(5; -3)$, $C(-3; 2)$;

      c) $A(5; -1)$, $B(-1; 2)$, $C(-8; -6)$.

Berechne die Länge der Mittellinien.

§ 4. Der Flächeninhalt eines Dreiecks.

Aufgabe: Gegeben sind die Ecken eines Dreiecks.

Gesucht wird sein Flächeninhalt F.

Lösung: $F = ABED + BCFE - ACFD$ (Fig. 5),

$$F = (x_1 - x_2)\frac{y_1 + y_2}{2} + (x_2 - x_3)\frac{y_2 + y_3}{2} - (x_1 - x_3)\frac{y_1 + y_3}{2}.$$

Nach einiger Umformung ergibt sich

$$2F = x_1(y_2 - y_3) + x_2(y_3 - y_1) + x_3(y_1 - y_2).$$

Diskussion:

a) Vertauscht man die Buchstaben A und B miteinander, also die Indices 1 und 2, so erhält man:

$$x_2(y_1 - y_3) + x_1(y_3 - y_2) + x_3(y_2 - y_1)$$
$$= -x_1(y_2 - y_3) - x_2(y_3 - y_1) - x_3(y_1 - y_2)$$
$$= -2F.$$

Um nach vorstehender Formel für den Flächeninhalt einen positiven Wert zu erhalten, darf man die Ecken nicht willkürlich nehmen, sondern nur in einer bestimmten Reihenfolge und zwar so, daß man bei einem Umlaufen des Umfanges die Fläche des Dreiecks zur Linken hat. An jeder Ecke ist eine Linksdrehung notwendig in Übereinstimmung mit dem Drehungssinn bei den trigonometrischen Funktionen. Gleichgültig ist es dagegen,

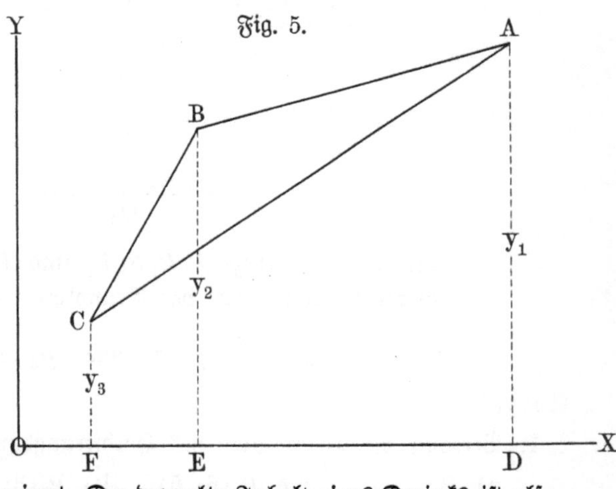

mit welcher Ecke man beginnt. Der **doppelte** Inhalt eines Dreiecks ist also gleich dem Produkte aus der Abszisse irgend einer Ecke und der Differenz der Ordinaten der beiden im linksdrehenden Sinne folgenden Ecken plus usw.

b) Fallen die drei Punkte A, B, C auf eine Gerade, so wird $2F$ gleich Null. Umgekehrt: Ist $2F$ oder

$$x_1(y_2 - y_3) + x_2(y_3 - y_1) + x_3(y_1 - y_2) = 0,$$

so liegen die drei Punkte auf einer Geraden.

Aufgaben:

1. Berechne den Inhalt des Dreiecks, dessen Ecken die Koordinaten haben,

    a) $P_1(5; 7)$, $P_2(2; 1)$, $P_3(4; 3)$,

    b) $P_1(5; -2)$, $P_2(-2; 6)$, $P_3(-3; -4)$,

    c) $P_1(-3; -2)$, $P_2(6; 2)$, $P_3(-2; 4)$,

    d) $(-1; -4)$, $(2; 1)$, $(4; -2)$,

    e) $(1; 1)$, $(-1; -5)$, $(-4; -3)$.

2. Untersuche, ob folgende Punkte in einer Geraden liegen?

    a) $P_1(0; -3)$, $P_2(2; -1)$, $P_3(5; 2)$,

    b) $A(1; 1)$, $B(6; 11)$, $C(-2; -5)$,

    c)   „   „ $C(-2; +5)$.

§ 5. Die Gleichung einer Kurve.

Gegeben ist die Gleichung $y = x + 1$; setze $x = 0, 1, 2, 3, -1, -2, -3$, berechne jedesmal das zugehörige y und zeichne zu jedem so bestimmten Wertepaar den Punkt, indem du x zur Abszisse, y zur Ordinate machst und als Einheit 1 cm wählst. Man erhält 7 getrennt liegende Punkte. Gibt man x die Werte 1,1 cm, 1,2 cm, 1,3 cm ... 1,9 cm, berechnet die zugehörigen Werte von y und zeichnet die so bestimmten Punkte, so fallen diese zwischen P_1 und P_2 ziemlich dicht zusammen. Man erkennt, daß es unendlich viele Wertepaare gibt, welche die Gleichung $y = x + 1$ befriedigen, und daß die Gesamtheit aller durch diese Wertepaare bestimmten Punkte eine Kurve bildet. Die Gleichung, aus der die einzelnen Koordinatenpaare berechnet wurden, heißt die Gleichung der Kurve. Die veränderlichen Koordinaten x und y nennt man die laufenden Koordinaten eines Kurvenpunktes. Hieraus folgt

    a) Liegt ein Punkt auf einer Kurve, so befriedigen seine Koordinaten die Gleichung der Kurve.

    b) (Umkehrung): Befriedigt ein Wertepaar x, y die Gleichung einer Kurve, so liegt der zugehörige Punkt auf dieser Kurve.

Aufgabe:

Zeichne einige Punkte folgender durch ihre Gleichungen gegebenen Kurven und verbinde die erhaltenen Punkte durch eine Kurve.

    a) $5y = 3x + 4$;   **b)** $x^2 + y^2 = 16$;

    c) $2y = 4 + \sqrt{-4x^2}$;   **d)** $y^4 + (2x^2 - 5)y^2 + x^2(x^2 - 5) + 4 = 0$.

    Anleitung: Man löst die Gleichungen nach y auf und beachtet, daß die Werte für x und y reell sein müssen.

§ 6. Die Gleichungen der Geraden.

Eine Gerade ist eindeutig bestimmt

1. durch einen ihrer Punkte $P_1\,(x_1;\,y_1)$ und ihre Richtung (Winkel α),

2. durch zwei ihrer Punkte $P_1\,(x_1;\,y_1)$ und $P_2\,(x_2;\,y_2)$.

Ist nun die Gleichung der Geraden gesucht, so muß man zwischen den laufenden Koordinaten $(x;\,y)$ eines beliebigen Kurvenpunktes und den gegebenen Größen eine Gleichung aufstellen.

Aufgabe 1: Gegeben ist $P_1\,(x_1;\,y_1)$ und α.

Gesucht wird die Gleichung der durch P_1 und α bestimmten Geraden.

Lösung: Nimmt man irgend einen Punkt auf der Geraden, so muß (Fig. 6) $\angle P P_1 R = \alpha$ sein, mithin ist $\dfrac{y - y_1}{x - x_1} = tg\,\alpha$. Bezeichnet man nun $tg\,\alpha$ mit m, so erhält man

$$\text{I.} \quad \frac{y - y_1}{x - x_1} = m \quad \text{oder} \quad y - y_1 = m\,(x - x_1).$$

Sonderfall: Der gegebene Punkt P_1 liegt auf der Y-Achse, dann ist $x_1 = 0$; $y_1 = n$ (Fig. 6) und die Gleichung I nimmt die Form an

$$\text{II.} \quad y = mx + n. \quad \text{Normalgleichung.}$$

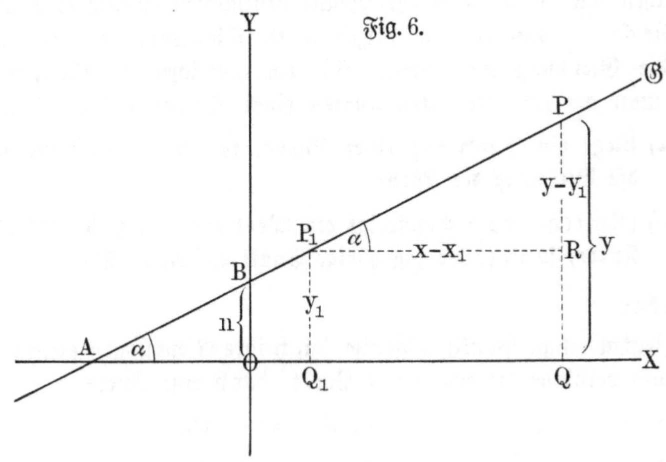

Aufgabe 2: Gegeben sind $P_1(x_1;\,y_1)$ und $P_2(x_2;\,y_2)$.

Gesucht wird die Gleichung der durch P_1 und P_2 gehenden Geraden.

Lösung: Man setzt den Wert von $tg\,\alpha = \dfrac{y_1 - y_2}{x_1 - x_2}$ (§ 2) in Gleichung I ein

$$\textbf{III.} \qquad \frac{y - y_1}{x - x_1} = \frac{y_1 - y_2}{x_1 - x_2}.$$

Sonderfall: Der Punkt P_1 liegt auf der Y-Achse (also $x_1 = 0$; $y_1 = n$) und der Punkt P_2 auf der X-Achse (statt x_2 schreibt man meist p; $y_2 = 0$). Aus Gleichung III erhält man $\dfrac{y - n}{x} = \dfrac{n}{-p}$ oder

$$\textbf{IV.} \qquad \frac{x}{p} + \frac{y}{n} = 1. \quad \text{Abschnittsgleichung.}$$

Bezeichnungen:

    Die Größe m heißt die **Richtungsgröße** oder die **Richtungskonstante** der Geraden $\mathfrak{G}$. n heißt **Ordinatenabschnitt**, p **Abszissenabschnitt**; beide führen den gemeinsamen Namen **Achsenabschnitte**.

Diskussion:

a) Die Gleichungen werden von den Koordinaten nur der Punkte befriedigt, die auf der Geraden $\mathfrak{G}$ liegen. Nimmt man (Fig. 7) einen Punkt P' oberhalb der Geraden $\mathfrak{G}$, so ist $\dfrac{y' - y_1}{x' - x_1} > tg\,\alpha$, wählt man einen Punkt P'' unterhalb der Geraden $\mathfrak{G}$, so ist $\dfrac{y'' - y_1}{x'' - x_1} < tg\,\alpha$.

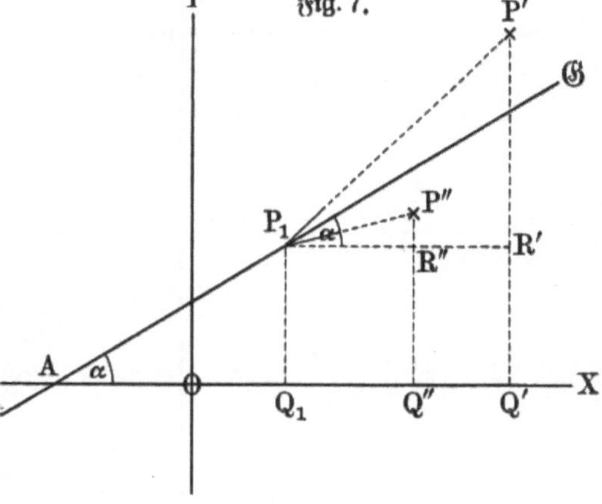

b) Damit die gesuchten Gleichungen die richtigen Rechenzeichen erhalten, legt man die zu ihrer Ableitung zu benutzenden Figuren so an, daß sämtliche gegebenen Größen positiv werden. Zeichne die Figur zum letzten Sonderfall.

c) Da jede lineare Gleichung zwischen x und y auf die Form

$$y = mx + n \quad \text{und} \quad \frac{x}{p} + \frac{y}{n} = 1$$

gebracht werden kann, so muß die graphische Darstellung jeder linearen Gleichung eine Gerade ergeben.

Aus $ax + by = c$ folgt $y = -\dfrac{a}{b} \cdot x + \dfrac{c}{b}$ und $\dfrac{x}{\frac{c}{a}} + \dfrac{y}{\frac{c}{b}} = 1.$

§ 7. Aufgaben über die Gerade.

1. a) Betrachtet man in Fig. 8 nur die auf der rechten Seite der Y-Achse liegenden Teile der Geraden, so steigen die Geraden G_1, G_2, G_3; die Gerade G_4 läuft der X-Achse parallel; die Geraden G_5, G_6, G_7 fallen. Von welcher Größe hängt die Steigung ab, wann ist sie größer als 45^0, wann gleich 45^0, wann kleiner als 45^0? Wann fällt eine Gerade? Wann ist $\alpha >$ oder $=$ oder $< 135^0$?

Fig. 8.

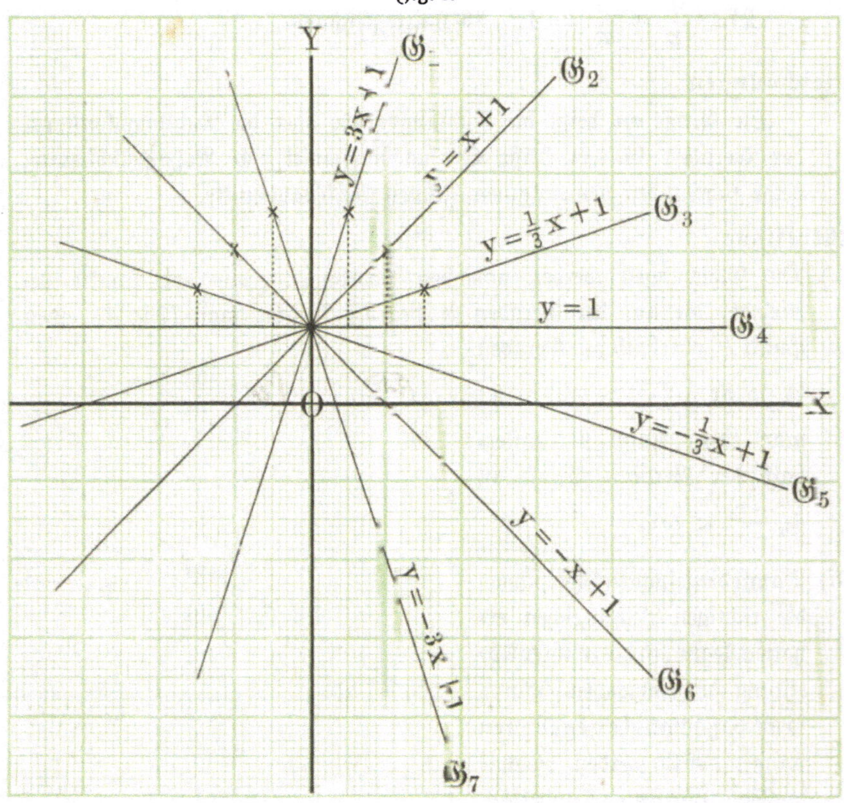

b) Verschiebe die X-Achse um 3 Einheiten nach oben. Was bleibt unverändert und wie lauten nunmehr die Gleichungen der 7 Geraden? Wann geht eine Gerade durch den Nullpunkt?

2. Welches ist die Gleichung der Geraden, die durch den Nullpunkt geht und mit der X-Achse einen Winkel von 45^0, 60^0, 30^0, 135^0, 120^0 bildet?

3. Zeichne die Gerade $2y = 3x + 6$.

Lösung 1: Setzt man in der Gleichung $x = 0$, so erhält man 3 als zugehörigen Wert für y; setzt man $y = 0$, so wird $x = -2$. Die

Gerade geht also durch die Punkte P_1 (0; 3) und P_2 (− 2; 0), die man leicht bestimmen kann.

Lösung 2: Man bringt die Gleichung auf die Normalform $y = \frac{3}{2}x + 3$. Daraus ersieht man, daß $tg\,\alpha = \frac{3}{2}$ und $n = + 3$ ist. Man trägt also 3 Einheiten auf der positiven Y-Achse ab und zieht von dem erhaltenen Punkt aus eine steigende Gerade derart, daß α in ein rechtwinkliges Dreieck kommt, dessen Ankathete 2 Einheiten und dessen Gegenkathete 3 Einheiten mißt.

Lösung 3: Aus $2y = 3x + 6$ folgt die Abschnittsgleichung $\dfrac{x}{−2} + \dfrac{y}{3} = 1$. Mithin sind die Achsenabschnitte − 2 und + 3 (vergleiche Lösung 1).

4. a) Zeichne die Geraden $y = 2x$, $y = 2x + 1$, $y = 2x − 3$. Welche Lage haben diese drei Geraden zueinander?

b) Welche Bewegung führt die Gerade $y = mx + n$ aus, wenn man die Größe n alle möglichen Werte von $+ \infty$ bis $− \infty$ durchlaufen läßt, während m unverändert bleibt?

c) Wie heißen die Gleichungen der Geraden, die der Geraden $y = 3x − 1$ parallel laufen, und deren Ordinatenabschnitte $+ 5$; $− 2$; 0 sind?

5. Bestimme die Größen m und n der durch ihre Gleichungen gegebenen Geraden und zeichne die Geraden.

       a) $3y = 3x + 12$,   **b)** $y = 2x − 6$,

       c) $2x + 3y + 4 = 0$,   **d)** $x + 1{,}5y + 2 = 0$

Wann bedeuten zwei lineare Gleichungen dieselbe Gerade?

6. a) Zeichne die Geraden $y = \frac{1}{2}x + 2$; $y = 2x + 2$; $y = − 3x + 2$. Welche Lage haben die Geraden?

b) Welche Bewegung führt die Gerade $y = mx + n$ aus, wenn man m alle möglichen Werte von $+ \infty$ bis $− \infty$ durchlaufen läßt, während n unverändert bleibt?

7. a) Welche Abszissen haben die Punkte der Geraden $y = 5x − 1$, deren Ordinaten gleich 4 cm; 9 cm; 29 cm; 2,2 cm sind?

b) Welche Ordinaten haben die Punkte der Geraden $y = − 2x + 5$, deren Abszissen gleich 3 cm; 3,5 cm; 2,5 cm; 1 cm sind?

8. Eine durch den Punkt $P_1(4; 1)$ gehende Gerade soll außerdem

    a) durch den Koordinatenanfang gehen;

    b) der Geraden $y = 2x - 1$ parallel sein;

    c) zur X-Achse unter 45^0 geneigt sein;

    d) auf der negativen Y-Achse eine Strecke von 3 cm abschneiden;

    e) „ „ positiven X-Achse „   „   „ 7 „   „

    f) zur X-Achse parallel sein;

    g) zur Y-Achse parallel sein.

Wie lautet jedesmal die Gleichung der Geraden?

9. Bestimme die Gleichungen der Geraden, die durch P_1 und P_2 gehen, und berechne ihre Achsenabschnitte.

    a) $P_1(0; 0)$ und $P_2(5; 3)$;

    b) $P_1(0; 0)$ „ $P_2(-4; -1)$;

    c) $P_1(0; +1)$ „ $P_2(5; 8)$;

    d) $P_1(3; 0)$ „ $P_2(-1; -4)$;

    e) $P_1(-2; 3)$ „ $P_2(+4; -1)$;

    f) $P_1(-3,5; -2)$ „ $P_2(+3,5; -1,5)$;

10. a) Zeichne mittels der Achsenabschnitte die Geraden:

$$\textbf{\textit{α})} \quad \frac{x}{2} + \frac{y}{3} = 1, \qquad \textbf{\textit{β})} \quad \frac{x}{6} + \frac{y}{3} = 1, \qquad \textbf{\textit{γ})} \; \frac{x}{\infty} + \frac{y}{3} = 1;$$

$$\textbf{\textit{δ})} \; -\frac{x}{6} + \frac{y}{3} = 1, \qquad \textbf{\textit{ε})} \; -\frac{x}{2} + \frac{y}{3} = 1.$$

b) Welche Bewegung führt die Gerade aus, wenn man

    α) p ändert, n unverändert läßt,

    β) n „ p „   „ ?

c) Welche Lagen haben die Geraden

$$\frac{x}{5} + \frac{y}{3} = 1, \qquad \frac{x}{5.6} + \frac{y}{3.6} = 1, \qquad \frac{x}{5u} + \frac{y}{3u} = 1 \quad \text{zueinander?}$$

d) Welche Form nimmt die Abschnittsgleichung an, wenn die Gerade der X-Achse oder der Y-Achse parallel läuft? Wie lautet die Gleichung der X-Achse, der Y-Achse?

    Welches sind die Gleichungen der Geraden, die der X-Achse parallel laufen und den Ordinatenabschnitt $+4; -1; 0$ besitzen?

11. Bringe die folgenden linearen Gleichungen auf die Form der Abschnittsgleichungen und zeichne sodann die Geraden.

    a) $y + 5x = 4$;   **b)** $y = 4x + 6$;   **c)** $2x + y + 4 = 0$;

    d) $y = x\sqrt{2} + 2$;   **e)** $y = -x\sqrt{3} - 3$;   ***f)** $y = 2x\sqrt{6} - 4$.

§ 8. Der Schnittpunkt zweier Geraden.

Aufgabe: Gegeben sind zwei Geraden $y = m_1 x + n_1$ und $y = m_2 x + n_2$. Gesucht werden die Koordinaten x_0, y_0 ihres Schnittpunktes P_0.

Lösung: Da P_0 auf jeder der beiden Geraden liegt, so müssen seine Koordinaten beide Gleichungen befriedigen. Man erhält so die Bestimmungsgleichungen

$$\text{I.} \qquad y_0 = m_1 x_0 + n_1$$
$$\text{II.} \qquad y_0 = m_2 x_0 + n_2.$$
$$m_1 x_0 + n_1 = m_2 x_0 + n_2;$$

$$x_0 = \frac{n_2 - n_1}{m_1 - m_2} \quad \text{und} \quad y_0 = \frac{m_1 n_2 - m_2 n_1}{m_1 - m_2}.$$

Folgerung:

Soll eine dritte Gerade $y = m_3 x + n_3$ durch den Schnittpunkt P_0 der beiden ersten Geraden gehen, so müssen die Koordinaten des Punktes P_0 auch die Gleichung der dritten Geraden befriedigen, also

$$\frac{m_1 n_2 - m_2 n_1}{m_1 - m_2} = m_3 \frac{n_2 - n_1}{m_1 - m_2} + n_3,$$

$$\boldsymbol{m_1 (n_2 - n_3) + m_2 (n_3 - n_1) + m_3 (n_1 - n_2) = 0.}$$

Das ist die Bedingung, daß 3 Gerade durch denselben Punkt gehen.

Beachte, daß diese Bedingungsgleichung dieselbe Form hat wie die, daß drei Punkte auf derselben Geraden liegen (§ 4).

Aufgaben:

1. Berechne die Schnittpunkte der Geraden

$$\text{a)} \quad y = \frac{3}{4} x + \frac{11}{4} \quad \text{und} \quad y = \frac{5}{6} x + \frac{5}{2};$$

$$\text{b)} \quad y = -3x - 4 \quad \text{\textit{„}} \quad y = \frac{5}{3} x + \frac{44}{3};$$

$$\text{c)} \ 2y = 3x - 6 \qquad \text{\textit{„}} \ 16y = 3x + 120.$$

2. Gegeben sind die drei Seiten eines Dreiecks und eine Schnittgerade. Berechne die Seitenabschnitte und zeige, daß der Lehrsatz des Menelaus für diesen Fall gültig ist.

  a) $y = 2x + 8$, $y = -2x + 6$, $y = -4x + 20$, Schnittgerade $y = -x + 8$;

  b) $y = 3x + 2$, $y = -2x + 10$, $y = 6x - 18$,   „ $y = 2x + 6$;

  c) $y = 6x + 3$, $y = -x + 1$, $y = 4x + 5$,   „ $y = 3x + 9$;

  d) $y = -x + 2$, $y = -3x + 4$, $y = 6x + 18$,   „ $y = -4x + 8$.

3. Untersuche, ob die 3 Geraden durch einen Punkt gehen.

$$\text{a)} \quad y = \frac{x}{2} - 1; \qquad y = -\frac{x}{3} + 1; \qquad y = -2x + 5;$$

$$\text{b)} \ 3x = 4y; \qquad 3x + 4y = 4; \qquad 6y - 12x + 5 = 0.$$

§ 9. Der Winkel zweier Geraden.

Aufgabe: Gegeben sind zwei Geraden $y = m_1 x + n_1$ und $y = m_2 x + n_2$. Gesucht wird der Winkel δ, den die Geraden miteinander bilden.

Lösung: Wenn sich zwei Gerade schneiden, entstehen vier Winkel. In Übereinstimmung mit § 2 muß der Winkel als gesucht betrachtet werden, den die vom Schnittpunkt aus nach oben gehenden Teile der Geraden miteinander bilden. Wiederum in Übereinstimmung mit § 2 ist die Gerade mit G_1 zu bezeichnen, die mit der X-Achse den größeren Winkel α bildet. Desgleichen in Übereinstimmung mit § 2 ist durch den Schnittpunkt der Geraden die Parallele zur X-Achse zu ziehen (Fig. 9).

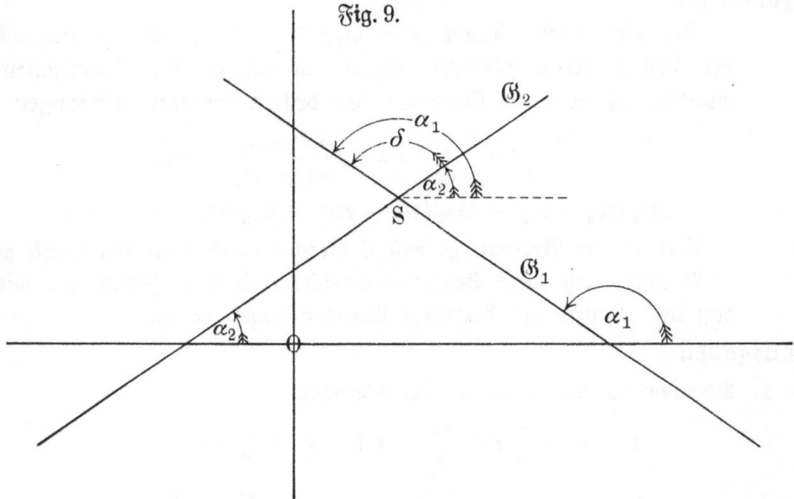

Dann ist $\delta = \alpha_1 - \alpha_2$. Da $tg\,\alpha_1$ und $tg\,\alpha_2$ gegeben sind, so könnte man aus diesen trigonometrischen Funktionen die Winkel α_1 und α_2 berechnen und dann δ durch Subtraktion finden. Man pflegt aber zunächst $tg\,\delta$ durch $tg\,\alpha_1$ und $tg\,\alpha_2$ auszudrücken und dann δ aus $tg\,\delta$ zu bestimmen. Nämlich

$$tg\,\delta = tg\,(\alpha_1 - \alpha_2),$$

$$\text{\textquotedbl} = \frac{tg\,\alpha_1 - tg\,\alpha_2}{1 + tg\,\alpha_1 \cdot tg\,\alpha_2}.$$

$$tg\,\delta = \frac{m_1 - m_2}{1 + m_1 m_2}.$$

Beispiel: Welchen Winkel bilden die Geraden $y = 5x + 6$ und $y = -3x + 4$ miteinander.

Lösung 1: Die zweite Gerade bildet mit der X-Achse den größeren Winkel, mithin ist $tg\,\alpha_1 = -3$ und $tg\,\alpha_2 = 5$.

$$
\begin{array}{l|l}
tg\,\alpha_1 = -3 & tg\,\alpha_2 = 5 \\
log\,tg\,(180^0 - \alpha_1) = 0{,}47712 & log\,tg\,\alpha_2 = 0{,}69897 \\
180^0 - \alpha_1 = \ \ 71^0 33'54'' & \\
\alpha_1 = 108^0 26'\ \ 6'' & \alpha_2 = 78^0 41'25''
\end{array}
$$

$$\delta = \alpha_1 - \alpha_2 = 29^0\,44'\,41''.$$

Lösung 2:
$$tg\,\delta = \frac{-3 - 5}{1 - 3.5} = \frac{8}{14},$$
$$log\,tg\,\delta = 0{,}60206 - 0{,}84510,$$
$$\qquad\qquad {\prime\prime}\quad = 9{,}75696 - 10,$$
$$\delta = 29^0 44'41''.$$

Sonderfälle:
$$tg\,\delta = \frac{m_1 - m_2}{1 + m_1 m_2}.$$

1. Ist der **Zähler** $= 0$, also $m_1 = m_2$, so wird $tg\,\delta = 0$, also auch $\delta = 0$, d. h. die beiden Geraden sind **parallel**.

2. Ist der **Nenner** $= 0$, also $m_2 = -\dfrac{1}{m_1}$, so wird $tg\,\delta = \infty$, also $\delta = 90^0$, d. h. die beiden Geraden stehen aufeinander **senkrecht**.

Aufgaben:

1. Bestimme die Gleichung der Geraden, die durch den Punkt $P_1\,(4;\,-1)$ geht und
   a) der Geraden $\quad\quad y = 2x + 5$ parallel läuft;
   b) auf der Geraden $y = \tfrac{1}{2}x + 2$ senkrecht steht.

   Lösung: Da ein Punkt und die Richtung der Geraden bekannt ist, so benutzt man Gleichung I (§ 6).

$$
\begin{array}{ll}
\textbf{a)}\ \ y - y_1 = m\,(x - x_1), & \textbf{b)}\ \ y + 1 = -2\,(x - 4), \\
\quad\ \ y + 1 = 2\,(x - 4), & \qquad\quad y = -2x + 7. \\
\quad\quad\ y = 2x - 9. &
\end{array}
$$

2. Wie heißen die Koordinaten des Schnittpunktes, und welchen Winkel bilden die Geraden miteinander?
   a) $\quad y = -2x + 16$ und $y = -\tfrac{3}{5}x + \tfrac{3}{5}$;
   b) $3y = 4x - 13$ $\prime\prime$ $4y = -3x - 34$.

3. Gegeben sind die Ecken eines Dreiecks $(4;\,8)$, $(1;\,4)$, $(12;\,2)$.
   Gesucht wird   **a)** die Länge der Dreiecksseiten,
                    b) die Winkel des Dreiecks,
                    c) der Inhalt des Dreiecks.

4. Welches sind die Gleichungen der Senkrechten, die in den Schnittpunkten der Geraden a) $y = 3x - 1$, b) $3x - y = 6$ mit den Achsen auf den Geraden errichtet sind? Woraus folgt analytisch, daß diese Senkrechten einander parallel sind?

§ 10. Der Abstand eines Punktes von einer Geraden.

Aufgabe: Gegeben ist ein Punkt $P_1(x_1; y_1)$ und eine Gerade G_1 $(y - m_1 x - n_1 = 0)$.

Gesucht wird der Abstand l des Punktes P_1 von der Geraden G_1.

Lösung 1: Aus Fig. 10 erhält man

Fig. 10.

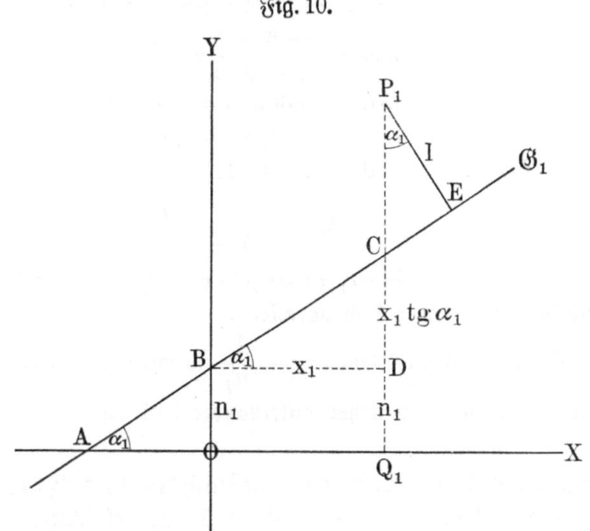

$$P_1\,C = y_1 - x_1\,tg\,\alpha_1 - n_1,$$
$$l = (y_1 - x_1\,tg\,\alpha_1 - n_1)\cos\alpha_1.$$

Nun ist $m_1^2 = tg\,\alpha_1^2 = \dfrac{\sin^2\alpha_1}{\cos^2\alpha_1} = \dfrac{1 - \cos^2\alpha_1}{\cos^2\alpha_1}$,

$$\frac{m_1^2 + 1}{1} = \frac{1}{\cos^2\alpha_1},$$

$$\cos\alpha_1 = \frac{1}{\pm\sqrt{1 + m_1^2}}.$$

Mithin ergibt sich

$$l = \frac{y_1 - m_1 x_1 - n_1}{\pm\sqrt{1 + m_1^2}}.$$

Lösung 2: Man kennt einen Punkt und die Richtung der Senkrechten; daher kann man ihre Gleichung aufstellen. Dann berechnet man die Koordinaten des Schnittpunktes $E(x_0, y_0)$ und schließlich die Entfernung der Punkte P_1 und E.

$$y - y_1 = -\frac{1}{m_1}(x - x_1) \quad\cdots\cdots\quad \text{Gleichung der Senkrechten}$$

$$\left.\begin{aligned} x_0 &= \frac{m_1 y_1 + x_1 - m_1 n_1}{1 + m_1^2} \\[2mm] y_0 &= \frac{m_1^2 y_1 + m_1 x_1 + n_1}{1 + m_1^2} \end{aligned}\right\} \quad\cdots\cdots\quad \text{Koordinaten des Schnittpunktes}$$

$$l = \sqrt{\left(\frac{m_1 y_1 + x_1 - m_1 n_1}{1 + m_1^2} - x_1\right)^2 + \left(\frac{m_1^2 y_1 + m_1 x_1 + n_1}{1 + m_1^2} - y_1\right)^2},$$

$$'' = \sqrt{m_1^2\left(\frac{y_1 - n_1 - m_1 x_1}{1 + m_1^2}\right)^2 + \left(\frac{m_1 x_1 + n_1 - y_1}{1 + m_1^2}\right)^2},$$

$$'' = \sqrt{\frac{(m_1^2 + 1)(y_1 - m_1 x_1 - n_1)^2}{(1 + m_1^2)^2}},$$

$$'' = \frac{y_1 - m_1 x_1 - n_1}{\pm\sqrt{1 + m_1^2}}.$$

Diskussion:

Da die Länge l eine absolute Größe ist, so hat ein negatives l keinen Sinn. Daher ist das positive Wurzelzeichen bei einem positiven Zähler und das negative Wurzelzeichen bei einem negativen Zähler das allein gültige.

Aufgabe:

1. a) Wie groß ist der Abstand des Nullpunktes von der Geraden $y = mx + n$?

$$\text{Ergebnis:}\quad l = \frac{n}{\sqrt{1 + m^2}}.$$

b) Beweise, daß der Abstand des Punktes P_1 von der Geraden $ax + by - c = 0$ gleich $\dfrac{a x_1 + b y_1 - c}{\pm\sqrt{a^2 + b^2}}$ ist.

2. Wie weit ist der Nullpunkt von der Geraden entfernt?

     a) $y = -\frac{12}{5}x + \frac{26}{5}$;   **b)** $y = 0{,}75\,x + 1{,}5$;

     c) $3x + 4y + 20 = 0$;   **d)** $5x + 12y - 6 = 0$.

3. Berechne die Länge der von P_1 auf G_1 gefällten Senkrechten.

     a) $y = -\frac{4}{3}x + 10$ und $P_1(\quad 3;\quad 12)$;

     b) $y = \frac{5}{12}x - \frac{4}{3}$ '' $P_1(-\ 4;\quad 10)$;

     c) $21y = 20x + 24$ '' $P_1(\quad 3; -25)$;

     d) $9x + 40y + 50 = 0$ '' $P_1(-10; -40)$.

§ 11. Vermischte Aufgaben.

1. Wie heißt die Gleichung der Geraden, die durch den Nullpunkt und den Schnittpunkt der beiden Geraden $3x + 4y = 4$; $12x - 6y = 5$ geht?

2. Bestimme die Gleichung der Geraden, die durch den Punkt $(-1; 3)$ geht und mit der Geraden $4x - 2y = 1$ einen Winkel von 45^0 bildet.

3. Welche Länge hat die vom Punkte $(2; 3)$ auf die Gerade $2x + y - 4 = 0$ gefällte Senkrechte?

4. Die Ecken eines Dreiecks sind

     a) $(-15; \ 7)$, $(\ 13; -14)$, $(-3; \ 16)$,

     b) $(\ 10; 15)$, $(-5; -21)$, $(\ 16; \ 7)$.

Berechne den Inhalt, die Seiten und die Höhen des Dreiecks.

5. Wie weit ist der Schnittpunkt der Geraden $x + y - 1 = 0$, $2x - y + 4 = 0$ von dem Schnittpunkt der Geraden $3x - y = 0$, $2x + y - 10 = 0$ entfernt?

6. Wie weit sind zwei benachbarte Punkte der Geraden $4x + 3y - 11 = 0$ voneinander entfernt, deren Koordinaten durch ganze Zahlen ausgedrückt sind?

7. Gegeben sind die Seiten eines Dreiecks und ein Punkt P_1. Von den drei Ecken aus sind durch P_1 die Transversalen gezogen. In welche Abschnitte teilen diese die Dreiecksseiten. Zeige die Gültigkeit des Satzes von Ceva!

     a) $3y = x + 4$; $x + 2y = 16$; $2x - y = 2$; $P_1(\frac{14}{3}; 4)$;

     b) $x + 4y + 10 = 0$; $2x + y = 15$; $3y = x + 10$; $P_1(0; 0)$.

8. Gegeben sind die Ecken eines Dreiecks $(2; 1)$, $(3; -2)$, $(-4; -1)$. Berechne die Koordinaten des Mittelpunktes M des Umkreises und den Radius r.

9. Gegeben sind die Seiten eines Dreiecks

     a) $6x - y + 9 = 0$; $x + 2y = 5$; $3x - 7y - 15 = 0$;

     b) $x + y + 1 = 0$; $3x + 5y + 11 = 0$; $x + 2y + \ 4 = 0$.

Berechne die Winkel des Dreiecks und den Radius r seines Umkreises.

10. Wie lautet die Gleichung der Geraden, deren Achsenabschnitte sich wie $2 : 3$ verhalten, wenn die Fläche des von den Achsenabschnitten gebildeten Dreiecks 12 beträgt?

11. Welche Fläche begrenzt die Gerade $G_1 \ldots 4x - 3y + 24 = 0$ mit den Geraden G_2 und G_3, die durch den Punkt $P_1(-1; -5)$ gehen und mit der Geraden G_1 Winkel von 45^0 und 135^0 bilden?

12. Wie lautet die Gleichung der Strecke, die zwischen den beiden Geraden $2x + 3y - 12 = 0$; $3x - 5y - 15 = 0$ liegt und durch den Punkt $(-1; 2)$ halbiert wird?

13. Wie lang ist die Strecke, die zwischen den Geraden $x + y - 9 = 0$, $x + 3 = 0$ liegt und durch den Punkt $(0; 2)$ halbiert wird?

14. Untersuche, ob das Viereck ein Rechteck ist.

     a) $(-2; -1)$, $(0; 5)$, $(3; \ 4)$, $(1; -2)$;

     b) $(-1; -2)$, $(2; 1)$, $(4; -1)$, $(1; -4)$.

15. Die Seiten eines Vierecks sind

$$2y = 3x + 2; \quad 3y = 2x + 6; \quad 6y = 5x - 18; \quad 2y = -x + 4.$$

Berechne seinen Flächeninhalt und den Schnittpunkt seiner Diagonalen.

16. Drei Ecken eines Parallelogramms sind (2; 3), (4; 7), (6; 5). Berechne die vierte Ecke und beweise, daß sich die Diagonalen des Parallelogramms gegenseitig halbieren.

17. a) Die Ecken eines Dreiecks sind (2; 3), (4; —5), (—3; —6). Zeige, daß der Schnittpunkt zweier Mittellinien auf der dritten Mittellinie liegt.

    b) Welches sind die Gleichungen der drei Höhen dieses Dreiecks. Beweise, daß sie durch denselben Punkt gehen.

18. Berechne aus den Gleichungen der drei Seiten . eines Dreiecks die Gleichungen der Höhen und der Mittelsenkrechten, sowie die Koordinaten des Höhenschnittpunktes H, des Umkreismittelpunktes M und des Schwerpunktes S. Leite den Eulerschen Satz ab, daß H, S und M auf einer Geraden liegen und $HS = 2SM$ ist.

$$\textbf{a) } y = 2x - 1, \quad y = -3x + 14, \quad 2x + y + 9 = 0;$$
$$\textbf{b) } x + 5y = 14, \quad y = 4x - 14, \quad 5x + 4y + 14 = 0;$$
$$\textbf{c) } x - y - 3 = 0, \quad 2x + 5y = 28, \quad 6x - y + 12 = 0.$$

19. Die Ecken eines Dreiecks sind $A(2; 3)$, $B(—3; —6)$, $C(4; —5)$. Berechne die Gleichungen des Radius MA und der Verbindungsstrecke der Fußpunkte von h_b und h_c. Beweise, daß diese beiden Strecken aufeinander senkrecht stehen.

20. Über die Verbindungsstrecke der Punkte A und B ist ein Rhombus mit dem Winkel α gezeichnet. Berechne die Koordinaten der beiden anderen Ecken und beweise, daß sich die Diagonalen rechtwinklig schneiden.

$$\textbf{a) } A(3; 4), \quad B(5; 4) \quad \text{und} \quad \alpha = 30^0;$$
$$\textbf{b) } A(2; 3), \quad B(3; 4) \quad \text{\textit{„}} \quad \alpha = 45^0.$$

21. Beweise analytisch den Lehrsatz, daß sich

    a) die Höhen,

    b) die Mittelsenkrechten,

    c) die Mittellinien

eines Dreiecks in einem Punkte schneiden.

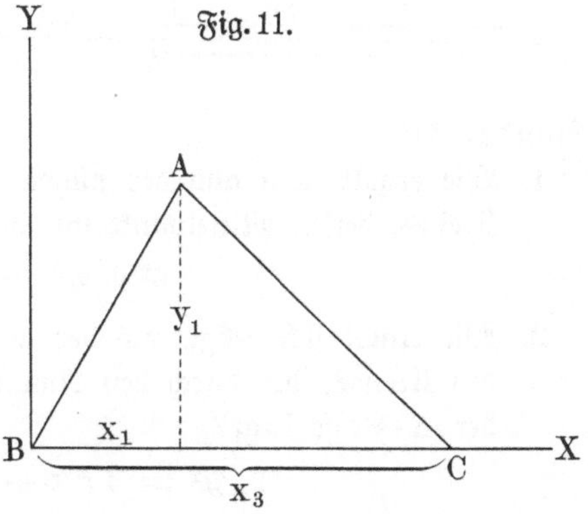

Anleitung zu a): Wähle das Koordinatensystem gemäß Fig. 11. Leite zuerst die Gleichungen der Seiten, dann die der Höhen $[h_a \ldots x = x_1,\ h_b \ldots y y_1 = x(x_3 - x_1),\ h_c \ldots y y_1 = -x_1(x - x_3)]$ ab und berechne die Koordinaten des Schnittpunktes der Höhe h_a mit h_b und mit h_c.

Zweites Kapitel. Der Kreis.

§ 12. Gleichungen des Kreises.

Definition: Der Kreis ist der geometrische Ort aller Punkte, die von einem gegebenen Punkt M, dem Mittelpunkt, eine konstante Entfernung r haben.

Grundaufgabe 1: Wie heißt die Gleichung des Kreises, wenn man die Koordinaten seines Mittelpunktes mit a und b, sowie seinen Radius mit r bezeichnet?

Lösung: Gemäß der Definition des Kreises liegt ein Punkt $P(x, y)$ dann und nur dann auf dem Kreis, wenn seine Entfernung vom Mittelpunkt M gleich r ist. Also

$$\sqrt{(x-a)^2 + (x-b)^2} = r \quad \text{(Fig. 12a),}$$

$$(x-a)^2 + (y-b)^2 = r^2. \quad \textbf{Allgemeine Kreisgleichung.}$$

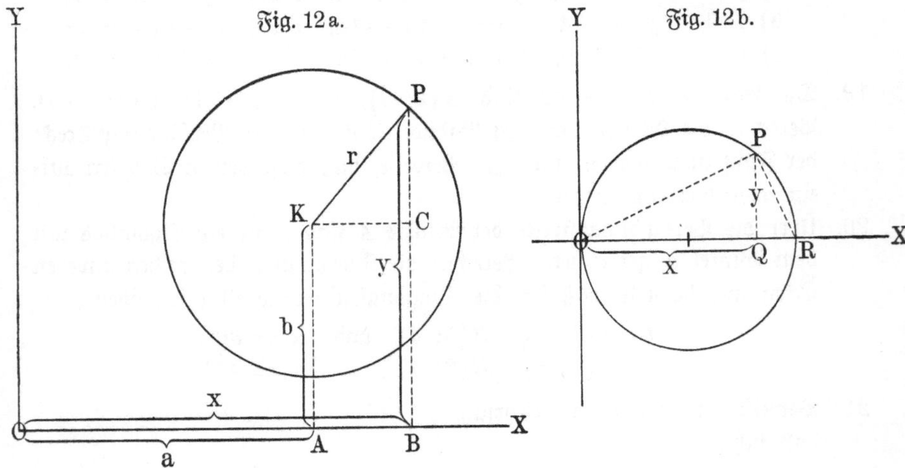

Sonderfälle:

1. Wie erhält man aus der allgemeinen Kreisgleichung die Gleichung des Kreises, dessen Mittelpunkt mit dem Nullpunkt zusammenfällt?

$$x^2 + y^2 = r^2. \quad \textbf{Mittelpunktsgleichung des Kreises.}$$

2. Wie ergibt sich desgl. aus der allgemeinen Kreisgleichung die Gleichung des Kreises, der durch den Nullpunkt geht, und dessen Mittelpunkt auf der X-Achse liegt?

$$y^2 = 2rx - x^2. \quad \textbf{Scheitelgleichung des Kreises.}$$

3. Aus welchen planimetrischen Lehrsätzen folgen unmittelbar die Mittelpunkts- und die Scheitelgleichung des Kreises (Fig. 12b).

Diskussion:

I. Mittelpunktsgleichung $x^2 + y^2 = r^2$.

1. a) Setzt man $y = 0$, so wird $x = \pm r$; die X-Achse schneidet also den Kreis in zwei Punkten, die auf verschiedenen Seiten des Null=punktes in der Entfernung r liegen.

   b) Setzt man $x = 0$, so wird $y = \pm r$. Wie heißt dies Ergebnis in Worten?

2. Da die Gleichung für x und für y rein quadratisch ist, so gehören zu jedem Werte von x zwei gleiche, aber entgegengesetzte Werte von y und umgekehrt. Daher ist sowohl die X-Achse als auch die Y-Achse eine Symmetrieachse des Kreises.

3. Aus $y = \pm \sqrt{r^2 - x^2}$ folgt: Durchläuft x die Werte von $-r$ durch Null bis $+r$, so durchläuft y die Werte von Null durch $+r$ und durch $-r$ bis Null. Wird der absolute Wert von $x > r$, so wird die Wurzel imaginär, also gibt es keine Kreispunkte mehr.

II. Allgemeine Gleichung.

Jede quadratische Gleichung von der Form

$$x^2 + y^2 + mx + ny + k = 0$$

(die Glieder x^2 und y^2 haben den Koeffizienten $+1$, das Glied mit xy fehlt)

bedeutet einen Kreis, wenn die Koeffizienten m, n, k der Forderung $m^2 + n^2 > 4k$ genügen.

Beweis: Durch Addition der quadratischen Ergänzungen $\frac{m^2}{4}$ und $\frac{n^2}{4}$ auf beiden Seiten der Gleichung erhält man

$$\left(x + \frac{m}{2}\right)^2 + \left(y + \frac{n}{2}\right)^2 = \frac{m^2}{4} + \frac{n^2}{4} - k.$$

Die rechte Seite der Gleichung muß wegen der Forderung $m^2 + n^2 > 4k$ eine positive Größe sein; sie kann daher durch das Quadrat einer positiven Größe r ersetzt werden. Die Gleichung nimmt dann die Form an $\left(x + \frac{m}{2}\right)^2 + \left(y + \frac{n}{2}\right)^2 = r^2$, sie stimmt also mit der Kreisgleichung überein. Durch Vergleichung ergeben sich unmittelbar die Mittelpunkts=koordinaten a, b und der Radius r.

$$a = -\frac{m}{2}, \quad b = -\frac{n}{2}; \quad r = \sqrt{\frac{m^2 + n^2 - 4k}{4}}.$$

§ 13. Aufgaben über den Kreis.

1. Wie heißt die Mittelpunktsgleichung des Kreises, der durch den Punkt P_1 (12; 5) geht?

2. Welches ist die Gleichung des Kreises, der die Y-Achse berührt, und dessen Mittelpunkt die Koordinaten $+3$; 0 hat?

3. Wie lautet die Gleichung des Kreises, dessen Mittelpunkt die Ordinate $+2$ hat, und der die X-Achse im Nullpunkt berührt?

4. Welches ist die Gleichung des Kreises, dessen Mittelpunkt die Koordinaten -2; $+3$ hat, und dessen Radius 6 cm lang ist? Zeichne den Kreis und berechne die Koordinaten seiner Schnittpunkte mit den Achsen.

5. Berechne die Koordinaten des Mittelpunktes und den Radius der Kreise.

$$\text{a) } x^2 + y^2 - 6x - 4y + 4 = 0;$$
$$\text{b) } x^2 + y^2 + 12x + 22y + 76 = 0;$$
$$\text{c) } 3x^2 + 3y^2 - 3x + 4y = 0;$$
$$\text{d) } 36x^2 + 36y^2 - 36x + 48y = 0;$$
$$\text{e) } x^2 + y^2 + 3x - 2y - 18\tfrac{3}{4} = 0.$$

6. Die Gleichungen zweier Kreise sind
$$x^2 + y^2 - 2y = 0 \quad \text{und} \quad x^2 + y^2 - 6x - 10y + 18 = 0.$$
Bestimme die Länge und die Gleichung der Zentralstrecke.

7. Stelle die Gleichungen der Zentralen zweier Kreise auf.

$$\text{a) } x^2 + y^2 - 6x - 8y - 24 = 0 \text{ und } x^2 + y^2 - 10x - 14y + 38 = 0.$$
$$\text{b) } x^2 + y^2 - 4x - 10y + 20 = 0 \quad \text{„} \quad x^2 + y^2 - 12x - 6y + 29 = 0;$$
$$\text{c) } x^2 + y^2 - 8x - 10y - 8 = 0 \quad \text{„} \quad x^2 + y^2 - 12x + 4y + 15 = 0.$$

8. Bestimme die Gleichung des Kreises, der durch den Nullpunkt und die Punkte (3; -1), (8; 4) geht. In welchen Punkten schneidet er die Achsen?

9. Wie lauten die Gleichungen der Kreise, die durch die Punkte P_1 (5; 2), P_2 (7; 4) gehen und die X-Achse berühren?

10. Wie lautet die Gleichung des Kreises, der durch drei gegebene Punkte geht?

$$\text{a) } P_1(-1; -3), \quad P_2(\ 1; -7), \quad P_3(-4; \ -2).$$
$$\text{b) } P_1(\ 18; \ 8), \quad P_2(\ 19; \ 3), \quad P_3(\ 6; \ 16).$$
$$\text{c) } P_1(-6; \ 9), \quad P_2(-5; \ 8), \quad P_3(-5,4; \ 8,8).$$

11. Bestimme die Gleichung des Kreises, der durch zwei gegebene Punkte geht, und dessen Mittelpunkt auf einer gegebenen Geraden liegt.

$$\text{a) } P_1(+7; +17), \quad P_2(+2; +16), \quad 5x - 2y = 27.$$
$$\text{b) } P_1(+14; +7), \quad P_2(+8; +9), \quad y = x - 9.$$
$$\text{c) } P_1(+1; +24), \quad P_2(-8; +27), \quad y + 2x + 4 = 0.$$

12. Wie heißen die Gleichungen der Kreise, die

a) beide Koordinatenachsen berühren und durch den Punkt P_1 (8; 9) gehen,

b) die X-Achse berühren und durch die beiden Punkte P_1 (11; -5), P_2 (9; -1) gehen,

c) die Y-Achse und die Gerade $4y = -3x + 44$ berühren und durch den Punkt $P_1(10; 1)$ gehen,

d) die X-Achse und die Gerade $5x + 12y = 295$ berühren und durch den Punkt $P_1(-6; 26)$ gehen?

13. Der Mittelpunkt eines Kreises, der durch die Punkte $P_1(+3; +10)$ und $P_2(-1; +2)$ geht, liegt auf dem Mittellote der Verbindungsstrecke von $P_3(-2; -3)$ und $P_4(+6; -7)$. Welches ist die Gleichung dieses Kreises?

14. Die Koordinaten der Ecken eines Dreiecks sind $A(-2; 0)$, $B(4; 1)$, $C(-1; -4)$. Wie lautet die Gleichung des Umkreises?

15. Wie heißt die Gleichung des Kreises, der die X-Achse und die beiden Kreise $(a_1 = 0; b_1 = 0; r_1 = 1)$, $(a_2 = 5; b_2 = 0; r_2 = 2)$ von außen berührt?

16. Gegeben ist der Kreis $5x^2 + 5y^2 + 50x - 35y + 6{,}25 = 0$. Bestimme die Gleichung des konzentrischen Kreises, der

a) die X-Achse, b) die Y-Achse berührt und c) durch den Nullpunkt geht.

17. Die Koordinaten der Ecken eines Dreiecks sind $A(x_1; y_1)$, $B(0; 0)$, $C(x_3; 0)$. Wie lautet die Gleichung des Kreises, der durch B, C und den Höhenschnittpunkt H geht?

18. Welches ist die Gleichung und die Länge der gemeinschaftlichen Sehne zweier Kreise?

    a) $(x-2)^2 + (y+3)^2 = 64$ und $(x+\frac{5}{2})^2 + (y-\frac{3}{2})^2 = \frac{65}{2}$;

    b) $(x+8)^2 + (y-6)^2 = 197$ „ $(x-\frac{9}{2})^2 + (y-\frac{7}{2})^2 = \frac{9}{2}$;

    c) $(x+4)^2 + (y+5)^2 = 194$ „ $(x-3)^2 + (y-2)^2 = 40$.

19. Wie lautet die Gleichung der Kreise, die durch die Schnittpunkte zweier Kreise gehen und im Beispiel a) die X-Achse, im Beispiel b) die Y-Achse berühren?

    a) $x^2 + y^2 - 6x - 16y = -68$ und $x^2 + y^2 - 8x - 22y = -132$;

    b) $(x-4)^2 + (y-9)^2 = 41$ „ $(x-6)^2 + (y-7)^2 = 13$.

20. Welches ist die Gleichung des Kreises,

a) dessen Mittelpunkt die Koordinaten $(5; -3)$ hat, und der die Gerade $3x + 4y = 13$ berührt;

b) der durch die beiden Punkte $P_1(3; 4)$, $P_2(-3; 4)$ geht und die Gerade $5y - 12x = 65$ berührt;

c) der die Geraden $y = 3$; $3y = 4x + 1$; $12x + 5y = 11$ berührt;

d) der durch den Punkt $(5; 2)$ geht und die beiden Geraden
$$y = \tfrac{3}{4}x + \tfrac{1}{4}; \quad y = -\tfrac{5}{12}x + \tfrac{31}{12} \text{ berührt;}$$

e) der die drei Seiten eines Dreiecks
$$x + 2y = 15; \quad 2x + y = 13; \quad x - 2y = -11 \text{ berührt?}$$

§ 14. Der Kreis und eine Gerade.

Grundaufgabe 2: Berechne die Koordinaten der Schnittpunkte einer gegebenen Geraden $y = mx + n$ mit einem gegebenen Kreise $x^2 + y^2 = r^2$.

Lösung: Die Koordinaten $(x_1 y_1)$ der Schnittpunkte müssen den Bestimmungsgleichungen

$$\text{I.} \qquad y_1 = mx_1 + n,$$
$$\text{II.} \qquad x_1^2 + y_1^2 = r^2 \text{ genügen.}$$

Setzt man den Wert von y_1 der ersten Gleichung in die zweite ein, so erhält man

$$x_1^2 + m^2 x_1^2 + 2mn x_1 + n^2 = r^2,$$
$$x_1^2 (1 + m^2) + 2mn x_1 = r^2 - n^2$$
$$x_{1,2} = \frac{-mn \pm \sqrt{m^2 n^2 + (r^2 - n^2)(1 + m^2)}}{1 + m^2},$$
$$\text{\textquotedbl} \quad = \frac{-mn \pm \sqrt{r^2(1 + m^2) - n^2}}{1 + m^2}$$

und
$$y_{1,2} = \frac{n \pm m \sqrt{r^2(1 + m^2) - n^2}}{1 + m^2}.$$

Diskussion (Fig. 13):

1. Ist $r^2(1 + m^2) > n^2$ oder $r > \dfrac{n}{\sqrt{1 + m^2}}$, so gibt es für die Unbekannten je zwei reelle, verschiedene Werte.

   Die gegebene Gerade schneidet den Kreis in zwei Punkten.

2. Ist $r^2(1 + m^2) = n^2$ oder $r = \dfrac{n}{\sqrt{1 + m^2}}$, so sind die beiden reellen Werte für x_1 und x_2, bzw. y_1 und y_2 gleich.

   Die gegebene Gerade berührt den Kreis.

   Die Koordinaten des Berührungspunktes P_1 sind

$$x_1 = \frac{-mn}{1 + m^2} \quad \text{und} \quad y_1 = \frac{n}{1 + m^2}.$$

3. Ist $r^2(1 + m^2) < n^2$ oder $r < \dfrac{n}{\sqrt{1 + m^2}}$, so sind die Werte der Unbekannten imaginär.

   Die gegebene Gerade trifft den Kreis überhaupt nicht.

Nun bedeutet die Größe $\dfrac{n}{\sqrt{1 + m^2}}$, von der die Lage der Geraden abhängt, den Abstand der Geraden (§ 10, Aufg. 1a) vom Kreismittelpunkt, also ist die Bedingung $r \gtreqless \dfrac{n}{\sqrt{1 + m^2}}$ nichts anderes als der analytische Ausdruck für die drei bekannten Sätze der Planimetrie: Eine Gerade schneidet einen Kreis, wenn ihr Abstand vom Kreismittelpunkt kleiner ist als sein Radius, usw.

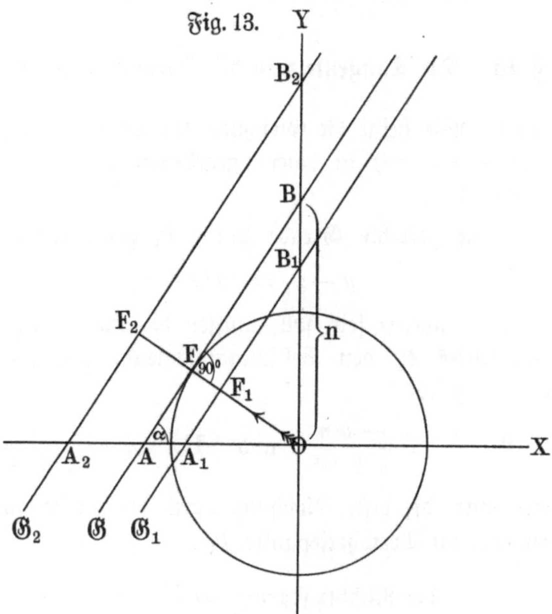

Aufgaben:

1. Wie lang ist die Sehne, die ein gegebener Kreis von einer gegebenen Geraden abschneidet?

$$\textbf{a)} \quad x^2 + y^2 = 9, \qquad 20x - 15y = 21;$$
$$\textbf{b)} \quad x^2 + y^2 = 36, \qquad 4x - 3y + 24 = 0;$$
$$\textbf{c)} \quad x^2 + y^2 = 20, \qquad 5x - 12y + 44 = 0;$$
$$\textbf{d)} \quad x^2 + y^2 = 25, \qquad 3x - 4y - 7 = 0.$$

2. Welche Lage hat eine gegebene Gerade zu einem gegebenen Kreis?

$$\textbf{a)} \quad y = -\tfrac{1}{3}x + \tfrac{50}{3} \qquad \text{und} \qquad (x+1)^2 + (y-2)^2 = 225;$$
$$\textbf{b)} \quad 7y = -24x + 564 \qquad \text{,,} \qquad (x+4)^2 + (y-5)^2 = 625;$$
$$\textbf{c)} \quad 12y = 5x + 9 \qquad \text{,,} \qquad x^2 + y^2 + 4x - 2y - 21 = 0;$$
$$\textbf{d)} \quad 5y = -12x + 110 \qquad \text{,,} \qquad x^2 + y^2 + 28x + 24y - 336 = 0.$$

3. Gegeben sind ein Kreis $x^2 + y^2 = 25$ und eine Sekante $2y = 5x - 7$. Wie groß ist die Sehne s und ihr zugehöriger Zentriwinkel α?

4. Zeichne die Gerade $2x + 3y = 3$ und den Kreis $x^2 + y^2 - 4x + 6y = 3$. Berechne die Koordinaten der Schnittpunkte und den Abstand des Kreismittelpunktes von der Geraden.

5. Berechne die Länge der Sehne, die der Kreis mit den Mittelpunktskoordinaten $(3; 1)$ und dem Radius $r = 2$ aus der Geraden $x = 2y - 2$ herausschneidet.

§ 15. Die Tangente und die Normale des Kreises.

Grundaufgabe 3: Wie heißt die Gleichung der Tangente, die einen gegebenen Kreis ($x^2 + y^2 = r^2$) in einem gegebenen Punkte $P_1\,(x_1\,y_1)$ der Peripherie berührt?

Lösung: Da die gesuchte Gerade durch P_1 geht, hat ihre Gleichung die Form

$$y - y_1 = m\,(x - x_1),$$

und da sie Tangente sein soll, müssen die Koordinaten ($x_1\,y_1$) des Berührungspunktes P_1 den Bestimmungsgleichungen des vorigen Paragraphen genügen:

$$\text{I.} \quad x_1 = \frac{-mn}{1 + m^2} \quad \text{und} \quad \text{II.} \quad y_1 = \frac{n}{1 + m^2}.$$

Dividiert man die erste Gleichung durch die zweite, so erhält man für die Tangente im Peripheriepunkte P_1

$$\text{die Richtungsgröße } m = -\frac{x_1}{y_1}.$$

Mithin lautet die gesuchte Tangentengleichung

$$y - y_1 = -\frac{x_1}{y_1}(x - x_1),$$

$$\left.\begin{array}{r} y\,y_1 - y_1^2 = -x_1 x + x_1^2, \\ y_1^2 = r^2 - x_1^2, \end{array}\right\} +$$

Tangentengleichung: $x\,x_1 + y\,y_1 = r^2.$

Gedächtnisregel:

Gibt man der Gleichung des Kreises die Form

$$x\,.\,x + y\,.\,y = r^2,$$

und setzt man für das zweite x und das zweite y die Koordinaten x_1 und y_1 eines Peripheriepunktes P_1, so ist

$$x\,x_1 + y\,y_1 = r^2$$

die Gleichung der in P_1 berührenden Tangente.

Diskussion: Zu einem gegebenen Punkt $P_1\,(x_1\,y_1)$ gibt es nur eine Richtungsgröße m, d. h. durch einen Peripheriepunkt P_1 gibt es nur eine Tangente an den Kreis.

Grundaufgabe 4: Wie heißt die Gleichung der Geraden, die auf der Tangente eines gegebenen Kreises $x^2 + y^2 = r^2$ in ihrem Berührungspunkt $P_1\,(x_1\,y_1)$ senkrecht steht?

Diese Gerade heißt Normale.

Lösung: Da die Normale auf der durch P_1 gehenden Tangente senkrecht steht, so ist ihre Richtungsgröße m' gleich dem negativen reziproken Werte der Richtungsgröße m der Tangente, also $m' = \frac{y_1}{x_1}$. Mithin heißt die gesuchte Gleichung:

$$y - y_1 = \frac{y_1}{x_1}(x - x_1),$$

$$y - y_1 = \frac{y_1}{x_1}x - y_1,$$

Normalengleichung: $\qquad y = \frac{y_1}{x_1}x.$

Diskussion: Was folgt daraus, daß der Ordinatenabschnitt n gleich Null ist?

Aufgaben:

1. Wie lauten die Gleichungen der Tangente und der Normale durch einen gegebenen Punkt einer gegebenen Kreislinie?

    a) $x_1 = \frac{15}{13}, y_1 = + \cdots; x^2 + y^2 = 9$;   **b)** $x_1 = - \cdots, y_1 = 3; x^2 + y^2 = 13$.

    c) $x_1 = -3{,}2, y_1 = - \cdots; x^2 + y^2 = 17$;   **d)** $x_1 = + \cdots, y_1 = -\frac{30}{13}; x^2 + y^2 = 36$.

2. An einem gegebenen Kreis $x^2 + y^2 = 400$ sind in den Peripherie= punkten $P_1(x_1 = 12, y_1 = - \cdots)$ und $P_2(x_2 = 16, y_2 = - \cdots)$ die Tangenten gezogen. Wie heißen ihre Gleichungen, und welche Winkel bilden sie miteinander?

3. An einen gegebenen Kreis $x^2 + y^2 = 100$ wird in einem Punkte $P_1(x_1 = 6, y_1 = + \cdots)$ die Tangente gezogen. Welchen Winkel bildet sie mit der Geraden, die durch die Punkte $P_2 (-5; 0)$ und $P_3 (3; 4)$ geht?

4. Wie lauten die Gleichungen der an einen gegebenen Kreis gelegten Tangenten, die einer gegebenen Geraden parallel sind?

      a) $x^2 + y^2 = 100$; $\qquad y = -\frac{3}{4}x + 5$;

      b) $x^2 + y^2 = \quad 9$; $\qquad 3x - 4y = 12$.

5. Welche Tangenten des Kreises $x^2 + y^2 = 9$ sind

      a) zur Geraden $12x + \quad 5y = 30$ parallel;

      b) zur Geraden $\quad 8x + 15y = \quad 0$ senkrecht?

6. Um den Nullpunkt ist ein Kreis gezeichnet, der durch den Punkt $P_1 (3; 4)$ geht, und in P_1 ist die Tangente gezogen. Welchen Abstand hat der Punkt $P_2 (10; 6)$ von der Tangente?

12*

7. Es sind zwei Kreise $x^2 + y^2 = 72\frac{1}{4}$ und $x^2 + y^2 - 21\,x + 85\frac{1}{4} = 0$ gegeben.

    a) Zeichne die beiden Kreise und berechne die Koordinaten ihrer Schnittpunkte.

    b) Bestimme den Flächeninhalt des Vierecks, dessen Diagonalen die Zentralstrecke und die gemeinsame Sehne sind?

    c) Ziehe in einem der beiden Schnittpunkte an den ersten Kreis die Tangente und berechne den Flächeninhalt des Dreiecks, das durch die Tangente und die beiden Koordinatenachsen begrenzt wird.

8. Wie lautet die Gleichung der Tangente im Punkt P_1 der Kreislinie $(x - a)^2 + (y - b)^2 = r^2$?

    Lösung: Die Richtungsgröße des Berührungsradius MP_1 ist $\dfrac{y_1 - b}{x_1 - a}$,

    mithin die   „   der Tangente $\cdots\cdots\cdots -\dfrac{x_1 - a}{y_1 - b}$,

    „   die Gleichung der Tangente $\dfrac{y - y_1}{x - x_1} = -\dfrac{x_1 - a}{y_1 - b}$

  oder $(x - x_1)(x_1 - a) + (y - y_1)(y_1 - b) = 0.$

Da P_1 auf der Kreislinie liegt und seine Koordinaten der Kreisgleichung genügen müssen, so kann man dieser Gleichung auch die Form geben:

$$(x - a)(x_1 - a) + (y - b)(y_1 - b) = r^2.$$

Welche Gedächtnisregel ergibt sich?

9. An den Kreis $x^2 + y^2 - 14\,x - 6\,y - 3 = 0$ sind die Tangenten in den Punkten gezogen, deren Abszisse $+2$ ist. Welchen Winkel bilden die Tangenten a) mit der X-Achse, b) miteinander?

10. In den Kreispunkten P_1 und P_2 sind die Tangenten gezeichnet. Wie heißen ihre Gleichungen, und welchen Winkel bilden sie miteinander?

    a) $x^2 + y^2 - 6\,x + 16\,y = 552;$ $P_1(-12; +);$ $P_2(+18; -);$

    b) $2\,x^2 + 2\,y^2 + 8\,x - 16\,y = 3002;$ $P_1(+; +40);$ $P_2(-; +40).$

11. Wie lauten die Gleichungen der an den Kreis $x^2 + y^2 + 8\,x - 8\,y = 81$ parallel der Geraden $8\,x + 7\,y = 0$ gezogenen Tangenten?

12. Wie heißen die Gleichungen der Tangenten, die senkrecht auf G stehen?

    a) $(x - 6)^2 + (y + 12)^2 = 125;$ $2\,x + y = 10;$

    b) $(x + 1)^2 + (y - 5)^2 = 640;$ $6\,x + 2\,y = 0{,}5.$

§ 16. Subtangente, Subnormale, Tangente, Normale.

Bezeichnungen:

Die Wörter Tangente und Normale haben eine doppelte Bedeutung, einmal bezeichnen sie die unbegrenzten Geraden, zweitens die Strecken vom Berührungspunkt bis zur X-Achse. Die Projektionen dieser Strecken auf die X-Achse heißen Subtangente bzw. Subnormale.

Aufgabe 1: Berechne die Subtangente $Q_1 A$ (Fig. 14).

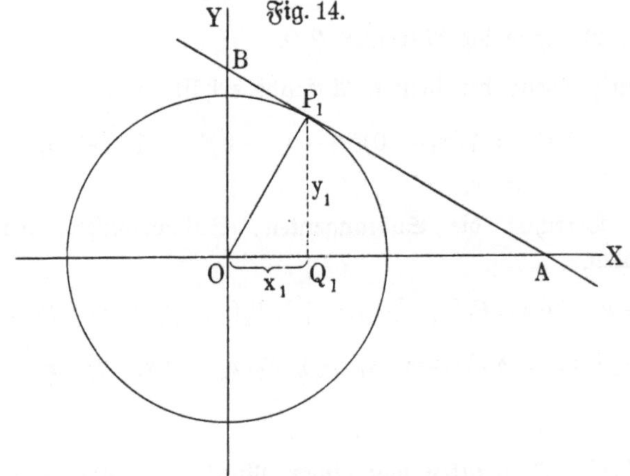

Lösung: Man setzt in der Tangentengleichung y gleich Null, dann wird $x = OA$, also

$$OA \cdot x_1 + 0 \cdot y_1 = r^2,$$

$$OA = \frac{r^2}{x_1}.$$

$$Q_1 A = \frac{r^2}{x_1} - x_1,$$

$$\prime\prime = \frac{r^2 - x_1^2}{x_1},$$

$$\prime\prime = \frac{y_1^2}{r^2}.$$

Aufgabe 2: Berechne die Subnormale.

Lösung: Setzt man in der Normalengleichung $y = \dfrac{x_1}{y_1}\, x$ die Ordinate y gleich Null, so wird die Abszisse x auch gleich Null, d. h. die Normale geht durch den Nullpunkt, und die Subnormale $O Q_1$ ist gleich x_1.

Aufgabe 3: Berechne die Tangente $P_1 A$ (Fig. 14).

Lösung: Man kennt die Koordinaten ihrer Endpunkte und kann die Formel für die Entfernung zweier gegebenen Punkte (oder den pythagoreischen Lehrsatz) benutzen.

$$P_1 A = \sqrt{\left(x_1 - \frac{r^2}{x_1}\right)^2 + (y_1 - 0)^2} = \sqrt{\left(\frac{x_1^2 - r^2}{x_1}\right)^2 + y_1^2},$$

$$\text{\textquotedbl} = \sqrt{\frac{y_1^4}{x_1^2} + y_1^2} = \sqrt{\frac{y_1^2 \cdot (y_1^2 + x_1^2)}{x_1^2}},$$

$$\text{\textquotedbl} = \frac{r y_1}{x_1}.$$

Aufgabe 4: Berechne die **Normale** $P_1 O$.

Lösung: Entsprechend der dritten Aufgabe erhält man

$$P_1 O = \sqrt{(x_1 - 0)^2 + (y_1 - 0)^2} = \sqrt{x_1^2 + y_1^2},$$

$$\text{\textquotedbl} = r.$$

Aufgaben: Berechne die Subtangenten, Subnormalen, Tangenten und Normalen.

a) $x^2 + y^2 = 16$ und $P_1\left(x_1 = \frac{12}{5}, y_1 = +\right), P_2\left(x_2 = \frac{20}{13}; y_2 = -\right), P_3\left(x_3 = +, y_3 = \frac{60}{17}\right);$

b) $x^2 + y^2 = 25$ und $P_1\left(x_1 = \frac{7}{5}, y_1 = -\right), P_2\left(x_2 = -; y_2 = \frac{25}{13}\right), P_3\left(x_3 = \frac{40}{17}; y_3 = -\right).$

§ 17. Tangenten von einem Punkt an einen Kreis.

Aufgabe: Wie lauten die Gleichungen der vom Punkt $P_3 (x_3; y_3)$ an den Kreis $x^2 + y^2 = r^2$ gezogenen Tangenten?

$$P_3(-3; 9), \quad x^2 + y^2 = 45.$$

Lösung 1: Die gesuchte Tangentengleichung hat als Gerade die Form

$$y = mx + n.$$

Die Koordinaten von P_3 müssen diese Gleichung befriedigen, also ergibt sich die Bestimmungsgleichung

$$\textbf{I. } y_3 = mx_3 + n.$$

Da die gesuchte Gerade den Kreis berühren soll, so müssen m und n der Berührungsgleichung (§ 14) genügen, nämlich

$$\textbf{II. } r^2(1 + m^2) = n^2.$$

Aus diesen beiden Bestimmungsgleichungen berechnet man m und n und setzt die erhaltenen Werte in die gesuchte Tangentengleichung ein.

$$\left(\text{Tangentengleichung:} \quad \frac{y - y_3}{x - x_3} = \frac{y_3 \sqrt{x_3^2 + y_3^2 - r^2} \pm x_3 r}{x_3 \sqrt{x_3^2 + y_3^2 - r^2} \mp y_3 r}.\right)$$

Zahlenwerte:

$$\text{I. } 9 = m \cdot (-3) + n,$$
$$\text{II. } 45(1 + m^2) = n^2.$$

$$\text{I. } \qquad n = 3m + 9,$$
$$\text{II. } 45 + 45 m^2 = 9 m^2 + 54 m + 81,$$
$$36 m^2 - 54 m = 36,$$
$$m^2 - \tfrac{3}{2} m = 1,$$
$$m_1 = 2; \quad m_2 = -\tfrac{1}{2}.$$
$$n_1 = 15; \quad n_2 = 7\tfrac{1}{2}.$$

Tangentengleichungen: $\qquad y = 2x + 15$

$$\text{und} \quad y = -\tfrac{1}{2} x + 7\tfrac{1}{2}.$$

Lösung 2: Die gesuchte Tangentengleichung hat als Tangente, wenn man die unbekannten Koordinaten des Berührungspunktes x_1 und y_1 nennt, die Form

$$x x_1 + y y_1 = r^2.$$

Da P_3 ein Punkt dieser Tangente ist, so muß die Bestimmungsgleichung bestehen

$$\text{I. } x_3 x_1 + y_3 y_1 = r^2,$$

und da P_1 ein Punkt des Kreises ist, so lautet die zweite Bestimmungsgleichung

$$\text{II. } x_1^2 + y_1^2 = r^2.$$

Da die zweite Bestimmungsgleichung quadratisch ist, so erhält man zwei Werte für x_1 und y_1, d. h. zwei Berührungspunkte.

Zahlenwerte:

$$\text{I. } \quad (-3) x_1 + 9 y_1 = 45,$$
$$\text{II. } \qquad x_1^2 + y_1^2 = 45.$$

$$\text{I. } \qquad x_1 = 3 y_1 - 15,$$
$$\text{II. } 9 y_1^2 - 90 y_1 + y_1^2 = 45 - 225,$$
$$y_1^2 - 9 y_1 = -18,$$
$$y_1 = 6; \quad y_2 = 3.$$
$$x_1 = 3; \quad x_2 = -6.$$

Tangentengleichungen: $\quad 3x + 6y = 45$ oder $y = -\tfrac{1}{2} x + 7\tfrac{1}{2}.$

$$\text{und} \quad -6x + 3y = 45 \quad " \quad y = \quad 2x + 15.$$

Aufgaben:

1. $P_3 (6; 13)$ und $x^2 + y^2 = 9$.

2. $P_3 (1; 8)$ und $x^2 + y^2 = 16$.

3. $P_3 (9; 13)$, $P_4 (7; 1)$, $P_5 (-1; 7)$ und $x^2 + y^2 = 25$.

4. $P_3 (2; 9)$, $P_4 (3; 14)$, $P_5 (10; 15)$ und $x^2 + y^2 = 36$.

5. $P_3 (2; -11)$ und $x^2 + y^2 = 25$. Welchen Winkel bilden die Tangenten miteinander?

Drittes Kapitel.

Die Parabel.

§ 18. Definition und Konstruktionen der Parabel.

1. Definition:

Die Parabel ist der geometrische Ort aller Punkte, die von einem gegebenen Punkte F, dem **Brennpunkte**, und von einer gegebenen Geraden L, der **Leitlinie**, gleichweit entfernt sind.

2. Bezeichnungen:

Die Verbindungsstrecke eines Parabelpunktes mit dem
Brennpunkte heißt . . . . **Brennstrahl**,
die von einem Parabelpunkte auf die Leitlinie gefällte
Senkrechte heißt . . . . **Leitstrahl**.

3. Mechanische Konstruktion (Fig. 15):

Man befestigt einen Faden von der Länge LB in B an dem rechten Winkel und in F an dem Zeichenblatte. Dann drückt man mit einem Stifte P den Faden so an den einen Schenkel LB des rechten Winkels, daß die Fadenteile gespannt sind, und verschiebt bei angedrücktem Stifte

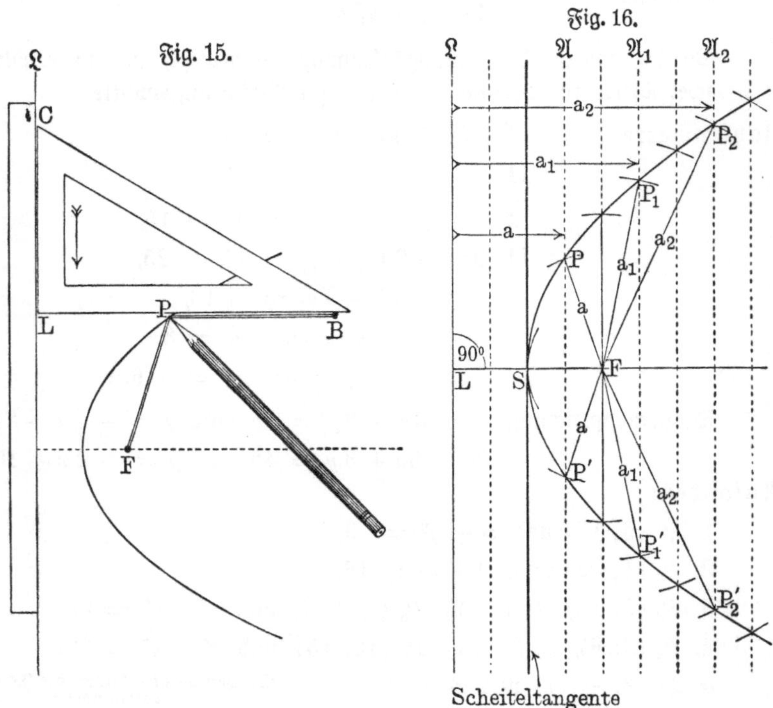

und gespannten Fadenteilen den rechten Winkel so, daß sein anderer Schenkel CL längs der Leitlinie gleitet. P beschreibt dabei einen Parabelbogen.

4. Planimetrische Konstruktion (Fig. 16):

Mit Zirkel und Lineal kann man nicht die (zusammenhängende) Parabel konstruieren, sondern nur (beliebig viele) Punkte der Parabel.

Man zieht im beliebigen Abstande a zur Leitlinie $\mathfrak{L}$ die Parallele $\mathfrak{A}$ und beschreibt mit a als Radius um den Brennpunkt F den Kreis. Dieser schneidet die Parallele $\mathfrak{A}$ in zwei Punkten P und P', die der Parabel angehören. Denn sie sind von $\mathfrak{L}$ und F gleichweit entfernt.

5. Diskussion der planimetrischen Konstruktion:

a) Fällt man von F die Senkrechte FL auf $\mathfrak{L}$, so steht diese Senkrechte auch auf PP' senkrecht und halbiert die Strecke PP'. Daher liegen die Parabelpunkte P und P' symmetrisch zu der Senkrechten FL. Ebenso liegen auch die Parabelpunkte P_1 und P_1', P_2 und P_2' usw. symmetrisch zu FL. Schließlich besteht die ganze Parabel aus zwei kongruenten Hälften, die symmetrisch zu der Senkrechten FL liegen. Diese heißt daher die **Achse** der Parabel, während man die kon= gruenten Hälften **Äste** nennt.

b) Verschiebt man die Parallele $\mathfrak{A}$ zur Leitlinie hin, so nimmt die auf $\mathfrak{A}$ liegende Parabelsehne ab, die Parabelpunkte P und P' nähern sich einander. Geht die Parallele $\mathfrak{A}$ durch den Mittelpunkt S von FL, so fallen beide Parabelpunkte mit S zusammen, mithin ist $\mathfrak{A}$ Tangente. Nennt man nun S den **Scheitel** der Parabel, so ist die in S auf der Achse senkrecht stehende Gerade die **Scheitel= tangente.**

c) Verschiebt man die Parallele $\mathfrak{A}$ noch weiter nach links zur Leitlinie hin und über diese hinaus, so wird sie von den zugehörigen Kreisen nicht mehr geschnitten. Links von der Scheiteltangente gibt es daher keine Parabelpunkte.

d) Verschiebt man die Parallele $\mathfrak{A}$ von der Scheiteltangente aus nach rechts, so wird sie stets von dem zugehörigen Kreise zweimal ge= schnitten und die auf der Parallelen $\mathfrak{A}$ liegende Parabelsehne wächst andauernd.

Ergebnis: Die Parabel liegt ganz auf derselben Seite der Scheitel= tangente und erstreckt sich vom Scheitel aus in zwei zur Achse sym= metrisch liegenden Ästen ins Unendliche.

6. Zeichnungen:

1. Zeichne die Achse, die Scheiteltangente und vier Paar Parabelpunkte, wenn gegeben ist

    a) der Brennpunkt und die Leitlinie;

    b) der Scheitel und die Leitlinie;

    c) der Brennpunkt und der Scheitel.

2. Zeichne auf Millimeterpapier drei Parabeln (d. h. bestimme eine Reihe von Parabelpunkten und ziehe zwischen diesen aus freier Hand die Kurve), welche die Leitlinie und die Achse gemeinsam haben, und deren Brennpunkte von der Leitlinie 2 cm, $3\frac{1}{2}$ cm und 5 cm entfernt sind.

§ 19. Die Scheitelgleichung der Parabel.

In dem vorigen Paragraphen war die Parabel definiert und ihre Gestalt durch Diskussion ihrer planimetrischen Konstruktion festgestellt worden. Nunmehr wollen wir ihre Definition in die Sprache der analytischen Geometrie, d. i. in eine Gleichung übersetzen und durch Diskussion dieser Gleichung die Gestalt der Kurve ermitteln.

Grundaufgabe 1: Wie lautet die Gleichung der Parabel, wenn man ihre Achse als X-Achse, ihre Scheiteltangente als Y-Achse wählt und den Abstand ihres Brennpunktes von der Leitlinie mit p bezeichnet?

Lösung (Fig. 17): Gemäß der Definition der Parabel ist

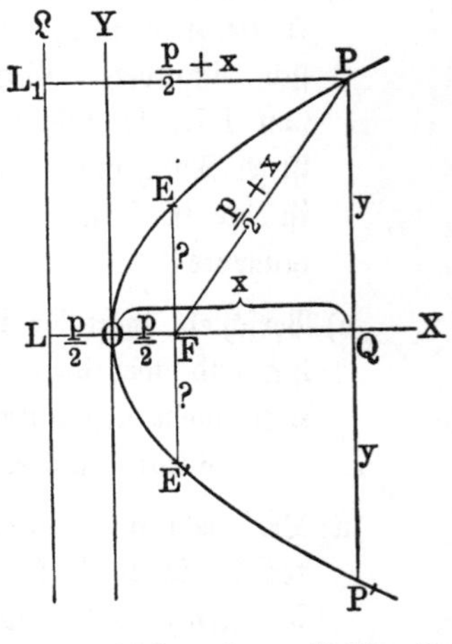

$$FP = PL_1 = QL,$$

$$\sqrt{\left(x - \frac{p}{2}\right)^2 + y^2} = \frac{p}{2} + x,$$

$$x^2 - px + \frac{p^2}{4} + y^2 = \frac{p^2}{4} + px + x^2,$$

$$y^2 = 2px.$$

Diese Gleichung $y^2 = 2px$ heißt die Scheitelgleichung der Parabel.

Diskussion der Scheitelgleichung:

1. In der Gleichung $y^2 = 2px$ kommt nur eine konstante Größe $2p$ vor. Die Gestalt der Parabel hängt daher nur von dieser einen Größe $2p$ ab, welche der Parameter genannt wird.

Um die geometrische Bedeutung des Parameters zu finden, setzen wir in der Parabelgleichung $x = \frac{p}{2}$ und erhalten $y = \pm p$. Die im Brennpunkte auf der Achse senkrecht stehende Parabelsehne ist mithin gleich dem Parameter $2p$.

2. a) Radiziert man die Gleichung $y^2 = 2px$ mit 2, so erhält man $y = \pm\sqrt{2px}$. Aus dem doppelten Vorzeichen der Wurzel folgt, daß zu jedem Werte von x zwei gleiche, aber entgegengesetzte Werte von y gehören. Die Parabel besteht daher aus zwei kongruenten Hälften, die symmetrisch zur X-Achse liegen (vgl. § 18, a).

b) Mit abnehmendem x nimmt auch der absolute Wert von y ab, und für $x = 0$ wird $y = \pm 0$. Da beide Werte von $y = 0$ sind, so berührt die Y-Achse die Parabel in ihrem Scheitel 0 (vgl. § 18, b).

c) Wird x negativ, so wird die Wurzel imaginär. Für negative x hat die Parabel keine reellen Punkte.

Hierbei ist stillschweigend vorausgesetzt, daß p positiv ist. Ist aber p negativ, so gibt es nur für negative x reelle Kurvenpunkte.

Die Parabel liegt also ganz auf der Seite der Scheiteltangente, auf der ihr Brennpunkt liegt (vgl. § 18, c).

d) Aus $y = \pm\sqrt{2px}$ folgt, daß mit wachsendem x auch y wächst (vgl. § 18, d), aber keineswegs so rasch wie x.

Die Parabeläste entfernen sich im Endlichen immer weiter von der X-Achse; die Parabel ist daher im Endlichen nicht geschlossen.

Aufgaben:

1. Wie heißen die Scheitelgleichungen der Parabeln des § 18, Aufgabe 2?

2. Gegeben ist die Scheitelgleichung einer Parabel. Berechne die Koordinaten mehrerer Parabelpunkte und zeichne die Kurve.

     a) $y^2 = x;$ **b)** $y^2 = 2x;$ **c)** $y^2 = 12x;$

     d) $y^2 = -3x;$ **e)** $y^2 = -2x;$ **f)** $y^2 = -8x;$

     g) $x^2 = 4y;$ **h)** $x^2 = 2y;$ **i)** $x^2 = -8y.$

3. Bestimme die Scheitelgleichung der Parabel, die durch den Punkt P_1 geht, und deren Achse mit der X-Achse zusammenfällt.

     a) $x_1 = 1{,}5,$ $y_1 = 3;$ **b)** $x_1 = 9,$ $y_1 = 6;$

     c) $x_1 = +3,$ $y_1 = -3;$ **d)** $x_1 = 4,$ $y_1 = -6;$

     e) $x_1 = -18,$ $y_1 = 12;$ **f)** $x_1 = -4{,}9,$ $y_1 = -7.$

Welche Änderung tritt ein, wenn die Achse der Parabel mit der Y-Achse zusammenfällt?

4. Gegeben ist eine Parabel $y^2 = 2px$ und ein Punkt $P_1 (x_1\, y_1)$ auf ihr. Wie heißen die Gleichungen der Geraden, die durch P_1 und den

Scheitel O, sowie durch P_1 und den Brennpunkt F gehen, und wie lang sind die Strecken OP_1 und FP_1?

Zahlenbeispiel: $y^2 = 4x$; $P_1 \ldots x_1 = 4$, y_1 positiv. Zeichne die Figur!

Ergebnis: $OP_1 \ldots y = \dfrac{y_1}{x_1} x$; $EP_1 \ldots y = -\dfrac{y_1}{x_1 - \dfrac{p}{2}} \cdot \left(x - \dfrac{p}{2} \right) \cdot$

$$OP_1 = \sqrt{x_1^2 + y_1^2}; \quad FP_1 = x_1 + \frac{p}{2} \cdot$$

5. Beweise, daß die Quadrate der Ordinaten einer Parabel proportional den Abszissen sind.

§ 20.　Die Parabel und eine Gerade.

Grundaufgabe 2: Berechne die Koordinaten der Schnittpunkte einer gegebenen Geraden $y = mx + n$ mit einer gegebenen Parabel $y^2 = 2px$.

Lösung: Die Koordinaten $(x_1 y_1)$ der Schnittpunkte müssen den Bestimmungsgleichungen

$$\text{I.} \quad y_1^2 = 2px_1,$$

$$\text{II.} \quad y_1 = mx_1 + n \quad \text{genügen.}$$

Setzt man den Wert von y_1 der zweiten Gleichung in die erste ein, so erhält man:

$$(mx_1 + n)^2 = 2px_1,$$

$$m^2 x_1^2 - 2x_1(p - mn) + n^2 = 0,$$

$$x_{1,2} = \frac{p - mn \pm \sqrt{p(p - 2mn)}}{m^2}$$

$$\text{und} \quad y_{1,2} = \frac{p \pm \sqrt{p(p - 2mn)}}{m} \cdot$$

Diskussion:

1. Läuft die Gerade **der X-Achse parallel** oder fällt sie mit ihr zusammen, so ist $m = 0$. Dieser Fall soll im nächsten Paragraphen besonders behandelt werden.

2. Läuft die Gerade **der Y-Achse parallel** oder fällt sie mit ihr zusammen, so muß sowohl $m \; (= tg\,90^\circ)$ als auch n gleich unendlich sein. Dann hat die Gleichung der gegebenen Geraden die Form $x = k$. Für die Ordinaten der Schnittpunkte erhält man mithin aus der Parabelgleichung die Werte $\pm \sqrt{2pk}$.

3. Fällt die gegebene Gerade mit keiner Koordinatenachse zusammen und ist sie auch keiner Koordinatenachse parallel,

oder analytisch besprochen: ist m weder gleich 0 noch gleich ∞, so sind die Schnittpunkte der gegebenen Geraden mit der gegebenen Parabel entweder reell, oder sie fallen zusammen, oder sie sind imaginär, je nachdem die Wurzel $\sqrt{p\,(p-2\,m\,n)}$ reell oder gleich Null oder imaginär ist. Also:

a) Ist $p > 2\,m\,n$, so schneidet die Gerade die Parabel.

b) Ist $p = 2\,m\,n$, so fallen die Schnittpunkte zusammen; die Gerade berührt die Parabel, und der Berührungspunkt hat die Koordinaten

$$x_1 = \frac{p-m\,n}{m^2} \quad \text{und} \quad y_1 = \frac{p}{m}.$$

c) Ist $p < 2\,m\,n$, so trifft die Gerade die Parabel überhaupt nicht.

Planimetrische Deutung der Größe $m\,n$:

Die Lage einer Geraden zu einer gegebenen Parabel $y^2 = 2\,p\,x$ ist, wie wir soeben gesehen haben, bestimmt durch die Größe $m\,n$. Wie konstruiert man nun diese Strecke z gleich $m\,n$?

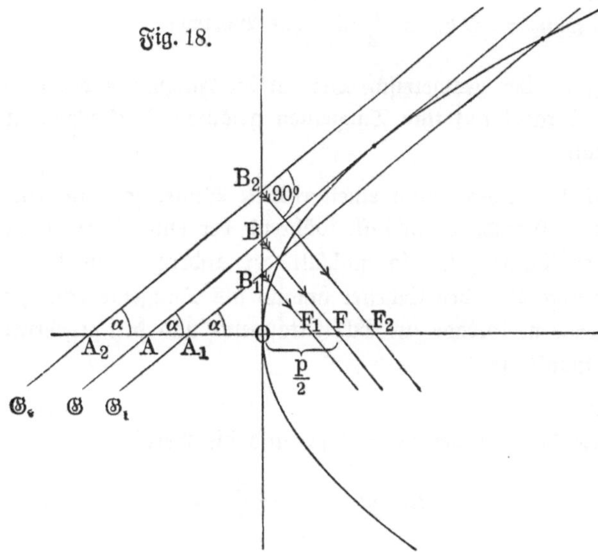

Lösung (Fig. 18):

$$m = tg\,\alpha = \frac{OB}{OA},$$
$$n = \frac{OB}{}$$
$$z = m\,n = \frac{OB^2}{OA}.$$

Mittels algebraischer Analysis ergeben sich für z verschiedene Lösungen. Von diesen wählen wir die Lösung aus, bei der wir den rechten Winkel $A\,O\,B$ verwerten können. Es muß OB die Höhe eines rechtwinkligen Dreiecks und OA Hypotenusenabschnitt werden. Mithin ist in B auf BA die Senkrechte zu errichten, die OA in F schneidet. Dann ist

$$OF = m\,n.$$

Eine Gerade berührt gemäß der Tangentenbedingung die Parabel, wenn mn, d. i. $OF = \frac{p}{2}$ ist. Ist aber $OF = \frac{p}{2}$, so ist F der Brennpunkt.

Ergebnis:

Lehrsatz 1. Eine Gerade $\mathfrak{G}$ berührt die Parabel, wenn die im Schnittpunkt der Geraden $\mathfrak{G}$ mit der Scheiteltangente auf der Geraden $\mathfrak{G}$ errichtete Senkrechte durch den Brennpunkt geht.

Eine Gerade $\mathfrak{G}_1 \ldots y = m_1 x + n_1$ schneidet die Parabel, wenn $m_1 n_1 = OF_1 < \frac{p}{2}$ ist. In Worten?

Eine Gerade $\mathfrak{G}_2 \ldots y = m_2 x + n_2$ trifft die Parabel überhaupt nicht, wenn $m_2 n_2 = OF_2 > \frac{p}{2}$ ist. In Worten?

Folgerung 1: Der geometrische Ort für die Fußpunkte der vom Brennpunkt einer Parabel auf ihre Tangenten gefällten Senkrechten ist die Scheiteltangente.

Folgerung 2: Bewegt man einen rechten Winkel so, daß sein Scheitel eine gegebene Gerade durchläuft, während der eine Schenkel durch einen gegebenen Punkt geht, so umhüllt der andere Schenkel bzw. seine Verlängerung über den Scheitel hinaus als Tangente eine Parabel, welche die gegebene Gerade zur Scheiteltangente und den gegebenen Punkt zum Brennpunkt hat.

Aufgaben:

1. Zeichne die Parabel $y^2 = 18 x$ und die Geraden

$$\text{a)} \quad \mathfrak{G} \ldots y = \frac{3}{4} x + 6;$$

$$\text{b)} \quad \mathfrak{G}_1 \ldots y = \frac{3}{4} x + 4;$$

$$\text{c)} \quad \mathfrak{G}_2 \ldots y = \frac{3}{4} x + 8$$

und wiederhole die allgemeine Betrachtung an diesen Beispielen.

2. In welchen Punkten schneidet eine gegebene Gerade eine gegebene Parabel?

a) $y = \frac{5}{16} x + 3$, $y^2 = 16 x$;   b) $10 y = 30 x + 3$, $y^2 = 10 x$;

c) $x + 2 y = 16$, $y^2 = 2 x$;   d) $3 y + 2 = 12 x$, $y^2 = 6 x$;

e) $4 y = x + 12$, $y^2 = 3 x$;   f) $y = 0{,}6 x + 5$, $y^2 = 7 x$.

§ 21. Die Parabel und eine Parallele zur X-Achse.

Aufgabe: Bestimme die Schnittpunkte einer gegebenen Geraden, die der X-Achse parallel läuft, mit einer gegebenen Parabel.

Lösung: Setzt man in die Ergebnisse

$$x_{1,2} = \frac{p - mn \pm \sqrt{p(p - 2mn)}}{m^2}$$

und $\quad y_{1,2} = \dfrac{p \pm \sqrt{p(p - 2mn)}}{m}$

der Grundaufgabe 2 des vorigen Paragraphen für m den Wert Null ein, so erhält man für die Koordinaten der Schnittpunkte die Werte

$$x_{1,2} = \frac{p \pm p}{0^2}; \qquad y_{1,2} = \frac{p \pm p}{0}.$$

$$x_1 = \frac{2p}{0} = \infty; \qquad y_1 = \frac{2p}{0} = \infty.$$

$$x_2 = \frac{0}{0} \qquad \text{und} \qquad y_2 = \frac{0}{0}.$$

Die Werte x_2 und y_2 haben die unbestimmte Form Null durch Null. Um ihren wahren Wert zu ermitteln, können wir auf verschiedene Weise verfahren.

a) Wir stellen die Bestimmungsgleichungen des Schnittpunktes auf

$$\text{I.} \quad y_2^2 = 2px_2,$$
$$\text{II.} \quad y_2 = n$$

und berechnen aus diesen die Koordinaten des Schnittpunktes, also

$$y_2 = n \quad \text{und} \quad x_2 = \frac{n^2}{2p}.$$

b) Wir formen $x_{1,2} = \dfrac{p - mn \pm \sqrt{p(p - 2mn)}}{m^2}$ um durch Erweitern

dieses Bruches mit $p - mn \mp \sqrt{p(p - 2mn)}$.

Es ergibt sich

$$x_{1,2} = \frac{n^2}{p - mn \mp \sqrt{p(p - 2mn)}}.$$

Ebenso erhält man
$$y_{1,2} = \frac{2\,p\,n}{p \mp \sqrt{p\,(p - 2\,m\,n)}}.$$

Setzen wir nunmehr für m den Wert Null, so wird

$$x_1 = \frac{n^2}{p - p}; \qquad\qquad y_1 = \frac{2\,p\,n}{p - p};$$

$$„ = \frac{n_2}{0}; \qquad\qquad „ = \frac{2\,p\,n}{0};$$

$$„ = \infty. \qquad\qquad „ = \infty.$$

$$x_2 = \frac{n^2}{p + p}; \qquad\qquad y_2 = \frac{2\,p\,n}{p + p};$$

$$„ = \frac{n^2}{2\,p}. \qquad\qquad „ = n.$$

Ergebnis: Jede Parallele zur X-Achse schneidet die Parabel in einem endlichen und einem unendlich fernen Punkte.

Folgerung: Da nun die X-Achse und sämtliche Parallelen zu ihr ein Strahlenbüschel durch den unendlich fernen Punkt der X-Achse bilden, so fallen die unendlich fernen Schnittpunkte dieser sämtlichen Parallelen und der Parabel miteinander und mit dem unendlich fernen Punkte der X-Achse zusammen. Dieser Punkt schließt also im Unendlichen die Parabel.

Aufgaben:

1. Bestimme die Schnittpunkte der Parabel $y^2 = 12\,x$ mit den Geraden

         a) $y = 2$;   **b)** $y = 6$;

         c) $y = -\,0{,}5$;   **d)** $y = -\,12$.

2. Gegeben ist eine Parabel $y^2 = 8\,x$ und zwei Gerade $G_1 \ldots y = 2$ und $G_2 \ldots y = 4$, welche die Parabel in den Punkten P_1 und P_2 schneiden. Berechne

    a) die Strecke $P_1 P_2$, sowie die vom Scheitel auf die Sekante $P_1 P_2$ gefällte Senkrechte;

    b) das zwischen den Geraden, der Scheiteltangente und der Parabelsehne $P_1 P_2$ liegende Trapez;

    c) den Flächeninhalt des Dreiecks $P_1 O P_2$ auf zwei Arten und den Winkel $P_1 O P_2$. Zeichne die Figur und prüfe ihre Genauigkeit.

3. Gegeben ist die Parabel $y^2 = 36\,x$, wobei die Einheit 1 m betrage. Berechne den Ordinatenzuwachs, wenn die Abszisse

         a) von $x_0 = 0$ auf $x_1 = 1$,   **b)** von $x_1 = 1$ auf $x_2 = \quad 2$,

         c)   „ $x_2 = 2$ „ $x_3 = 3$,   **d)**   „ $x_4 = 100$ „ $x_5 = 101$,

             e) von $x_6 = 10\,000$ auf $x_7 = 10\,001$,

             f)   „ $x_8 = 1\,000\,000$ „ $x_9 = 1\,000\,001$

wächst und vergleiche diese Zunahmen.

§ 22. Die Tangente und die Normale der Parabel.

Grundaufgabe 3: Wie heißt die Gleichung der Tangente der Parabel $y^2 = 2px$, die durch den Parabelpunkt $P_1\,(x_1 y_1)$ geht?

Lösung: Da die gesuchte Gerade durch P_1 geht, hat ihre Gleichung die Form

$$y - y_1 = m\,(x - x_1),$$

und da sie Tangente sein soll, müssen die Koordinaten $(x_1\,y_1)$ des Berührungspunktes P_1 den Bestimmungsgleichungen des Paragraphen 20

$$\text{I.} \quad x_1 = \frac{p - mn}{m^2} \quad \text{und} \quad \text{II.} \quad y_1 = \frac{p}{m} \quad \text{genügen.}$$

Aus Gleichung II erhält man für die Tangente im Punkt P_1 die

Richtungskonstante $\qquad m = \dfrac{p}{y_1};$

mithin lautet die gesuchte Tangentengleichung:

$$y - y_1 = \frac{p}{y_1}\,(x - x_1),$$

$$\left.\begin{array}{r} yy_1 - y_1^2 = px - px_1, \\ y_1^2 = 2px_1, \end{array}\right\} +$$

Tangentengleichung: $\qquad yy_1 = p\,(x + x_1).$

Diskussion: Zu einem gegebenen y_1 gibt es nur eine Richtungskonstante m, d. h. durch einen Parabelpunkt P_1 gibt es nur eine Tangente an die Parabel.

Grundaufgabe 4: Wie heißt die Gleichung der Normalen der Parabel $y^2 = 2px$ im Parabelpunkte $P_1\,(x_1 y_1)$?

Lösung: Da die Normale auf der durch P_1 gehenden Tangenten senkrecht steht, ist ihre Richtungskonstante

$$m' = -\frac{y_1}{p},$$

mithin heißt die

Normalengleichung: $\quad y - y_1 = -\dfrac{y_1}{p}\,(x - x_1).$

Aufgaben:

An diese beiden Grundaufgaben schließt sich folgerichtig die Berechnung

der Subtangente TQ und der Subnormalen QN,

der Tangente TP_1 und der Normalen $P_1 N$.

Denn aus den Gleichungen der Tangente und der Normalen kann man die Abszissen der Schnittpunkte T und N und daraus TQ und QN berechnen; TP_1 und P_1N findet man als Entfernungen zweier Punkte, deren Koordinaten gegeben sind.

1. Berechne die **Subtangente** TQ (Fig. 19).

Fig. 19.

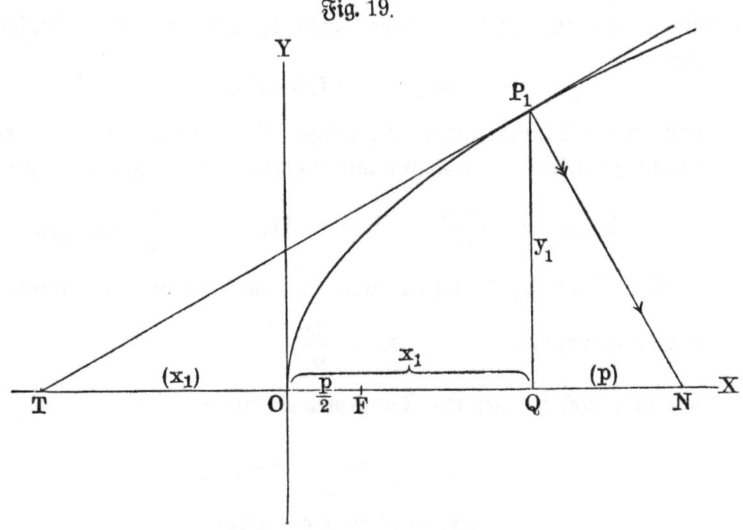

Lösung: Man setzt in der Tangentengleichung y gleich Null, dann wird $x = OT$, also

$$0 \cdot y_1 = p(OT + x_1),$$
$$OT = -x_1,$$
$$TQ = 2x_1, \quad \text{d. h.}$$

Lehrsatz 2. Die Subtangente eines Parabelpunktes $P_1(x_1 y_1)$ ist gleich der doppelten Abszisse x_1 dieses Punktes und wird durch den Scheitel O halbiert.

2. Berechne die **Subnormale** QN (Fig. 19).

Lösung: Man setzt in der Normalengleichung y gleich Null, dann wird $x = ON$, also

$$0 - y_1 = -\frac{y_1}{p}(ON - x_1),$$
$$p = ON - x_1,$$
$$ON = x_1 + p,$$
$$QN = p, \quad \text{d. h.}$$

Lehrsatz 3. Die Subnormale eines Parabelpunktes ist gleich dem Halbparameter p, also eine konstante Größe.

3. Berechne die Tangente TP_1 (Fig. 19).

Lösung:
$$TP_1 = \sqrt{(2x_1)^2 + y_1^2},$$
$$= \sqrt{4x_1^2 + 2px_1},$$
$$= \sqrt{2x_1(2x_1 + p)}.$$

4. Berechne die Normale $P_1 N$ (Fig. 19).

Lösung:
$$P_1 N = \sqrt{p^2 + y_1^2},$$
$$= \sqrt{p^2 + 2px_1},$$
$$= \sqrt{p(p + 2x_1)}.$$

Aufgaben:

1. Welche Gleichung hat die Tangente der Parabel $y^2 = 12x$ in dem Parabelpunkte $P_1(x_1 y_1)$?

     a) $x_1 = \frac{1}{3}$, $y_1 = + \cdots$;   b) $x_1 = \frac{3}{4}$, $y_1 = - \cdots$;

     c) $x_1 = \cdots$, $y_1 = + 6$;   d) $x_1 = \cdots$, $y_1 = - 9$.

Welche Gleichung hat die Tangente der Parabel $y^2 = 6x$ in dem Parabelpunkte $P_1(x_1 y_1)$?

     e) $x_1 = 1{,}5$, $y_1 = + \cdots$;   f) $x_1 = 6$, $y_1 = - \cdots$;

     g) $x_1 = \cdots$, $y_1 = + 12$;   h) $x_1 = \cdots$, $y_1 = - 18$.

2. Wie lauten die Gleichungen der durch die Punkte P_1 der Aufgabe 1 gezogenen Normalen, und welche Längen haben die betreffenden Subtangenten, Subnormalen, Tangenten und Normalen?

3. Wie lautet die Gleichung der Parabeltangente, die

     a) mit der positiven X-Achse den Winkel $\alpha = 45^\circ$ bildet,

     b) auf den negativen Achsen gleiche Stücke abschneidet,

     c) der Geraden $4x - 2y + 5 = 0$ parallel läuft,

     d) auf der Geraden $\frac{x}{3} + \frac{y}{2} = 1$ senkrecht steht,

wenn die Parabel $y^2 = 6x$ gegeben ist?

4. In der Nähe einer Eisenbahn, die einen parabolischen Bogen beschreibt, dessen Gleichung $y^2 = 150x$ ist, läuft eine gerade Straße, die durch die Gleichung $y = 5x + 40$ gegeben ist. Welcher Punkt der Eisenbahn liegt der Straße am nächsten, und wie weit ist er entfernt? (Längeneinheit $= 1$ km.)

5. Wie heißt die Parabelgleichung, wenn die Tangente durch den Parabelpunkt P_1 die Gleichung hat

     a) $y = 2{,}5x + 1$;   b) $y = \frac{3}{5}x + 90$;

     c) $6y = x + 45$;   d) $4y + 2x + 3 = 0$.

6. In dem Punkte P_1, dessen Abszisse $x_1 = 32$ ist, zieht man an die Parabel $y^2 = 8x$ die Tangente und fällt vom Brennpunkt F die Senkrechte FB auf die Tangente. Wie groß ist der Flächeninhalt des Dreiecks FBP_1?

7. Von einem Punkte O (Fig. 20), der sich h Meter über dem Horizonte befindet, bewegt sich ein Körper so, daß er in wagerechter Richtung eine

Fig. 20.

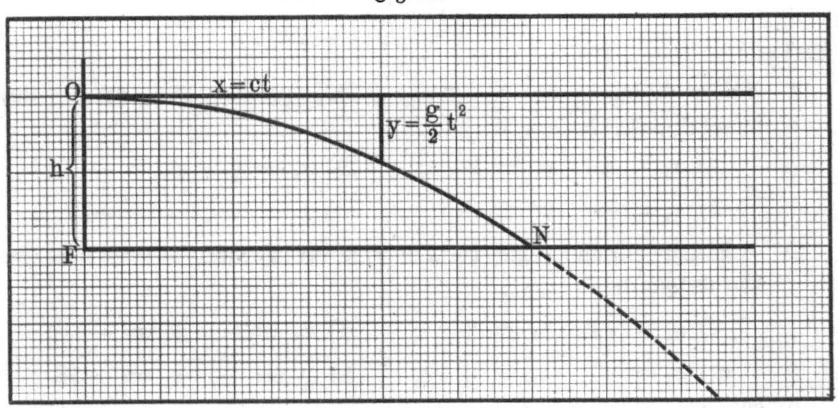

gleichförmige Geschwindigkeit von c und in senkrechter Richtung abwärts eine Beschleunigung von g Meter hat. Welche Bahn beschreibt der Körper, und in welcher wagerechten Entfernung trifft er die Horizontalebene?

Anleitung: Eliminiere die Zeit t aus den in Fig. 20 angegebenen Gleichungen.

Zahlenbeispiel: $h = 20$, $c = 30$, $g = 10$.

8. Berechne den Winkel, unter dem sich die Kurven

$$x^2 + y^2 = 25 \qquad \text{und} \qquad y^2 = 5\tfrac{1}{3} x$$

schneiden, d. h. den Winkel, welchen die in den Schnittpunkten gezogenen Tangenten miteinander bilden.

9. In den Schnittpunkten P_1 und P_2 der Geraden und der Parabel

$$x + y = 3 \qquad \text{und} \qquad y^2 = 4x$$

sind die Parabeltangenten konstruiert. Welchen Flächeninhalt hat das Dreieck, das von der gegebenen Geraden und den beiden Tangenten gebildet wird?

§ 23. Die Lage einer Tangente in bezug auf den zugehörigen Brennstrahl, auf den zugehörigen Leitstrahl und auf die Scheiteltangente.

In dem vorigen Paragraphen war die Größe von **Strecken**, die zur Tangente und zur Normale gehörten, berechnet worden. Jetzt soll die Größe von **Winkeln** bestimmt werden.

Aufgabe 1a: Welchen Winkel bildet die Tangente mit dem Brennstrahl und mit dem Leitstrahl nach dem Berührungspunkt?

Anleitung: Stelle die Gleichungen dieser drei Geraden auf und berechne die fraglichen Winkel. Man findet (Fig. 21) sowohl für $tg\, F P_1 T$

als auch für $tg\, T P_1 . L_1$ den Wert $\dfrac{p}{y_1}$.

Aufgabe 1b: Löse die entsprechende Aufgabe für die Normale.

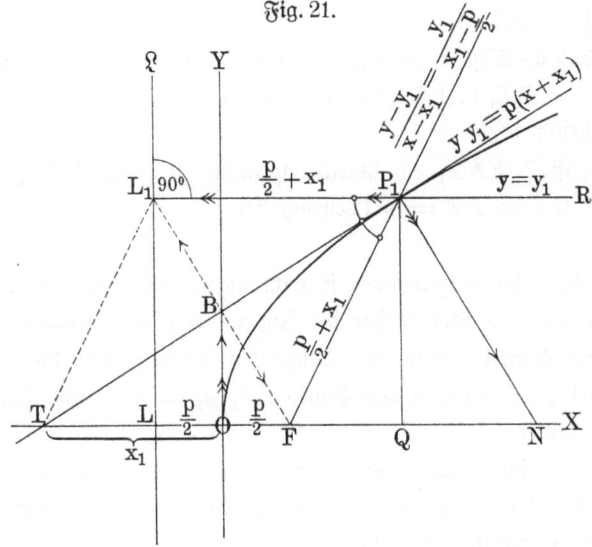

Fig. 21.

Ergebnis:

Lehrsatz 4. Die Parabeltangente halbiert den Winkel zwischen dem Brennstrahl und dem Leitstrahl nach dem Berührungspunkt, die Normale den Nebenwinkel.

Folgerung: Alle parallel der Achse eines parabolischen Spiegels einfallenden Licht= und Wärmestrahlen werden nach F reflektiert. Daher heißt dieser Punkt Brennpunkt, lateinisch Focus, und wird mit F bezeichnet.

Aufgabe 2: Beweise analytisch (Fig. 21),

a) daß die Verbindungsstrecken BF und BL_1 des Schnittpunktes B einer Tangente und der Scheiteltangente mit dem Brennpunkt F bzw. mit dem Fußpunkt L_1 des Leitstrahles eine Gerade bilden, und daß diese Gerade $L_1 F$ parallel der Normale $P_1 N$, also senkrecht auf $T P_1$ ist;

b) daß die Verbindungsstrecke TL_1 des Schnittpunktes T der Tangente und der X-Achse mit dem Fußpunkt L_1 des Leitstrahles parallel dem Brennstrahl FP_1 ist;

c) daß $BL_1 = BF$ und $BP_1 = BT$ ist.

Damit sind die beiden folgenden Lehrsätze bewiesen.

Lehrsatz 5. Der Gegenpunkt des Brennpunktes einer Parabel bezüglich einer Tangente liegt auf der Leitlinie.

Lehrsatz 6. Die Scheiteltangente einer Parabel halbiert die Tangente.

Die Fig. 21 ist charakteristisch für die Parabel. Sie sagt uns,

daß die Tangente P_1T die Diagonale eines gleichseitigen Parallelogramms ist [$\angle FP_1T = TP_1L_1$ (Lehrsatz 4), $TOF = x_1 + p$ (Lehrsatz 2)],

daß die Scheiteltangente durch den Mittelpunkt dieses Rhombus geht [$FB = BL_1$ (Lehrsatz 5); $TB = BP_1$ (Lehrsatz 6); $\angle P_1BF = 90^0$ (Lehrsatz 1)],

daß L_1FNP_1 ein Parallelogramm ist [Dreieck $P_1QN \cong L_1LF$ und $QN = LF = p$ (Lehrsatz 3)].

Aufgaben:

1. Wiederhole die allgemeinen Berechnungen an dem Beispiel $y^2 = 8x$ und $y_1 = +6$ und zeichne die Figur auf Millimeterpapier.

2. Welchen Winkel bilden die Tangenten miteinander, die man an die Parabel $y^2 = 12x$ in den Punkten $P_1(y_1 = +6)$ und $P_2(y_2 = -2)$ ziehen kann?

3. Welchen Winkel bildet die Normale im Punkte $P_1(y_1 = +4)$ der Parabel $y^2 = 10x$ mit dem Brennstrahl P_1F, und wie weit ist sie vom Brennpunkte entfernt?

***§ 24. Planimetrische Betrachtung der Parabel und ihrer Tangente.**

I. Lehrsätze:

Die 6 Lehrsätze über die Tangente, bzw. Normale einer Parabel lassen sich natürlich auch planimetrisch ableiten (Fig. 22).

Ist der Brennpunkt F und die Leitlinie $\mathfrak{L}$ einer Parabel gegeben, so erhält man (vgl. Lehrsatz 5) eine Tangente, wenn man einen beliebigen Punkt L_1 der Leitlinie mit F verbindet und auf L_1F die Mittelsenkrechte errichtet. Zeichnet man noch in L_1 auf der Leitlinie die Senkrechte, so schneidet diese die Tangente in ihrem Berührungspunkt P_1.

Denn $P_1 L_1 = P_1 F$, also ist P_1 ein Punkt der Parabel. Jeder andere Punkt X der Mittelsenkrechten liegt aber außerhalb der Parabel, weil $XY < XL_1$, also auch $< XF$ ist. Damit ist auch Lehrsatz 5 bewiesen.

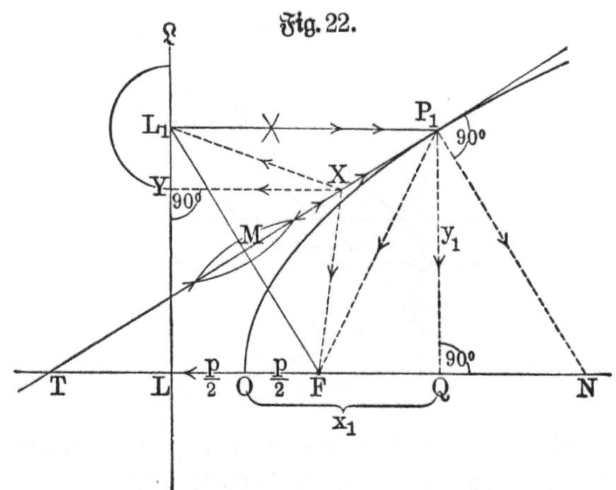

Fig. 22.

Zeichne sodann die Achse der Parabel, bestimme den Scheitel O als Mittelpunkt der Strecke FL und beweise folgendes:

1. $\triangle TP_1 F = TP_1 L_1$, Lehrsatz 4.

2. $TF = FP_1 = L_1 P_1 = LQ = \dfrac{p}{2} + x_1$ und $TQ = 2x_1$, Lehrsatz 2.

3.   Die Verbindungsstrecke $M O$ ist Scheiteltangente, Lehrsatz 1 und 6.

4.   Die in P_1 errichtete Normale schneidet die Achse in N so, daß $QN = LF = p$ ist (Lehrsatz 3).

5.   Berechne TP_1 und NP_1.

II. Konstruktionen:

Konstruiere an einer Parabel, die durch ihren Brennpunkt F und ihre Leitlinie $\mathfrak{L}$ gegeben ist, eine Tangente,

6.   die durch den Parabelpunkt P_1 geht;

7.   die durch den Punkt X außerhalb der Parabel geht;

8.   die mit der Achse einen gegebenen Winkel bildet;

9.   die auf der Leitlinie und der Achse, von L aus gemessen, gleiche Stücke abschneidet.

§ 25. **Der Durchmesser der Parabel.**

Aufgabe 1:

Gegeben ist eine Parabel $y^2 = 2px$ und eine Sekante $y = mx + n$.
Gesucht wird der Mittelpunkt P_0 der auf der Sekante liegenden Parabelsehne.

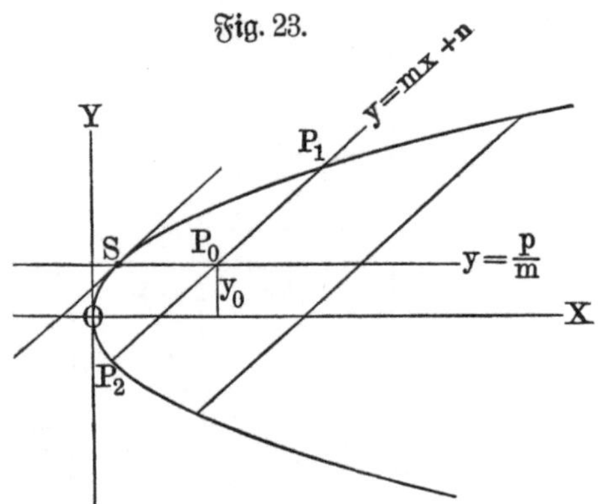

Lösung: Ist $y = mx + n$ die Gleichung der Sehne, so müssen die Abszissen x_1 und x_2 ihrer Endpunkte (Fig. 23) der quadratischen Bestimmungsgleichung

$$m^2 x^2 - 2x(p - mn) + n^2 = 0$$

oder $\quad x^2 - 2x\dfrac{p - mn}{m^2} + \dfrac{n^2}{m^2} = 0 \quad$ genügen (vgl. § 20).

Die Abszisse x_0 der Sehnenmitte ist gleich der halben Summe der Abszissen x_1 und x_2 der Sehnenendpunkte, also gleich der halben Summe der Wurzeln der quadratischen Bestimmungsgleichung, d. i.

$$x_0 = \frac{x_1 + x_2}{2}.$$

Nun ist die Summe der Wurzeln jeder quadratischen Gleichung gleich dem negativen Koeffizienten von x. Mithin erhält man

$$x_0 = \frac{x_1 + x_2}{2} = \frac{p - mn}{m^2}, \qquad y_0 = mx_0 + n = \frac{p}{m}.$$

Berechne y_0 auch aus der Bestimmungsgleichung $y^2 = 2p\dfrac{y - n}{m}$.

Folgerung: Da die Ordinate y_0 denselben Wert behält, solange p, d. i. die Parabel, und m, d. i. die Richtung der Sehne, unverändert bleibt, so haben die Mittelpunkte einer Schar paralleler Sehnen den gleichen Abstand $\dfrac{p}{m}$ von der X-Achse, sie liegen also auf einer Parallelen zur X-Achse. Diese Parallele heißt **Durchmesser**, und zwar gehört zu jeder Sehnenrichtung ein bestimmter Durchmesser und umgekehrt.

Bei welcher Richtung der Sehnen liegt der Durchmesser unterhalb der X-Achse?

Die Gleichung des Durchmessers, der die Sehnenschar mit der Richtungs=
konstanten m halbiert, d. h. des **zugeordneten Durchmessers**, lautet:

$$y = \frac{p}{m}.$$

Aufgabe 2:

Gegeben ist eine Parabel $y^2 = 2px$ und ein Durchmesser $y = \frac{p}{m}$.

Gesucht wird die Tangente im Endpunkte, d. h. dem Scheitel des Durchmessers (Fig. 23).

Lösung: Die Koordinaten x_1 und y_1 des Scheitels müssen den Be=
stimmungsgleichungen

$$\text{I.} \quad y_1^2 = 2px_1 \quad \text{und} \quad \text{II.} \quad y_1 = \frac{p}{m} \quad \text{genügen.}$$

Aus diesen erhält man $\quad x_1 = \frac{y_1^2}{2p} = \frac{p}{2m^2}.$

Die Tangente durch diesen Parabelpunkt hat die Gleichung

$$y \cdot \frac{p}{m} = p\left(x + \frac{p}{2m^2}\right),$$

$$y = mx + \frac{p}{2m}.$$

Folgerung: Die Richtungskonstante m dieser Tangente stimmt überein mit
der Richtungskonstante m der dem gegebenen Durchmesser zugeordneten
Sehnenschar, d. h. **die Tangente im Scheitel eines Durchmessers ist der
zugeordneten Sehnenschar parallel.**

Aufgaben:

1. Gegeben ist eine Parabel und eine Gerade. Wie heißt die Gleichung
des der Geraden zugeordneten Durchmessers? Welche Koordinaten hat sein
Scheitel S, und wie lautet die Gleichung der durch S gezogenen Tangente?

$$\begin{aligned}
&\text{a)} \quad y^2 = 8x, \qquad 3x - y = 5; \\
&\text{b)} \quad y^2 = 12x, \qquad 2x + 3y = 7; \\
&\text{c)} \quad y^2 = 3{,}5x, \qquad 3x + 4y = 10; \\
&\text{d)} \quad y^2 = -16x, \qquad 8x + 5y = 12.
\end{aligned}$$

2. Gegeben ist eine Parabel und ein Punkt P_0 innerhalb dieser Kurve.
Wie heißt die Gleichung der Sehne, die durch P_0 halbiert wird, und
wie lang ist die Sehne?

$$\begin{aligned}
&\text{a)} \quad y^2 = 4x; \qquad x_0 = 12\tfrac{1}{2}, \; y_0 = -1; \\
&\text{b)} \quad y^2 = 9x; \qquad x_0 = 2\tfrac{2}{25}, \; y_0 = 3\tfrac{3}{5}; \\
&\text{c)} \quad y^2 = 6x; \qquad x_0 = 12\tfrac{3}{4}, \; y_0 = -4\tfrac{1}{2}; \\
&\text{d)} \quad y^2 = 5x; \qquad x_0 = 2\tfrac{3}{5}, \; y_0 = -2.
\end{aligned}$$

§ 26. Die Quadratur der Parabel.

Aufgabe 1:

Gegeben ist eine Parabel $y = 2px$ und ein Parabelpunkt P.

Gesucht wird der Inhalt der von x, y und dem Parabelbogen OP begrenzten Fläche, d. h. des Parabelausschnitts.

Fig. 24.

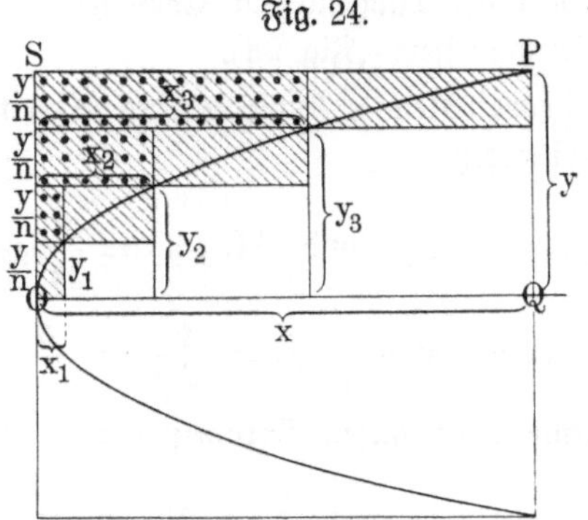

Lösung: Man teilt die Ordinate y in n gleiche Teile und konstruiert die Rechtecke gemäß Fig. 24. Dann ist

$$x_1 = \frac{1}{2p} \cdot y_1^2 = \frac{1}{2p} \cdot \left(\frac{1y}{n}\right)^2 = \frac{y^2}{2pn^2} \cdot 1^2;$$

$$x_2 = \frac{1}{2p} \cdot y_2^2 = \frac{1}{2p} \cdot \left(\frac{2y}{n}\right)^2 = \frac{y^2}{2pn^2} \cdot 2^2;$$

das Flächenstück $OSP >$ als das punktierte Flächenstück,

$$OSP > \frac{y}{n} \cdot 0 + \frac{y}{n} \cdot x_1 + \cdots + \frac{y}{n} \cdot x_{n-1},$$

$$OSP > \frac{y}{n} \cdot \frac{y^2}{2pn^2} \cdot 0^2 + \frac{y}{n} \cdot \frac{y^2}{2pn^2} \cdot 1^2 + \cdots + \frac{y}{n} \cdot \frac{y^2}{2pn^2}(n-1)^2,$$

$$OSP > \frac{y^3}{2pn^3}[0^2 + 1^2 + \cdots + (n-1)^2],$$

$$OSP > \frac{y^3}{2pn^3} \cdot \frac{(n-1) \cdot n \cdot (2\{n-1\}+1)}{6},$$

$$OSP > \frac{y^3}{2p} \cdot \frac{(n-1) \cdot n \cdot (2n-1)}{6n^3},$$

$$OSP > \frac{y^3}{12p} \cdot \left(1 - \frac{1}{n}\right) \cdot \left(2 - \frac{1}{n}\right);$$

aber das Flächenstück $OSP <$ als das schraffierte Flächenstück,

$$OSP < \frac{y}{n} \cdot x_1 + \frac{y}{n} \cdot x_2 + \cdots + \frac{y}{n} \cdot x_n,$$

$$OSP < \frac{y}{n} \cdot \frac{y^2}{2pn^2} \cdot 1^2 + \frac{y}{n} \cdot \frac{y^2}{2pn^2} \cdot 2^2 + \cdots + \frac{y}{n} \cdot \frac{y^2 \cdot n^2}{2pn^2},$$

$$OSP < \frac{y^3}{2pn^3}(1^2 + 2^2 + \cdots + n^2),$$

$$OSP < \frac{y^3}{2pn^3} \cdot \frac{n(n+1)(2n+1)}{6},$$

$$OSP < \frac{y^3}{12p} \cdot \left(1 + \frac{1}{n}\right)\left(2 + \frac{1}{n}\right).$$

Wird n unendlich groß, so wird $\frac{1}{n}$ unendlich klein, und man erhält als

gemeinsamen Grenzwert $OSP = \frac{y^3}{6p}$ oder $= \frac{xy}{3}$,   b. h.

der Parabelbogen OP teilt das Rechteck $OQPS$ im Verhältnis $2:1$.

Der gesuchte Parabelausschnitt ist gleich $\frac{2}{3}\,x\,y$.

*Aufgabe 2: Gegeben ist eine Parabel $y^2 = 2px$ und eine Parabelsehne $P_1 P_2$. Berechne den Flächeninhalt F der von der Sehne und dem zugehörigen Parabelbogen begrenzten Fläche, b. h. des Parabelabschnitts (Fig. 25a u. b).

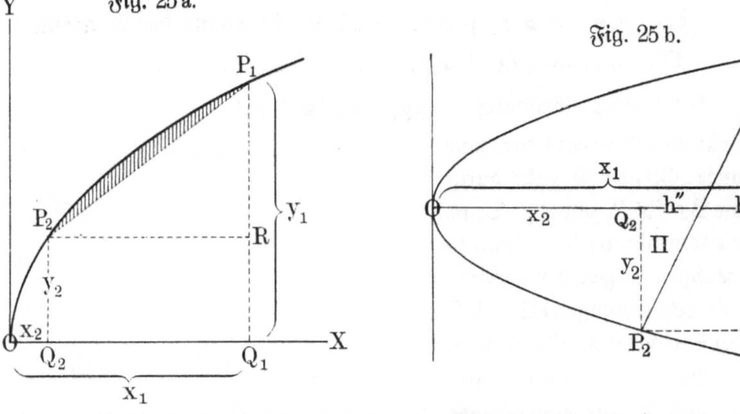

Lösung: Der gesuchte Flächeninhalt ist gleich dem Parabelausschnitt OQ_1P_1 vermindert um den Parabelausschnitt OQ_2P_2 und das Trapez $Q_1P_1P_2Q_2$. Man erhält $F = OQ_1P_1 - OQ_2P_2 - Q_1RP_2Q_2 - RP_1P_2,$

$$\text{\textquotedbl} \quad = \tfrac{1}{6}(x_1 y_1 - x_2 y_2) - \tfrac{1}{2}(x_1 y_2 - x_2 y_1).$$

Diese Formel ergibt nur dann einen positiven Flächeninhalt, wenn der Bogen im positiven Sinne durchlaufen wird, b. h. so, daß die Fläche links liegt.

Zahlenbeispiele:

1. Gegeben ist eine Parabel und eine Sekante, berechne den Parabelabschnitt.

    a) $y^2 = 20x$, $3y = 5(x+1)$;   **b)** $y^2 = 10x$, $y = \tfrac{1}{2}x + 1$.

2. Durch den Brennpunkt einer Parabel $y^2 = 2px$ ist eine Sekante gezogen, die durch den Punkt der Leitlinie mit der Ordinate $+\frac{3}{4}p$ geht. Wie groß ist der Parabelabschnitt?

3. Ein gleichseitiges Dreieck hat eine Ecke im Scheitel einer Parabel, eine Seite a liegt auf ihrer Achse und die gegenüberliegende Ecke auf der Kurve. Wie lautet die Gleichung der Parabel, und wie groß ist die Fläche, die zwischen der Kurve und den beiden Seiten des Dreiecks liegt, die nicht Sehnen sind? $a = 3$ cm.

4. Der Brennpunkt F einer Parabel liegt von der Leitlinie $2\frac{1}{2}$ cm entfernt; durch einen Parabelpunkt P_1 mit der Ordinate $y_1 = 5$ ist die Tangente und von P_1 aus die Sehne durch F gezogen. Berechne die Subtangente, Tangente, Subnormale und Normale, sowie den Parabelabschnitt.

*§ 27. Mehrere Tangenten der Parabel.

Aufgabe 1: Von einem Punkt P_3 sind an eine Parabel die Tangenten gezogen. Wie lautet die Gleichung der durch die Berührungspunkte P_1 und P_2 gezogenen Sehne (Berührungssehne zu P_3)?

Lösung: I. $y\,y_1 = p(x + x_1)\ldots$ Tangentengleichung in P_1.

          II. $y\,y_2 = p(x + x_2)\ldots$ „   in P_2.

         III. $y_3 y_1 = p(x_3 + x_1)\ldots$ weil P_3 ein Punkt der Tangente 1 ist.

         IV. $y_3 y_2 = p(x_3 + x_2)\ldots$ „ „ „ „ „ „ 2 „

Die lineare Gleichung $y\,y_3 = p(x + x_3)$

stellt eine Gerade G dar, und diese Gerade G geht durch die Punkte P_1 und P_2. Denn die Koordinaten dieser Punkte genügen wegen der Bestimmungsgleichungen III. u. IV. der Gleichung der Geraden G.

Da es durch zwei Punkte P_1 und P_2 nur eine Gerade gibt, so muß die Sehne $P_1 P_2$ ein Teil der Geraden G sein. Mithin ist $y\,y_3 = p(x + x_3)$ die gesuchte Gleichung der Berührungssehne.

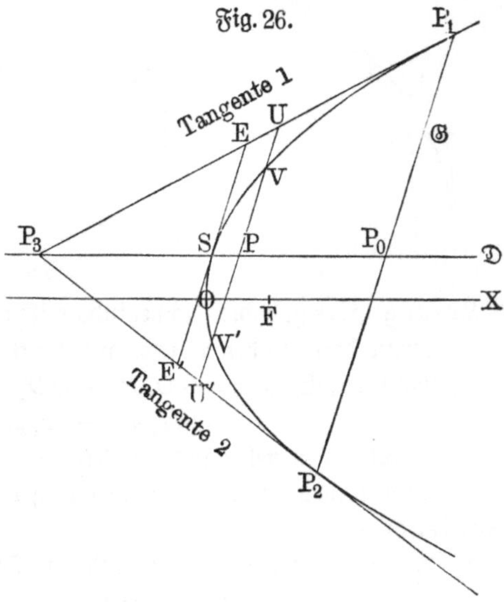

Gedächtnisregel: Gibt man der Gleichung der Parabel
$$y^2 = 2px$$

die Form
$$y \cdot y = p(x + x)$$

und setzt für das zweite y und das zweite x die Koordinaten x_1 und y_1 eines Punktes P_1, so stellt die Gleichung

$$y y_1 = p(x + x_1)$$

die Tangente in P_1 dar, wenn P_1 auf der Parabel liegt, und die Gleichung der Berührungssehne zu P_1, wenn P_1 außerhalb der Parabel liegt.

Aufgabe 2: Stelle die Gleichung des der Berührungssehne $P_1 P_2$ (Fig. 26) zugeordneten Durchmessers D auf und beweise, daß D durch P_3 geht.

Lösung: Die Richtungskonstante der Berührungssehne ist gleich $\dfrac{p}{y_3}$, also ist die Gleichung des zugeordneten Durchmessers D

$$y = p : \frac{p}{y_3} = y_3.$$

Dieser Gleichung genügt die Ordinate y_3 des Punktes P_3, mithin geht der Durchmesser D durch P_3.

Folgerungen:

1. Wie bewegt sich die Berührungssehne, wenn man P_3 auf dem Durchmesser D verschiebt? Was für eine Linie wird die Berührungssehne, wenn P_3 auf die Kurve fällt? Gilt dieser Satz auch für den Kreis?

2. Beweise analytisch durch Berechnung der fraglichen Strecken, daß der Scheitel S die Strecke $P_3 P_0$ des Durchmessers halbiert.

3. Beweise planimetrisch durch Proportionen, daß der Scheitel S auch die Strecke $E E'$ der Tangente halbiert.

4. Beweise planimetrisch, daß $U V = U' V'$ ist.

    Sprich die Folgerungen 1 bis 4 als Lehrsätze aus.

Aufgabe 3: Wie lauten die Gleichungen der vom Punkte P_3 an die Parabel gezogenen Tangenten?

Lösung 1 Die Berührungspunkte P_1 und P_2 der gesuchten Tangenten sind sowohl Punkte der Berührungssehne . . . . $y y_3 = p(x + x_3)$

als auch der Parabel . . . . $y^2 = 2 p x.$

Daher müssen ihre Koordinaten diesen beiden Gleichungen genügen. Die für x_1 und y_1 (bzw. x_2 und y_2) gefundenen Werte sind in die Tangentengleichung $y y_1 = p(x + x_1)$ einzusetzen.

Lösung 2: Die gesuchte Tangentengleichung hat die Form

$$y = mx + n.$$

Die Unbekannten m und n müssen genügen

der Berührungsgleichung . . . . .   I. $p = 2mn$

und der Bestimmungsgleichung . . II. $y_3 = mx_3 + n.$

Aus diesen Bestimmungsgleichungen berechnet man m und n und setzt die erhaltenen Werte in die Tangentengleichung ein.

Diese Lösung ist zwar einfacher als die erste, aber man erhält dabei nicht die Koordinaten der Berührungspunkte.

Zahlenbeispiel:

a) $y^2 = 8\,x;$ $x_3 = 3,$ $y_3 = 5;$

b) $y^2 = 4\,x;$ $x_3 = 6,$ $y_3 = -5;$

c) $y^2 = 10\,x;$ $x_3 = -2,$ $y_3 = \frac{1}{2};$

d) $y^2 = -16\,x;$ $x_3 = 5,$ $y_3 = 1.$

e) Welchen Winkel bilden die vom Punkt $P_3\,(x_3 = -7,\ y_3 = +5)$ an die Parabel $y^2 = 8\,x$ gezogenen Tangenten miteinander?

§ 28. Zusammenstellung der Parabelformeln.

1. Scheitelgleichung . . . . . $\boldsymbol{y^2 = 2\,p\,x}$ § 19.

2. Schnittpunkte . . . . . $x_{1,2} = \dfrac{p - mn \pm \sqrt{p\,(p - 2mn)}}{m^2}$

         und $y_{1,2} = \dfrac{p \pm \sqrt{p\,(p - 2mn)}}{m}.$ § 20.

3. a) Tangentenbedingung . . $\boldsymbol{p = 2\,m\,n.}$

    b) Tangentengleichung . . $\boldsymbol{y\,y_1 = p\,(x + x_1)}$

    c) Richtungskonstante . . . $\boldsymbol{\dfrac{p}{y_1}}.$

4. Normalengleichung . . . . $y - y_1 = -\dfrac{y_1}{p}\,(x - x_1).$ § 22.

5. a) Subtangente . . . . . $2\,x_1$

    b) Subnormale . . . . . . $p.$

6. Ein der Sehnenrichtung m zugeordneter Durchmesser $\boldsymbol{y = \dfrac{p}{m}}.$ § 25.

7. Parabelausschnitt . . . . $\boldsymbol{F = \dfrac{2}{3}\,x\,y}.$ § 26.

Viertes Kapitel.

Die Ellipse.

§ 29. Definition und Konstruktionen der Ellipse.

1. **Definition:** Die Ellipse ist der geometrische Ort aller Punkte, deren Entfernungen von zwei gegebenen Punkten F_1 und F_2, den **Brennpunkten**, eine konstante **Summe $2\,a$** haben.

Die Verbindungsstrecke eines Ellipsenpunktes und eines Brennpunktes heißt **Brennstrahl.**

2. **Mechanische Konstruktion (Fig. 27):** Man befestigt die Enden eines Fadens von der Länge $2\,a$ in den Brennpunkten F_1 und F_2, spannt den Faden durch einen Stift P und bewegt diesen bei gespannten Fadenteilen, so beschreibt P eine Ellipse.

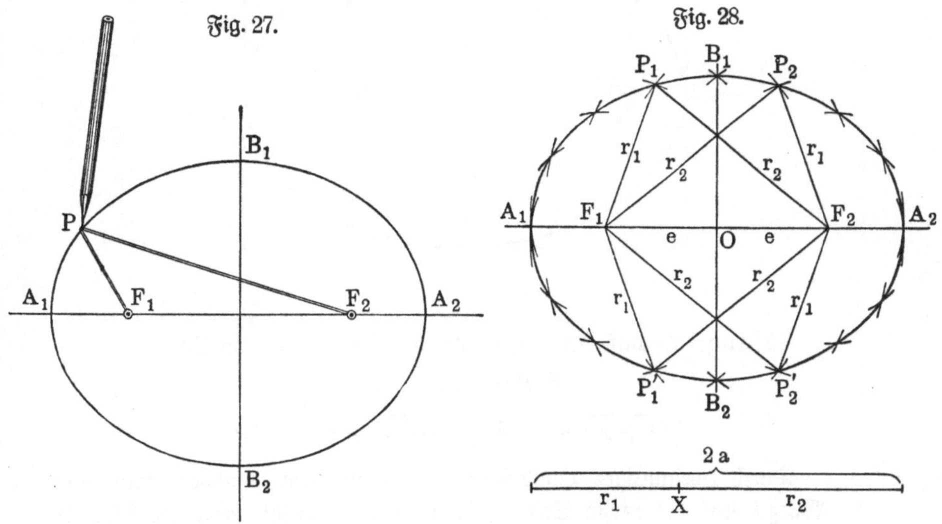

Fig. 27.   Fig. 28.

3. **Planimetrische Konstruktion (Fig. 28):** Man teilt $2\,a$ beliebig in zwei Teile r_1 und r_2 und beschreibt um F_1 mit r_1 und um F_2 mit r_2 Kreise. Diese schneiden einander in zwei Punkten P_1 und P_1', die der Ellipse angehören. Denn die Summe ihrer Entfernungen von F_1 und F_2 ist gleich $r_1 + r_2 = 2\,a$. Die Punkte P_1 und P_1' liegen symmetrisch zur Zentralen $F_1 F_2$.

Beschreibt man mit r_1 um F_2 und r_2 um F_1 Kreise, so sind ihre Schnittpunkte P_2 und P_2' ebenfalls Punkte der Ellipse. P_1 und P_2, sowie P_1' und P_2' liegen symmetrisch zu der Mittelsenkrechten auf $F_1 F_2$.

Folgerung: Die Ellipse hat also zwei Symmetrieachsen oder Achsen. Ihr Schnittpunkt O heißt der **Mittelpunkt** der Ellipse. Die Entfernung OF des Mittelpunktes von einem Brennpunkt heißt **Exzentrizität** e und das Verhältnis $\dfrac{e}{a}$ die **numerische Exzentrizität** ε.

§ 30.   Die Mittelpunktsgleichung der Ellipse.

Aufgabe: Wie heißt die Gleichung der Ellipse, wenn man die durch die Brennpunkte gehende Achse als X-Achse, die andere Symmetrieachse als Y-Achse wählt, die konstante Summe mit $2\,a$ und die Exzentrizität mit e bezeichnet?

Fig. 29.

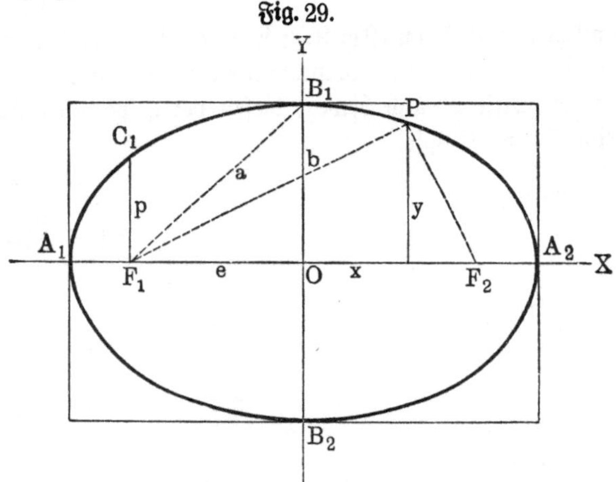

Lösung: Gemäß der Definition der Ellipse ist (Fig. 29):

$$F_1 P + F_2 P = 2\,a,$$

$$\sqrt{(e+x)^2 + y^2} + \sqrt{(e-x)^2 + y^2} = 2\,a.$$

Durch zweimaliges Quadrieren, am einfachsten, nachdem man eine Wurzel auf die rechte Seite gebracht hat, beseitigt man die Wurzeln und erhält:

$$(a^2 - e^2)x^2 + a^2 y^2 = (a^2 - e^2)\,a^2.$$

Da $a > e$ sein muß, so kann man als neue Größe b einführen durch die Definitionsgleichung: $b^2 = a^2 - e^2$

oder $e^2 = a^2 - b^2$.   Dann ergibt sich

die **Mittelpunktsgleichung**: $b^2 x^2 + a^2 y^2 = a^2 b^2$

oder $\dfrac{x^2}{a^2} + \dfrac{y^2}{b^2} = 1.$

Diskussion der Mittelpunktsgleichung:

1. Setzt man $y = 0$, so wird $x = \pm a$; die X-Achse schneidet also die Ellipse in zwei Punkten A_1 und A_2, die auf verschiedenen Seiten des Anfangspunktes in der Entfernung a liegen. $A_1 A_2$ heißt die **Hauptachse** $2\,a$, A_1 und A_2 heißen **Hauptscheitel**, und der Kreis, der die Hauptachse zum Durchmesser hat, heißt **Hauptkreis**.

2. Setzt man $x = 0$, so wird $y = \pm b$; die Y-Achse schneidet also die Ellipse in zwei Punkten B_1 und B_2, die auf verschiedenen Seiten des Anfangspunktes in der Entfernung b liegen; das ist die planimetrische Bedeutung der Größe b. $B_1 B_2$ heißt die **Nebenachse** $2\,b$, B_1 und B_2 heißen **Nebenscheitel**, und der Kreis, der die Nebenachse zum Durchmesser hat, heißt **Nebenkreis**.

3. Da die Gleichung für x und für y rein quadratisch ist, so gehören zu jedem Werte von x zwei gleiche, aber entgegengesetzte Werte von y und umgekehrt. Daher ist sowohl die X-Achse als auch die Y-Achse eine **Symmetrieachse** der Ellipse.

4. Aus $y = \pm\dfrac{b}{a}\sqrt{a^2 - x^2}$ folgt: Durchläuft x die Werte von $-a$ durch Null bis $+a$, so durchläuft y die Werte von Null durch b bis Null. Wird der absolute Wert von $x > a$, so wird die Wurzel imaginär, also gibt es keine reellen Ellipsenpunkte mehr.

5. Für die Grenzwerte $x = \pm a$ erhält man $y = \pm 0$, also nur einen Wert für y, ebenso für die Grenzwerte $y = \pm b$ nur einen Wert $x = 0$. Die in den Haupt= und die in den Nebenscheiteln auf den Achsen er= richteten Senkrechten können also nur die Scheitel mit der Ellipse ge= meinsam haben. Sie sind daher Tangenten, und in dem durch diese vier Tangenten gebildeten Rechteck muß die Ellipse liegen (Fig. 29).

6. Setzt man $x = \pm e$, so erhält man $y = \pm\dfrac{b}{a}\sqrt{a^2 - e^2} = \pm\dfrac{b^2}{a}$. Die durch die Brennpunkte senkrecht zur X-Achse gezogenen Sehnen heißen **Parameter** und werden mit $2\,p$ bezeichnet. Es ist also

$$\text{der Parameter}\quad 2\,p = \frac{2\,b^2}{a}.$$

*7. Aus $y = \dfrac{b}{a}\sqrt{a^2 - x^2}$ folgt die Proportion $a : b = \sqrt{a^2 - x^2} : y$ und daraus ergibt sich die Konstruktion der Fig. 30; sie ist sehr bequem, wenn man auf Millimeterpapier zeichnet.

Fig. 30.

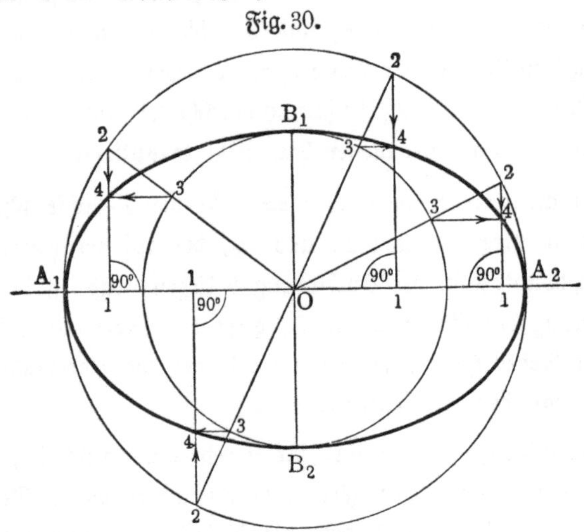

Aufgaben:

1. Gegeben ist eine Ellipse ($2a$ und e) und ein Punkt P_1 (x_1) auf ihr. Berechne die Länge der Brennstrahlen r_1 und r_2.

Anleitung: Man hat die Bestimmungsgleichungen:

$$\text{I.}\quad r_1^2 = y_1^2 + (x_1 + e)^2,$$
$$\text{II.}\quad r_2^2 = y_1^2 + (x_1 - e)^2,$$
$$\text{III.}\quad r_1 + r_2 = 2a.$$

Aus den beiden ersten Gleichungen findet man $r_1^2 - r_2^2 = 4\,e\,x_1$ usw., schließlich als Ergebnis:

$$r_1 = \frac{a^2 + e\,x_1}{a} \qquad \text{und} \qquad r_2 = \frac{a^2 - e\,x_1}{a}.$$

2. Wie lautet die Mittelpunktsgleichung einer Ellipse mit der Hauptachse $2a$ und der Nebenachse $2b$? Welche Abszissen haben ihre Brennpunkte, und wie groß sind ihre Parameter?

    a) $2a = 10,\ 2b = 6$;   b) $2a = 30,\ 2b = 24$.

3. Wie heißt die Mittelpunktsgleichung der Ellipse, wenn gegeben ist:

    a) $2a = 34,\ 2e = 30$;   b) $2b = 40,\ 2e = 42$;

    c) $2a = 10,\ 2p = 6{,}4$;   d) $2e = 48,\ 2p = 7\tfrac{9}{13}$.

4. Berechne die Längen der Halbachsen a und b, des Halbparameters p und der Exzentrizität e der Ellipsen:

    a) $16\,x^2 + 25\,y^2 = 400$;   b) $225\,x^2 + 289\,y^2 = 65\,025$;

    c) $100\,x^2 + 144\,y^2 = 14\,400$;   d) $64\,x^2 + 225\,y^2 = 14\,400$;

    e) $4\,x^2 + 9\,y^2 = 36$;   f) $x^2 + 3\,y^2 = 48$.

5. Wie lautet die Mittelpunktsgleichung der Ellipse, die durch zwei gegebene Punkte P_1 und P_2 geht?

    a) $P_1 \ldots x_1 = 0,\ y_1 = 2,\quad P_2 \ldots x_2 = -1\frac{11}{37},\ y_2 = -1\frac{33}{37};$

    b) $P_1 \ldots x_1 = 3,\ y_1 = 3\frac{1}{5},\quad P_2 \ldots x_2 = -4,\quad y_2 = -2\frac{2}{5}.$

6. a) Die Entfernungen der Erde von der Sonne in der Sonnennähe und in der Sonnenferne verhalten sich wie $29:30$. Wie groß ist die numerische Exzentrizität der elliptischen Erdbahn?

    b) Wie groß ist die Nebenachse einer Ellipse, die der Erdbahn ähnlich ist, wenn ihre Hauptachse 1 m beträgt?

      Anleitung: Ellipsen sind ähnlich, wenn sie gleiche numerische Exzentrizität besitzen. Warum?

    c) Die numerische Exzentrizität der Bahn des Merkur beträgt 0,2. Wie lautet die Gleichung, wenn man die Hauptachse $2a$ nennt, und wie sieht die Ellipse aus, wenn man $2a = 10$ cm setzt?

7. a) Zeichne in die Ellipse $\dfrac{x^2}{8^2} + \dfrac{y^2}{6^2} = 1$ ein Quadrat und berechne seine Seite s.

    b) Zeichne in die Ellipse $x^2 + 4y^2 = 4$ ein gleichseitiges Dreieck, dessen eine Ecke in dem Brennpunkt F_1 liegt, und berechne seine Seite s.
      Anleitung: Man kennt das Verhältnis $y:(x+e)$.

§ 31. Die Ellipse und eine Gerade.

Aufgabe:

    Gegeben ist eine Ellipse $\quad \dfrac{x^2}{a^2} + \dfrac{y^2}{b^2} = 1$

    und eine Gerade $\quad y = mx + n.$

Gesucht werden die Schnittpunkte der Geraden und der Ellipse.

Lösung: Die Koordinaten x_1 und y_1 des Schnittpunktes P_1 müssen den Bestimmungsgleichungen

$$\text{I.}\qquad \frac{x_1^2}{a^2} + \frac{y_1^2}{b^2} = 1,$$

$$\text{II.}\qquad y_1 = mx_1 + n$$

genügen. Setzt man den Wert von y_1 der zweiten Gleichung in die erste ein, so erhält man:

$$\frac{x_1^2}{a^2} + \frac{(mx_1 + n)^2}{b^2} = 1,$$

$$(a^2 m^2 + b^2)x_1^2 + 2a^2 mn x_1 = a^2(b^2 - n^2).$$

$$x_{1,2} = \frac{-a^2 mn \pm ab\sqrt{a^2 m^2 + b^2 - n^2}}{a^2 m^2 + b^2}.$$

$$y_{1,2} = \frac{b^2 n \pm abm\sqrt{a^2 m^2 + b^2 - n^2}}{a^2 m^2 + b^2}.$$

Diskussion:

a) Ist $a^2m^2 + b^2 > n^2$, so ist die Wurzel reell.

Die Gerade schneidet die Ellipse in zwei reellen Punkten.

b) Ist $a^2m^2 + b^2 = n^2$, so ist die Wurzel $= 0$.

Die Schnittpunkte fallen zusammen, die Gerade berührt also die Ellipse.

Der Berührungspunkt hat die Koordinaten

$$x_{1,2} = \frac{-a^2mn}{a^2m^2 + b^2} = \frac{-a^2m}{n}, \qquad y_{1,2} = \frac{b^2n}{a^2m^2 + b^2} = \frac{b^2}{n}.$$

c) Ist $a^2m^2 + b^2 < n^2$, so ist die Wurzel imaginär.

Die Gerade hat keinen reellen Punkt mit der Ellipse gemeinsam.

Mit anderen Worten: Die Gerade schneidet die Ellipse in zwei imaginären Punkten.

d) Besonderer Fall: Ist $n = 0$, d. h. geht die Gerade durch den Mittelpunkt der Ellipse, so ist $y = mx$.

Lösung: Setzt man in den für die Koordinaten der beiden Schnittpunkte gefundenen Werten $n = 0$, so erhält man

$$x_{1,2} = \frac{\pm\, ab}{\sqrt{a^2m^2 + b^2}} \quad \text{und} \quad y_{1,2} = \frac{\pm\, abm}{\sqrt{a^2m^2 + b^2}}.$$

Die Wurzel ist stets reell, mithin schneidet jede durch den Koordinatenanfang O gehende Gerade die Ellipse in zwei reellen Punkten.

Die Abszissen und die Ordinaten beider Schnittpunkte haben zwar entgegengesetzte Vorzeichen, aber gleiche absolute Werte. Daher müssen die Schnittpunkte P_1 und P_2 gleich weit vom Koordinatenanfang O entfernt sein. Da also jede Ellipsensehne, die durch O gezogen ist, auch in O halbiert wird, so trägt O mit Recht den Namen „Mittelpunkt der Ellipse".

Aufgaben: Berechne die Schnittpunkte einer gegebenen Ellipse und einer gegebenen Geraden.

a) $\dfrac{x^2}{49} + \dfrac{y^2}{25} = 1$, $7y = 12x$; b) $\dfrac{x^2}{25} + \dfrac{y^2}{16} = 1$, $3x + 5y = 25$;

c) $x^2 + 4y^2 = 16$, $y = 3x + 2$; d) $4x^2 + 9y^2 = 225$, $x = 2y$.

§ 32. Die planimetrische Deutung der Tangentenbedingung $a^2m^2 + b^2 = n^2$.

Eine Gerade G berührt eine Parabel, wenn die im Schnittpunkt der Geraden G mit der Scheiteltangente auf der Geraden G errichtete Senkrechte durch den Brennpunkt der Parabel geht.

Der Scheiteltangente einer Parabel entspricht der durch die Scheitel A_1 und A_2 der Ellipse gehende Hauptkreis. Wir wollen daher untersuchen, ob der Fußpunkt des von einem der Brennpunkte auf eine Ellipsentangente gefällten Lotes auf dem Hauptkreis liegt.

Lösung: Ist **I.** . . . . . $y = mx + n$ eine beliebige Gerade G, so hat
die vom Brennpunkte F_1
auf G gefällte Senkrechte
$F_1\,G$ (Fig. 31) die Gleichung

II. $y = -\dfrac{1}{m}(x + e)$. Aus

I. und II. erhält man für
G die Koordinaten

$$\frac{-mn - e}{1 + m^2} \quad \text{und}$$

$$\frac{-me + n}{1 + m^2}.$$

Mithin ist die

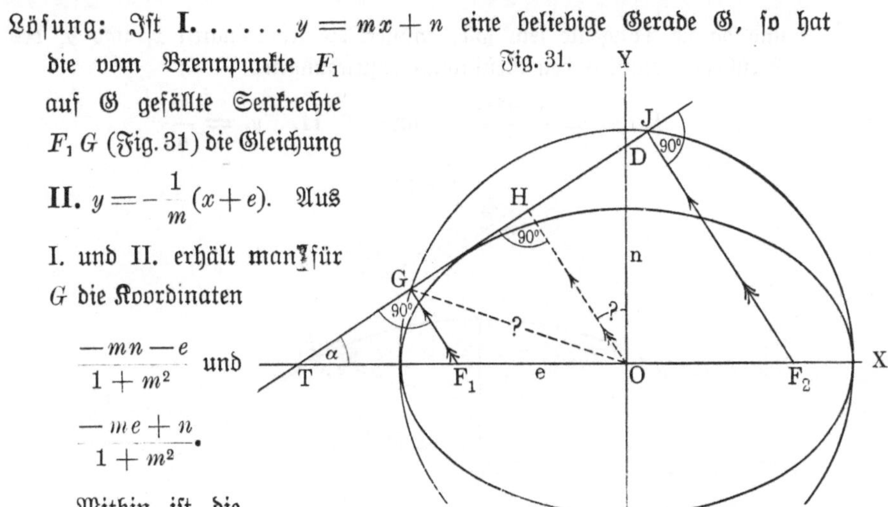

Entfernung $\quad OG = \sqrt{\dfrac{m^2n^2 + 2mne + e^2 + m^2e^2 - 2mne + n^2}{(1 + m^2)^2}}$,

$$\text{„} \quad = \sqrt{\frac{(n^2 + e^2)(1 + m^2)}{(1 + m^2)^2}} = \sqrt{\frac{n^2 + a^2 - b^2}{1 + m^2}}.$$

a) Soll nun die Gerade G eine Tangente sein, so muß $n^2 = a^2m^2 + b^2$

sein, mithin $OG = \sqrt{\dfrac{a^2m^2 + b^2 + a^2 - b^2}{1 + m^2}} = a$. In Worten?

b) Schneidet G die Ellipse, so ist $n^2 < a^2m^2 + b^2$, also ist der Wurzel=
wert oder OG kleiner als a. In Worten?

c) Untersuche auch den dritten Fall.

d) Geometrisch findet man die Entfernung OG leicht aus

$$OH = n\cos\alpha, \quad GH = e\cos\alpha \quad \text{und} \quad \cos\alpha = \frac{1}{\sqrt{1 + m^2}}.$$

Folgerungen:

1. Der geometrische Ort für die Fußpunkte aller von einem Brennpunkt der
   Ellipse auf die Tangenten gefällten Senkrechten ist der Hauptkreis.

2. Dreht man einen rechten Winkel so, daß sein Scheitel einen gegebenen
   Kreis durchläuft, während der eine Schenkel durch einen gegebenen
   Punkt innerhalb des Kreises geht, so umhüllt der andere Schenkel bzw.
   seine Verlängerung als Tangente eine Ellipse, die den gegebenen Kreis
   zum Hauptkreis und den gegebenen Punkt zum Brennpunkt hat.

§ 33. Die Tangente und die Normale der Ellipse.

Aufgabe 1: Wie heißt die Gleichung der Tangente einer gegebenen Ellipse,
die durch den Ellipsenpunkt $P_1\,(x_1\,y_1)$ geht?

Lösung: Da die gesuchte Gerade durch P_1 geht (Fig. 32), muß ihre
Gleichung die Form haben: $y - y_1 = m(x - x_1)$,

und da sie Tangente sein soll, müssen die Koordinaten x_1 und y_1 des Berührungspunktes den Bestimmungsgleichungen

$$\text{I.} \quad x_1 = \frac{-a^2 m}{n} \qquad \text{und} \qquad \text{II.} \quad y_1 = \frac{b^2}{n}$$

Fig. 32.

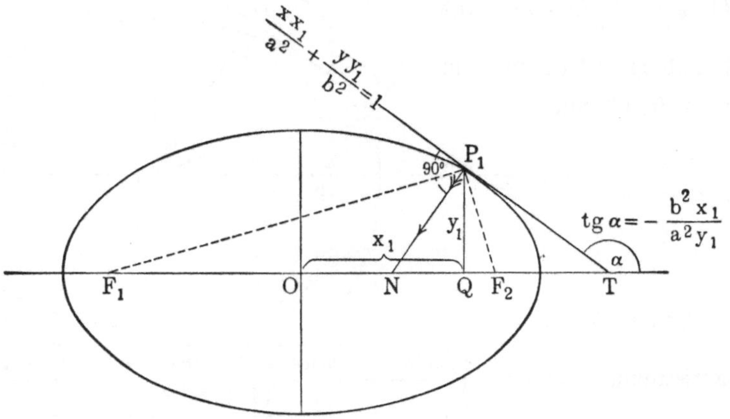

genügen. Dividiert man die erste Gleichung durch die zweite, so erhält man die **Richtungskonstante**

$$m = -\frac{b^2 x_1}{a^2 y_1},$$

mithin $\quad y - y_1 = -\dfrac{b^2 x_1}{a^2 y_1}(x - x_1),$

$$a^2 y y_1 - a^2 y_1^2 = -b^2 x x_1 + b^2 x_1^2,$$

$$\left.\begin{aligned}\frac{y y_1}{b^2} - \frac{y_1^2}{b^2} &= -\frac{x x_1}{a^2} + \frac{x_1^2}{a^2}.\\[1ex]\frac{y_1^2}{b^2} &= 1 - \frac{x_1^2}{a^2}.\end{aligned}\right\} +$$

Nun ist aber

folglich erhält man $\quad \dfrac{y y_1}{b^2} = -\dfrac{x x_1}{a^2} + 1$

oder $\quad \dfrac{x x_1}{a^2} + \dfrac{y y_1}{b^2} = 1.$ **Tangentengleichung.**

Aufgabe 2: Wie heißt die Gleichung der Ellipsennormalen im Ellipsenpunkt P_1?

Lösung: Da die Normale auf der Tangente senkrecht steht, ist die Richtungskonstante m' der Normalen gleich $\dfrac{a^2 y_1}{b^2 x_1}$, mithin heißt ihre Gleichung

$$y - y_1 = \frac{a^2 y_1}{b^2 x_1}(x - x_1).$$

Aufgabe 3: Berechne die Subtangente QT (Fig. 32).

Lösung: Man setzt in der Tangentengleichung $y = 0$, dann wird $x = OT$, also

$$\frac{OT \cdot x_1}{a^2} + \frac{O \cdot y_1}{b^2} = 1,$$

$$OT = \frac{a^2}{x_1}, \qquad\qquad \frac{x_1^2}{a^2} + \frac{y_1^2}{b^2} = 1,$$

$$QT = \frac{a^2}{x_1} - x_1, \qquad\qquad \frac{y_1^2}{b^2} = \frac{a^2 - x_1^2}{a^2},$$

$$= \frac{a^2 - x_1^2}{x_1} \qquad \text{oder} \qquad = \frac{a^2 y_1^2}{b^2 x_1}.$$

Aufgabe 4: Berechne die Subnormale NQ (Fig. 32).

Lösung: Man setzt in der Normalengleichung $y = 0$, dann wird

$$x = ON,$$

also

$$0 - y_1 = \frac{a^2 y_1}{b^2 x_1} \cdot (ON - x_1),$$

$$x_1 - ON = \frac{b^2 x_1}{a^2},$$

d. h.

$$NQ = \quad ,$$

Aufgabe 5: Berechne die Tangente TP_1 und die Normale NP_1 (Fig. 32).

Lösung:

$$TP_1 = \sqrt{(OT - x_1)^2 + (0 - y_1)^2},$$

$$= \sqrt{\left(\frac{a^2}{x_1} - x_1\right)^2 + y_1^2},$$

$$= \sqrt{\frac{(a^2 - x_1^2)^2}{x_1^2} + \frac{b^2}{a^2}(a^2 - x_1^2)},$$

$$= \sqrt{\frac{(a^2 - x_1^2)(a^4 - a^2 x_1^2 + b^2 x_1^2)}{a^2 x_1^2}},$$

$$= \sqrt{\frac{(a^2 - x_1^2)(a^4 - e^2 x_1^2)}{a^2 x_1^2}},$$

$$= \frac{y_1}{b x_1} \sqrt{a^4 - e^2 x_1^2}.$$

$$NP_1 = \sqrt{(ON - x_1)^2 + (0 - y_1)^2}.$$

$$= \sqrt{\left(-\frac{b^2}{a^2}x_1\right)^2 + y_1^2},$$

$$= \sqrt{\frac{b^4}{a^4}x_1^2 + \frac{b^2}{a^2}(a^2 - x_1^2)},$$

$$= \sqrt{\frac{b^2}{a^4}(b^2 x_1^2 + a^4 - a^2 x_1^2)},$$

$$= \frac{b}{a^2}\sqrt{a^4 - e^2 x_1^2}.$$

Aufgabe 6: Berechne die Winkel, welche die Normale mit den Brennstrahlen bildet (Fig. 32).

Lösung: I. Die Gleichung des Brennstrahles $F_1 P_1$ lautet

$$\frac{y - 0}{x + e} = \frac{0 - y_1}{-e - x_1}$$

oder $\qquad y = \dfrac{y_1}{x_1 + e}(x + e).$

II. Die Gleichung der Normalen NP_1 lautet

$$y - y_1 = \frac{a^2 y_1}{b^2 x_1}(x - x_1).$$

III. Die Gleichung des Brennstrahles $F_2 P_1$ lautet

$$y = \frac{y_1}{x_1 - e}(x - e).$$

$$tg\, NP_1 F_1 = \frac{\dfrac{a^2 y_1}{b^2 x_1} - \dfrac{y_1}{x_1 + e}}{1 + \dfrac{a^2 y_1^2}{b^2 x_1(x_1 + e)}},$$

$$= \frac{a^2 x_1 y_1 + a^2 e y_1 - b^2 x_1 y_1}{b^2 r_1^2 + b^2 e x_1 + a^2 y_1^2},$$

$$= \frac{a^2 e y_1 + e^2 x_1 y_1}{a^2 b^2 + b^2 e x_1},$$

$$= \frac{e y_1(a^2 + e x_1)}{b^2(a^2 + e x_1)},$$

$$= \frac{e y_1}{b^2}.$$

$$tg\,F_2\,P_1\,N = \frac{\dfrac{y_1}{x_1-e}-\dfrac{a^2\,y_1}{b^2\,x_1}}{1+\dfrac{a^2\,y_1^2}{b^2\,x_1\,(x_1-e)}},$$

$$= \frac{b^2\,x_1\,y_1 - a^2\,x_1\,y_1 + a^2\,e\,y_1}{b^2\,x_1^2 - b^2\,e\,x_1 + a^2\,y_1^2},$$

$$= \frac{a^2\,e\,y_1 - e^2\,x_1\,y_1}{a^2\,b^2 - b^2\,e\,x_1},$$

$$= \frac{e\,y_1\,(a^2 - e\,x_1)}{b^2\,(a^2 - e\,x_1)},$$

$$= \frac{e\,y_1}{b^2}.$$

Wir haben für $tg\,N\,P_1\,F_1$ und für $tg\,F_2\,P_1\,N$ denselben Wert $\dfrac{e\,y_1}{b^2}$ erhalten. Daher sind auch die Winkel selbst einander gleich, d. h.

Lehrsatz 1. **Die Normale in dem Punkt P_1 einer Ellipse halbiert den Winkel, den die Brennstrahlen dieses Punktes P_1 bilden, die Tangente den Nebenwinkel.**

Folgerung: Gehen bei einem elliptischen Spiegel von dem einen Brennpunkte Licht= oder Wärmestrahlen aus, so werden sie so reflektiert, daß sie sich in dem anderen Brennpunkte wieder vereinigen. Daher stammt der Name Brennpunkt.

Aufgaben:

1. a) Welche Gleichung hat die Tangente einer Ellipse im Punkte P_1, wenn gegeben ist:

α) $\dfrac{x^2}{25} + \dfrac{y^2}{4} = 1,$ $x_1 = 3,$ y_1 positiv;

β) $\dfrac{x^2}{25} + \dfrac{y^2}{4} = 1,$ x_1 negativ. $y_1 = -1{,}6;$

γ) $\dfrac{x^2}{25} + \dfrac{y^2}{16} = 1.$ $x_1 = -3,$ y_1 positiv;

δ) $\dfrac{x^2}{64} + \dfrac{y^2}{25} = 1,$ x_1 positiv, $y_1 = 3;$

ε) $\dfrac{x^2}{100} + \dfrac{y^2}{64} = 1,$ $x_1 = -5,$ y_1 positiv;

ζ) $\dfrac{x^2}{169} + \dfrac{y^2}{121} = 1,$ $x_1 = +5,$ y_1 positiv und negativ.

b) Wie heißen die Gleichungen der durch die Punkte P_1 gezogenen Normalen, und welche Längen haben die Subtangenten und Sub=normalen, Tangenten und Normalen?

2. Durch den Scheitel A_1 einer Ellipse, deren Hauptachse 16 cm und deren Nebenachse 8 cm beträgt, ist eine Sehne gezogen, die mit der Hauptachse einen Winkel von 45° bildet, und in den Endpunkten dieser Sehne sind die Tangenten gezeichnet. Wie lang ist die Sehne, und unter welchem Winkel schneiden sich die Tangenten?

3. Bestimme die Schnittpunkte der Ellipse

$$16\,x^2 + 25\,y^2 = 225$$

und der Parabel, deren Scheitel mit dem Ellipsenmittelpunkt und deren Brennpunkt mit dem positiven Brennpunkt F_2 der Ellipse zusammenfällt.

4. An die Ellipse

$$\frac{x^2}{289} + \frac{y^2}{64} = 1$$

ist in dem Ellipsenpunkt P_1, dessen Abszisse $+15$ und dessen Ordinate positiv ist, die Tangente gezogen. Wo schneidet diese die Gerade

$$y = 5\,x + 4?$$

5. Im Endpunkt eines Parameters der Ellipse

$$\frac{x^2}{1369} + \frac{y^2}{1225} = 1$$

ist die Tangente gezogen und auf diese vom anderen Brennpunkt aus die Senkrechte gefällt. Wie lang ist diese Senkrechte?

6. Im Endpunkt eines Parameters der Ellipse

$$9\,x^2 + 25\,y^2 = 225$$

ist die Tangente gezogen. Wie groß ist die Fläche des Dreiecks, das die Tangente und die von ihr abgeschnittenen Achsenabschnitte bilden?

7. Wie lautet die Gleichung der Ellipsentangente, die

    a) mit der positiven X-Achse den Winkel $\alpha = 45°$ bildet,

    b) der Geraden $3\,x + 5\,y = 20$ parallel läuft,

    c) auf der Geraden $y = 3\,x + 6$ senkrecht steht,

wenn die Ellipsengleichung $16\,x^2 + 25\,y^2 = 400$ gegeben ist?

8. Durch den Brennpunkt F_1 der Ellipse

$$16\,x^2 + 25\,y^2 = 400$$

ist eine Sehne gezogen, die mit der positiven Richtung der Abszissenachse den Winkel $\alpha = 30°$ bildet. Wie heißt die Gleichung dieser Sehne und die Gleichung einer ihr parallelen Tangente?

9. An die Ellipse

$$\frac{x^2}{25} + \frac{y^2}{9} = 1$$

ist eine Tangente gezogen, die mit dem Brennstrahl r_2 einen Winkel von 45° bildet. Berechne die Koordinaten des Berührungspunktes und die Länge der Tangente. — Warum liegt der Berührungspunkt auf dem Kreise, der $F_1 F_2$ zum Durchmesser hat? (Lehrsatz 1.)

10. Im Endpunkt des durch F_1 gehenden Parameters der Ellipse

$$\frac{x^2}{169} + \frac{y^2}{144} = 1$$

ist die Tangente und die Normale gezogen, und auf diese sind von dem Brennpunkt F_2 aus die Senkrechten gefällt. Wie groß ist der Flächeninhalt des entstandenen Rechtecks?

11. Es ist bekannt die Gleichung der Ellipse

$$16\,x^2 + 25\,y^2 = 400$$

und die einer Tangente dieser Ellipse

$$3\,x + 5\,y = 25.$$

Berechne die Koordinaten des Berührungspunktes P_1 und den Winkel zwischen den nach P_1 gezogenen Brennstrahlen.

12. Unter welchem Winkel schneiden sich die Kurven

$$y^2 = \frac{48}{25}\,x \quad \text{und} \quad \frac{x^2}{25} + \frac{y^2}{9} = 1?$$

*§ 34. Planimetrische Betrachtung der Ellipse.

Bei Betrachtung der Ellipse ist folgender Gang eingeschlagen worden: In § 29 wurde die Ellipse definiert und gezeichnet.

In § 30 wurde ihre Mittelpunktsgleichung bestimmt und durch Diskussion derselben die Gestalt der Ellipse festgestellt.

In § 31 wurden die Schnittpunkte einer Geraden mit der Ellipse berechnet.

In § 32 wurde die Tangentenbedingung planimetrisch gedeutet. Dabei fanden wir den Lehrsatz 1: Der Fußpunkt des von einem Brennpunkt auf eine Ellipsentangente gefällten Lotes liegt auf dem Hauptkreise.

In § 33 wurden die Gleichungen der Tangente und der Normalen bestimmt und eine Reihe von Strecken und Winkeln berechnet, die mit der Tangenten, bzw. mit der Normalen in Beziehung stehen. Dabei erhielten wir den Lehrsatz 2: Die Normale in dem Punkt P_1 einer Ellipse halbiert den Winkel, den die Brennstrahlen dieses Punktes P_1 bilden, die Tangente den Nebenwinkel.

Die analytische Betrachtung der Ellipse hat naturgemäß in erster Linie rechnerische Ergebnisse gezeitigt.

Die beiden Lehrsätze sollen aber auch planimetrisch bewiesen werden.

Konstruktion (Fig. 33):

Man beschreibt mit $2\,a$ um F_2 einen Kreis und verbindet einen beliebigen Punkt X desselben mit F_2 und mit F_1. Dann errichtet man auf XF_1 die Mittelsenkrechte MY, die F_2X in P_1 schneidet.

Beweise:

1. a) daß P_1 ein Punkt der Ellipse ist;

   b) daß kein Punkt der Mittelsenkrechten außer dem Punkt P_1 auf der Ellipse liegt;

2. daß die Tangente $P_1 M$ den $\angle F_1 P_1 X$ halbiert;

3. daß M auf dem Hauptkreise liegt.

Fig. 33.

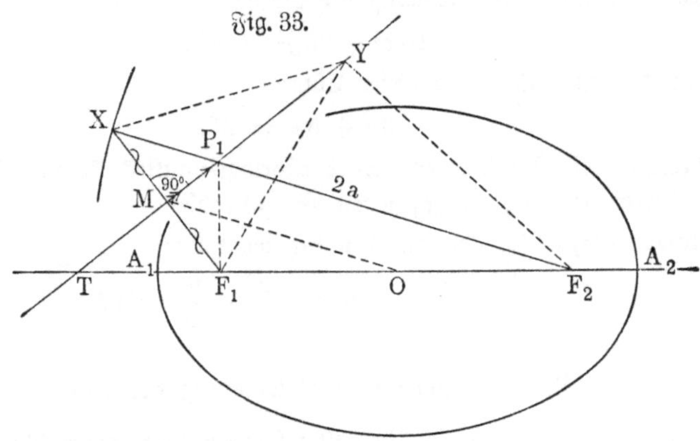

Aufgaben zum Zeichnen:

1. Es sind die Brennpunkte F_1 und F_2 einer Ellipse und ein Kurvenpunkt P_1 gegeben. Konstruiere die Tangente in P_1.

2. Es sind die Brennpunkte F_1 und F_2 einer Ellipse und die Länge $2a$ der Hauptachse gegeben. Zeichne eine Tangente, die

   a) die Achse unter einem gegebenen Winkel schneidet;

   b) eine gegebene Gerade unter einem gegebenen Winkel schneidet;

   c) einer gegebenen Geraden parallel ist.

   Anleitung zu a): Bestimme zunächst den Punkt M (Fig. 33).

3. Von einer Ellipse sind ein Brennpunkt, die Länge $2a$ der Hauptachse und zwei parallele Tangenten gegeben. Bestimme den anderen Brennpunkt.

4. Von einer Ellipse kennt man einen Brennpunkt, die Länge $2a$ der Hauptachse und eine Tangente mit ihrem Berührungspunkt. Bestimme den anderen Brennpunkt.

5. Von einer Ellipse sind ein Brennpunkt, zwei Tangenten und die Länge $2a$ der Hauptachse bekannt. Wo liegt der andere Brennpunkt?

6. Es sind die Brennpunkte F_1 und F_2 einer Ellipse, die Länge $2a$ der Hauptachse und ein Punkt Y außerhalb der Ellipse gegeben. Ziehe von Y aus die Tangenten an die Ellipse.

   Anleitung: Bestimme zunächst den Punkt X (Fig. 33).

§ 35. Die Durchmesser der Ellipse.

Aufgabe 1:

Gegeben ist eine Ellipse $\dfrac{x^2}{a^2} + \dfrac{y^2}{b^2} = 1$

und eine Sekante $y = mx + n$.

Gesucht wird der Mittelpunkt P_0 der auf der Sekante liegenden Ellipsensehne.

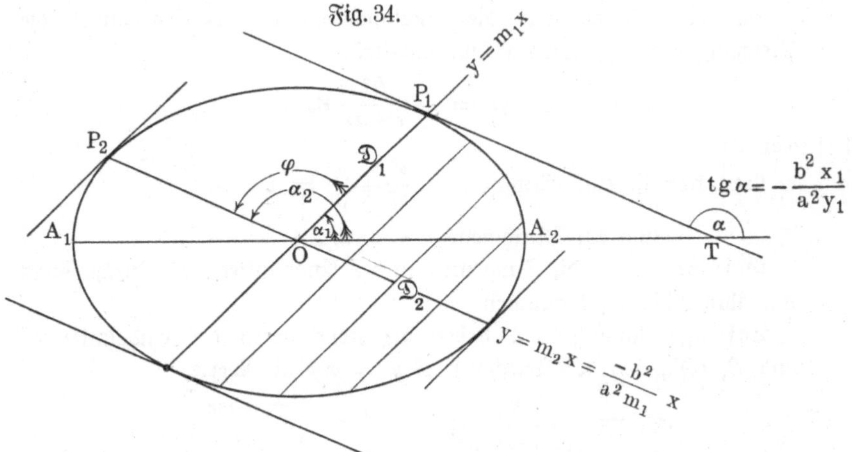

Lösung: Ist $y = mx + n$ die Gleichung der Sehne (Fig. 34), so müssen die Abszissen ihrer Endpunkte der quadratischen Bestimmungsgleichung

$$(a^2 m^2 + b^2) x^2 + 2 a^2 m n x = a^2 (b^2 - n^2)$$

oder $\quad x^2 + 2x \dfrac{a^2 m n}{a^2 m^2 + b^2} = \dfrac{a^2 (b^2 - n^2)}{a^2 m^2 + b^2} \quad$ genügen (vgl. § 31).

Die Abszisse der Sehnenmitte ist gleich dem halben negativen Koeffizienten von x, nämlich

$$x_0 = \frac{-a^2 m n}{a^2 m^2 + b^2},$$

mithin $\quad y_0 = \dfrac{b^2 n}{a^2 m^2 + b^2}.$

Folgerung: Durch Division erhält man

$$\frac{y_0}{x_0} = \frac{b^2}{-a^2 m} \quad \text{oder} \quad y_0 = \frac{-b^2}{a^2 m} x_0.$$

Hat man nun eine Schar **paralleler Sehnen**, so besitzt die Richtungskonstante m aller dieser Sehnen denselben Wert. Daher müssen die

Mittelpunktskoordinaten jeder dieser Sehnen der linearen Gleichung

$$y = \frac{-b^2}{a^2 m}\, x$$

genügen, d. h.

Lehrsatz 2. Die Mittelpunkte einer Schar paralleler Ellipsensehnen liegen auf einer Geraden und zwar auf einer Geraden durch den Mittelpunkt der Ellipse.

Diese Gerade heißt **Durchmesser**, und zwar heißt ein Durchmesser der Sehnenschar **zugeordnet**, die er halbiert.

Hat eine Sehnenschar die Richtungskonstante m, so lautet die Gleichung des zugeordneten Durchmessers:

$$y = -\frac{b^2}{a^2 m}\, x.$$

Aufgabe 2:

Gegeben ist eine Ellipse $\qquad \dfrac{x^2}{a^2} + \dfrac{y^2}{b^2} = 1$

und ein Durchmesser $\quad y = m x.$

Gesucht werden die Tangenten in den Endpunkten des Durchmessers und ihre Richtungskonstanten.

Lösung: Nach § 31 d haben die Koordinaten der Endpunkte P_1 und P_2 (Fig. 34) des Durchmessers $y = m x$ die Werte

$$x_{1,2} = \frac{\pm\, a b}{\sqrt{a^2 m^2 + b^2}}; \qquad y_{1,2} = \frac{\pm\, a b m}{\sqrt{a^2 m^2 + b^2}}.$$

Mithin heißen die gesuchten Tangentengleichungen

$$\frac{x \cdot b}{a \sqrt{a^2 m^2 + b^2}} + \frac{y \cdot a m}{b \sqrt{a^2 m^2 + b^2}} = \pm 1$$

oder $\quad y = \dfrac{-b^2}{a^2 m} \cdot x \pm \dfrac{b}{a m} \sqrt{a^2 m^2 + b^2},$

und die gesuchten Richtungskonstanten m_1 und m_2 haben denselben Wert, nämlich

$$m_1 = m_2 = -\frac{b^2}{a^2 m}.$$

Folgerungen:

1. Was folgt daraus, daß die Richtungskonstanten der in den Endpunkten eines Durchmessers gezogenen Tangenten gleich sind?
2. Zieht man (Fig. 34) zu dem Durchmesser

$$\mathfrak{D}_1 \ldots y = m_1 x$$

parallele Sehnen, so wird diese Sehnenschar durch den Durchmesser

$$\mathfrak{D}_2 \ldots y = m_2 x = \frac{-b^2}{a^2 m_1} x$$

halbiert. Die Richtungskonstante dieses Durchmessers $\mathfrak{D}_2$ stimmt überein mit der Richtungskonstanten der in den Endpunkten des Durchmessers $\mathfrak{D}_1$ gezogenen Tangenten. Was folgt daraus?

3. Zieht man ferner zu dem Durchmesser

$$\mathfrak{D}_2 \ldots \ldots y = m_2\, x = \frac{-b^2}{a^2 m_1}\, x$$

parallele Sehnen und bezeichnet den dieser Sehnenschar zugeordneten Durchmesser mit $\mathfrak{D}_3$, so ist die Gleichung für

$$\mathfrak{D}_3 \ldots \ldots y = -\frac{b^2}{a^2 m_2}\, x,$$

$$= -\frac{b^2}{a^2 \cdot \left(\dfrac{-b^2}{a^2 m_1}\right)}\, x,$$

$$= m_1\, x.$$

Mit welchem Durchmesser fällt also der Durchmesser $\mathfrak{D}_3$ zusammen?

4. Die Durchmesser $\mathfrak{D}_1$ und $\mathfrak{D}_2$ haben die Eigenschaft, daß jeder die dem anderen Durchmesser parallelen Sehnen halbiert. Solche Durchmesser der Ellipse heißen **zugeordnete Durchmesser**. Ihre Richtungskonstanten m_1 und m_2 genügen der Bedingung

$$m_2 = -\frac{b^2}{a^2 m_1}$$

oder $\quad \boldsymbol{m_1\, m_2 = -\dfrac{b^2}{a^2}}.$

5. Diskussion der Bedingung $m_1 m_2 = -\dfrac{b^2}{a^2}$ (Fig. 34).

a) Ist m_1, d. i. $tg\,\alpha_1$ gleich Null, so ist m_2, d. i. $tg\,\alpha_2$ gleich unendlich. Was heißt das?

b) Ist α_1 ein spitzer Winkel, d. i. $tg\,\alpha_1$ oder m_1 positiv, so ist $m_2 \left(= \dfrac{-b^2}{a^2 m_1} \right)$ negativ, d. i. α_2 ein stumpfer Winkel. Wo liegt also der zugeordnete Durchmesser?

6. Bezeichnet man den Winkel zwischen zwei zugeordneten Durchmessern mit φ, so ist

$$tg\,\varphi = tg\,(\alpha_2 - \alpha_1),$$

$$= \frac{tg\,\alpha_2 - tg\,\alpha_1}{1 + tg\,\alpha_2 \cdot tg\,\alpha_1},$$

$$= \frac{-\dfrac{b^2}{a^2 m_1} - m_1}{1 - \dfrac{b^2}{a^2 m_1} \cdot m_1},$$

$$= -\frac{b^2 + a^2 m_1^2}{e^2 m_1}.$$

Einer der beiden zugeordneten Durchmesser muß in dem Ellipsenquadranten $A_2 O B_1$ liegen (5 b). Nennt man diesen Durchmesser $\mathfrak{D}_1$, so ist m_1 positiv, mithin ist $tg\,\varphi$ stets negativ, d. i. der Winkel φ ist stumpf, außer in dem Grenzfall für $m_1 = 0$, wo er den Wert 90^0 annimmt. Es gibt daher nur ein Paar zugeordneter Durchmesser, die aufeinander senkrecht stehen.

Aufgaben:

1. Gegeben ist eine Ellipse und ein Durchmesser. Wie heißt die Gleichung des zugeordneten Durchmessers, und wie groß sind die Winkel, welche die Durchmesser mit der positiven Richtung der X-Achse und miteinander bilden?

   a) $\dfrac{x^2}{49} + \dfrac{y^2}{36} = 1$, $y = 1\frac{2}{7}x$;   **b)** $x^2 + 4y^2 = 4$, $y = -\frac{3}{4}x$;

   c) $9x^2 + 16y^2 = 144$, $y = -\frac{4}{5}x$;   **d)** $3x^2 + 5y^2 = 10$, $y = 3x$.

2. Gegeben ist eine Ellipse und ein Punkt P_0 innerhalb dieser Kurve. Wie heißt die Gleichung der Sehne, die durch P_0 halbiert wird?

   a) $\dfrac{x^2}{100} + \dfrac{y^2}{81} = 1$, $x_0 = -1$, $y_0 = +1{,}8$;

   b) $\dfrac{x^2}{144} + \dfrac{y^2}{100} = 1$, $x_0 = 4$, $y_0 = 5$.

3. Gegeben ist eine Ellipse $\dfrac{x^2}{100} + \dfrac{y^2}{64} = 1$

   und eine Gerade $y = \dfrac{3}{5}\,x - 3$.

Zu dieser ist durch den Ellipsenmittelpunkt der parallele, sowie der zugeordnete Durchmesser gezeichnet und in ihren vier Endpunkten sind die Tangenten gezogen.

Wie groß ist der Winkel zwischen den zugeordneten Durchmessern, und welchen Flächeninhalt hat das von diesen Tangenten gebildete Parallelogramm, sowie das von den Scheiteltangenten der Ellipse gebildete Rechteck?

§ 36. Berechnung des Flächeninhalts einer Ellipse.

In Fig. 35 ist

$$P_1 Q_1 = \frac{b}{a}\sqrt{a^2 - x_1^2},$$

$$P_2 Q_2 = \frac{b}{a}\sqrt{a^2 - x_2^2},$$

$$\frac{C_1 Q_1 = \sqrt{a^2 - x_1^2},}{P_1 Q_1 = \frac{b}{a}\cdot C_1 Q_1,}$$

$$\frac{C_2 Q_2 = \sqrt{a^2 - x_2^2},}{P_2 Q_2 = \frac{b}{a}\cdot C_2 Q_2.}$$

Daher verhalten sich die Flächeninhalte der Trapeze

$$\frac{Q_1 P_1 P_2 Q_2}{Q_1 C_1 C_2 Q_2} = \frac{\frac{1}{2}(P_1 Q_1 + P_2 Q_2)\cdot Q_1 Q_2}{\frac{1}{2}(C_1 Q_1 + C_2 Q_2)\cdot Q_1 Q_2},$$

$$= \frac{\dfrac{b}{a}\cdot C_1 Q_1 + \dfrac{b}{a}\cdot C_2 Q_2}{C_1 Q_1 + \quad C_2 Q_2},$$

$$= \frac{b}{a}\cdot$$

Denkt man sich nun die ganze Ellipsen= und die ganze Kreisfläche durch dieselben Senkrechten in unendlich viele unendlich schmale Trapeze

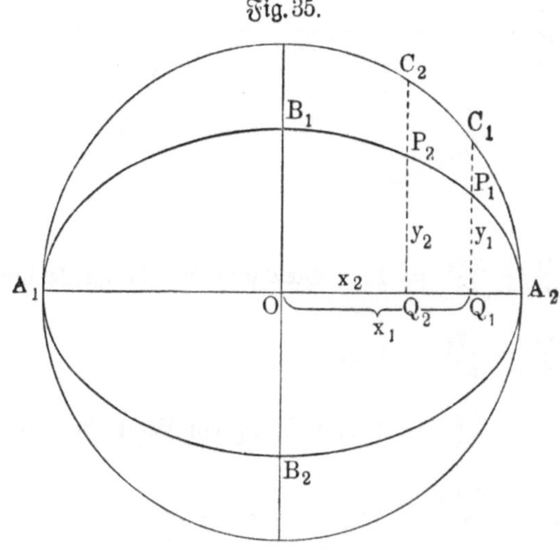

Fig. 35.

zerlegt, so müssen auch die unendlichen Summen, d. h. die Flächeninhalte der Ellipse und des Kreises in dem Verhältnis $b : a$ stehen. Mithin ist der Flächeninhalt F der Ellipse gleich $\dfrac{b}{a}\cdot \pi a^2 = \pi a b$.

$$\boldsymbol{F = ab\pi.}$$

Aufgaben:

1. Wie groß ist der Flächeninhalt des Hauptkreises und der Ellipse

$$\frac{x^2}{81} + \frac{y^2}{49} = 1?$$

2. Wie groß ist der von einem Parameter und dem kleineren Ellipsen= bogen begrenzte Abschnitt der Ellipse $16 x^2 + 25 y^2 = 400$?

Anleitung: Berechne zunächst trigonometrisch den zugehörigen Ab= schnitt des Hauptkreises.

§ 37. Mehrere Tangenten der Ellipse.

Aufgabe 1:

Von einem Punkte P_3 (Fig. 36) sind an eine Ellipse die Tangenten gezogen und ihre Berührungspunkte P_1 und P_2 miteinander verbunden worden. Wie lautet die Gleichung der Sehne $P_1 P_2$ oder der Berührungssehne zu P_3?

Fig. 36.

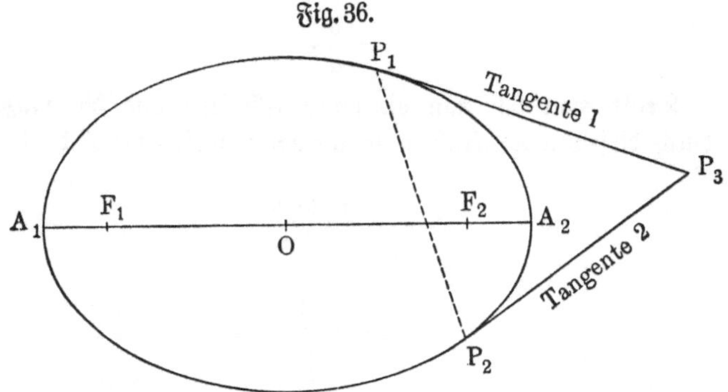

Lösung:

$$\text{I.} \quad \frac{x\,x_1}{a^2} + \frac{y\,y_1}{b^2} = 1 \ldots \text{ Gleichung der Tangente durch } P_1,$$

$$\text{II.} \quad \frac{x\,x_2}{a^2} + \frac{y\,y_2}{b^2} = 1 \ldots \quad \text{„} \quad \text{„} \quad \text{„} \quad \text{„} \quad P_2.$$

$$\text{III.} \quad \frac{x_3\,x_1}{a^2} + \frac{y_3\,y_1}{b^2} = 1 \ldots \text{ weil } P_3 \text{ ein Punkt der Tangente 1 ist,}$$

$$\text{IV.} \quad \frac{x_3\,x_2}{a^2} + \frac{y_3\,y_2}{b^2} = 1 \ldots \quad \text{„} \quad \text{„} \quad \text{„} \quad \text{„} \quad \text{„} \quad \text{„} \quad 2 \text{ ist.}$$

Die lineare Gleichung $\dfrac{x\,x_3}{a^2} + \dfrac{y\,y_3}{b^2} = 1$

stellt eine Gerade $\mathfrak{G}$ dar, und diese Gerade $\mathfrak{G}$ geht durch die Punkte P_1 und P_2, weil die Koordinaten dieser Punkte wegen der Bestimmungsgleichungen III. und IV. der Gleichung der Geraden $\mathfrak{G}$ genügen.

Da es durch die beiden Punkte P_1 und P_2 nur eine Gerade gibt, so muß die Sehne $P_1 P_2$ ein Teil der Geraden $\mathfrak{G}$ sein. Mithin ist

$$\frac{x\,x_3}{a^2} + \frac{y\,y_3}{b^2} = 1$$

die gesuchte Gleichung der Berührungssehne.

Gedächtnisregel:

Gibt man der Gleichung der Ellipse die Form

$$\frac{x\,x}{a^2} + \frac{y\,y}{b^2} = 1$$

und setzt für das zweite x und das zweite y die Koordinaten x_1 und y_1 eines Punktes P_1, so bedeutet die Gleichung

$$\frac{x\,x_1}{a^2} + \frac{y\,y_1}{b^2} = 1$$

die **Tangente** in P_1, wenn P_1 ein Punkt der Kurve ist,

und die **Berührungssehne** zu P_1, wenn P_1 außerhalb der Kurve liegt.

Aufgabe 2:   Stelle die Gleichung des der Berührungssehne zugeordneten Durchmessers D auf und beweise, daß D durch P_3 geht.

Lösung: Die Richtungskonstante der Berührungssehne ist $-\dfrac{b^2 x_3}{a^2 y_3}$, also ist die Gleichung des zugeordneten Durchmessers

$$y = -\frac{b^2}{a^2 \cdot -\dfrac{b^2 x_3}{a^2 y_3}} \cdot x, \quad \text{also} \quad y = \frac{y_3}{x_3} \cdot x.$$

Dieser Gleichung genügen die Koordinaten des Punktes P_3, mithin geht der Durchmesser D durch P_3.

Folgerungen:

1. Wie bewegt sich die Berührungssehne, wenn man P_3 auf dem Durch=messer D verschiebt, und was für eine Linie wird die Berührungssehne, wenn P_3 auf die Kurve fällt?

2. Was läßt sich über die beiden Tangenten sagen, die in den Endpunkten eines Durchmessers gezogen sind?

3. Beweise, daß die Diagonalen eines Tangentenparallelogramms einander im Mittelpunkt der Ellipse schneiden.

Aufgabe 3:   Wie lauten die Gleichungen der vom Punkte P_3 an die Ellipse gezogenen Tangenten?

Lösung 1:   Heißt der betreffende Berührungspunkt P_1 (Fig. 36), so ist die gesuchte Tangentengleichung

$$\frac{x\,x_1}{a^2} + \frac{y\,y_1}{b^2} = 1.$$

Da nun P_1 ein Punkt der Berührungssehne und der Ellipse ist, so müssen seine Koordinaten x_1 und y_1 den Bestimmungsgleichungen

$$\text{I.} \quad \frac{x_1 x_3}{a^2} + \frac{y_1 y_3}{b^2} = 1 \qquad \text{und} \qquad \text{II.} \quad \frac{x_1^2}{a^2} + \frac{y_1^2}{b^2} = 1$$

genügen. Berechne sie und setze die gefundenen Werte in die gesuchte Tangentengleichung ein.

Lösung 2: Die gesuchte Tangentengleichung hat die Form $y = mx + n$.

Die Unbekannten m und n müssen aber der Berührungsgleichung

$\text{I.} \quad a^2 m^2 + b^2 = n^2$ und der Bestimmungsgleichung $\text{II.} \quad y_3 = m x_3 + n$ genügen. Aus diesen Gleichungen findet man

$$m = \frac{x_3 y_3 \pm \sqrt{a^2 y_3^2 + b^2 x_3^2 - a^2 b^2}}{x_3^2 - a^2} \quad \text{usw.}$$

Zahlenbeispiele:

a) $4x^2 + 9y^2 = 36$; $P_3(7;6)$;   **b)** $9x^2 + 25y^2 = 25$; $P_3\left(\frac{25}{21};\frac{5}{7}\right)$;

c) $25x^2 + 169y^2 = 4225$;   „ $\left(\frac{26}{3};5\right)$;   **d)** $36x^2 + 100y^2 = 25$;   „ $\left(-\frac{25}{6};\frac{5}{2}\right)$;

e) $16x^2 + 25y^2 = 16$;   „ $\left(-\frac{7}{5};\frac{4}{25}\right)$;   **f)** $36x^2 + 100y^2 = 9$;   „ $\left(5;-\frac{7}{2}\right)$.

§ 38. Zusammenstellung der Ellipsenformeln.

1. a) Mittelpunktsgleichung $\cdots\cdots$ $\dfrac{x^2}{a^2} + \dfrac{y^2}{b^2} = 1.$

   b) Exzentrizität e $\cdots$ $e^2 = a^2 - b^2.$ § 30.

   c) Parameter $2p$ $\cdots$ $2p = \dfrac{2b^2}{a}.$

2.   Schnittpunkte $\cdots$ $x_{1,2} = \dfrac{-a^2mn \pm ab\sqrt{a^2m^2 + b^2 - n^2}}{a^2m^2 + b^2}$

     und $\quad y_{1,2} = \dfrac{b^2n \pm abm\sqrt{a^2m^2 + b^2 - n^2}}{a^2m^2 + b^2}.$ § 31.

3. a) Tangentenbedingung $\cdots$ $a^2m^2 + b^2 = n^2.$

   b) Tangentengleichung $\cdots$ $\dfrac{xx_1}{a^2} + \dfrac{yy_1}{b^2} = 1.$

   c) Richtungskonstante $\cdots$ $-\dfrac{b^2x_1}{a^2y_1}$

4.   Normalengleichung $\cdots$ $y - y_1 = \dfrac{a^2y_1}{b^2x_1}(x - x_1).$

5. a) Subtangente $\cdots$ $\dfrac{a^2 - x_1^2}{x_1}$ oder $\dfrac{a^2y_1^2}{b^2x_1}.$ § 33.

   b) Subnormale $\cdots$ $\dfrac{b^2x_1}{a^2}.$

   c) Tangente $\cdots$ $\dfrac{y_1}{bx_1}\sqrt{a^4 - e^2x_1^2}.$

   d) Normale $\cdots$ $\dfrac{b}{a^2}\sqrt{a^4 - e^2x_1^2}.$

6. a) Ein der Sehnenrichtung m zugeordneter Durchmesser $\cdots$ $y = -\dfrac{b^2}{a^2m}x.$

   b) Richtungskonstanten m_1 und m_2 zweier zugeordneter Durchmesser $m_1m_2 = -\dfrac{b^2}{a^2}.$ § 35.

   c) Winkel φ zweier zugeordneter Durchmesser $\cdots$ $tg\,\varphi = -\dfrac{b^2 + a^2m_1^2}{e^2m_1}$

7.   Flächeninhalt $\cdots$ $F = ab\pi.$ § 36.

Fünftes Kapitel. **Die Hyperbel.**

§ 39. Definition und Konstruktionen der Hyperbel.

1. **Definition:** Die Hyperbel ist der geometrische Ort aller Punkte, deren Entfernungen von zwei gegebenen Punkten F_1 und F_2, den Brennpunkten, eine konstante Differenz $2a$ haben.

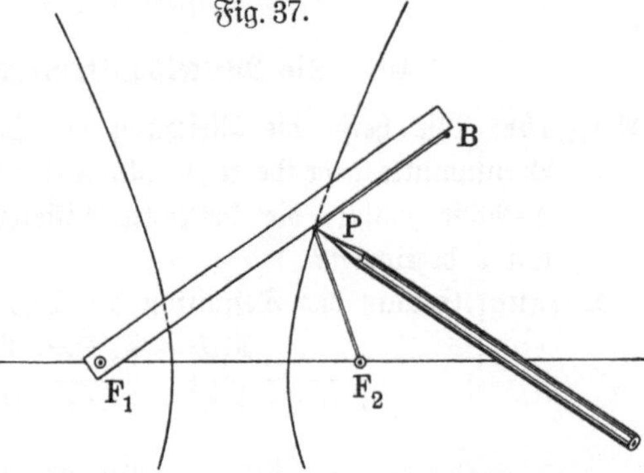
Fig. 37.

2. **Mechanische Konstruktion:** Man befestigt gemäß Fig. 37 das eine Ende eines Lineals drehbar in dem Brennpunkt F_1 und einen Faden, der kürzer als F_1B ist, in B an dem Lineal und in dem Brennpunkt F_2. Spannt man dann den Faden durch den Stift P und dreht das Lineal bei angedrücktem Stift und gespannten Fadenteilen, so beschreibt P einen Hyperbelast.

3. **Planimetrische Konstruktion:** Man verlängert $2a$ um eine beliebige Strecke r_1 (Fig. 38) und beschreibt um F_1 mit r_1 und um F_2 mit $r_2 = (2a + r_1)$ Kreise. Diese schneiden einander in zwei Punkten P_1 und P_1', die der Hyperbel angehören. Denn die Differenz ihrer Entfernungen von F_2 und F_1 ist gleich $r_2 - r_1 = (2a + r_1) - r_1 = 2a$. Die Punkte P_1 und P_1' liegen symmetrisch zur Zentrale F_1F_2.

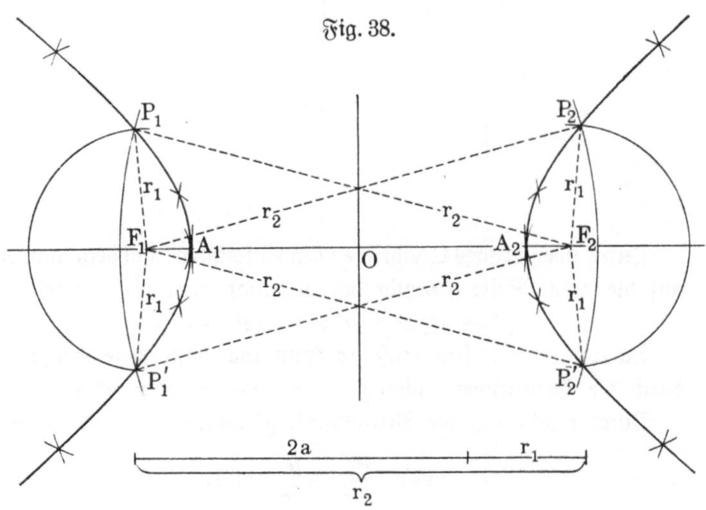
Fig. 38.

Beschreibt man mit r_1 um F_2 und r_2 um F_1 Kreise, so sind ihre Schnittpunkte P_2 und P_2' ebenfalls Punkte der Hyperbel. P_1 und P_2, sowie P_1' und P_2' liegen symmetrisch zu der Mittelsenkrechten auf F_1F_2.

Folgerung: Die Hyperbel hat also zwei Symmetrieachsen oder Achsen. Ihr Schnittpunkt O heißt der Mittelpunkt der Hyperbel. Die Entfernung OF_1 des Mittelpunktes von einem Brennpunkte heißt Exzentrizität e und das Verhältnis $\frac{e}{a}$ die numerische Exzentrizität.

§ 40. Die Mittelpunktsgleichung der Hyperbel.

Aufgabe: Wie heißt die Gleichung der Hyperbel, wenn man die durch die Brennpunkte gehende Achse als X-Achse, die andere Symmetrieachse als Y-Achse wählt, die konstante Differenz mit $2a$ und die Exzentrizität mit e bezeichnet?

Lösung: Gemäß der Definition der Hyperbel ist (Fig. 39)

$$F_1P - F_2P = 2a,$$

$$\sqrt{(x+e)^2 + y^2} - \sqrt{(x-e)^2 + y^2} = 2a.$$

Fig. 39.

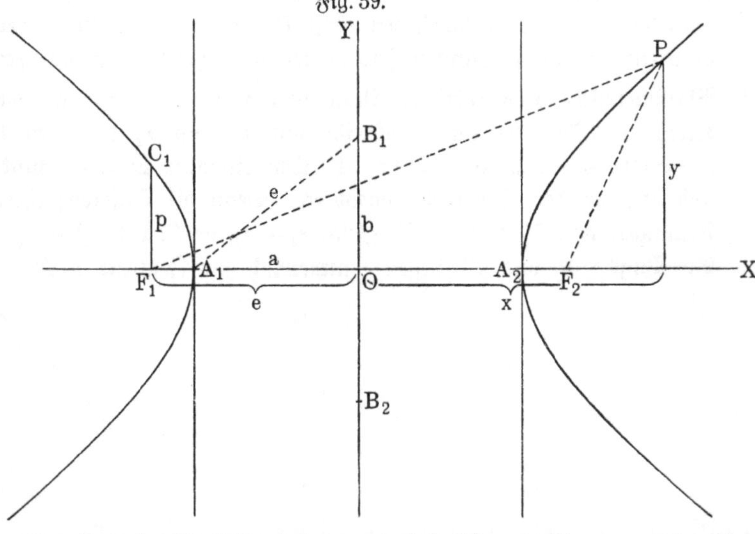

Durch zweimaliges Quadrieren am einfachsten, nachdem man eine Wurzel auf die rechte Seite gebracht hat, beseitigt man die Wurzeln und erhält

$$(e^2 - a^2)x^2 - a^2y^2 = (e^2 - a^2)a^2.$$

Da nun $e > a$ sein muß, so kann man eine neue Größe b einführen durch die Definitionsgleichung: $b^2 = e^2 - a^2$ oder $e^2 = a^2 + b^2$.

Dann ergibt sich die Mittelpunktsgleichung $b^2x^2 - a^2y^2 = a^2b^2$

$$\text{oder} \quad \frac{x^2}{a^2} - \frac{y^2}{b^2} = 1.$$

Diskussion der Mittelpunktsgleichung:

1. Setzt man $y = 0$, so wird $x = \pm a$; die X-Achse schneidet also die Hyperbel in zwei Punkten A_1 und A_2, die auf verschiedenen Seiten des Anfangspunktes in der Entfernung a liegen. $A_1 A_2$ heißt die **Hauptachse** $2\,a$, A_1 und A_2 heißen **Hauptscheitel** und der Kreis, der die Hauptachse zum Durchmesser hat, heißt **Hauptkreis**.

2. Setzt man $x = 0$, so wird $y = \pm bi$; also schneidet die Y-Achse die Hyperbel nicht.

   Statt „nicht schneiden" sagt man auch „schneiden in imaginären Punkten" im Gegensatz zu dem wirklichen Schneiden oder dem Schneiden in reellen Punkten.

3. Da die Gleichung für x und für y rein quadratisch ist, so gehören zu jedem Werte von x zwei gleiche, aber entgegengesetzte Werte von y und umgekehrt. Daher ist sowohl die X-Achse als auch die Y-Achse eine Symmetrieachse der Hyperbel.

4. Aus $y = \pm \dfrac{b}{a} \sqrt{x^2 - a^2}$ folgt:

   Durchläuft x die Werte von $-\infty$ bis $-a$, so durchläuft y die Werte von ∞ bis Null.

   Für $x = -a$ werden beide Werte von y gleich Null, also ist die in A_1 auf der Achse errichtete Senkrechte eine Scheiteltangente; die zweite Scheiteltangente geht durch A_2.

   Durchläuft x die Werte von $-a$ bis $+a$, so sind die Werte von y imaginär; in dem Streifen zwischen den beiden Scheiteltangenten gibt es daher keine reellen Hyperbelpunkte. Wächst x über $+a$ hinaus bis ins Unendliche, so wächst auch y bis ins Unendliche.

5. Setzt man $x = + e$, so erhält man $y = + \dfrac{b}{a} \sqrt{e^2 - a^2} = + \dfrac{b^2}{a}$. Die durch einen Brennpunkt senkrecht zur X-Achse gezogenen Sehnen heißen **Parameter** und werden mit $2\,p$ bezeichnet. Es ist also der

$$\text{Parameter } 2\,p = \frac{2\,b^2}{a}.$$

6. Beschreibt man um A_1 mit e einen Kreisbogen, der die Y-Achse in B_1 und B_2 schneidet, so ist $O B_1$ gleich b. $B_1 B_2$ heißt **Nebenachse** (imaginäre Achse); die Punkte B_1 und B_2 sind aber nicht wie bei der Ellipse Punkte der Kurve.

7. Ist $b = a$, so heißt die Hyperbel **gleichseitig**; sie entspricht der gleichseitigen Ellipse oder dem Kreise. Die Gleichung der

$$\text{gleichseitigen Hyperbel lautet } x^2 - y^2 = a^2.$$

Aufgaben:

1. Gegeben ist eine Hyperbel ($2\,a$ und e) und ein Punkt $P_1\,(x_1)$ auf ihr. Berechne die Länge der Brennstrahlen r_1 und r_2.

Anleitung: Man hat die Bestimmungsgleichungen (Fig. 39):

$$\text{I.} \quad r_1^2 = y_1^2 + (x_1 + e)^2;$$
$$\text{II.} \quad r_2^2 = y_1^2 + (x_1 - e)^2;$$
$$\text{III.} \quad r_1 - r_2 = 2\,a.$$

Aus den beiden ersten Gleichungen findet man $r_1^2 - r_2^2 = 4\,ex_1$ usw., schließlich als Ergebnis

$$r_1 = \frac{ex_1 + a^2}{a}, \qquad r_2 = \frac{ex_1 - a^2}{a}.$$

2. Wie heißt die Mittelpunktsgleichung der Hyperbel mit der Hauptachse $2\,a$ und der Nebenachse $2\,b$? Welche Abszissen haben ihre Brennpunkte, und wie groß sind ihre Parameter?

     a) $2\,a = 8, \quad 2\,b = 6;$ **b)** $2\,a = 24, \ 2\,b = 10.$

3. Welche Mittelpunktsgleichung hat die Hyperbel, wenn gegeben ist:

     a) $2\,a = 24, \ 2\,e = 26;$ **b)** $2\,a = 2\,b, \ 2\,e = 6\sqrt{2};$

     c) $2\,b = 14, \ 2\,p = 4\tfrac{1}{12};$ **d)** $2\,e = 20, \ 2\,p = 9.$

4. Wie lautet die Mittelpunktsgleichung der Hyperbel, die durch die Punkte P_1 und P_2 geht?

     a) $x_1 = 3, \ y_1 = 2, \ x_2 = 4, \quad y_2 = 3;$

     b) $x_1 = 5, \ y_1 = 2\tfrac{1}{2}, \ x_2 = 2\sqrt{5}, \ y_2 = 2.$

§ 41. Die Hyperbel und eine Gerade.

Aufgabe: Bestimme die Schnittpunkte einer Geraden mit einer Hyperbel.

Lösung: Die Koordinaten x_1 und y_1 des Schnittpunktes P_1 müssen den Bestimmungsgleichungen

$$\text{I.} \quad \frac{x_1^2}{a_2} - \frac{y_1^2}{b_2} = 1 \quad \text{und} \quad \text{II.} \quad y_1 = mx_1 + n$$

genügen. Setzt man den Wert von y_1 aus der zweiten Gleichung in die erste ein, so erhält man

$$\frac{x_1^2}{a^2} - \frac{(mx_1 + n)^2}{b^2} = 1,$$

$$(-a^2m^2 + b^2)\,x_1^2 - 2\,a^2mnx_1 = a^2\,(b^2 + n^2),$$

$$x_{1,2} = \frac{a^2mn \pm ab\sqrt{b^2 + n^2 - a^2m^2}}{-a^2m^2 + b^2}, \quad y_{1,2} = \frac{b^2n \pm abm\sqrt{b^2 + n^2 - a^2m^2}}{-a^2m^2 + b^2}.$$

Diskussion:

a) Ist $b^2 + n^2 > a^2 m^2$, so ist die Wurzel reell.

Die Gerade schneidet die Hyperbel in zwei reellen Punkten.

b) Ist $b^2 + n^2 = a^2 m^2$, so ist die Wurzel $= 0$.

Die Schnittpunkte fallen zusammen, d. h. die Gerade berührt die Hyperbel.

Der Berührungspunkt hat die Koordinaten

$$x_{1,2} = \frac{a^2 m n}{-a^2 m^2 + b^2} = \frac{-a^2 m}{n}, \quad y_{1,2} = \frac{b^2 n}{-a^2 m^2 + b^2} = \frac{-b^2}{n}.$$

c) Ist $b^2 + n^2 < a^2 m^2$, so ist die Wurzel imaginär.

Die Gerade hat keinen reellen Punkt mit der Hyperbel gemeinsam.

Mit anderen Worten: Sie schneidet die Hyperbel in zwei imaginären Punkten.

d) Der besondere Fall $n = 0$ wird den nächsten Paragraphen ausfüllen.

Aufgaben:

1. Welches sind die Schnittpunkte der Hyperbel $x^2 - 4 y^2 = 64$ mit den Geraden $y = x - 13$ und $6 y = 5 x - 32$?

2. Bestimme die Schnittpunkte der Hyperbel $\dfrac{x^2}{6^2} - \dfrac{y^2}{12^2} = 1$ mit den Geraden $10 x - 5 y = 144$ und $y = 3 x - 14$.

§ 42. Die Hyperbel und ein Durchmesser.

Geht die Gerade durch den Koordinatenanfang (Fig. 40), so ist $y = mx$ und $n = 0$. Daher wird

$$x_{1,2} = \frac{\pm a b}{\sqrt{b^2 - a^2 m^2}} \quad \text{und} \quad y_{1,2} = \frac{\pm a b m}{\sqrt{b^2 - a^2 m^2}}.$$

Während bei der Ellipse die Wurzel $\sqrt{a^2 m^2 + b^2}$ stets reell war, so daß jede durch ihren Mittelpunkt gehende Gerade die Ellipse in zwei Punkten schnitt, gibt es bei der Hyperbel drei Fälle.

a) Ist $b^2 > a^2 m^2$ oder $m < \pm \dfrac{b}{a}$, so ist die Wurzel reell; die Gerade schneidet die Hyperbel in zwei reellen Punkten. Die Hyperbelsehne wird durch den Koordinatenanfang halbiert. Dieser Punkt heißt daher mit Recht der **Mittelpunkt** der Hyperbel; jede Gerade durch den Mittelpunkt heißt **Durchmesser.**

b) Ist $b^2 = a^2 m^2$ oder $m = \pm \dfrac{b}{a}$, so ist $x_{1,2}$ und $y_{1,2}$ gleich $\pm \infty$.

Die Geraden $y = \dfrac{b}{a} x$ und $y = -\dfrac{b}{a} x$ kommen mit der Hyperbel im Unendlichen zusammen, im Endlichen nähern sie sich zwar immer mehr der Hyperbel, erreichen sie aber nicht. Sie heißen positive und negative Asymptote (ein griechisches Wort, das „nicht zusammen=fallend" bedeutet). Da die Tangentenbedingung $b^2 + n^2 = a^2 m^2$ erfüllt ist, so berühren die Asymptoten die Hyperbel im Unendlichen. Nimmt man nun an, daß eine Gerade nur einen unendlich fernen Punkt hat, so muß der rechte obere Hyperbelast mit dem linken unteren im unendlich fernen Punkte der positiven Asymptote und der linke obere mit dem rechten unteren im unendlich fernen Punkte der negativen Asymptote zusammenkommen.

c) Ist $b^2 < a^2 m^2$ oder $m > \pm \dfrac{b}{a}$, so ist die Wurzel imaginär; die Gerade trifft die Hyperbel überhaupt nicht, oder ihre Schnittpunkte sind imaginär.

Die Asymptoten bilden daher die Grenzen für die Durchmesser mit reellen Schnittpunkten. Diese heißen **Hauptdurchmesser**, dagegen die Durchmesser mit imaginären Schnittpunkten **Nebendurchmesser**.

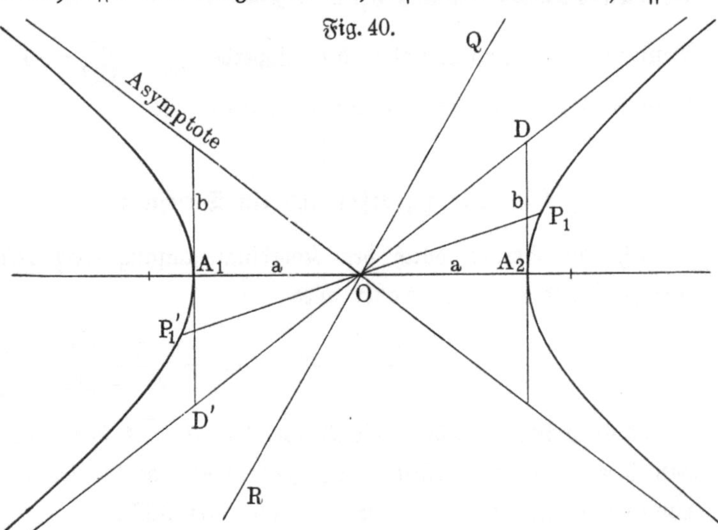

Ergebnis:

$$m < \frac{b}{a}, \text{ zwei reelle Schnittpunkte im Endlichen (Hauptdurchmesser),}$$

$$m = \pm \frac{b}{a} \qquad \text{„ Berührungspunkte im Unendlichen (Asymptoten),}$$

$$m > \frac{b}{a}, \text{ zwei imaginäre Schnittpunkte (Nebendurchmesser).}$$

Folgerungen:

a) Verschiebt man die positive Asymptote parallel zu sich selbst nach links, so muß

ihr einer Schnittpunkt vom unendlich fernen Punkte der Hyperbel links unten nach dem linken Scheitel hin wandern.

Und da sich Parallele im unendlich fernen Punkte schneiden, so muß der andere Schnittpunkt der beweglichen Parallelen rechts oben in den unendlich fernen Punkt der positiven Asymptote fallen.

Während aber die Asymptote die Hyperbel in diesem Punkte berührt, schneiden die Parallelen die Hyperbel in diesem Punkte; die Parallelen drehen sich um diesen Punkt.

Ergebnis: Ist eine Gerade einer Asymptote parallel, so hat sie zwei reelle Schnittpunkte, einen im Endlichen und einen im Unendlichen.

b) Ist eine Gerade einem Hauptdurchmesser parallel, so ist $b^2 > a^2 m^2$, also erst recht $b^2 + n^2 > a^2 m^2$; die Gerade schneidet die Hyperbel in zwei reellen Punkten im Endlichen.

c) Ist eine Gerade einem Nebendurchmesser parallel, so ist $b^2 < a^2 m^2$, also kann $b^2 + n^2 \lesseqgtr a^2 m^2$ sein. Da n von Null verschieden ist, so gilt die Diskussion des vorigen Paragraphen, nämlich:

Die Gerade schneidet die Hyperbel in zwei imaginären Punkten, wenn $b^2 + n^2 < a^2 m^2$ ist.

Die Gerade berührt die Hyperbel in einem endlichen Punkte, wenn $b^2 + n^2 = a^2 m^2$ ist. Der Berührungspunkt liegt im Endlichen, da allein die Asymptoten die Hyperbel im Unendlichen berühren.

Die Gerade schneidet die Hyperbel in zwei reellen Punkten im Endlichen, wenn $b^2 + n^2 > a^2 m^2$ ist. Die Schnittpunkte liegen im Endlichen, da allein die Parallelen zu Asymptoten die Hyperbel im Unendlichen schneiden.

Aufgaben:

1. Bestimme die Schnittpunkte der Hyperbel $\dfrac{x^2}{8^2} - \dfrac{y^2}{15^2} = 1$ mit den Geraden a) $2y = 3x$;   b) $4y = x$;   c) $8y = 15x$;   d) $y = 15x$.

2. Wie heißen die Gleichungen der Asymptoten der Hyperbel

a) $9x^2 - 16y^2 = 144$;   b) $64x^2 - 225y^2 = 14\,400$;

und welchen Winkel bilden die Asymptoten mit der X-Achse?

3. Wie heißt die Mittelpunktsgleichung der Hyperbel, die durch den Punkt $P_1 (x_1 = 1,\ y_1 = \sqrt{3})$ geht und die Geraden $y = \pm 2x$ zu Asymptoten hat?

4. Die Gerade $y = 2x - 4{,}5$ schneidet die Hyperbel mit den Halbachsen $a = 3$ und $b = 4$. Wo schneidet die Gerade die Hyperbel und wo deren Asymptoten?

5. Bestimme die Schnittpunkte der Hyperbel $\dfrac{x^2}{3^2} - \dfrac{y^2}{4^2} = 1$ und der Geraden $3y = 4x + 24$.

§ 43. Die planimetrische Deutung der Tangentenbedingung $b^2 + n^2 = a^2 m^2$.

Die Betrachtung entspricht genau der bei der Ellipse § 32 (Fig. 41).

Fig. 41.

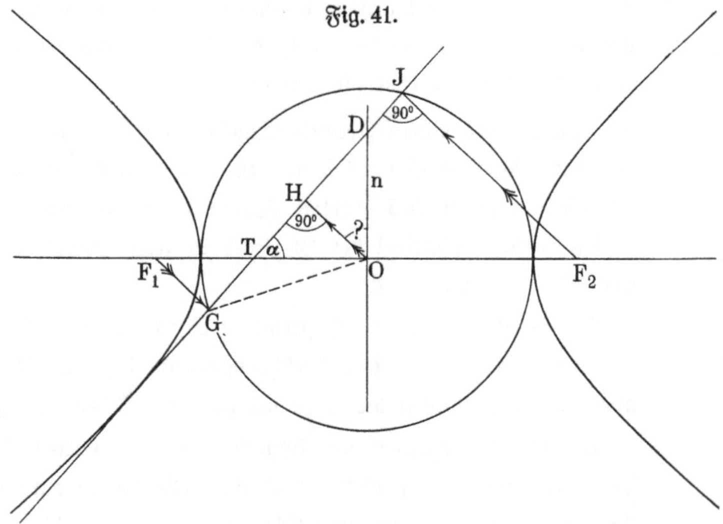

Folgerungen:

1. Der geometrische Ort für die Fußpunkte aller von einem Brennpunkte der Hyperbel auf die Tangenten gefällten Senkrechten ist der Hauptkreis.

2. Dreht man einen rechten Winkel so, daß sein Scheitel einen gegebenen Kreis durchläuft, während der eine Schenkel durch einen gegebenen Punkt außerhalb des Kreises geht, so umhüllt der andere Schenkel bzw. seine Verlängerung als Tangente eine Hyperbel, die den gegebenen Kreis zum Hauptkreis und den gegebenen Punkt zum Brennpunkt hat.

§ 44. Die Tangente und die Normale der Hyperbel.

Aufgabe 1: Wie heißt die Gleichung der Hyperbeltangente, die durch den Hyperbelpunkt P_1 geht?

Lösung: Da die gesuchte Gerade durch P_1 geht (Fig. 42), muß ihre Gleichung die Form

$$y - y_1 = m(x - x_1)$$

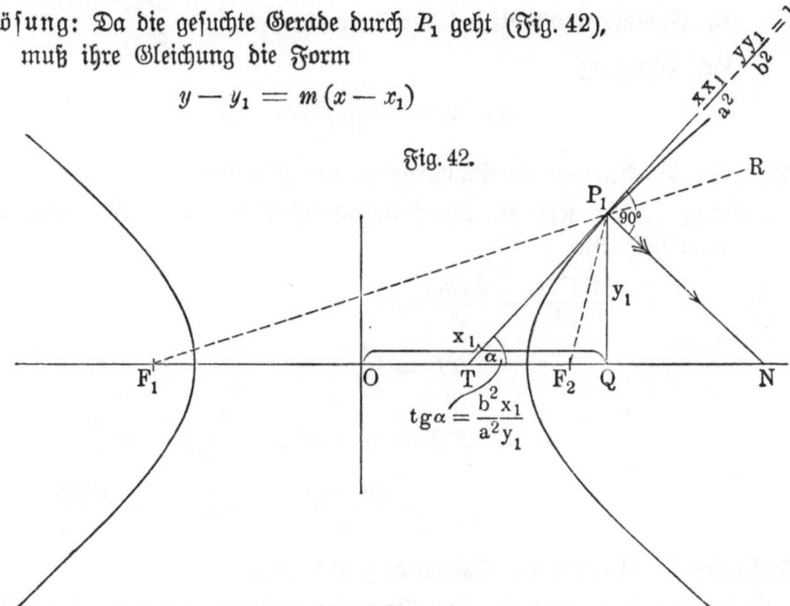

haben, und da sie Tangente sein soll, müssen die Koordinaten des Berührungspunktes die Größen haben:

$$\text{I.}\quad x_1 = \frac{a^2 m n}{-a^2 m^2 + b^2} \qquad \text{und} \qquad \text{II.}\quad y_1 = \frac{b^2 n}{-a^2 m^2 + b^2}.$$

Dividiert man I. durch II., so erhält man die

$$\textbf{Richtungskonstante} \quad m = \frac{b^2 x_1}{a^2 y_1},$$

mithin

$$y - y_1 = \frac{b^2 x_1}{a^2 y_1}(x - x_1),$$

$$a^2 y y_1 - a^2 y_1^2 = b^2 x x_1 - b^2 x_1^2,$$

$$\left.\begin{array}{l} \dfrac{y y_1}{b^2} - \dfrac{y_1^2}{b^2} = \dfrac{x x_1}{a^2} - \dfrac{x_1^2}{a^2}. \\[2mm] + \dfrac{y_1^2}{b^2} = -1 + \dfrac{x_1^2}{a^2}. \end{array}\right\} +$$

Nun ist aber

$$\frac{y y_1}{b^2} = \frac{x x_1}{a^2} - 1 \quad \text{oder}$$

$$\textbf{Tangentengleichung} \quad \frac{x x_1}{a^2} - \frac{y y_1}{b^2} = 1.$$

Aufgabe 2: Wie heißt die Gleichung der Hyperbelnormalen im Hyperbelpunkte P_1?

Lösung: Da die Normale auf der Tangente senkrecht steht (Fig. 42), ist
die Richtungskonstante m' der Normalen gleich $-\dfrac{a^2 y_1}{b^2 x_1}$, mithin heißt
ihre Gleichung

$$y - y_1 = -\frac{a^2 y_1}{b^2 x_1}(x - x_1).$$

Aufgabe 3: Berechne die Subtangente TQ (Fig. 42).

Lösung: Man setzt in der Tangentengleichung $y = 0$, dann wird
$x = OT$, also

$$\frac{OT \cdot x_1}{a^2} - \frac{0 \cdot y_1}{b^2} = 1,$$

$$OT = \frac{a^2}{x_1}, \qquad \frac{x_1^2}{a^2} - \frac{y_1^2}{b^2} = 1,$$

$$TQ = x_1 - OT, \qquad \frac{x_1^2 - a^2}{a^2} = \frac{y_1^2}{b^2},$$

$$= \frac{x_1^2 - a^2}{x_1} \qquad \text{oder} \qquad = \frac{a^2 y_1^2}{b^2 x_1}.$$

Aufgabe 4: Berechne die Subnormale QN (Fig. 42).

Lösung: Man setzt in der Normalengleichung $y = 0$, dann wird
$x = ON$, also

$$0 - y_1 = -\frac{a^2 y_1}{b^2 x_1}(ON - x_1),$$

$$ON - x_1 = \frac{b^2 x_1}{a^2},$$

$$\text{d. i.} \quad QN = \quad {}_{\prime\prime}$$

Aufgabe 5: Berechne die Tangente TP_1 und die Normale NP_1 (Fig. 42).

Lösung: Wie bei der Ellipse § 33 erhält man:

$$TP_1 = \frac{y_1}{b x_1}\sqrt{e^2 x_1^2 - a^4}$$

$$\text{und} \quad NP_1 = \frac{b}{a^2}\sqrt{e x_1^2 - a^4}.$$

Aufgabe 6: Berechne die Winkel, welche die Normale mit den Brennstrahlen
bildet (Fig. 42).

Lösung: Wie bei der Ellipse § 33 ergibt sich

$$tg\, NP_1 R = tg\, F_2 P_1 N = \frac{e y_1}{b^2}.$$

Lehrsatz und Folgerung wie bei der Ellipse.

Aufgaben:

1. Wie lautet die Gleichung der im Kurvenpunkt $P_1 (x_1 = 5,\ y_1$ positiv$)$ an die Hyperbel

$$\frac{x^2}{9} - \frac{y^2}{16} = 1$$

gezogenen Tangente? Welchen Winkel bildet sie mit der X-Achse und welchen mit den Brennstrahlen nach dem Berührungspunkt? Wie groß sind die Stücke, die sie auf den Koordinatenachsen abschneidet?

2. Berechne die Tangente und Subtangente, die Normale und Subnormale, wenn die Hyperbel gegeben ist und ein Punkt P_1 auf ihr.

    a) $9 x^2 - 25 y^2 = 225,$ $x_1 = 5\frac{2}{3},$ y_1 positiv;

    b) $9 x^2 - 16 y^2 = 144,$ x_1 positiv, $y_1 = 2,25;$

    c) $x^2 - 2 y^2 = 14,$ $x = 4,$ $y_1 =$ positiv.

3. **a)** Eine Tangente der Hyperbel $4 x^2 - 16 y^2 = 64$ bildet mit der X-Achse den Winkel $\alpha = 30^\circ$. Wie lautet ihre Gleichung und die der zugehörigen Normale?

    b) Die Richtungskonstante m einer Tangente der Hyperbel $2 x^2 - 3 y^2 = 6$ ist gleich $\sqrt{\frac{2}{3}}$. Bestimme die Koordinaten des Berührungspunktes. Welche besondere Lage hat die Tangente?

    c) Zwei Tangenten der Hyperbel $\frac{x^2}{25} - \frac{y^2}{16} = 1$ laufen der Geraden $9 y = 20 x + 3$ parallel. Wie heißen die Gleichungen dieser Tangenten?

4. **a)** Eine Hyperbel und eine Ellipse haben dieselbe Exzentrizität $2 e = 16$ und dieselbe Nebenachse $2 b = 12$. Wie heißen die Gleichungen der Tangenten, die in einem ihrer Schnittpunkte an beide Kurven gelegt werden können?

    b) Welchen Winkel bilden die in einem Schnittpunkt der Hyperbel und der Ellipse gelegten Tangenten miteinander?

$$\alpha)\ \frac{x^2}{4} - \frac{y^2}{12} = 1 \qquad\qquad \beta)\ 64 x^2 - 3 y^2 = 16$$

$$\frac{x^2}{25} + \frac{y^2}{9} = 1 \qquad\qquad\qquad 16 x^2 + 3 y^2 = 64$$

$$\gamma)\ 25 x^2 - 6 y^2 = 25 \qquad\qquad \delta)\ 625 x^2 - 24 y^2 = 25$$

$$4 x^2 + 3 y^2 = 400 \qquad\qquad\qquad 25 x^2 + 3 y^2 = 100$$

5. Die Gerade $x - y = 3$ berührt eine Hyperbel mit den Asymptoten $y = \pm 2 x$. Welches ist die Mittelpunktsgleichung der Hyperbel?

*§ 45. Planimetrische Betrachtung der Hyperbel.

Bei der Betrachtung der Hyperbel ist derselbe Weg eingehalten worden wie bei der Ellipse. Die Übereinstimmung beider Kurven tritt besonders klar zutage, wenn man die Formeln § 38 und § 48 miteinander vergleicht. Man erhält in den meisten Fällen aus den Ellipsenformeln die Hyperbelformeln, wenn man $-b^2$ für b^2 setzt. Welche Formeln machen eine Ausnahme? Diese Ausnahmen sind naturgemäß bei den Formeln, die eine absolute Länge angeben, und sie sind nur scheinbar bei den Formeln mit Wurzeln, in denen sie sich durch Bringen des b unter das Wurzelzeichen beseitigen lassen. Führe dies aus!

Ein wesentlicher Unterschied besteht aber zwischen beiden Kurven, nämlich ihr Verhalten zum Unendlichen. Während sämtliche Punkte der Ellipse im Endlichen liegen, besitzt die Hyperbel zwei unendlich ferne Punkte. In § 42 ist gezeigt, daß die Asymptoten die Hyperbel in den unendlich fernen Punkten berühren, und daß die Parallelen zu Asymptoten die Hyperbel in diesen unendlich fernen Punkten schneiden. § 42 behandelt also das Charakteristische der Hyperbel!

Die gesamte planimetrische Betrachtung der Ellipse: „Konstruktion, Beweise und Aufgaben" kann man auf die Hyperbel übertragen. Führe dies aus (Fig. 43)!

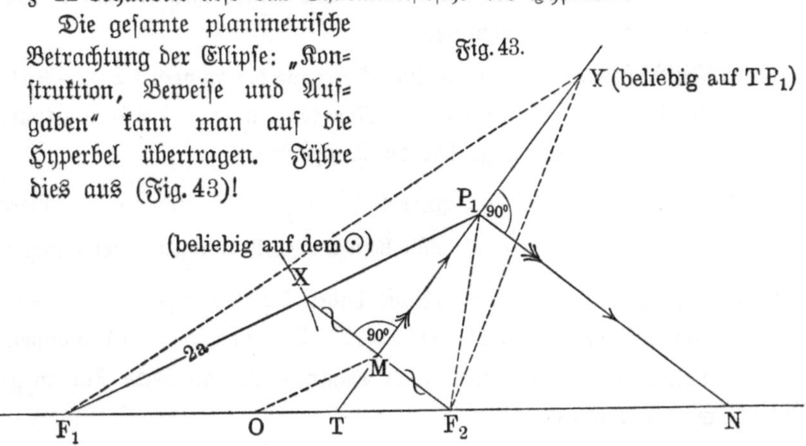

Aufgaben zum Zeichnen:

1. Man kennt die Brennpunkte F_1 und F_2 einer Hyperbel und eine Tangente. Zeichne den Berührungspunkt und die Asymptoten.

2. Gegeben sind die Asymptoten einer Hyperbel und die Länge $2a$ ihrer Hauptachse. Bestimme die Scheitel.

3. Von einer Hyperbel kennt man eine Asymptote, einen Brennpunkt und die Länge $2a$ der Hauptachse. Suche den anderen Brennpunkt.

4. Von einer gleichseitigen Hyperbel sind eine Asymptote, ein Punkt der anderen Asymptote und die Länge e der Exzentrizität gegeben. Bestimme ihre Scheitel.

Anleitung: Welchen Winkel bilden die Asymptoten einer gleichseitigen Hyperbel miteinander?

§ 46. Die Durchmesser der Hyperbel.

Aufgabe 1:

Gegeben ist eine Hyperbel $\dfrac{x^2}{a^2} - \dfrac{y^2}{b^2} = 1$

und eine Sekante $\mathfrak{S}$ $y = mx + n$.

Gesucht wird der Schnittpunkt P_0 der auf der Sekanten $\mathfrak{S}$ liegenden Hyperbelsehne.

Lösung: Aus der entsprechenden Ellipsenaufgabe § 35 erhält man die Werte für die Hyperbel, wenn man $-b^2$ für b^2 setzt, also

$$x_0 = \frac{a^2 m n}{-a^2 m^2 + b^2}$$

und

$$y_0 = \frac{b^2 n}{-a^2 m^2 + b^2}.$$

Folgerung: Durch Division erhält man

$$\frac{y_0}{x_0} = \frac{b^2}{a^2 m} \quad \text{oder} \quad y_0 = \frac{b^2}{a^2 m} x_0.$$

Hat man nun eine Schar **paralleler Sehnen**, so besitzt die Richtungskonstante m aller dieser Sehnen denselben Wert. Daher müssen die Koordinaten des Mittelpunktes jeder dieser Sehnen der linearen Gleichung

$$y = \frac{b^2}{a^2 m} x$$

genügen, d. h.

Lehrsatz 3: Die Mittelpunkte einer Schar paralleler Hyperbelsehnen liegen auf einer **Geraden** und zwar auf einer Geraden durch den Mittelpunkt der Hyperbel.

Diese Gerade heißt **Durchmesser**, und zwar heißt ein Durchmesser der Sehnenschar **zugeordnet**, die er halbiert.

Hat eine Sehnenschar die Richtungskonstante m, so lautet die Gleichung des zugeordneten Durchmessers

$$y = \frac{b^2}{a^2 m} x.$$

Aufgabe 2:

Gegeben ist eine Hyperbel $\dfrac{x^2}{a^2} - \dfrac{y^2}{b^2} = 1$

und ein Durchmesser $y = mx$.

Gesucht werden die Tangenten in den Endpunkten des Durchmessers und ihre Richtungskonstanten.

Lösung: Nach § 41 haben die Koordinaten der Endpunkte P_1 und P_2 des Durchmessers die Werte

$$x_{1,2} = \frac{\pm\, a b}{\sqrt{b^2 - a^2 m^2}} \quad \text{und} \quad y_{1,2} = \frac{\pm\, a b m}{\sqrt{b^2 - a^2 m^2}}.$$

Mithin heißen die gesuchten Tangentengleichungen

$$\frac{x\,b}{a\,\sqrt{b^2 - a^2 m^2}} - \frac{y\,a\,m}{b\,\sqrt{b^2 - a^2 m^2}} = \pm 1$$

oder $\quad y = \dfrac{b^2}{a^2 m} x \mp \dfrac{b}{a m} \sqrt{b^2 - a^2 m^2}$

und die gesuchten Richtungskonstanten haben denselben Wert, nämlich

$$m_1 = m_2 = \frac{b^2}{a^2 m}.$$

Folgerungen: Die für die Ellipse in § 35, Nr. 1 bis 4, gezogenen Folgerungen gelten auch für die Hyperbel. Dagegen ändert sich die Diskussion der Gleichung $m_1 m_2 = \dfrac{b^2}{a^2}$ wegen des fehlenden Minuszeichens, nämlich (Fig. 44):

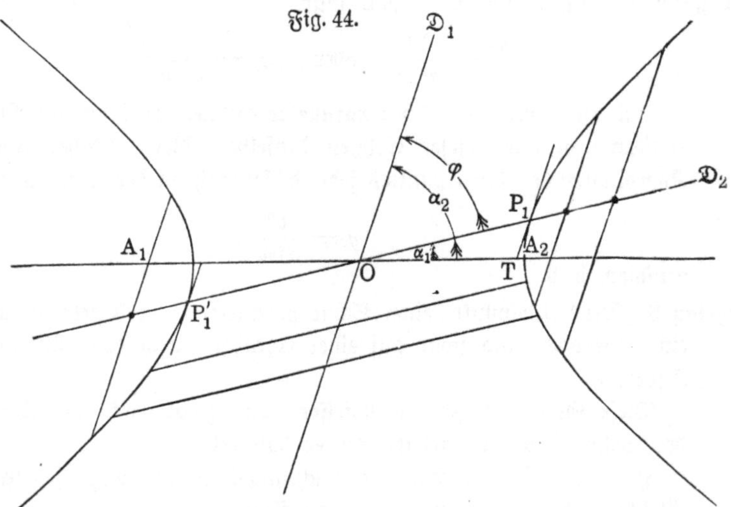

5. a) Ist m_1, d. i. $tg\,\alpha_1$ positiv (ist also α_1 ein spitzer Winkel), so ist auch $m_2 = \dfrac{b^2}{a^2 m_1}$, d. i. $tg\,\alpha_2$ positiv, also auch α_2 ein spitzer Winkel. Ist α_1 stumpf, so ist auch α_2 stumpf. Wo liegen also zugeordnete Durch=messer?

b) Wächst m_1, d. i. $tg\,\alpha_1$ von Null bis $\dfrac{b}{a}$, so nimmt $m_2 = \dfrac{b^2}{a^2 m_1}$, d. i. $tg\,\alpha_2$ von Unendlich bis $\dfrac{b}{a}$ ab, d. h. nähert sich der Durch=messer D_1 der Asymptote von der einen Seite, so nähert sich der zugeordnete Durchmesser D_2 von der anderen Seite her auch der Asymptote.

6. Man erhält für den Winkel φ zwischen zwei zugeordneten Durchmessern

$$tg\,\varphi = \frac{b^2 - a^2 m_1^2}{e^2 m_1}.$$

Ziehe Folgerungen entsprechend denen der Ellipse. Welche zugeordneten Durchmesser bilden einen rechten Winkel?

Aufgaben:

1. Gegeben ist eine Hyperbel und ein Durchmesser. Wie heißt die Gleichung des zugeordneten Durchmessers, und wie groß sind die Winkel, welche die Durchmesser mit der positiven Richtung der X-Achse bilden?

     a) $\dfrac{x^2}{25} - \dfrac{y^2}{36} = 1$, $y = \dfrac{12}{25}x$;   b) $\dfrac{x^2}{16} - \dfrac{y^2}{25} = 1$, $y = -\dfrac{1}{4}x$.

2. Gegeben ist eine Hyperbel $\dfrac{x^2}{9} - \dfrac{y^2}{16} = 1$ und zwei Sekanten

$$3y = (x-3)\sqrt{48} \quad \text{und} \quad 9y = (x+3)\sqrt{48}.$$

Bestimme

a) die Schnittpunkte der Sekanten und der Hyperbel;

b) die Längen der beiden Sehnen;

c) die Gleichungen der zugeordneten Durchmesser;

d) die Gleichungen der durch die Sehnenendpunkte gezogenen Tangenten;

e) die Winkel, welche die Sekanten, die zugeordneten Durchmesser und die Tangenten mit der positiven Richtung der X-Achse bilden. (Zeichnung auf Millimeterpapier und Vergleichung der durch Rechnung und der durch Zeichnung gefundenen Werte.)

3. Gegeben ist eine Hyperbel $\dfrac{x^2}{9} - \dfrac{y^2}{16} = 1$ und drei Punkte

$$P_0 \ldots x_0 = 6, \quad y_0 = 4,$$
$$P_3 \ldots x_3 = 6, \quad y_3 = 8,$$
$$P_6 \ldots x_6 = 6, \quad y_6 = 16.$$

Bestimme die Gleichungen der Sehnen, die durch P_0, P_3 und P_6 halbiert werden.

§ 47. Mehrere Tangenten der Hyperbel.

Die Betrachtung entspricht genau derjenigen bei der Ellipse § 37; jedoch kommen noch hinzu die Eigenschaften der Asymptoten in bezug auf eine Sekante und auf eine Tangente (Fig. 45).

Lehrsatz 4: Die zwischen den Asymptoten einer Hyperbel und der Kurve liegenden Stücke einer Sekante sind einander gleich.

Beweis: Ist die Gleichung der Sekante

$$y = mx + n,$$

so hat der Mittelpunkt P_0 nach § 46 die Koordinaten

$$x_0 = \frac{a^2 mn}{-a^2 m^2 + b^2} \quad \text{und} \quad y_0 = \frac{b^2 n}{-a^2 m^2 + b^2}.$$

Die Asymptoten

$$y = + \frac{b}{a} x \quad \text{und} \quad y = - \frac{b}{a} x$$

schneiden die Gerade

$$y = mx + n$$

in den Punkten P_3 und P_4. Für diese erhält man die Koordinaten

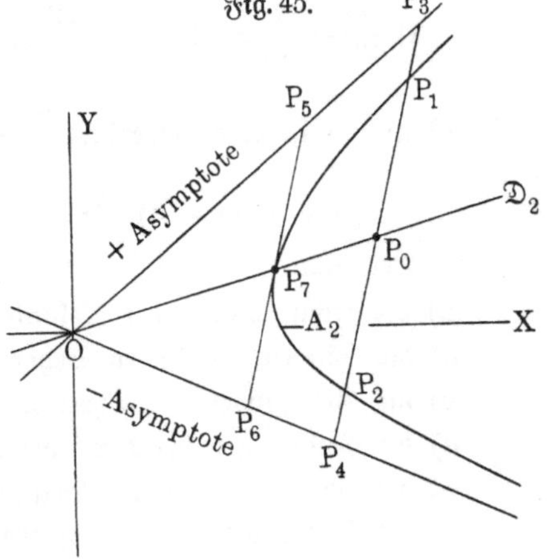

$$x_3 = \frac{an}{-am + b},$$

$$y_3 = \frac{bn}{-am + b};$$

$$x_4 = \frac{-an}{+am + b},$$

$$y_4 = \frac{bn}{+am + b}.$$

Der Mittelpunkt der Strecke $\boldsymbol{P_3 P_4}$ hat daher die Koordinaten

$$\frac{x_3 + x_4}{2} = \frac{a^2 mn}{-a^2 m^2 + b^2} \quad \text{und} \quad \frac{y_3 + y_4}{2} = \frac{b^2 n}{-a^2 m^2 + b^2}.$$

Diese Werte stimmen überein mit den Werten von x_0 und y_0, folglich muß der Mittelpunkt der Strecke $P_3 P_4$ mit P_0, d. i. dem Mittelpunkte der Sehne $P_1 P_2$ zusammenfallen. Durch Subtraktion der gleichen Hälften erhält man

$$\boldsymbol{P_3 P_1 = P_2 P_4}.$$

Lehrsatz 5. Die zwischen dem Berührungspunkte einer Hyperbeltangente und den Asymptoten liegenden Stücke der Tangente sind einander gleich.

Beweis durch paralleles Verschieben der Sekante, bis sie zur Tangente wird.

Lehrsatz 6. Der Flächeninhalt des von den beiden Asymptoten und einer beliebigen Tangente gebildeten Dreiecks ist gleich dem Rechteck aus den halben Achsen, also eine konstante Größe.

Beweis: Man findet die Koordinaten der Punkte P_5 und P_6 als Schnittpunkte der Asymptoten und der Tangente im Punkte P_7, nämlich

$$\frac{x\,x_7}{a^2} - \frac{y\,y_7}{b^2} = 1.$$

$$x_5 = \frac{a^2 b}{b\,x_7 - a\,y_7}, \qquad y_5 = \frac{a\,b^2}{b\,x_7 - a\,y_7};$$

$$x_6 = \frac{a^2 b}{b\,x_7 + a\,y_7}, \qquad y_6 = \frac{-\,a\,b^2}{b\,x_7 + a\,y_7}.$$

Mithin ist der gesuchte Flächeninhalt

$$F = \frac{1}{2}\,(x_6\,y_5 - x_5\,y_6),$$

$$= \frac{1}{2}\left(\frac{a^3 b^3}{b^2\,x_7^2 - a^2\,y_7^2} + \frac{a^3 b^3}{b^2\,x_7^2 - a^2\,y_7^2}\right),$$

$$= \frac{1}{2}\,\frac{2\,a^3 b^3}{a^2 b^2},$$

$$= a\,b.$$

Aufgaben:

1. An die Hyperbel $\dfrac{x^2}{25} - \dfrac{y^2}{16} = 1$ sollen von dem Punkte P_3 ($x_3 = 5$, $y_3 = 6$) die Tangenten gelegt werden. Wie lauten ihre Gleichungen, und wie groß sind die Stücke, die sie auf den Koordinatenachsen abschneiden?

2. An die Hyperbel $21\,x^2 - 20\,y^2 = 16$ sind von dem Punkte P_3 ($x_3 = -\frac{4}{9}$, $y_3 = -\frac{2}{3}$) die beiden Tangenten und die Sehne durch ihre Berührungspunkte gezogen. Wie heißen die Gleichungen der drei Geraden, und wie lang ist die Berührungssehne?

3. An die Hyperbel $4\,x^2 - 9\,y^2 = 36$ ist in dem Punkte P_7 ($x_7 = 5$, y_7 positiv) die Tangente gezeichnet. Wie groß sind die Tangentenstücke zwischen den Asymptoten und dem Berührungspunkte P_7, und welchen Flächeninhalt hat das zwischen der Tangente und den Asymptoten liegende Dreieck?

4. Gegeben ist die Hyperbel $9\,x^2 - 16\,y^2 = \ 144$
   und eine Sekante $\ \ 3\,x + y = -\ 16$.

   Bestimme

   a) die Schnittpunkte der Sekante und der Hyperbel;
   b) „   „   „   „   „ „ Asymptoten;
   c) die Länge der Sehne;
   d) die Länge der Sekante zwischen den Asymptoten;
   e) die Gleichung des zugeordneten Durchmessers;
   f) die Gleichung der parallelen Tangente.

§ 48. Zusammenstellung der Hyperbelformeln.

1. a) Mittelpunktsgleichung $\cdots\cdots\cdots\quad \dfrac{x^2}{a^2}-\dfrac{y^2}{b^2}=1.$ $\left.\vphantom{\begin{array}{c}1\\1\\1\\1\end{array}}\right\}$

    b) Exzentrizität e $\cdots\cdots\cdots\quad e^2 = a^2+b^2.$

    c) Parameter $2p$ $\cdots\cdots\cdots\quad 2p = \dfrac{2\,b^2}{a}.$ § 40.

    d) Gleichseitige Hyperbel $\cdots\cdots\quad x^2-y^2=a^2.$

2.   Schnittpunkte $\cdots$ $\begin{cases} x_{1,2} = \dfrac{a^2 m n \pm a b \sqrt{b^2+n^2-a^2 m^2}}{-a^2 m^2 + b^2}, \\[2ex] y_{1,2} = \dfrac{b^2 n \pm a b m \sqrt{b^2+n^2-a^2 m^2}}{-a^2 m^2 + b^2}. \end{cases}$ $\left.\vphantom{\begin{array}{c}1\\1\\1\end{array}}\right\}$ § 41.

3. a) Tangentenbedingung $\cdots\quad b^2 + n^2 = a^2\,m^2.$

    b) Asymptoten $\cdots\cdots\quad y = \dfrac{b}{a}x$ und $y = -\dfrac{b}{a}x.$ § 42.

    c) Tangentengleichung $\cdots\cdots\quad \dfrac{x\,x_1}{a^2}-\dfrac{y\,y_1}{b^2}=1.$ $\left.\vphantom{\begin{array}{c}1\\1\\1\\1\\1\\1\end{array}}\right\}$

    d) Richtungskonstante $\cdots\cdots\quad \dfrac{b^2\,x_1}{a^2\,y_1}.$

4.   Normalengleichung $\cdots\cdots\quad y-y_1 = -\dfrac{a^2\,y_1}{b^2 x_1}(x-x_1).$

5. a) Subtangente $\cdots\cdots\cdots\quad \dfrac{x_1^2-a^2}{x_1}$ oder $\dfrac{a^2 y_1^2}{b^2\,x_1}.$ § 44.

    b) Subnormale $\cdots\cdots\cdots\quad \dfrac{b^2\,x_1}{a^2}.$

    c) Tangente $\cdots\cdots\cdots\quad \dfrac{y_1}{b\,x_1}\sqrt{e^2 x_1^2 - a^4}.$

    d) Normale $\cdots\cdots\cdots\quad \dfrac{b}{a^2}\sqrt{e^2 x_1^2 - a^4}.$

6. a) Ein der Sehnenrichtung m zu= geordneter Durchmesser $\cdots\quad y = \dfrac{b^2}{a^2 m}x.$ $\left.\vphantom{\begin{array}{c}1\\1\\1\\1\\1\end{array}}\right\}$

    b) Richtungskonstanten m_1 und m_2 zweier zugeordneter Durchmesser $\quad m_1 m_2 = \dfrac{b^2}{a^2}.$ § 46.

    c) Winkel φ zweier zugeordneter Durchmesser $\cdots\cdots\quad tg\,\varphi = \dfrac{b^2 - a^2 m_1^2}{e^2 m_1}.$

Sechstes Kapitel. Pol und Polare.

§ 49. Die Polare als geometrischer Ort.

Hilfsaufgabe: Teile eine gegebene Strecke $P_1 P_2$ (x_1; y_1; x_2; y_2) harmonisch in einem gegebenen Verhältnis $p : q = l$.

Lösung: Sind die gesuchten Punkte P_3 (x_3; y_3) und P_4 (x_4; y_4), so ist (Fig. 46):

$$\frac{x_1 - x_3}{x_3 - x_2} = l; \quad \frac{y_1 - y_3}{y_3 - y_2} = l, \qquad \frac{x_1 - x_4}{x_2 - x_4} = l; \quad \frac{y_1 - y_4}{y_2 - y_4} = l;$$

$$x_3 = \frac{x_1 + l x_2}{1 + l}; \quad y_3 = \frac{y_1 + l y_2}{1 + l} \qquad x_4 = \frac{x_1 - l x_2}{1 - l}; \quad y_4 = \frac{y_1 - l y_2}{1 - l}.$$

a) Wie groß sind die Koordinaten der Teilpunkte P_3 und P_4, wenn $l = \frac{1}{3}; \frac{1}{2}; \frac{2}{3}; 2; 3$ ist?

b) Welche Punkte erhält man, wenn $l = 0; 1; \infty$ ist?

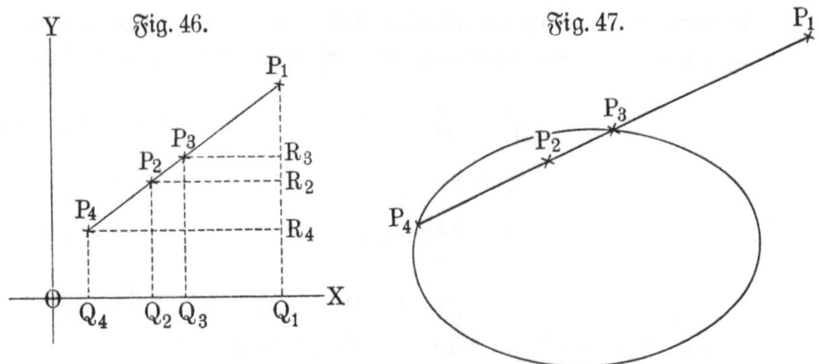

Grundaufgabe: Gegeben ist ein Punkt P_1 (x_1; y_1) und eine Ellipse $\dfrac{x^2}{a^2} + \dfrac{y^2}{b^2} = 1$.

Durch P_1 (Fig. 47) sei eine beliebige Gerade gezogen, welche die Ellipse in P_3 und P_4 schneide, und in bezug auf die Sehne $P_3 P_4$ sei der P_1 zugeordnete harmonische Punkt P_2 bestimmt worden. Es gibt dann auf jeder durch P_1 gehenden und die Ellipse schneidenden Geraden einen P_1 zugeordneten harmonischen Punkt P_2. Welches ist der geometrische Ort aller dieser Punkte?

Lösung: Da P_1, P_2, P_3, P_4 harmonische Punkte sein sollen, so gelten für ihre Koordinaten die vier in der Hilfsaufgabe ermittelten Gleichungen

Da nun P_3 und P_4 Punkte der Ellipse sind, so müssen ihre Koordinaten die Ellipsengleichung befriedigen. Also:

$$\text{I.} \quad \frac{1}{a^2}\left(\frac{x_1 + l\,x_2}{1 + l}\right)^2 + \frac{1}{b^2}\left(\frac{y_1 + l\,y_2}{1 + l}\right)^2 = 1,$$

ausgerechnet

$$l^2\left(\frac{x_2^2}{a^2} + \frac{y_2^2}{b^2} - 1\right) + 2\,l\left(\frac{x_1\,x_2}{a^2} + \frac{y_1\,y_2}{b^2} - 1\right) + \frac{x_1^2}{a^2} + \frac{y_1^2}{b^2} - 1 = 0,$$

ebenso

$$\text{II.} \quad l^2\left(\frac{x_2^2}{a^2} + \frac{y_2^2}{b^2} - 1\right) - 2\,l\left(\frac{x_1\,x_2}{a^2} + \frac{y_1\,y_2}{b^2} - 1\right) + \frac{x_1^2}{a^2} + \frac{y_1^2}{b^2} - 1 = 0.$$

Durch Subtraktion ergibt sich

$$4\,l\left(\frac{x_1\,x_2}{a^2} + \frac{y_1\,y_2}{b^2} - 1\right) = 0,$$

$$\frac{x_1\,x_2}{a^2} + \frac{y_1\,y_2}{b^2} - 1 = 0.$$

In dieser Bestimmungsgleichung für x_2; y_2 kommt weder die Richtungs= größe der Sekante noch das Teilungsverhältnis l vor. Sie gilt daher für sämtliche P_1 zugeordnete Punkte P_2. Bezeichnet man seine Koor= dinaten, da sie nun veränderlich sind, mit x und y statt mit x_2 und y_2, so erhält man als Gleichung des gesuchten geometrischen Ortes:

$$\frac{x\,x_1}{a^2} + \frac{y\,y_1}{b^2} = 1 \qquad \text{für die Ellipse, ebenso}$$

$$x\,x_1 + y\,y_1 = r^2 \qquad \text{„ den Kreis,}$$

$$\frac{x\,x_1}{a^2} - \frac{y\,y_1}{b^2} = 1 \qquad \text{„ die Hyperbel,}$$

$$y\,y_1 = p\,(x + x_1) \qquad \text{„ die Parabel.}$$

Da diese Gleichungen linear sind, so ergibt sich:

Lehrsatz 1. Bei den Kegelschnitten ist der geometrische Ort für alle Punkte, deren Verbindungsstrecken mit einem gegebenen festen Punkt P_1, dem Pol, durch die Schnittpunkte mit dem Kegelschnitt harmonisch geteilt werden, eine Gerade, nämlich die Polare ihres Poles P_1.

Folgerungen:

1. Zu einem Punkt gibt es nur eine Polare.
2. a) Liegt P_1 außerhalb des Kegelschnitts, so ist seine Polare die Be= rührungssehne zu P_1.

   b) Liegt P_1 auf dem Kegelschnitt, so ist seine Polare die Tangente in P_1.
3. Beim Kreis steht die Polare zu P_1 senkrecht auf der Zentrale nach P_1.
4. Bei der Parabel ist die Leitlinie die Polare des Brennpunktes.

Aufgaben:

1. a) Wie lauten die Gleichungen der Polaren, wenn gegeben ist $x^2 + y^2 = 9$ und $P_1(4; 5)$, $x^2 + y^2 = 25$ und $P_1(2; 2\frac{1}{2})$, $x^2 + y^2 = 16$ und $P_1(-2; +3)$, $x^2 + y^2 = 25$ und $P_1(-5; -6)$? Konstruiere die Figuren.

    b) An den Kreis $x^2 + y^2 = 25$ sollen in den Kreispunkten P_1 und P_2, deren Koordinaten $x_1 = 3$; y_1 positiv, x_2 negativ; $y_2 = 4{,}8$ sind, die Tangenten gezogen werden. Konstruiere und berechne ihren Schnittpunkt P_3 und zeige, daß seine Polare die Berührungssehne $P_1 P_2$ ist.

2. a) Beweise, daß die Polare des Punktes $P_1(x_1; y_1)$ in bezug auf den Kreis $(x - a)^2 + (y - b)^2 = r^2$ die Gleichung hat
$$(x - a)(x_1 - a) + (y - b)(y_1 - b) = r^2.$$

    b) Konstruiere und berechne die Polare zu $P_1(7; 3)$ in bezug auf den Kreis $(x - 4)^2 + (y + 2)^2 = 9$.

    c) Konstruiere und berechne die Polare zu $P_1(-\frac{3}{2}; -1)$ in bezug auf den Kreis $x^2 + y^2 + 8x + 6y + 9 = 0$.

3. Bestimme in bezug auf die Ellipse $25 x^2 + 64 y^2 = 1600$ die Polaren der Punkte $P_1(8; 0)$, $P_2(0; -5)$, $P_3(8; 5)$, $P_4(-\frac{16}{5}; \frac{10}{3})$.

4. Wie heißt die Gleichung der Polare des Punktes $P_1(-3; -4)$ in bezug auf die Parabel $y^2 = 10 x$?

§ 50. Der Pol einer Geraden.

Grundaufgabe: Gegeben ist eine Gerade $u x + v y = w$ und eine Ellipse $\dfrac{x^2}{a^2} + \dfrac{y^2}{b^2} = 1$. Bestimme den Pol P_1 der Geraden in bezug auf die Ellipse.

Lösung: Die Polare des Punktes P_1 hat die Gleichung:
$$\frac{x x_1}{a^2} + \frac{y y_1}{b^2} = 1.$$

Soll diese Polare mit der gegebenen Geraden zusammenfallen, so müssen beide Geraden durch denselben Punkt der X-Achse und der Y-Achse gehen, d. h. ihre Achsenabschnitte müssen gleich sein. Also

$$\frac{w}{u} = \frac{a^2}{x_1}, \qquad \frac{w}{v} = \frac{b^2}{y_1},$$

$$x_1 = \frac{a^2 u}{w} \quad \text{und} \quad y_1 = \frac{b^2 v}{w} \qquad \text{für die Ellipse, ebenso}$$

$$x_1 = \frac{r^2 u}{w} \quad \text{\textquotedbl} \quad y_1 = \frac{r^2 v}{w} \qquad \text{\textquotedbl den Kreis,}$$

$$x_1 = \frac{a^2 u}{w} \quad \text{\textquotedbl} \quad y_1 = -\frac{b^2 v}{w} \qquad \text{\textquotedbl die Hyperbel,}$$

$$x_1 = -\frac{w}{u} \quad \text{\textquotedbl} \quad y_1 = -\frac{p v}{u} \qquad \text{\textquotedbl die Parabel.}$$

Aufgaben:

1. Berechne die Koordinaten des Poles einer gegebenen Geraden in bezug auf eine gegebene Kurve:

   a) $4x + 5y = 6$ und $x^2 + y^2 = 12$.

   b) $x - 0.5y + 6 = 0$ „ „

   c) $3x - 10y = 15$ „ $9x^2 + 25y^2 = 225$,

   d) $16x + 9y = 40$ „ $16x^2 - 25y^2 = 400$,

   e) $4x + 5y + 6 = 0$ „ $y^2 = 8x$.

2. Beweise, daß in bezug auf den Kreis $(x-a)^2 + (y-b)^2 = r^2$ der Pol P_1 der Geraden $ux + vy = w$ die Koordinaten hat:

$$x_1 = a - \frac{u r^2}{ua + vb - w}; \quad y_1 = b - \frac{v r^2}{ua + vb - w}.$$

§ 51. Lehrsätze über Pol und Polare.

Lehrsatz 2. a) Liegt ein Punkt P_3 auf einer Geraden $G_1 (u_1 x + v_1 y = w_1)$, so geht seine Polare G_3 durch den Pol P_1 der Geraden G_1.

b) Geht eine Gerade G_3 $(u_3 x + v_3 y = w_3)$ durch einen Punkt P_1, so liegt ihr Pol P_3 auf der Polare G_1 des Punktes P_1.

Beweis von a): Da P_3 auf G_1 liegt, so gilt die Bestimmungsgleichung

$$u_1 x_3 + v_1 y_3 = w_1 \quad \text{oder} \quad \frac{u_1 x_3}{w_1} + \frac{v_1 y_3}{w_1} = 1.$$

Die Gleichung der Polare G_3 lautet $\frac{x x_3}{a^2} + \frac{y y_3}{b^2} = 1$, und der Pol P_1 hat die Koordinaten $\frac{a^2 u_1}{w_1}$ und $\frac{b^2 v_1}{w_1}$. Diese befriedigen infolge der Bestimmungsgleichung die Gleichung der Polaren G_3, mithin geht die Polare G_3 durch den Pol P_1.

Entsprechend erhält man den Beweis von b), sowie für die anderen Kegelschnitte.

Lehrsatz 3. a) Die Polaren aller Punkte eines Durchmessers sind parallel dem zugeordneten Durchmesser bzw. der zugeordneten Sehnenschar.

b) Die Pole einer Schar paralleler Geraden liegen auf dem ihrer Richtung zugeordneten Durchmesser.

Anleitung zum Beweis von a): Bestimme die Richtungskonstante einer Polare G_1 und zeige, daß diese unverändert bleibt, solange P_1 auf einem Durchmesser $y = mx$ bzw. $y = \frac{p}{m}$ liegt.

Lehrsatz 4. Der Pol eines Durchmessers ist der unendlich ferne Punkt des zugeordneten Durchmessers bzw. der zugeordneten Sehnenschar.

Lehrsatz 5. Die Polaren aller Punkte einer Asymptote sind dieser parallel.

Siebentes Kapitel.

Strahlenbüschel und Potenzlinie.

§ 52. Analytische Betrachtung des Strahlenbüschels.

Bezeichnen wir die Gleichung einer Geraden

$$y = mx + n$$

bzw.

$$y - mx - n = 0$$

kurz mit $L_1 = 0$, so sind durch die beiden, zwei Gerade darstellenden linearen Gleichungen

$$L_1 = 0, \qquad L_2 = 0 \ldots\ldots\ldots\ldots (1)$$

die Koordinaten ihres Schnittpunktes A nach § 8 bestimmt.

Bedeuten λ_1 und λ_2 beliebige von Null verschiedene Zahlen, so ergibt die graphische Darstellung der Funktionen

$$\lambda_1 L_1 = 0, \qquad \lambda_2 L_2 = 0 \ldots\ldots\ldots\ldots (2)$$

wiederum dieselben Geraden wie oben, der Schnittpunkt A ist also auch durch das letztgenannte System bestimmt.

Addieren wir die beiden Gleichungen (2), so erhalten wir die neue lineare Gleichung

$$\lambda_1 L_1 + \lambda_2 L_2 = 0 \ldots\ldots\ldots\ldots (3)$$

Die durch sie dargestellte Gerade L_3 muß notwendig durch den Schnittpunkt A der beiden anderen Geraden hindurchgehen, weil die Koordinaten von A sowohl die Gleichungen (1) als auch die Gleichungen (2), folglich auch die aus ihnen hervorgegangene Gleichung (3) befriedigen.

Aus dieser Betrachtung folgt:

Multipliziert man die Gleichungen $L_1 = 0$ und $L_2 = 0$, von denen jede eine Gerade bezeichnet, mit zwei beliebigen, von Null verschiedenen Zahlen λ_1 und λ_2, so stellt die Gleichung $\lambda_1 L_1 + \lambda_2 L_2 = 0$ eine durch den Schnittpunkt der beiden gegebenen Geraden gehende dritte Gerade vor. Die drei Geraden bilden also ein Strahlenbüschel.

Aus (3) folgt:

$$L_1 + \frac{\lambda_2}{\lambda_1} \cdot L_2 = 0.$$

Der Bruch $\dfrac{\lambda_2}{\lambda_1}$ ist nach Voraussetzung von Null verschieden. Setzen wir ihn $= \lambda$, so folgt

$$L_1 + \lambda L_2 = 0$$

als Gleichung des durch A gehenden Strahlenbüschels, dessen einzelne Strahlen erhalten werden, wenn man λ einen ganz bestimmten Zahlenwert zwischen $-\infty$ und $+\infty$ beilegt.

Folgerung 1: Sind

$$L_1 = 0; \qquad L_2 = 0; \qquad L_3 = 0$$

die Gleichungen dreier Geraden, so müssen sie sich in einem Punkte schneiden (also einem Strahlenbüschel angehören), wenn sich zwei Zahlen λ_1 und λ_2 ermitteln lassen, durch welche die Gleichung

$$L_3 = \lambda_1 L_1 + \lambda_2 L_2$$

identisch befriedigt wird.

Beispiel: Es ist zu untersuchen, ob sich die drei Geraden

$$x - y + 2 = 0; \quad (L_1 = 0)$$
$$2y - x - 4 = 0; \quad (L_2 = 0)$$
$$x - 3y - 6 = 0; \quad (L_3 = 0)$$

in einem Punkte schneiden.

Lösung: Wir stellen fest, ob die Gleichung

$$\lambda_1(x - y + 2) + \lambda_2(2y - x - 4) = x - 3y - 6$$

durch irgend welche Werte von λ_1 und λ_2 befriedigt wird.

Multiplizieren wir aus, so erhalten wir

$$x(\lambda_1 - \lambda_2) + y(2\lambda_2 - \lambda_1) + (2\lambda_1 - 4\lambda_2) = x - 3y - 6.$$

Da beide Seiten identisch gleich sein müssen, so sind die Forderungen zu erfüllen

$$\left.\begin{array}{r} \lambda_1 - \lambda_2 = 1 \\ 2\lambda_2 - \lambda_1 = -3 \\ 2\lambda_1 - 4\lambda_2 = -6 \end{array}\right\}$$

Aus den beiden ersten Gleichungen folgt durch Addition

$$\lambda_2 = -2,$$

also auch

$$\lambda_1 = -1.$$

Durch diese Werte wird aber auch die dritte Gleichung $2\lambda_1 - 4\lambda_2 = -6$ befriedigt, also müssen die drei gegebenen Geraden durch einen Punkt gehen.

Führe denselben Nachweis für die drei Geraden

$$3\,y - 2\,x - 15 = 0$$
$$3\,x - 4\,y + 20 = 0$$
$$2\,y - 5\,x - 10 = 0.$$

Folgerung 2: Da die Halbierungslinie des von zwei gegebenen Geraden L_1 und L_2 gebildeten Winkels mit den Schenkeln des Winkels ein Strahlenbüschel bildet, so muß auch die Gleichung der Winkelhalbierenden die Form haben:

$$\lambda_1 L_1 + \lambda_2 L_2 = 0.$$

Die Werte für λ_1 und λ_2 lassen sich nun folgendermaßen bestimmen:

Ist P_1 ein Punkt der Halbierungslinie, so müssen seine Abstände von den beiden Schenkeln des Winkels gleich sein. Diese sind, wenn

$$y = m_1 x + n_1, \quad \text{bzw.} \quad \boldsymbol{y - m_1 x - n_1 = 0 \ (L_1 = 0)}$$
$$y = m_2 x + n_2, \quad \text{bzw.} \quad \boldsymbol{y - m_2 x - n_2 = 0 \ (L_2 = 0)}$$

die Gleichungen der beiden Schenkel L_1 und L_2 vorstellen, nach § 10

$$l_1 = \frac{y_1 - m_1 x_1 - n_1}{\pm \sqrt{1 + m_1^2}}, \quad \text{bzw.} \quad l_2 = \frac{y_1 - m_2 x_1 - n_2}{\pm \sqrt{1 + m_2^2}},$$

folglich durch Gleichsetzung der gleichen Abstände

$$\frac{y_1 - m_1 x_1 - n_1}{\sqrt{1 + m_1^2}} = \frac{y_1 - m_2 x_1 - n_2}{\pm \sqrt{1 + m_2^2}}.$$

(Das erste Doppelzeichen kann weggelassen werden, da die Übereinstimmung bzw. Verschiedenheit im Vorzeichen der Abstände durch das rechts stehende Doppelzeichen genügend ausgedrückt wird.)

Sind nun P_2, P_2, P_4 usw. ebenfalls Punkte auf der Halbierungslinie des Winkels, so gelten für sie die entsprechenden Gleichungen, wenn die Koordinaten x_1, y_1 von P_1 durch diejenigen der Punkte P_2, P_3, P_4 usw. ersetzt werden.

Ersetzen wir nun die speziellen Koordinaten aller dieser Punkte durch die laufenden x, y eines beliebigen, auf der Halbierungslinie liegenden Punktes P, so bedeutet

$$\frac{y - m_1 x - n_1}{\sqrt{1 + m_1^2}} = \frac{y - m_2 x - n_2}{\pm \sqrt{1 + m_2^2}}$$

die Gleichung der Halbierungslinie des von L_1 und L_2 gebildeten Winkels.

Setzen wir

$$\left.\begin{aligned} \frac{1}{\sqrt{1+m_1^2}} &= \lambda_1 \\[1em] \frac{1}{\sqrt{1+m_2^2}} &= \lambda_2 \end{aligned}\right\}$$

so läßt sich die gefundene Gleichung auch auf die Form bringen

$$\lambda_1 L_1 = \pm\, \lambda_2 L_2$$

oder

$$\boldsymbol{\lambda_1 L_1 \mp \lambda_2 L_2 = 0.}$$

Das Doppelzeichen drückt aus, daß zwei Halbierungslinien für den von L_1 und L_2 gebildeten Winkel vorhanden sind. Was ergibt die planimetrische Betrachtung?

Beispiel: Die Gleichungen der Schenkel eines Winkels sind

$$y = -\tfrac{3}{4}x + \tfrac{9}{4} \quad \text{und} \quad y = -\tfrac{12}{5}x + \tfrac{3}{5}.$$

Welches sind die Gleichungen der beiden Winkelhalbierenden?

Lösung: Hier sind $m_1 = -\tfrac{3}{4}$, $m_2 = -\tfrac{12}{5}$, also

$$\lambda_1 = \frac{1}{\sqrt{1+\frac{9}{16}}} = \tfrac{4}{5}$$

$$\lambda_2 = \frac{1}{\sqrt{1+\frac{144}{25}}} = \tfrac{5}{13},$$

folglich die Gleichungen der gesuchten Halbierungslinien

$$\frac{4\left(y + \tfrac{3}{4}x - \tfrac{9}{4}\right)}{5} \mp \frac{5\left(y + \tfrac{12}{5}x - \tfrac{3}{5}\right)}{13} = 0,$$

also

$$\frac{4y + 3x - 9}{5} \mp \frac{5y + 12x - 3}{13} = 0$$

oder

$$13\,(4y + 3x - 9) \mp 5\,(5y + 12x - 3) = 0,$$

d. h.

$$\left.\begin{aligned} \text{I.} \quad & 7x - 9y + 34 = 0 \\ \text{II.} \quad & 9x + 7y - 12 = 0 \end{aligned}\right\}$$

Überzeuge dich von der Richtigkeit des Ergebnisses durch Einzeichnen der gegebenen und der gefundenen Geraden in ein Koordinatensystem auf Millimeterpapier!

Bilde die Richtungskonstante von I und II und beweise mit ihrer Hilfe, daß beide Geraden aufeinander senkrecht stehen. Was lehrt die planimetrische Betrachtung?

Aufgaben.

1) Es soll untersucht werden, ob sich die Geraden

a) $x - 6y - 9 = 0$; $2x + y - 5 = 0$; $7x - 3y - 24 = 0$

b) $2x + 3y - 4 = 0$; $3x - 2y + 1 = 0$; $x - 18y + 19 = 0$

c) $x + 7y + 11 = 0$; $x - 3y - 1 = 0$; $3x + y - 7 = 0$

d) $x - y + 3 = 0$; $2x + y - 1 = 0$; $3x + 2y - 5 = 0$

in einem Punkte schneiden oder ob sie ein Dreieck bilden.

2) Beweise, daß sich die drei Mittellote des Dreiecks mit den Ecken

$$A\,(2;\,1),\quad B\,(3;\,-2),\quad C\,(-4;\,-1)$$

in einem Punkte schneiden.

3) Ebenso die drei Schwerlinien des Dreiecks mit den Ecken

$$A\,(2;\,3),\quad B\,(4;\,-5),\quad C\,(-3;\,-6).$$

4) Die Gleichungen der Seiten eines Dreiecks sind

$$\frac{x}{2} + \frac{y}{3} = 1; \quad -\frac{x}{2} + \frac{y}{3} = 1; \quad \frac{x}{3} - \frac{y}{2} = 1.$$

Zeige, daß sich die drei Winkelhalbierenden des Dreiecks in einem Punkte schneiden.

5) Beweise, daß sich die drei Höhen des in Aufgabe 3 behandelten Dreiecks in einem Punkte schneiden.

6) Dieselbe Aufgabe für das Dreieck mit den Ecken

$$A\,(3;\,4),\quad B\,(1;\,2),\quad C\,(4;\,1).$$

Zeige auch, daß sich die Gerade $y = x - 3$ und die Seiten AC und BC in einem Punkte schneiden. Ebenso die Gerade $y = x - 3$, das Mittellot auf AB und die Seite AC.

Bestätige die Richtigkeit der Rechnung durch die Zeichnung.

§ 53. Die Chordale und die Potenzlinie zweier Kreise.

I. Die Chordale.

Bringt man in den Gleichungen zweier gegebener Kreise

$$\left.\begin{aligned}(x-a_1)^2+(y-b_1)^2&=r_1^2\\(x-a_2)^2+(y-b_2)^2&=r_2^2\end{aligned}\right\}$$

die Größen r_1^2 und r_2^2 auf die linke Seite und bezeichnet diese Gleichungen kurz mit K_1 bzw. K_2, also

$$\left.\begin{aligned}K_1&=(x-a_1)^2+(y-b_1)^2-r_1^2=0\\K_2&=(x-a_2)^2+(y-b_2)^2-r_2^2=0\end{aligned}\right\} \quad \ldots \ldots (1)$$

so müssen die Koordinaten der Schnittpunkte beider Kreise, da diese Punkte beiden Kreisen zugleich angehören, die Gleichungen derselben befriedigen. Man erhält sie also als Wurzelwerte des Gleichungssystems $K_1 = 0$; $K_2 = 0$.

Die Auflösung dieses Systems erfolgt allgemein dadurch, daß man beide Gleichungen subtrahiert und die erhaltene **lineare** Gleichung mit einer der quadratischen Gleichungen verbindet. Man erhält durch Subtraktion

$$2\,x\,(a_1-a_2)+2\,y\,(b_1-b_2)=(r_2^2-r_1^2)+(a_1^2+b_1^2)-(a_2^2+b_2^2)$$

$$x\,(a_1-a_2)+y\,(b_1-b_2)=\tfrac{1}{2}\,[(r_2^2-r_1^2)+(a_1^2+b_1^2)-(a_2^2+b_2^2)] \ . \ . \ (2)$$

Diejenigen Werte von x und y, welche durch Verbindung von (2) mit einer der Gleichungen (1) erhalten werden, sind die Koordinaten der Schnittpunkte beider Kreise.

Da sie auch die Gleichung (2) befriedigen müssen, diese aber eine **Gerade** vorstellt, so ist (2) die Gleichung der gemeinsamen Sehne beider Kreise, d. h. **die Gleichung der Chordalen.** In kurzer Form lautet sie daher

$$K_1 - K_2 = 0 \ . \ . \ . \ . \ . \ . \ . \ . \ . \ . \ . \ . (3)$$

Ergeben sich bei der Auflösung des Gleichungssystemes (1) und (2) **imaginäre** Wurzelwerte, so liegen die Kreise **auseinander** (sie schneiden sich in **imaginären Punkten**).

II. Die Potenzlinie.

Da die Potenzlinie diejenige Gerade ist, von der aus gleichlange Tangenten an die beiden Kreise gezogen werden können, so ist, wenn t_1 und t_2 diese Tangentenstrecken bedeuten, und d_1 bzw. d_2 die Entfernung des (beliebigen) Ausgangspunktes (x, y) der Tangenten vom Mittelpunkt der beiden Kreise vorstellt,

$$\left.\begin{aligned}d_1^2&=(x-a_1)^2+(y-b_1)^2\\d_2^2&=(x-a_2)^2+(y-b_2)^2\end{aligned}\right\}'$$

folglich, da $t_1^2 = d_1^2 - r_1^2$ und $t_2^2 = d_2^2 - r_2^2$ ist,

$$\left.\begin{array}{l} t_1^2 = (x - a_1)^2 + (y - b_1)^2 - r_1^2 \\ t_2^2 = (x - a_2)^2 + (y - b_2)^2 - r_2^2 \end{array}\right\}$$

also, wegen der Gleichheit der Tangenten,

$$(x - a_1)^2 + (y - b_1)^2 - r_1^2 = (x - a_2)^2 + (y - b_2)^2 - r_2^2.$$

Diese Gleichung stimmt aber der Form nach überein mit der Gleichung

$$K_1 = K_2,$$

d. h. $\boldsymbol{K_1 - K_2 = 0}.$

Folgerung 1: Da die Gleichung der Chordale identisch ist mit der Gleichung der Potenzlinie, so muß die Chordale zugleich Potenzlinie sein.

Folgerung 2: Die Gleichung der Zentralen beider Kreise ist

$$y - b_1 = \frac{b_1 - b_2}{a_1 - a_2}\,(x - a_1).$$

Aus der Gleichung der Potenzlinie findet man als Richtungskonstante

$$m = -\frac{a_1 - a_2}{b_1 - b_2}.$$

Vergleicht man sie mit derjenigen der Zentralen, so ergibt sich der Satz:

Die Potenzlinie steht auf der Zentralen senkrecht.

Folgerung 3: Sind die Gleichungen dreier Kreise gegeben, nämlich

$$K_1 = 0; \qquad K_2 = 0; \qquad K_3 = 0,$$

so lauten diejenigen der drei Potenzlinien

$$K_1 - K_2 = 0, \qquad K_2 - K_3 = 0, \qquad K_3 - K_1 = 0.$$

Addiert man je 2 derselben, so erhält man die mit -1 multiplizierte dritte. Folglich gilt nach § 12 der Satz:

Die Potenzlinien dreier Kreise schneiden sich in einem Punkte.

Er heißt das Potenzzentrum oder der Chordalpunkt der 3 Kreise.

Aufgaben.

1) Welches ist die Gleichung der Potenzlinie sowie der Zentralen der beiden Kreise

$$x^2 + y^2 - x - 2y = 0 \; (K_1 = 0) \quad \text{und}$$
$$x^2 + y^2 - 2x = 0 \; (K_2 = 0) \,?$$

Bestätige das Ergebnis der Rechnung durch die Zeichnung.

2) Stelle die Gleichungen der Potenzlinie sowie der Zentralen auf für die Kreise

    a) $(x-2)^2 + (y+3)^2 = 1$ und $(x-4)^2 + (y-2)^2 = 4$;

    b) $(x+1)^2 + (y+2)^2 = 8$ „ $(x-2)^2 + (y-1)^2 = 2$;

    c) $x^2 + y^2 - 20y = 16x - 128$ „ $x^2 + y^2 - 4x = 4y + 17$;

    d) $x^2 + y^2 - 6x = 72$ „ $x^2 + (y+3)^2 + 2x = 15$.

Wie liegen die Kreise zueinander? Bestätige die Rechnung durch die Zeichnung.

3) In welchem Verhältnis teilt die Potenzlinie der Kreise

$$x^2 + y^2 = r_1^2 \quad \text{und} \quad (x-a)^2 + y^2 = r_2^2$$

die Zentralstrecke der Kreise?

4) Dieselbe Aufgabe für die Kreise

$$x^2 + y^2 - 2y = 0 \quad \text{und} \quad x^2 + y^2 - 6x - 10y + 18 = 0.$$

Bestätigung der Rechnung durch Zeichnung!

5) Bestimme die Gleichungen der drei Potenzlinien der Kreise

$$x^2 + y^2 + 8x - 14y + 29 = 0,$$
$$x^2 + y^2 - 6x - 10y + 9 = 0,$$
$$x^2 + y^2 - 10x + 18y + 57 = 0,$$

sowie die Koordinaten des Potenzzentrums (d. h. desjenigen Punktes, von welchem sich gleichlange Tangenten an die gegebenen Kreise ziehen lassen). Wie lang ist jeder Tangentenabschnitt vom Potenzzentrum bis zum Kreise?

Ergebnis: Die gesuchten Koordinaten sind $x = -2$; $y = -2$.
Die Länge eines jeden Tangentenabschnittes ist $z = 7$.

6) Gegeben sind die Gleichungen dreier Kreise. Ihr Potenzzentrum soll bestimmt werden.

    a) $x^2 + y^2 = 100$;
        $x^2 + y^2 - 40x + 375 = 0$;
        $x^2 + y^2 - 24x + 24y + 284 = 0$.

    b) $(x-6)^2 + (y-8)^2 = 25$;
        $(x+10)^2 + (y+12)^2 = 36$;
        $(x-4)^2 + (y+16)^2 = 49$.

    c) $x^2 + y^2 - 10x - 8y + 32 = 0$;
        $x^2 + y^2 + 8x - 10y + 25 = 0$;
        $x^2 + y^2 - 4x + 12y + 15 = 0$.

Achtes Kapitel.

Transformation des Koordinatensystems; Polarkoordinaten.

§ 54. Begriff der Transformation. Parallelverschiebung.

I. Das Achsenkreuz, auf welches die Koordinaten eines Punktes P bezogen werden, kann zwar im allgemeinen eine beliebige Lage haben, jedoch gestaltet sich häufig die Gleichung einer Kurve einfacher, wenn man dem Koordinaten= system eine ganz bestimmte Lage vorschreibt. Macht man z. B. den Mittel= punkt eines Kreises zum Ursprung des Systems, so erhält man in der Form der Mittelpunktsgleichung eine einfachere Gleichung, als wenn man den Koordinatenanfang außerhalb des Kreismittelpunktes annimmt. Es ist deshalb von Wichtigkeit, Methoden kennen zu lernen, die es ermöglichen, von einem System zu einem anderen überzugehen. Sie beruhen darauf, die Koordinaten eines Punktes in bezug auf ein **gegebenes** System auszudrücken durch diejenigen desselben Punktes in bezug auf ein **neues** System. Eine derartige Umwandlung nennt man **Transformation** der Koordinaten. Sie wird herbeigeführt

    1. durch Parallelverschiebung der Achsen des gegebenen Systems,

    2. durch Drehung der Koordinatenachsen.

II. Seien (Fig. 48) x, y die Koordinaten eines Punktes P in bezug auf das System mit den Achsen OX und OY, x', y' diejenigen desselben Punktes in bezug auf das System mit den Achsen $O'X'$ und $O'Y'$, welche denen des ersteren **parallel** laufen, ferner a und b die Ab= szisse bzw. Ordinate des neuen Koordi= natenursprunges O' in bezug auf das erste System, so ergeben sich die neuen Koordinaten:

$$\begin{cases} x' = x - a \\ y' = y - b \end{cases}$$

Beweise die Gültigkeit derselben Gleichungen, wenn P in einem der drei anderen Quadranten liegt.

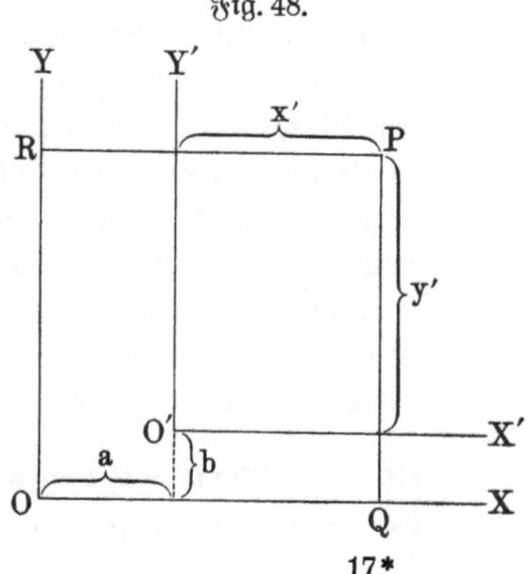

§ 55. Transformation durch Drehung des Koordinatensystems.

Sollen die rechtwinkligen Koordinaten x, y eines Punktes P auf ein neues rechtwinkliges System bezogen werden, dessen Ursprung derselbe ist, dessen Achsen aber um den $\angle \alpha$ (in positivem Sinne) gedreht sind, so ergibt sich für die neuen Koordinaten aus Fig. 49:

Fig. 49.

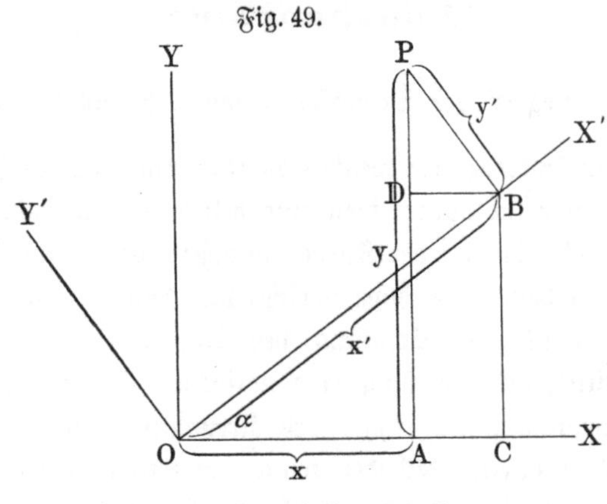

$$x = OA = OC - AC = OC - BD$$
$$y = PA = PD + DA = PD + BC$$

Da nun $\angle DPB = \alpha$ ist (warum?), so erhalten wir

$$x = OB \cos\alpha - PB \sin\alpha,$$
$$y = PB \cos\alpha + OB \sin\alpha,$$

also

$$\begin{cases} x = x' \cos a - y' \sin a \\ y = x' \sin a + y' \cos a \end{cases}$$

Was erhält man für $\alpha = 0^0$, was für $\alpha = 30^0$, 45^0, 60^0, 90^0?

Beweise die Richtigkeit der Transformationsformeln, auch wenn P in einem anderen Quadranten liegt, oder wenn α ein stumpfer Winkel ist.

Folgerung: Unter Benutzung der Formeln des § 54 ergibt sich für den Übergang aus einem recht= winkligen System in ein anderes rechtwinkliges, dessen Ursprung in bezug auf das alte System die Koordinaten a und b hat, und dessen Achsen gegen die des letzteren um den Winkel α gedreht sind

$$\begin{cases} x = x' \cos a - y' \sin a + a \\ y = x' \sin a + y' \cos a + b \end{cases}$$

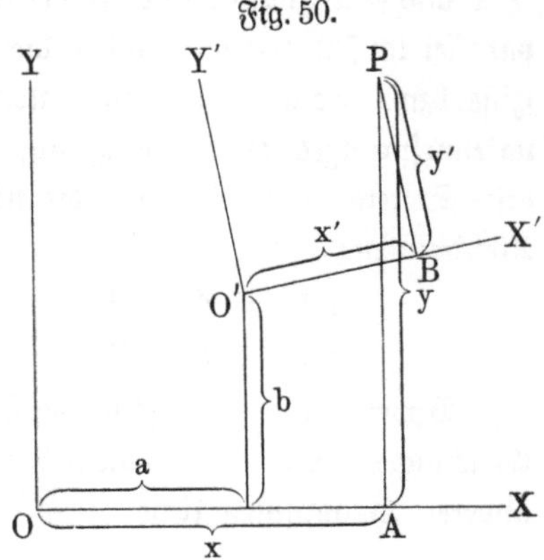

Fig. 50.

§ 56. Transformation eines rechtwinkligen in ein schiefwinkliges Koordinatensystem.

Dreht man **beide** Achsen des Systems XOY um O, z. B. die x-Achse (in positivem Sinne) um α, die y-Achse so, daß sie mit der positiven Richtung der neuen x-Achse den $\angle \beta$ bildet, so erhalten wir aus Fig. 51, wenn wir wieder die Koordinaten von P in bezug auf das neue System mit x' und y' bezeichnen

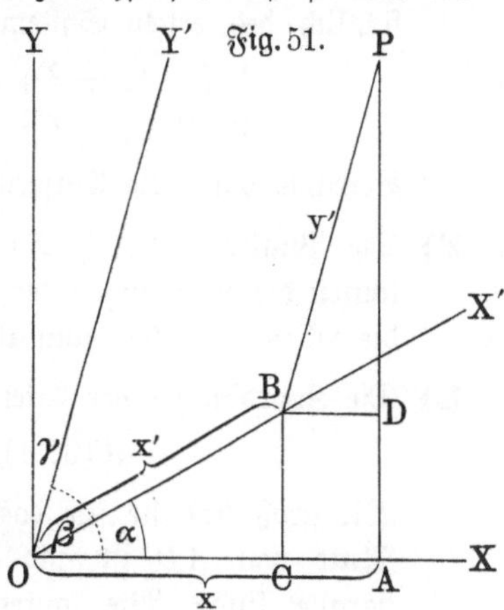

$$\begin{cases} x = OA = OC + CA = OC + BD, \\ y = PA = PD + DA = PD + BC, \end{cases}$$

also

$$\begin{cases} x = x'\cos\alpha + y'\cos\beta \\ y = x'\sin\alpha + y'\sin\beta \end{cases}$$

§ 57. Polarkoordinaten.

In dem bisher betrachteten (Cartesischen) Koordinatensystem wurde die Lage eines Punktes P mittels seiner Abstände von zwei gegebenen Achsen bestimmt.

Verbindet man (Fig. 52) P mit O, so ist P auch festgelegt durch die Länge r des **Fahrstrahles** (Radiusvektors) und den **Winkel** $POA = \varphi$ (**Anomalie**), den er mit der positiven Richtung der x-Achse bildet.

r und φ heißen die **Polarkoordinaten des Punktes** P. Zwischen ihnen und den Cartesischen Koordinaten bestehen die Beziehungen

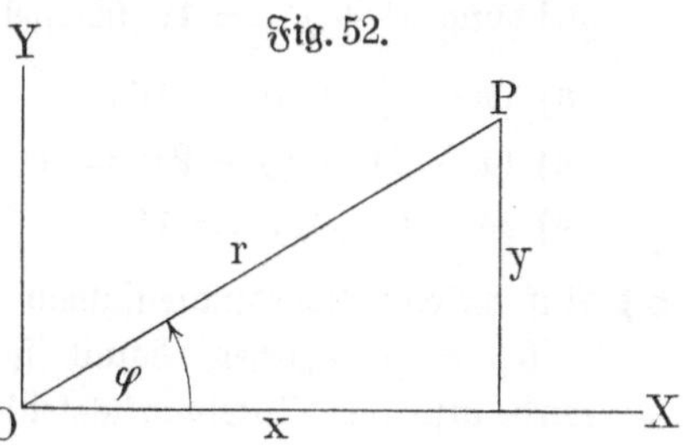

$$x = r\cos\varphi$$
$$y = r\sin\varphi.$$

Sie erlauben den Übergang aus dem Cartesischen in das Polarkoordinatensystem und umgekehrt. Sind z. B. erstere gegeben, so folgt aus den entwickelten beiden Formeln

$$r = \sqrt{x^2 + y^2}; \quad tg\,\varphi = \frac{y}{x}.$$

§ 58. Aufgaben zur Transformation des Koordinatensystems.

I. Transformation durch Parallelverschiebung.

1) Gieb die Koordinaten der folgenden Punkte in bezug auf dasjenige Koordinatensystem an, dessen Ursprung bei gleichgerichteten Achsen hinsichtlich des ersten Systems die Abszisse -4, die Ordinate $+3$ hat:

$$P_1(-4; +2); \quad P_2(+5; +3); \quad P_3(0; +6);$$
$$P_4(+2; -5); \quad P_5(-1; +7); \quad P_6(+8; +8).$$

Berechne dann die Entfernungen $P_1 P_2$, $P_3 P_4$, $P_5 P_6$.

2) Die Punkte $A(2; 3)$, $B(4; 7)$, $C(6; 5)$ bestimmen ein Dreieck. Wie lauten die Gleichungen der drei Seiten, wenn infolge Parallelverschiebung die Mitte von BC zum Ursprung des neuen Koordinatensystems wird?

3) Die Koordinaten der Ecken eines Dreiecks sind

$$A(3; 4), \quad B(5; 4), \quad C(4; 6).$$

Wie groß sind sie für dasjenige Koordinatensystem, dessen Ursprung die Mitte von AB ist und dessen Achsen denen des gegebenen Systems parallel sind? Wie lauten die Gleichungen der Seiten des Dreiecks in bezug auf das neue System? Gieb sie auch in Form der Abschnitts= gleichung an.

4) Welches sind die Koordinaten der Ecken des Dreiecks ABC, nämlich

$$A(2; 3), \quad B(4; -5), \quad C(-3; -6),$$

wenn infolge Parallelverschiebung der Schnittpunkt der drei Höhen des Dreiecks zum Ursprung des neuen Koordinatensystems wird?

5) Wie muß man das Koordinatensystem verschieben, damit die Kreis= gleichung $x^2 + y^2 = 16$ übergeführt wird in

a) $(x-1)^2 + y^2 = 16$ **b)** $x^2 + (y-2)^2 = 16$

c) $(x-3)^2 + (y-2)^2 = 16$ **d)** $(x+5)^2 + y^2 = 16$

e) $x^2 + (y+4)^2 = 16$ **f)** $(x+2)^2 + (y+1)^2 = 16$

6) Auf welches Koordinatensystem muß man die Gleichung $x^2 - 4x + y^2 - 6y = 3$ beziehen, damit sie auf die Form $\xi^2 + \eta^2 = r^2$ gebracht wird, also die Mittelpunktsgleichung eines Kreises bedeutet?

Lösung: Durch Addition der beiden quadratischen Ergänzungen nimmt die gegebene Gleichung die Form an:

$$(x-2)^2 + (y-3)^2 = 16.$$

Setzt man nun

$$x - 2 = \xi$$
$$y - 3 = \eta,$$

d. h. verschiebt man die Achsen des gegebenen Koordinatensystems parallel zu sich selbst in **positivem** Sinne um 2 bzw. 3 Längeneinheiten, so gelangt man zum Ursprung des **neuen** Systems, in bezug auf welches die Abszisse eines Kreispunktes mit ζ, die Ordinate mit η bezeichnet wird. Man gelangt somit zur Mittelpunktsgleichung

$$\zeta^2 + \eta^2 = 16.$$

7) Transformiere durch Verschiebung des Achsensystems die Kreisgleichungen

     a) $x^2 - 10\,x + y^2 - 2\,y = 23$;   **b)** $x^2 - 14\,x + y^2 - 8\,y = -1$;

     c) $x^2 + 6\,x + y^2 - 12\,y = 55$;   **d)** $x^2 - 20\,x + y^2 + 2\,y = 43$;

     e) $x^2 + y^2 - x - 6\,y = -\dfrac{21}{4}$;   **f)** $2\,x^2 + 2\,y^2 + 8\,x + 3\,y = \dfrac{71}{8}$

so, daß sie die Form der Mittelpunktsgleichung annehmen.

8) Transformiere die Parabelgleichung $y = x^2$ durch Parallelverschiebung der Achsen, so daß der neue Ursprung in den Punkt $(+2; 0)$; $(+5; -1)$; $(0; -3)$ fällt.

9) Beziehe die Parabelgleichung $y^2 = 2\,px$ durch Parallelverschiebung

         a) auf den Brennpunkt,

         b) auf den Schnittpunkt der x-Achse mit der Leitlinie

als Koordinatenanfang. Welche Form nimmt sie an?

10) Zeige, daß die Gleichung

$$y = x^2 + 2\,x + 3$$

eine **Parabel** vorstellt.

     Lösung: Durch Hinzufügung der quadratischen Ergänzung geht die gegebene Gleichung über in

$$y = (x + 1)^2 + 2$$
$$y - 2 = (x + 1)^2.$$

Setzt man

$$\left.\begin{array}{l} x + 1 = \xi \\ y - 2 = \eta \end{array}\right\}$$

so erhalten wir

$$\eta = \xi^2;$$

dies ist aber, wenn ξ und η die Koordinaten eines Punktes der gegebenen Kurve bedeuten, die Form der Scheitelgleichung **der Parabel**, deren Achse mit der neuen y-Achse (η-Achse) zusammenfällt. Man muß also das Koordinatensystem, auf welches die gegebene Gleichung bezogen ist, parallel zu sich selbst verschieben, und zwar die x-Achse in **negativem** Sinne um eine Längeneinheit, die y-Achse in **positivem** Sinne um zwei Längeneinheiten, um zur Scheitelgleichung der Parabel zu gelangen.

11) Beweise dasselbe wie in voriger Aufgabe für die Gleichungen:

$$\text{a) } y = x^2 + 4x + 3 \qquad \text{b) } y = x^2 + 10x + 26 \qquad \text{c) } y = x^2 - 2x + 4$$

$$\text{d) } y = x^2 - x + \frac{3}{4} \qquad \text{e) } y = x^2 + 2x \qquad \text{f) } y = x^2 - 3x$$

$$\text{g) } y^2 = 2px + \frac{p^2}{2} \qquad \text{h) } y^2 = 2px + 2p^2 \qquad \text{i) } y^2 = 6x + 9$$

Gib in allen Beispielen die Koordinaten des Scheitels in bezug auf das alte System an.

12) Transformiere durch Parallelverschiebung die Mittelpunktsgleichung $\frac{x^2}{a^2} + \frac{y^2}{b^2} = 1$ der Ellipse auf ein System, dessen Ursprung **a)** ein Hauptscheitel, **b)** ein Brennpunkt ist.

13) Wie lautet die Hyperbelgleichung, wenn **a)** ein Scheitel, **b)** ein Brennpunkt als Koordinatenanfang gewählt wird?

II. Transformation durch Drehung; Übergang zu einem
schiefwinkligen System.

14) Ein Punkt hat die Koordinaten p und q. Welches sind seine neuen Koordinaten, wenn das System um den Winkel φ gedreht wird?

Beispiel: 1. $\varphi = 45^0$, 2. $\varphi = 30^0$, 3. $\varphi = 60^0$, 4. $\varphi = 36^0$.

15) Um welchen Winkel α muß das rechtwinklige Koordinatensystem gedreht werden, damit ein auf dasselbe bezogener Punkt $A(p; q)$ in bezug auf das neue System die Abszisse p' besitzt?

Beispiel: 1. $q = p\sqrt{3},\ p' = 2p$ 2. $q = \frac{p}{3}\sqrt{3},\ p' = 2q$

      (Lösung: $\alpha = 60^0$)   (Lösung: $\alpha = 30^0$)

16) Ein rechtwinkliges Koordinatensystem soll so gedreht werden, daß die x-Achse der Verbindungslinie der Punkte $P_1 (24; 10)$ und $P_2 (8; 5\frac{1}{3})$ parallel wird. Wie groß muß der Drehungswinkel sein? Welches sind die Koordinaten der beiden Punkte in bezug auf das neue System?

Anleitung: Die Richtungskonstante der Geraden $P_1 P_2$ ist $tg\,\alpha = \frac{7}{24}$.

Da $tg\,\varphi = tg\,\alpha$ sein muß, ist φ leicht zu finden. Aus $tg\,\alpha = \frac{7}{24}$

folgt $sin\,\alpha = \frac{tg\,\alpha}{\sqrt{1 + tg^2\alpha}} = \frac{7}{25}$; ebenso $cos\,\alpha = \frac{1}{\sqrt{1 + tg^2\alpha}} = \frac{24}{25}$ usw.

17) Dieselbe Aufgabe für $P_1 (10; \frac{1}{4})$ und $P_2 (8; -\frac{1}{5})$.

18) Wie lautet die Mittelpunktsgleichung des Kreises, wenn das Koordinatensystem um α gedreht wird?

19) Wie lautet die allgemeine Kreisgleichung $(x-a)^2 + (y-b)^2 = r^2$, wenn das Koordinatensystem um einen Winkel φ gedreht wird, so daß

$$tg\,\varphi = \frac{b}{a} \text{ wird?}$$

20) Auf einer Ellipse, deren große Achse $2a$ doppelt so groß ist als die kleine $2b$, liegt der Punkt $P_1\left(\frac{a}{2}; > 0\right)$, der mit dem Mittelpunkt verbunden ist. Wie lautet die Ellipsengleichung, wenn das Koordinatensystem um den $\triangle\,\alpha$ gedreht wird, den $O\,P_1$ mit der x-Achse bildet? Beispiel: $b = 2$ cm.

21) Transformiere die Kurvengleichung

$$x^2 + xy + y^2 = 2$$

durch Drehung des Koordinatensystems so, daß das Glied xy verschwindet und deute die erhaltene Gleichung analytisch.

Lösung: Setzen wir, wenn um den Winkel α gedreht wird,

$$x = x' \cos\alpha - y' \sin\alpha$$
$$y = x' \sin\alpha + y' \cos\alpha,$$

so erhalten wir durch Einsetzung dieser Werte in die gegebene Gleichung:

$$\left.\begin{array}{l} x'^2 \cos^2\alpha - 2\,x'y' \sin\alpha \cos\alpha + y'^2 \sin^2\alpha \\ + x'^2 \sin\alpha \cos\alpha + x'y' \cos^2\alpha \qquad - y'^2 \sin\alpha \cos\alpha \\ \qquad - x'\,y' \sin^2\alpha \\ + x'^2 \sin^2\alpha \qquad + 2\,x'y' \sin\alpha \cos\alpha + y'^2 \cos^2\alpha \end{array}\right\} + = 2.$$

Die Addition auf der linken Seite ergibt

$$x'^2 (1 + \sin\alpha \cos\alpha) + x'y'(\cos^2\alpha - \sin^2\alpha) + y'^2(1 - \sin\alpha \cos\alpha) = 2.$$

Da nach Forderung der Aufgabe das Produkt der Unbekannten verschwinden soll, so wählen wir α so, daß der Koeffizient von $x'y' = 0$ wird, also

$$\cos^2\alpha - \sin^2\alpha = 0,$$

d. h. $$\cos 2\alpha = 0,$$

also $$2\alpha = 90^0,$$

$$\boldsymbol{\alpha = 45^0.}$$

Das Koordinatensystem muß also um 45^0 gedreht werden, damit das Produkt der Unbekannten verschwindet. Setzen wir diesen Wert von α in die obige Gleichung ein, so erhalten wir

$$x'^2\left(1 + \frac{1}{2}\right) + y'^2\left(1 - \frac{1}{2}\right) = 2$$

$$\frac{3}{2}\,x'^2 + \frac{1}{2}\,y'^2 = 2$$

$$\frac{\boldsymbol{x'^2}}{\frac{4}{3}} + \frac{\boldsymbol{y'^2}}{4} = 1.$$

Die erhaltene Gleichung stimmt aber der Form nach mit der Mittel=
punktsgleichung der Ellipse überein, d. h. die gegebene Kurve ist eine
Ellipse mit den Halbachsen $a = \frac{2}{3}\sqrt{3}$, $b = 2$.

22) Bringe die auf die Asymptoten bezogene Hyperbelgleichung
$$x\,y = 4$$
durch Drehung des Koordinatensystems auf die Form der Mittelpunkts=
gleichung. (Vgl. vorige Aufgabe!)

23) Ermittele in gleicher Weise wie in Aufgabe 21, welche Kurve durch die
Gleichung
$$\textbf{a)}\ x + xy - 2y = 2$$
$$\textbf{b)}\ 2xy + 6x + 6y - 9 = 0$$
dargestellt ist. (Ergebnis b: Gleichseitige Hyperbel mit der Halbachse
$a = 3$.)

24) Ein Punkt P hat in bezug auf ein rechtwinkliges Koordinatensystem
die Abszisse $a = \sqrt{3}$, die Ordinate $b = 2$. Wie groß sind seine Koor=
dinaten in bezug auf dasjenige schiefwinklige System, dessen x-Achse
mit der des ursprünglichen den Winkel $\alpha = 30^0$, dessen y-Achse mit
der x-Achse des gegebenen Systems den Winkel $\beta = 60^0$ bildet?

25) Dieselbe Aufgabe für die Punkte
$$\textbf{a)}\ P_1(0;\,2), \quad \textbf{b)}\ P_2(3;\,0), \quad \textbf{c)}\ P_3(-1;\,+1), \quad \textbf{d)}\ P_4(\tfrac{1}{2};\,2{,}5).$$

26) Transformiere die auf ein rechtwinkliges Koordinatensystem bezogene
Mittelpunktsgleichung $x^2 + y^2 = 25$ eines Kreises auf ein schiefwinkliges
Achsensystem, dessen x-Achse mit der gegebenen den Winkel $\alpha = 20^0$,
dessen y-Achse mit der ursprünglichen Abszissenachse den Winkel $\beta = 80^0$
einschließt.

27) Welches ist die Gleichung der Parabel, bezogen auf ein Koordinaten=
system, dessen x-Achse ein Durchmesser, dessen y-Achse die im Scheitel
des Durchmessers an die Kurve gelegte Tangente ist?

Fig. 53.

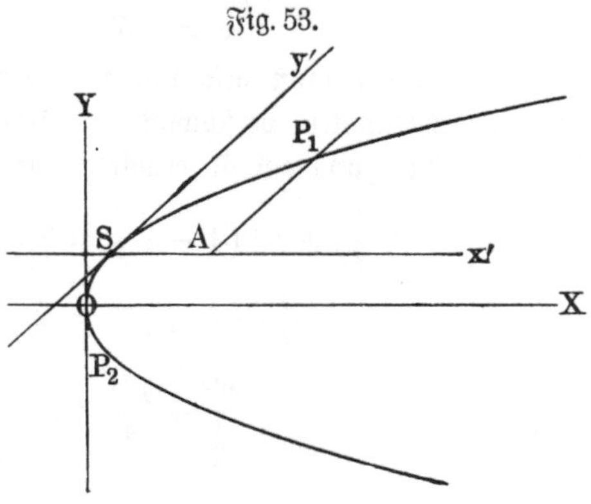

Löſung: Sei (Fig. 53) S der Urſprung des neuen ſchiefwinkligen Syſtems, und bezeichnen wir ſeine Koordinaten in bezug auf das urſprüng= liche rechtwinklige Syſtem mit x_1, y_1, ſeien ferner x', y' die Koordinaten eines beliebigen Parabelpunktes P_1, bezogen auf das neue Syſtem, also

$$x' = SA; \quad y' = P_1 A,$$

ſo erhalten wir mit Hilfe der Transformationsformeln für den Über= gang von einem rechtwinkligen Syſtem zu einem ſchiefwinkligen mit anderem Urſprung:

$$\textbf{A.} \quad \begin{cases} x = x' \cos \alpha + y' \cos \beta + x_1 \\ y = x' \sin \alpha + y' \sin \beta + y_1. \end{cases}$$

Hierin iſt $\alpha = 0$, da die neue x-Achſe der urſprünglichen parallel läuft.

Für $tg\,\beta$ liefert die Tangentengleichung der Parabel den Wert

$$tg\,\beta = \frac{p}{y_1},$$

folglich

$$\cos \beta = \frac{1}{\sqrt{1 + tg^2 \beta}} = \frac{y_1}{\sqrt{p^2 + y_1^2}}$$

$$\sin \beta = \frac{tg\,\beta}{\sqrt{1 + tg^2 \beta}} = \frac{p}{\sqrt{p^2 + y_1^2}}.$$

Die Transformationsformeln in A. nehmen daher die Form an:

$$\textbf{B.} \quad \begin{cases} x = x' + \dfrac{y' y_1}{\sqrt{p^2 + y_1^2}} + x_1 \\[2mm] y = \dfrac{p\,y'}{\sqrt{p^2 + y_1^2}} + y_1. \end{cases}$$

Durch Einſetzung dieſer Werte in die Scheitelgleichung $y^2 = 2px$ der Parabel erhält man ſchließlich, wenn man berückſichtigt, daß $y_1^2 = 2p x_1$ iſt:

$$y'^2 = \frac{2(p^2 + y_1^2)}{p} \cdot x',$$

also

$$y'^2 = \frac{2(p^2 + 2 p x_1)}{p} \cdot x',$$

$$y'^2 = 2(p + 2 x_1) . x'.$$

Setzt man den konſtanten Ausdruck $p + 2 x_1 = p'$, ſo ſtellt

$$y'^2 = 2 p' x'$$

die Gleichung der Parabel bezogen auf das gewünſchte Syſtem vor.

Sie behält alſo **dieſelbe Form wie die Scheitelgleichung.**

III. Polarkoordinaten.

28) Welches sind die Polarkoordinaten der Punkte

$$P_1\,(5;\,0); \quad P_2\,(0;\,2); \quad P_3\,(3;\,-3);$$
$$P_4\,(+\,4;\,-\,4); \quad P_5\,(-\,7;\,+\,7); \quad P_6\,(-\,1;\,-\,1)^2.$$

29) Die Polarkoordinaten einer Anzahl von Punkten sind

$$\textbf{a)}\ \left.\begin{array}{l} r = 2 \\ \varphi = 60^0 \end{array}\right\} \quad \textbf{b)}\ \left.\begin{array}{l} r = 6 \\ \varphi = 30^0 \end{array}\right\} \quad \textbf{c)}\ \left.\begin{array}{l} r = 3 \\ \varphi = 180^0 \end{array}\right\} \quad \textbf{d)}\ \left.\begin{array}{l} r = 10 \\ \varphi = 270^0 \end{array}\right\}$$

$$\textbf{e)}\ \left.\begin{array}{l} r = 2{,}5 \\ \varphi = 45^0 \end{array}\right\} \quad \textbf{f)}\ \left.\begin{array}{l} r = 6{,}5 \\ \varphi = 135^0 \end{array}\right\} \quad \textbf{g)}\ \left.\begin{array}{l} r = 2\tfrac{1}{3} \\ \varphi = 300^0 \end{array}\right\} \quad \textbf{h)}\ \left.\begin{array}{l} r = \sqrt{3} \\ \varphi = 240^0 \end{array}\right\}$$

Welches sind die rechtwinkligen Koordinaten? Bestätige durch Zeichnung der Punkte die Richtigkeit der arithmetischen Ergebnisse.

30) Stelle die Gleichung

a) $y = mx$ einer durch den Koordinatenanfang gehenden Geraden

b) $x^2 + y^2 = a^2$ eines auf den Mittelpunkt bezogenen Kreises

in Polarkoordinaten dar.

31) In dem ersten Quadranten des Kreises $x^2 + y^2 = 9$ ist die zum Bogen AB gehörige Sehne gezogen, die den Punkt A der x-Achse mit dem Punkt B der y-Achse verbindet. Welches sind, wenn die Verlängerung von OA als Nulllage des Fahrstrahles betrachtet wird,

a) die Polarkoordinaten von B für den Punkt A als Pol?

b) „ „ „ „ O „ „ „ „ „

c) „ „ des Halbierungspunktes von AB für Punkt A als Pol?

d) „ „ „ „ „ „ „ O „ „

Wie lautet die Gleichung der Sehne AB in Polarkoordinaten:

e) für Punkt A als Pol?

f) „ „ O „ „

32) Transformiere die Mittelpunktsgleichung der **Ellipse** auf ein Polarkoordinatensystem mit dem Mittelpunkt als Pol und der positiven x-Achse als Nulllage des Fahrstrahles.

Lösung: Setzt man in der Ellipsengleichung

$$\frac{x^2}{a^2} + \frac{y^2}{b^2} = 1$$

$$\left.\begin{array}{l} x = r\cos\varphi \\ y = r\sin\varphi \end{array}\right\},$$

so erhält man

$$\frac{r^2\cos^2\varphi}{a^2} + \frac{r^2\sin^2\varphi}{b^2} = 1,$$

folglich

$$r^2 = \frac{a^2 b^2}{a^2\sin^2\varphi + b^2\cos^2\varphi}$$

Da $sin^2\varphi = 1 - cos^2\varphi$ und $a^2 - b^2 = e^2$ ist, so ergibt sich

$$r^2 = \frac{a^2 b^2}{a^2 - e^2 cos^2\varphi} = \frac{b^2}{1 - \dfrac{e^2}{a^2} cos^2\varphi}.$$

Den Ausdruck $\dfrac{e}{a}$, d. h. das Verhältnis der Exzentrizität zur großen Halbachse bezeichnet man mit ε und nennt ε die **numerische Exzentrizität** (im Gegensatz zur **linearen Exzentrizität** e). Durch Einführung dieser Größe erhalten wir

$$r^2 = \frac{b^2}{1 - \varepsilon^2 cos^2\varphi}$$

als **Polargleichung** der Ellipse für den Mittelpunkt als Pol.

33) Leite in derselben Weise die Polargleichung der **Hyperbel** für den Mittelpunkt als Pol ab.

Ergebnis:
$$r^2 = \frac{b^2}{\varepsilon^2 cos^2\varphi - 1}.$$

34) Stelle die Polargleichung der **Parabel** für den Brennpunkt als Pol auf.

Lösung: Nach der Definition der Parabel ist (Fig. 54)
$$PF = PB = AQ = AF + FQ.$$

Da nun $AF = p$, $FQ = r\,cos\varphi$, $PF = r$ ist, so erhalten wir

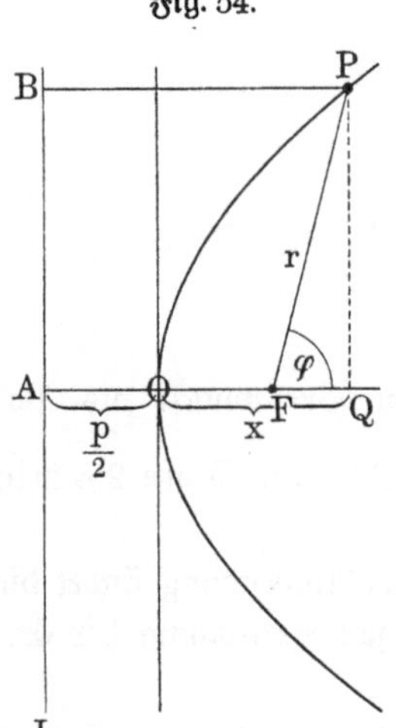

Fig. 54.

$$r = p + r\,cos\varphi$$
$$r(1 - cos\varphi) = p$$
$$r = \frac{p}{1 - cos\varphi}$$

als **Polargleichung** der Parabel für den Brennpunkt als Pol.

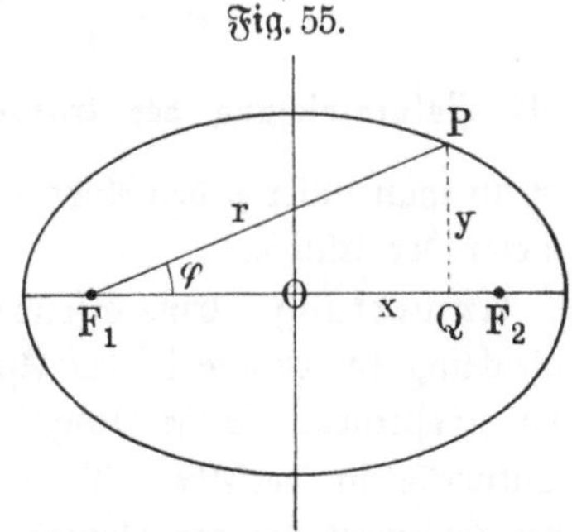

Fig. 55.

35) Wie heißt die Polargleichung der **Ellipse** für den Brennpunkt als Pol?

Lösung: Aus Fig. 55 ergibt sich
$$r = \sqrt{(x + e)^2 + y^2}.$$

Eliminiert man y aus der Mittelpunktsgleichung der Ellipse

$$\frac{x^2}{a^2} + \frac{y^2}{b^2} = 1,$$

so erhält man $\qquad y^2 = \frac{b^2}{a^2}\,(a^2 - x^2);$

durch Einsetzung dieses Wertes unter der Wurzel wird

$$r = \sqrt{x^2 + 2\,ex + e^2 + \frac{b^2}{a^2}(a^2 - x^2)},$$

also $\qquad r = \frac{1}{a}\,\sqrt{x^2\,(a^2 - b^2) + 2\,ex + a^2\,(e^2 + b^2)}.$

Mit Hilfe der für die Ellipse bestehenden Gleichung

$$a^2 - b^2 = e^2$$

erhält man schließlich $\qquad \boldsymbol{r = \frac{a^2 + ex}{a}}.$

Verschieben wir jetzt das Koordinatensystem in den Brennpunkt F_1, so ist zu setzen:

$$x = x' - e$$

und wir erhalten $\qquad r = \frac{a^2 + ex' - e^2}{a} = \frac{b^2 + ex'}{a}.$

Gehen wir durch die Substitution $x' = r\cos\varphi$ zu Polarkoordinaten mit F_1 als Pol über, so wird

$$r = \frac{b^2 + r\,e\cos\varphi}{a},$$

woraus sich

$$r = \frac{b^2}{a - e\cos\varphi} = \frac{\dfrac{b^2}{a}}{1 - \dfrac{e}{a}\cos\varphi},$$

$$\boldsymbol{r = \frac{p}{1 - \varepsilon\cos\varphi}}$$

als **Polargleichung** der **Ellipse** für den **Brennpunkt** als **Pol** ergibt, wenn man unter p den Ausdruck $\dfrac{b^2}{a}$ versteht. Die Größe $2\,p$ heißt **Parameter der Ellipse.**

Anmerkung: Eine besonders wichtige Anwendung findet die Polargleichung der Ellipse in der **Astronomie** zur Berechnung der Entfernung von Gestirnen. Siehe Aufgabe 37!

36) Entwickle in derselben Weise wie in Aufgabe 35 die Polargleichung der **Hyperbel** für den Brennpunkt als Pol.

(Ergebnis: $r = \dfrac{p}{1 - \varepsilon\cos\varphi}$; ε ist bei der Hyperbel > 1, bei der Ellipse < 1. Warum? Wie groß ist ε für die **gleichseitige Hyperbel**?)

37) Wie groß ist die Entfernung des **Mars** von der Sonne:

   a) wenn der Mars der Sonne am nächsten steht (im Perihel)?

   b) wenn der Fahrstrahl einen $\angle \varphi = 90^0$ mit der großen Achse der Marsbahn bildet?

   c) wenn der Mars von der Sonne am weitesten absteht (im Aphel)?

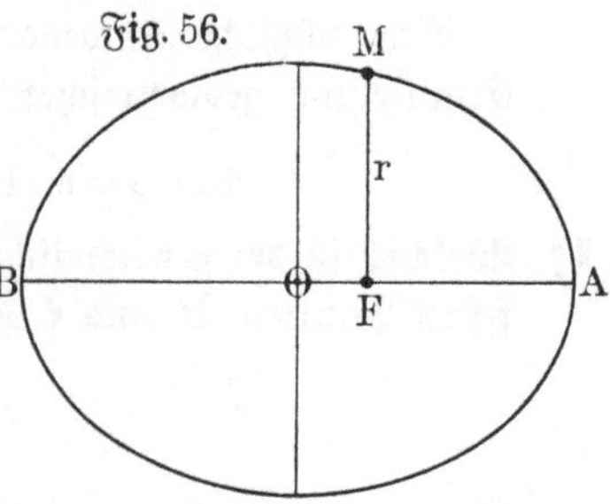

Lösung: Nach dem ersten Keplerschen Gesetze beschreiben die Planeten Ellipsen, in deren einem Brennpunkt die Sonne steht. Durch astronomische Berechnungen kennt man die große Halbachse der vom Mars durchlaufenen Ellipse, nämlich $a = 1{,}52$ Erdweiten (1 Erdweite $=$ 149 Mill. Kilometer), sowie die numerische Exzentrizität $\varepsilon = 0{,}0933$ der Marsbahn. Ist F ihr Brennpunkt (Fig. 56), so ist FM der Fahrstrahl r, und FA der Sonnenabstand des Mars zur Zeit seiner Sonnennähe, FB zur Zeit seiner Sonnenferne.

Aus der **Polargleichung** der Ellipse für den Brennpunkt als Pol folgt für $\varphi = 0^0$:

$$r = \frac{p}{1 - \varepsilon} \cdot$$

Da $\quad p = \dfrac{b^2}{a} = a \cdot \dfrac{b^2}{a^2} = a \cdot \dfrac{a^2 - e^2}{a^2} = a \left(1 - \dfrac{e^2}{a^2}\right) = a\,(1 - \varepsilon^2)$ ist,

so erhalten wir

$$r = \frac{a\,(1 - \varepsilon^2)}{1 - \varepsilon}$$

$$r = a\,(1 + \varepsilon)$$

$$r = 1{,}52 \cdot 1{,}0933$$

$$r = 1{,}661\,816 \text{ Erdweiten}$$

$$r = \text{rund } 247{,}6 \text{ Millionen Kilometer zur Zeit der}$$
$$\text{Sonnennähe des Mars.}$$

38) Dieselbe Aufgabe für

    α) die **Erde** $(a = 1$ Erdweite, $\varepsilon = 0{,}0168)$

    β) die **Venus** $(a = 0{,}72$ Erdweiten, $\varepsilon = 0{,}0068)$

    γ) den **Jupiter** $(a = 5{,}20$ Erdweiten, $\varepsilon = 0{,}0483)$

       Nimm auch $\varphi = 60^0$; $\varphi = 150^0$! ·

Neuntes Kapitel.

Geometrische Örter.

§ 59. Analytische Betrachtung der geometrischen Örter.

Eine nützliche Anwendung findet die analytische Geometrie bei der Ermittelung **geometrischer Örter.**

A. Der geometrische Ort ist eine Gerade.

1) Welches ist der geometrische Ort für alle Punkte, die von zwei gegebenen festen Punkten B und C gleiche Entfernung haben?

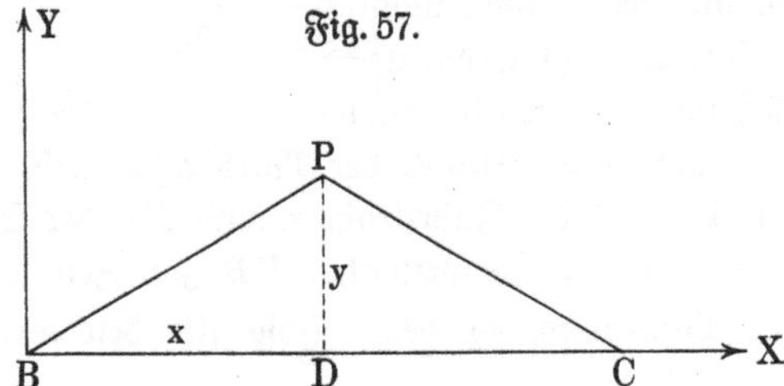

Lösung: Wählen wir BC als x-Achse und das Lot in B auf BC als y-Achse, sei ferner P einer der gesuchten Punkte, die Strecke $BC = a$, so ist (Fig. 57)

$$PB = \sqrt{x^2 + y^2}$$
$$PC = \sqrt{(a-x)^2 + y^2}$$
$$\sqrt{x^2 + y^2} = \sqrt{(a-x)^2 + y^2}$$
$$x^2 + y^2 = a^2 - 2ax + x^2 + y^2$$
$$x = \frac{a}{2}$$

d. h. der gesuchte geometrische Ort ist die **Parallele zur** y**-Achse** im Abstand $\frac{a}{2}$.

Vergleiche das Ergebnis mit dem aus der Planimetrie bekannten.

2) Welches ist der geometrische Ort für die Spitzen aller Dreiecke vom Inhalt J über derselben Grundlinie $BC = a$?

3) Welches ist der geometrische Ort der Spitzen aller über der festliegenden Grundlinie $BC = a$ errichteten Dreiecke, für welche $AB^2 - AC^2 = d^2$ ist, wenn d eine gegebene Strecke bedeutet?

Anleitung: Nimm BC als x-Achse und die Mitte von BC als Koordinatenanfang.

4) Im Dreieck ABC ist $BC = a$ und $\angle \beta$ konstant. Welches ist der geometrische Ort des Durchschnittspunktes der Höhen?

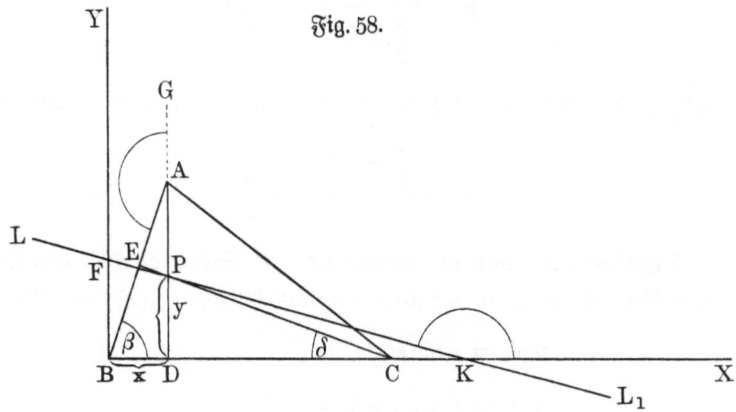

Lösung: Im $\triangle ABC$ sei P der Durchschnittspunkt zweier Höhen, seine Koordinaten seien x und y in bezug auf ein rechtwinkliges System mit BC als x-Achse, B als Koordinatenanfang.

Da $\delta = 90^0 - \beta$, also $tg\,\delta = ctg\,\beta$ ist, so ist

$$\frac{y}{a-x} = ctg\,\beta,$$

also
$$y = (a-x)\,ctg\,\beta$$
$$\boldsymbol{y = -x\,ctg\,\beta + a\,ctg\,\beta,}$$

d. h. der gesuchte geometrische Ort ist eine Gerade, die mit der x-Achse den Winkel $90^0 + \beta$ bildet (warum?) und die positive y-Achse im Abstand $a\,ctg\,\beta$ vom Ursprung O schneidet. (Siehe LL_1 in Fig. 58.)

5) Welches ist der geometrische Ort für die Mittelpunkte der einbeschriebenen Kreise des $\triangle ABC$, in welchem $BC = a$ und $\angle \beta$ konstant sind?

$$\left(\text{Lösung: } y = x\,tg\,\frac{\beta}{2}\cdot\right)$$

6) Die Grundlinie $BC = a$ des $\triangle ABC$ liegt fest, die Spitze A bewegt sich auf der Geraden $y = mx + n$. Welche Linie beschreibt der Schwerpunkt des Dreiecks? (Lösung: eine Parallele zur gegebenen Geraden.)

7) Welches ist der geometrische Ort des Schnittpunktes einer Parabeltangente mit dem Lote, welches im Brennpunkt auf dem zum Berührungspunkte gehörigen Brennstrahl errichtet ist?

Lösung: Sei P' ein beliebiger Punkt der Parabel $y^2 = 2px$, so lautet die Gleichung der in P' gelegten Tangente:

$$y\,y' = p\,(x + x') \;\ldots\ldots\ldots\ldots\ldots \quad (1)$$

Die Gleichung des Brennstrahles FP' ist

$$y = \frac{-y'}{\dfrac{p}{2} - x'}\left(x - \frac{p}{2}\right) \quad \cdots \cdots \cdots \cdots \quad (2)$$

folglich die Gleichung des in F auf dem Brennstrahl errichteten Lotes

$$y = \frac{\dfrac{p}{2} - x'}{y'}\left(x - \frac{p}{2}\right) \quad \cdots \cdots \cdots \cdots \quad (3)$$

Bezeichnen wir nun die Koordinaten des Schnittpunktes von Tangente und Lot mit ξ, η, so erhalten wir aus Gleichung (1) und (3):

$$\eta\, y' = p\,(\xi + x')$$

$$\eta\, y' = \left(\frac{p}{2} - x'\right)\left(\xi - \frac{p}{2}\right)$$

$$\overline{\phantom{p\,(\xi + x') = \left(\frac{p}{2} - x'\right)\left(\xi - \frac{p}{2}\right),}}$$

$$p\,(\xi + x') = \left(\frac{p}{2} - x'\right)\left(\xi - \frac{p}{2}\right),$$

also

$$p\,\xi + p\,x' = \frac{p}{2}\,\xi - \frac{p^2}{4} - x'\,\xi + x'\,\frac{p}{2}$$

$$\xi\left(\frac{p}{2} + x'\right) = -\frac{p}{2}\left(\frac{p}{2} + x'\right)$$

$$\xi = -\frac{p}{2}.$$

Der gesuchte geometrische Ort ist also die **Leitlinie**.

8) Welches ist der geometrische Ort des Schnittpunktes zweier Parabel= tangenten, die aufeinander senkrecht stehen?

$$\left(\text{Lösung: } \xi = -\frac{p}{2}, \text{ also die } \textbf{Leitlinie.}\right)$$

9) Auf dem Mittellote im Punkte O der Strecke $BC = a$ bewegen sich zwei Punkte P_1 und P_2 nach derselben Richtung, so daß immer $OP_1 = 2\,OP_2$ ist. Welches ist der geometrische Ort für den Schnittpunkt der beiden Geraden BP_1 und CP_2?

(Lösung: $x = -\dfrac{a}{6}$, $y = 0$, also eine **Parallele** zum Mittellote

im Abstand $-\dfrac{a}{6}$, wenn das Mittellot als y-Achse, die Mitte von BC als Koordinatenanfang und BC als x-Achse gewählt wird. Benutze die Form der Abschnittsgleichung für die Geraden P_2C und P_1B!)

B. Der geometrische Ort ist ein Kreis.

10) Eine Strecke $AB = a$ bewegt sich so zwischen den Koordinatenachsen, daß ihre Endpunkte A und B stets auf den Achsen hergleiten. Welches ist der geometrische Ort für die Mitte der Strecke?

Lösung: Bezeichnen wir die Koordinaten des Mittelpunktes M mit x und y (Fig. 59), so ist nach einem planimetrischen Lehrsatze, da M die Mitte der Hypotenuse a ist,

$$OM = AM,$$

also $\quad \sqrt{x^2 + y^2} = \dfrac{a}{2}$

$$x^2 + y^2 = \left(\frac{a}{2}\right)^2,$$

d. h. M **bewegt sich auf einem** Kreise mit dem Mittelpunkt O und dem Radius $\dfrac{a}{2}$.

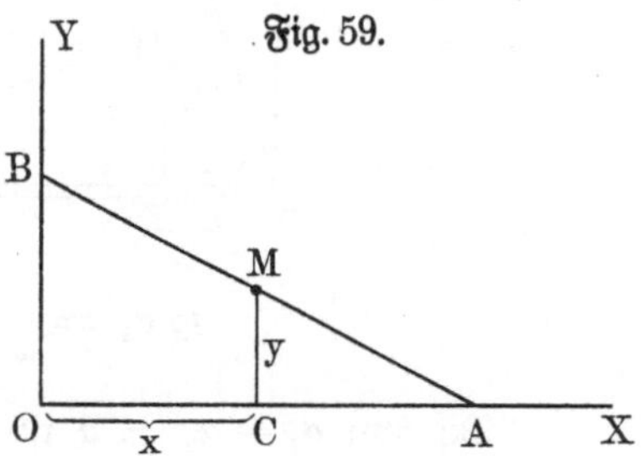

11) Welches ist in der vorigen Aufgabe der geometrische Ort des Schwerpunktes des $\triangle AOB$?

$$\left[\text{Lösung: } x^2 + y^2 = \left(\frac{a}{3}\right)^2.\right]$$

12) Im Dreieck ABC liegt $BC = a$ fest. Man soll den geometrischen Ort für die Spitze A suchen, wenn

    a) $AB^2 + AC^2 = s^2$

    b) $AB : AC = m : n$ ist.

(Anleitung: Nimm BC als x-Achse, die Mitte von BC als Koordinatenanfang.)

13) Welches ist der geometrische Ort für die Spitzen aller Dreiecke, die über $BC = a$ als Grundlinie errichtet den $\angle \alpha$ an der Spitze haben?

(Anleitung: Nimm BC als x-Achse, die Mitte von BC als Koordinatenanfang.)

(Ergebnis: $x^2 + y^2 - ay\,ctg\,\alpha = \left(\dfrac{a}{2}\right)^2$, also ein Kreis. Wie liegt er?)

14) Welches ist der geometrische Ort für die Mitten aller Sehnen von der Länge $2l$ in dem Kreise $(x - a)^2 + (y - b)^2 = r^2$?

15) Welches ist der geometrische Ort für den Schnittpunkt der Höhen aller Dreiecke, welche die konstante Grundlinie $BC = a$ und den konstanten Winkel α an der Spitze haben?

18*

Lösung: Wählt man BC als x-Achse, B als Ursprung des Koordinatensystems, so ist (Fig. 60)

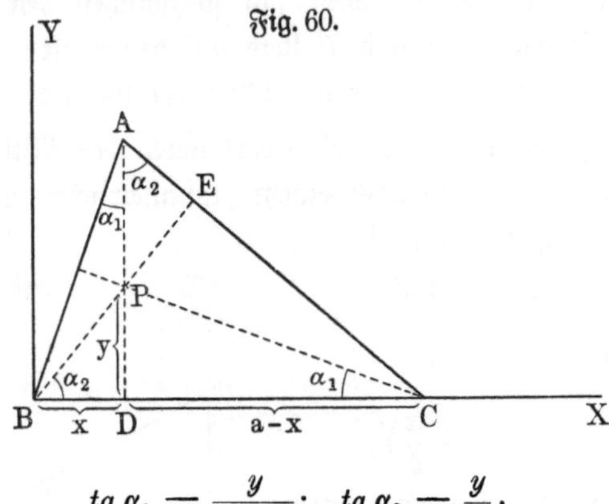

Fig. 60.

$$tg\,\alpha_1 = \frac{y}{a-x}; \quad tg\,\alpha_2 = \frac{y}{x}.$$

Da nun $\alpha_1 + \alpha_2 = \alpha$ ist und $tg\,\alpha = \dfrac{tg\,\alpha_1 + tg\,\alpha_2}{1 - tg\,\alpha_1\,tg\,\alpha_2}$, so erhalten wir

$$tg\,\alpha = \frac{\dfrac{y}{a-x} + \dfrac{y}{x}}{1 - \dfrac{y^2}{x\,(a-x)}}$$

$$tg\,\alpha = \frac{xy + y(a-x)}{x(a-x) + y^2}$$

$$tg\,\alpha = \frac{a\,y}{a\,x - x^2 + y^2}$$

$$a\,x - x^2 + y^2 = a\,ctg\,\alpha\,.\,y$$

$$\left(x - \frac{a}{2}\right)^2 + \left(y + \frac{a}{2}\,ctg\,\alpha\right)^2 = \frac{a^2}{4}(1 + ctg^2\,\alpha)$$

$$\left(x - \frac{a}{2}\right)^2 + \left(y + \frac{a}{2}\,ctg\,\alpha\right)^2 = \frac{a^2}{4\,sin^2\,\alpha}.$$

Der gesuchte geometrische Ort ist also ein Kreis mit dem Radius $r = \dfrac{a}{2\,sin\,\alpha}$, (d. h. gleich dem Radius des Umkreises des $\triangle\,ABC$!) und den Mittelpunktskoordinaten $\left(\dfrac{a}{2}; -\dfrac{a}{2}\,ctg\,\alpha\right)$. Konstruiere ihn, indem du beachtest, daß das Stück des Mittellotes auf BC von der Mitte dieser Seite bis zum Mittelpunkte des Umkreises $= \dfrac{a}{2}\,ctg\,\alpha$ ist. Warum?

16) Welches ist der geometrische Ort für diejenigen Punkte, von denen sich Tangenten von gegebener Länge l an einen gegebenen Kreis ziehen lassen?

17) Im $\triangle ABC$ liegt $BC = a$ fest. Man soll den geometrischen Ort für die Mitte von AC suchen, wenn AB die konstante Länge c hat.

18) Welches ist der geometrische Ort für die Mitten aller Sehnen eines gegebenen Kreises K, die verlängert durch einen außerhalb des Kreises gegebenen Punkt C vom Mittelpunktsabstand d gehen?

(**Anleitung:** Mache KC zur x-Achse, K zum Koordinatenanfang.)

Lösung: $\left(x - \dfrac{d}{2}\right)^2 + y^2 = \left(\dfrac{d}{2}\right)^2$, also **ein Kreis**. Konstruiere ihn!

C. Der geometrische Ort ist eine Parabel.

19) Von einem beweglichen Punkt P ist auf die Gerade L das Lot PA gefällt und an den Kreis K die Tangente PB gezogen. Welches ist der geometrische Ort für P, wenn $PA = PB$ sein soll?

20) Den geometrischen Ort der Mittelpunkte aller Kreise zu suchen, die eine gegebene Gerade L und einen gegebenen Kreis $K \cdot$ berühren.

Anleitung: Fälle von K das Lot $KA = a$ auf L und mache A zum Ursprung eines rechtwinkligen Systems, AK zur x-Achse. Ist r der Radius des gegebenen Kreises, so erhält man als Ergebnis die **Parabel** $y^2 = 2(a + r)x - a^2$. Transformiere sie auf die Scheitelgleichung!

21) Den geometrischen Ort der Mittelpunkte aller Kreise zu suchen, die durch einen gegebenen Punkt F gehen und eine gegebene Gerade L berühren.

Anleitung: Fälle von F das Lot $FA = p$ auf L, mache A zum Ursprung und AF zur x-Achse eines rechtwinkligen Koordinatensystems.

Ergebnis: Die Parabel $y^2 = 2p\left(x - \dfrac{p}{2}\right)$.

22) Welches ist der geometrische Ort der Mitten aller Sehnen, die durch den Brennpunkt einer gegebenen Parabel gehen?

23) Gesucht der geometrische Ort der Halbierungspunkte aller Brennstrahlen einer gegebenen Parabel.

24) Gesucht der geometrische Ort der Halbierungspunkte aller Normalen einer gegebenen Parabel.

25) Von einem Punkte P sind Sekanten nach einer gegebenen Parabel gezogen. Welches ist der geometrische Ort der Halbierungspunkte der entstandenen Sehnen?

26) Der Scheitel A des rechten Winkels eines rechtwinkligen $\triangle ABC$ liegt fest, die Ecke B verschiebt sich auf einer Geraden L so, daß die Hypotenuse BC auf L senkrecht steht. Welches ist der geometrische Ort für C?

Anleitung: Fälle von A das Lot $AD = p$ auf L und mache A zum Koordinatenanfang, die Richtung DA zur x-Achse. Man findet $y^2 = px$, also eine **Parabel**.

27) Im Punkt M der Parabel ist die Normale MP bis zum Durchschnitts=
punkt mit der Achse gezogen und in diesem Punkt P auf der Achse
ein Lot $PQ = MP$ errichtet. Welches ist der geometrische Ort für Q,
wenn sich M auf der Parabel bewegt?

28) Die Spitze A des $\triangle ABC$ bewegt sich auf einer Parallelen zur fest=
liegenden Grundlinie BC. Welches ist der geometrische Ort des Durch=
schnittspunktes der Höhen?

D. Der geometrische Ort ist eine Ellipse.

29) Über der Strecke $BC = 8$ sind Dreiecke von konstantem Umfang
$u = 24$ errichtet. Welches ist der geometrische Ort aller Spitzen?

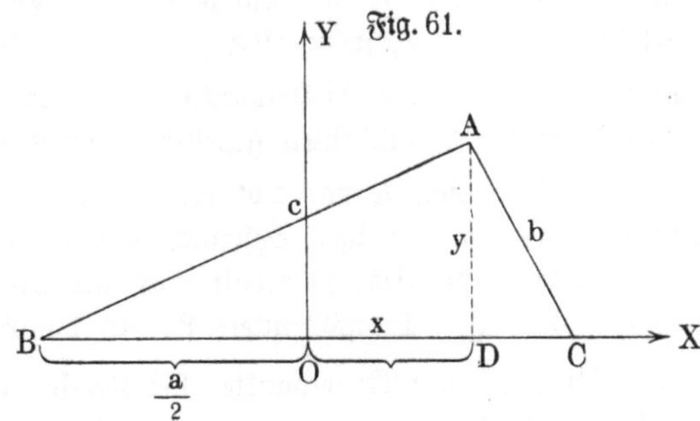

Lösung: Wählt man BC als x-Achse und ihren Halbierungspunkt O
als Koordinatenanfang, so ist (Fig. 61)

$$c^2 = y^2 + (x+4)^2 = y^2 + x^2 + 8x + 16$$
$$b^2 = y^2 + (4-x)^2 = y^2 + 16 - 8x + x^2$$
$$\overline{}$$
$$c^2 - b^2 = 16x$$
$$(c+b)(c-b) = 16x;$$

aber auch
$$c + b + a = u$$
$$c + b = u - a$$
$$c + b = 16,$$

also
$$c - b = x;$$

aus
$$\left.\begin{array}{l} c + b = 16 \\ c - b = x \end{array}\right\}$$

folgt
$$c = 8 + \frac{x}{2}$$
$$b = 8 - \frac{x}{2};$$

da nun
$$y^2 = b^2 - (4-x)^2,$$

so ist
$$y^2 = \left(8 - \frac{a}{2}\right)^2 - (4 - x)^2$$

$$y^2 = 48 - \frac{3\,x^2}{4},$$

$$3\,x^2 + 4\,y^2 = 192$$

$$\frac{x^2}{64} + \frac{y^2}{48} = 1,$$

d. h. der gesuchte **geometrische Ort** ist eine **Ellipse** mit den Halbachsen $a = 8$, $b = 4\sqrt{3}$.

30) Zwischen den Achsen eines rechtwinkligen Koordinatensystems gleitet eine Strecke $AB = a$ so, daß sich ihre Endpunkte stets auf den Achsen bewegen. Welche Kurve beschreibt ein Punkt, der die Strecke im Verhältnis $2 : 3$ $(m : n)$ teilt?

31) Den geometrischen Ort für die Spitzen aller Dreiecke über der konstanten Grundlinie $BC = a$ zu suchen, in denen

a) $\beta = 2\gamma$,　　**b)** $tg\,\beta \cdot tg\,\gamma = \tfrac{1}{4}$ (bzw. m) ist.

32) Welches ist der geometrische Ort der Spitze A eines Dreiecks über der gegebenen Grundlinie $BC = a$, wenn das Quadrat über der Höhe AD doppelt so groß ist als das Rechteck aus den Höhenabschnitten der Grundlinie?

33) In einem Kreise K bewegt sich eine Sehne parallel zu einer Geraden L. Welches ist der geometrische Ort des Punktes P, der die Sehne im Verhältnis $2 : 3$ $(m : n)$ teilt?

　　Anleitung: Mache das Lot von K auf L zur x-Achse, K zum Koordinatenanfang.

34) Über der großen Achse einer Ellipse sind Dreiecke beschrieben, deren Spitzen auf der Ellipse liegen. Welches ist der geometrische Ort des Durchschnittspunktes der Höhen?

35) In dem beweglichen Punkt P einer Ellipse ist die Tangente gezogen und bis zum Schnitt M mit der kleinen Achse verlängert. Von M aus ist auf den Brennstrahl $F_1 P$ das Lot MQ gefällt. Welches ist der geometrische Ort für Q?

36) Welches ist der geometrische Ort der Mittelpunkte aller Kreise, die durch den Punkt $P(0; 3)$ gehen und den gegebenen Kreis $x^2 + y^2 = 25$ von innen berühren?

　　Ergebnis: Die Ellipse mit den Halbachsen 2 und $\tfrac{5}{2}$ und den Mittelpunktskoordinaten $0, \tfrac{3}{2}$.

E. Der geometrische Ort ist eine Hyperbel.

37) Die Seite $BC = a$ eines Dreiecks liegt fest, während die Spitze A sich so bewegt, daß $\gamma = 2\beta$ ist. Welche Kurve beschreibt A?

38) Welches ist der geometrische Ort der Spitzen aller Dreiecke mit der konstanten Grundlinie $2a$, wenn die Differenz der beiden anderen Seiten die konstante Größe $2d$ hat?

39) Ein Punkt M hat von einer Geraden L den Abstand a. Welches ist der geometrische Ort aller Punkte, deren Entfernungen von L und M sich wie $1:2\ (2:5)$ verhalten?

40) Welches ist der geometrische Ort der Mittelpunkte aller Kreise, die einen gegebenen Kreis K vom Radius r von außen berühren und durch einen in der Entfernung a von seiner Peripherie gelegenen festen Punkt P gehen?

F. Der geometrische Ort ist eine Kurve höheren Grades.

41) Welches ist der geometrische Ort für alle Punkte, die auf den durch den Endpunkt eines Kreisdurchmessers gezogenen Sekanten so liegen, daß ihr Abstand vom Schnittpunkt der Sekante mit dem Kreis gleich dem Radius ist?

Fig. 62.

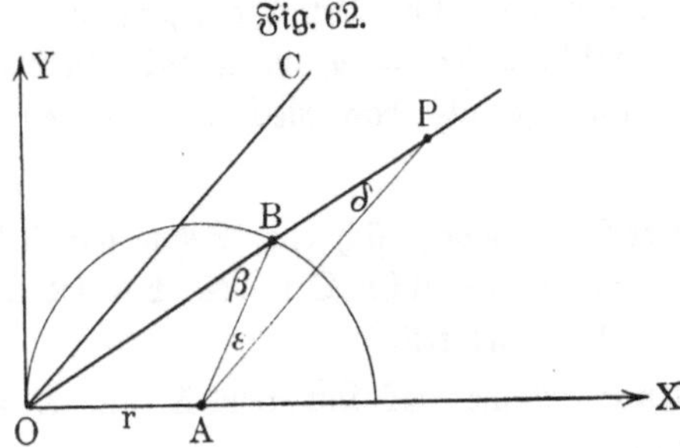

Lösung: Seien (Fig. 62) x und y die Koordinaten eines beliebigen Punktes P der gesuchten Kurve, u und v diejenigen von B, so ist die Gleichung der Sekante OP:

$$y = \frac{v}{u} \cdot x \quad \cdots \cdots \cdots \cdots \quad (1)$$

Die Koordinaten von B müssen die Kreisgleichung

$$(x - r)^2 + y^2 = r^2$$

befriedigen, also ist

$$(u - r)^2 + v^2 = r^2,$$

d. h. $\quad u^2 - 2ru + v^2 = 0 \quad \cdots \cdots \cdots \quad (2)$

Aus der Gleichung (1) und (2) ergibt sich

$$u = \frac{2rx^2}{x^2 + y^2}; \qquad v = \frac{2rxy}{x^2 + y^2}.$$

Da $PB = r$ ist, so folgt

$$r^2 = (x - u)^2 + (y - v)^2$$

$$r^2 = \left(x - \frac{2\,r\,x^2}{x^2 + y^2}\right)^2 + \left(y - \frac{2\,r\,xy}{x^2 + y^2}\right).$$

Nach Umformung der Gleichung ergibt sich

$$\textbf{I.}\quad (x^2 + y^2 - 2\,r\,x)^2 = r^2\,(x^2 + y^2)$$

als Gleichung des gesuchten geometrischen Ortes für P.

Das eben behandelte Beispiel führt zu einer interessanten Lösung der Aufgabe, einen gegebenen Winkel in drei gleiche Teile zu teilen.

Sei (Fig. 62) $\angle COX = \alpha$ der zu teilende Winkel und $\angle COP = \frac{\alpha}{3}$, so muß die Parallele durch A (beliebig auf OX) zu OC durch P gehen, da $\beta = \angle BOA = \frac{2}{3}\alpha$, also, wegen des gleichschenkligen $\triangle ABP$, auch $\delta = \frac{\beta}{2} = \frac{\alpha}{3}$ ist. Die Lage des Punktes P ist also durch zwei geometrische Örter bestimmt:

1. Die Kurve I (graphische Darstellung von Gleichung I siehe Fig. 63).
2. Die Parallele von A zum Schenkel OC des $\triangle \alpha$.

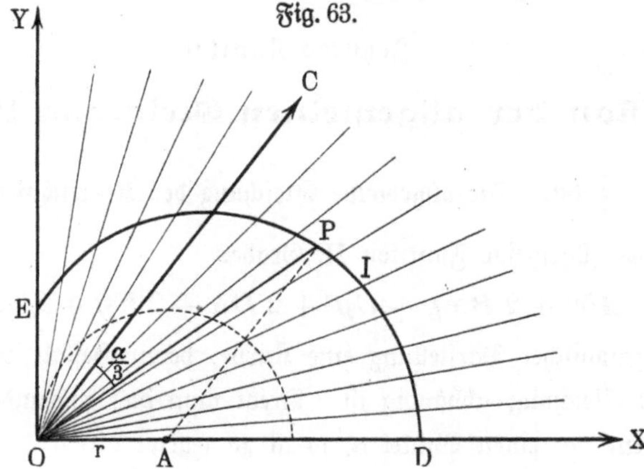

Anmerkung: Zur rascheren Ausführung der Dreiteilung verfertigt man sich am besten ein Modell mit einem Stift, der die Kurve I mechanisch beschreibt.

42) Gesucht der geometrische Ort aller Punkte, für die das Produkt der Entfernungen von zwei gegebenen Punkten F_1 und F_2 die konstante Größe m^2 hat.

(Zur Lösung: Setze $F_1 F_2 = 2e$; man erhält die sogenannte Cassinische Kurve oder Cassinoide. Betrachte auch den besonderen Fall a) $m = 2e$, b) $m = e$, letzterer führt zur Lemniskate.)

43) Gesucht der geometrische Ort für die Fußpunkte aller Lote, die vom Schnittpunkt A des Kreises $x^2 + y^2 = r^2$ mit der x-Achse auf die in den Kreispunkten gelegten Tangenten gefällt werden.

Zur Lösung: Die gesuchte Kurve heißt Fußpunktskurve des Kreises in bezug auf den Punkt A oder Kardioide.

44) Dieselbe Aufgabe wie in Nr. 43, nur statt des Kreises

$$\text{a) die Ellipse} \quad \frac{x^2}{a^2} + \frac{y^2}{b^2} = 1$$

$$\text{b) die Hyperbel} \; \frac{x^2}{a^2} - \frac{y^2}{b^2} = 1$$

und statt des Punktes A den Mittelpunkt O des Kegelschnittes.

Zehntes Kapitel.

Diskussion der allgemeinen Gleichung II. Grades.

§ 60.   Die allgemeine Gleichung der Kegelschnitte.

I. Die allgemeine Funktion II. Grades

$$A x^2 + 2 B x y + C y^2 + 2 D x + 2 E y + F = 0 \quad \ldots \quad (1)$$

ergibt in graphischer Darstellung eine Kurve, deren Gestalt von den Koeffizienten der Gleichung abhängig ist. Dreht man das zugrunde gelegte Koordinatensystem um einen Winkel α, so ist zu setzen

$$x = x' \cos \alpha - y' \sin \alpha$$
$$y = x' \sin \alpha + y' \cos \alpha,$$

wenn x', y' die laufenden Koordinaten eines Kurvenpunktes, bezogen auf das neue System mit dem Ursprung O' bedeuten. Man erhält darum

$$\left. \begin{array}{l} A (x' \cos\alpha - y' \sin\alpha)^2 + 2 B (x' \cos\alpha - y' \sin\alpha)(x' \sin\alpha + y' \cos\alpha) \\ + C(x' \sin\alpha + y' \cos\alpha)^2 + 2 D (x' \cos\alpha - y' \sin\alpha) + 2 E (x' \sin\alpha + y' \cos\alpha) + F \end{array} \right\} = 0.$$

Hieraus folgt:

$$\left.\begin{aligned} (A\cos^2\alpha + 2B\sin\alpha\cos\alpha + C\sin^2\alpha)\,x'^2 + 2\,[B\,(\cos^2\alpha - \sin^2\alpha) \\ -(A-C)\sin\alpha\cos\alpha]\,x'y' + (A\sin^2\alpha - 2B\sin\alpha\cos\alpha + C\cos\alpha^2)\,y'^2 \\ + 2\,(D\cos\alpha + E\sin\alpha)\,x' + 2\,(E\cos\alpha - D\sin\alpha)\,y' + F \end{aligned}\right\} = 0 \quad . \ (2)$$

Wählt man nun $\triangle\alpha$ so, daß der Koeffizient von $x'y'$ verschwindet, so wird

$$B\,(\cos^2\alpha - \sin^2\alpha) - (A-C)\sin\alpha\cos\alpha = 0,$$

d. h. $\quad B\cos 2\alpha - \dfrac{A-C}{2}\cdot\sin 2\alpha = 0$

$$tg\,2\alpha = \frac{2\,B}{A-C} \quad . \ . \ . \ . \ . \ . \ . \ . \ . \ . \ . \ . \ (3)$$

Aus dieser Gleichung läßt sich der Drehungswinkel α berechnen. Durch Einsetzung der Werte von $\sin\alpha$ und $\cos\alpha$ in Gleichung (2) nimmt diese die Form an

$$A'x'^2 + C'y'^2 + 2\,D'x' + 2\,E'y' + F = 0 \quad . \ . \ . \ . \ (4)$$

II. Verschiebt man das Achsensystem, auf welches Gleichung (4) bezogen ist, parallel zu sich selbst, so ist zu setzen

$$x' = \xi + a$$
$$y' = \eta + b,$$

wenn a und b die Koordinaten des neuen Ursprunges und ξ und η diejenigen eines beliebigen Punktes der Kurve, bezogen auf das neue System, bedeuten. Die Gleichung (4) nimmt dann die Form an:

$$\left.\begin{aligned} A'\eta^2 + C'\xi^2 + 2\,(A'a + D')\xi + 2\,(C'b + E')\eta \\ + A'a^2 + C'b^2 + 2\,D'a + 2\,E'b + F = 0 \end{aligned}\right\} \quad . \ . \ . \ (5)$$

Diskussion der Gleichung (5).

1) Sind A' und $C' \gtrless 0$, so lassen sich a und b so wählen, daß die Koeffizienten der linearen Glieder ξ und η verschwinden. In diesem Falle ist

$$a = -\frac{D'}{A'}; \qquad b = -\frac{E'}{C'},$$

und Gleichung (5) erscheint in der Form

$$A'\xi^2 + B'\eta^2 = N \quad . \ . \ . \ . \ . \ . \ . \ . \ . \ . \ . \ (6)$$

wobei

$$N = \frac{D'^2}{A'} + \frac{E'^2}{C'} - F \quad \text{ist.}$$

Für N sind nun die drei Fälle möglich:

$$N > 0; \quad N = 0; \quad N < 0.$$

Wir betrachten sie der Reihe nach.

a) $N > 0$.

Gleichung (6) bedeutet dann

α) eine **Ellipse**, wenn A' und C' dasselbe Vorzeichen haben wie N. (Sonderfall: **Kreis**, wenn $A' = C'$),

β) **keine reelle Kurve**, wenn A' und C' dem Vorzeichen von N entgegengesetzte, aber unter sich gleiche Zeichen haben;

γ) eine **Hyperbel**, wenn A' und C' entgegengesetzte Vorzeichen haben.

b) $N = 0$.

Gleichung (6) stellt dar

α) **einen Punkt** (Koordinatenanfang), wenn A' und C' gleiches Vorzeichen haben;

β) ein **Geradenpaar**, das sich im Koordinatenanfang schneidet, wenn A' und C' entgegengesetztes Vorzeichen haben.

c) $N < 0$.

Man erhält dieselben geometrischen Gebilde wie im Falle **a)**.

2) Ist $A' = 0$, $C' \gtrless 0$, so lautet Gleichung (5):

$$C'\eta^2 + 2D'\xi + 2(C'b + E')\eta + C'b^2 + 2D'a + 2E'b + F = 0.$$

Hierin kann $D' \gtrless 0$ oder $= 0$ sein.

Erster Fall: $D' \gtrless 0$.

Man kann dann a und b so wählen, daß

$$C'b + E' = 0; \quad C'b^2 + 2D'a + 2E'b + F = 0$$

wird. Gleichung (5) nimmt dadurch die einfache Form an:

$$\eta^2 = -2\frac{D'}{C'} \cdot \xi.$$

Sie stellt eine **Parabel** vor.

Zweiter Fall: $D' = 0$.

Gleichung (5) geht dann über in

$$C'\eta^2 + 2(C'b + E')\eta + C'b^2 + 2E'b + F = 0.$$

Diese quadratische Gleichung liefert für η zwei Werte, $\eta = k$ und $\eta = l$. Letztere Gleichungen bedeuten analytisch **zwei zur ξ-Achse parallele Gerade.**

3) Ist $C' = 0$, $A' \gtrless 0$, so erhalten wir in Gleichung (5):

a) eine **Parabel** (um 90° gedreht), wenn $E' \lesseqgtr 0$,

b) **zwei zur η-Achse parallele Gerade**, wenn $E' = 0$.

III. Die in Absatz II betrachteten drei Hauptfälle lassen erkennen, daß die Gestalt der durch die allgemeine Gleichung (5) dargestellten Kurve wesentlich davon abhängig ist, ob das Produkt $A'C'$ gleich Null oder von Null verschieden ist.

Durch Einsetzung der Werte von A' und C' aus Absatz I ergibt sich

$$A'C' = \begin{aligned}&(A\cos^2\alpha + 2B\sin\alpha\cos\alpha + C\sin^2\alpha)\\ &\cdot (A\sin^2\alpha - 2B\sin\alpha\cos\alpha + C\cos^2\alpha)\end{aligned} \Bigg\} \quad \cdots \quad (7)$$

Durch trigonometrische Umformung erhalten wir für den ersten Klammerausdruck

$$\left. \begin{aligned} A' &= A\cos^2\alpha + 2B\sin\alpha\,\cos\alpha + C\sin^2\alpha \\ &= A\cos^2\alpha + C(1-\cos^2\alpha) + 2B\sin 2\alpha \\ &= \cos^2\alpha(A-C) + C + B\sin 2\alpha \\ &= \frac{1+\cos 2\alpha}{2}(A-C) + C + B\sin 2\alpha \\ &= \frac{A-C}{2}\cos 2\alpha + \frac{A+C}{2} + B\sin 2\alpha \end{aligned} \right\} \quad \cdots \quad (8)$$

In entsprechender Weise finden wir für den zweiten Klammerausdruck in (7):

$$\left. \begin{aligned} C' &= A\sin^2\alpha - 2B\sin\alpha\,\cos\alpha + C\cos^2\alpha \\ &= \frac{A+C}{2} - \frac{A-C}{2}\cos 2\alpha - B\sin 2\alpha \end{aligned} \right\} \quad \cdots \quad (9)$$

Führe den Nachweis!

Mit Berücksichtigung von Gleichung (3), Absatz I

$$tg\,2\alpha = \frac{2B}{A-C}$$

ergibt sich

$$\cos 2\alpha = \frac{1}{\sqrt{1+tg^2 2\alpha}} = \frac{A-C}{\sqrt{(A-C)^2 + 4B^2}}$$

$$\sin 2\alpha = \frac{tg\,\alpha}{\sqrt{1+tg^2 2\alpha}} = \frac{2B}{\sqrt{(A-C)^2 + 4B^2}}.$$

Durch Einsetzung dieser Werte in die Gleichungen (8) und (9) erhalten wir

$$2A' = A + C + \sqrt{(A-C)^2 + 4B^2}$$

$$\underline{2C' = A + C - \sqrt{(A-C)^2 + 4B^2}}$$

$$\overline{4A'C' = (A+C)^2 - (A-C)^2 - 4B^2}$$

$$\boldsymbol{A'C' = AC - B^2} \quad \cdots \cdots \cdots \quad (10)$$

Aus dieser Gleichung ziehen wir die wichtigen Folgerungen:

α) Ist $AC - B^2 > 0$, so haben A und C gleiches Vorzeichen, die allgemeine quadratische Gleichung (1) stellt also eine **Ellipse (Kreis)**, einen **Punkt** oder überhaupt **kein reelles geometrisches Gebilde** dar (siehe II, 1).

β) Ist $AC - B^2 = 0$, so ist entweder A' oder $C' = 0$, die Gleichung (1) stellt also eine **Parabel** oder **ein paralleles Geradenpaar** dar (siehe II, 2 und 3).

γ) Ist $AC - B^2 < 0$, so haben A' und C' verschiedenes Vorzeichen, die Gleichung (1) stellt also eine **Hyperbel** oder **zwei sich schneidende Geraden** dar (siehe II, 1).

§ 61. Aufgaben zur allgemeinen Gleichung der Kegelschnitte.

1) Welche Kurven stellen die folgenden, auf ein rechtwinkliges Koordinatensystem bezogenen Gleichungen dar:

a) $x^2 + xy = 2$ **b)** $x^2 + xy + y^2 = 5$

c) $xy = 3$ **d)** $x^2 - xy + y^2 = 13$

e) $x + xy - 2y = 12$ **f)** $x^2 - xy + y^2 = 7$

g) $\sqrt{x} - \sqrt{y} = 2$ **h)** $\sqrt{x} + \sqrt{y} = 1$?

2) Ebenso die Gleichungen:

a) $13x^2 + 10xy + 13y^2 - 82x - 98y + 157 = 0$

b) $17x^2 + 312xy + 108y^2 + 60x + 1080y + 900 = 0$

c) $y^2 - 4xy + 5x^2 - 6y + 13x + 10 = 0$

d) $3x^2 - 4xy + y^2 + 16x - 6y + 5 = 0$

e) $4x^2 - 4xy + y^2 + 12x - 6y + 9 = 0$

f) $4x^2 - 4xy + y^2 + 12x - 6y + 10 = 0$

g) $5x^2 - 4xy + y^2 - x - 2y + 7 = 0$

h) $2x^2 - 2xy + y^2 - 3x - 35 = 0$

i) $x^2 - 5xy + 4y^2 + x + 2y - 2 = 0$?

Ermittle in den möglichen Fällen die Mittelpunktsgleichung des Kegelschnittes.